绿色建筑应用指导丛书

绿色商店建筑评价标准
实施指南

王清勤　主编

中国建筑工业出版社

图书在版编目(CIP)数据

绿色商店建筑评价标准实施指南/王清勤主编.—北京：中
国建筑工业出版社，2016.9
（绿色建筑应用指导丛书）
ISBN 978-7-112-19355-4

Ⅰ.①绿…　Ⅱ.①王…　Ⅲ.①商店-生态建筑-评价标准-指
南　Ⅳ.①TU247-62

中国版本图书馆 CIP 数据核字(2016)第 081904 号

《绿色商店建筑评价标准》GB/T 51100—2015（以下简称《标准》）经住房和城乡建设部 2015 年 4 月 8 日以第 798 号公告批准、发布，自 2015 年 12 月 1 日正式实施。为了紧密配合《标准》的颁布实施，准确理解和深入把握《标准》的相关内容，真正使《标准》确定的指标和要求落到实处，根据住房和城乡建设部的要求，中国建筑科学研究院组织有关专家共同编制了本书。

本书按照《标准》的原有结构层次，围绕编制概况、《标准》内容释义、专题论述、案例介绍等内容，分别对《标准》的编制背景、主要内容和特点、技术水平、作用和效益进行了细致地分析和阐释；同时，按照《标准》结构内容，对技术条文内涵外延进行了释义，对参评范围、评价方法进行了逐条解读和说明，对《标准》权重设置、关键技术指标等内容进行了系统论述。本书还收录了 11 个不同气候区的典型案例，为绿色商店建筑评估提供参考和借鉴。

本书可作为住房和城乡建设部及各省、自治区、直辖市建设行政主管部门开展《标准》宣贯培训工作的指定辅导材料，也可作为工程设计、管理人员理解、掌握《标准》的参考材料；可供从事绿色建筑设计人员、房产开发企业、工程项目经理、审图人员以及建设管理人员参考使用。

责任编辑：何玮珂　辛海丽

责任设计：李志立

责任校对：陈晶晶　党　蕾

绿色建筑应用指导丛书
绿色商店建筑评价标准实施指南
王清勤　主编

*

中国建筑工业出版社出版、发行（北京西郊百万庄）
各地新华书店、建筑书店经销
北京红光制版公司制版
北京市密东印刷有限公司印刷

*

开本：787×1092 毫米　1/16　印张：28　字数：548 千字
2016 年 9 月第一版　2016 年 9 月第一次印刷
定价：**68.00** 元
ISBN 978-7-112-19355-4
（28630）

本 书 编 委 会

主　　编：王清勤

副 主 编：王有为　李百战　赵建平

编写委员：赵霄龙　吕伟娅　陈　超　杨永胜　田　炜　金　虹

程志军　周序洋　杨仕超　薛　峰　葛　坚　孙大明

孟　冲　陈明中　李　荣　喻　伟　马素贞　叶　凌

陈乐端　王军亮　孙　全　周　荃　李　婷　罗　涛

李　媛

主编单位：中国建筑科学研究院

参编单位：中国城市科学研究会绿色建筑与节能专业委员会

重庆大学

哈尔滨工业大学

上海现代建筑设计（集团）有限公司

南京工业大学

内蒙古城市规划市政设计研究院

广东省建筑科学研究院

中国中建设计集团有限公司（直营总部）

浙江大学

北京工业大学

南京建工集团有限公司

上海维固工程实业有限公司

陕西省建筑科学研究院

前　言

深入贯彻落实科学发展观，全面发展和推广绿色建筑，是切实转变城乡建设模式和建筑业发展方式，提高资源能源利用效率，建设资源节约型、环境友好型社会，加快生态文明水平建设，改善人民生活质量的重要举措。

为进一步加快绿色建筑发展，完善绿色建筑评价体系，根据住房和城乡建设部《关于印发〈2012 年工程建设标准规范制订、修订计划〉的通知》（建标〔2012〕5 号）的要求，由中国建筑科学研究院会同有关单位共同编制了《绿色商店建筑评价标准》GB/T 51100—2015。目前，国家标准《绿色商店建筑评价标准》GB/T 51100—2015（下文简称《标准》）已由中华人民共和国住房和城乡建设部、中华人民共和国国家质量监督检验检疫总局联合发布实施。

《标准》包括总则、术语、基本规定、节地与室外环境、节能与能源利用、节水与水资源利用、节材与材料资源利用、室内环境质量、施工管理、运营管理、提高与创新等 11 部分内容。为配合《标准》实施，帮助读者更好地理解标准条文技术内容，中国建筑科学研究院组织有关专家共同编制了《绿色商店建筑评价标准实施指南》（下文简称《指南》）。《指南》共包括四部分内容：

第一篇　编制概况 介绍了《标准》编制背景、编写过程、主要内容和特点、技术水平、作用和效益等。

第二篇　《绿色商店建筑评价标准》内容释义 按《标准》结构内容，对技术条文内涵外延进行了释义，对参评范围、评价方法进行了逐条解读和说明。

第三篇　专题论述 对《标准》权重设置、关键技术指标等内容进行了系统论述。

第四篇　案例介绍 收录了 11 个不同气候区的典型案例，为绿色商店建筑评估提供参考和借鉴。

本书第一篇由王清勤、王军亮、叶凌编写。第二篇第 1、2、3 章由王清勤、王军亮、叶凌编写，第 4 章由杨永胜、田炜、金虹、薛峰、刘京、李婷、李珊珊编写，第 5 章由孟冲、陈超、赵建平、罗涛、李媛、张永炜、孙大明编写，第 6 章由吕伟娅、郭丹丹编写，第 7 章由赵霄龙、李荣、刘京编写，第 8 章由喻伟、葛坚、杨仕超、李百战、周荃编写，第 9 章由周序洋、薛峰、李婷、陈明中、王有为编写，第 10 章由马素贞、陈明中、李百战、喻伟、陈超编写，第 11 章由王清勤、王军亮、叶凌编写。第三篇由喻伟、杨心诚、李百战、王清勤、刘剑涛、张永炜、孙大明、阳春、杨春华、孟冲、赵建平、李媛、罗涛、陈超、胡桂霞、过旸、周荃、杨仕超、吕伟娅、马素贞编写。第四篇由李婷、薛峰、陆俊俊、李虹霞、张雪、樊瑛、马素贞、孙大明、祁振峰、陈华、杜涛、李文杰、阳春、孟冲、尹金戈编写（按内容编写作者顺序排序）。

中国建筑材料科学研究总院蒋荃教授级高工、北京建筑大学王随林教授、中国建筑设计院张文才教授级高工、中国建筑工程总公司郭海山助理总经理，中国建筑科学研究院设计院李建琳教授级高工等专家对技术内容进行了全面审查。本书由王清勤、王有为、李百战、赵建平统稿校审。中国建筑科学研究院狄彦强高工、赵力教授级高工、袁扬高工、赵海副研究员以及中国城市科学研究会绿色建筑研究中心郭振伟副主任为书稿修改作出了很大贡献。在此一并表示感谢。

本书得到"十二五"科技支撑计划课题"绿色建筑标准体系与不同气候区不同类型建筑重点标准规范研究（2012BAJ10B01）"的支持。

本书编写凝聚了所有编写人员和审查专家的智慧和心血，但限于时间和水平，难免有不足之处，恳请读者批评指正。

本书编委会

目　录

第一篇　编制概况

第二篇　《绿色商店建筑评价标准》内容释义

1　总则 ……………………………………………………………… 13

2　术语 ……………………………………………………………… 15

3　基本规定 ………………………………………………………… 16

　3.1　一般规定 …………………………………………………… 16

　3.2　评价与等级划分 …………………………………………… 17

4　节地与室外环境 ………………………………………………… 20

　4.1　控制项 ……………………………………………………… 20

　4.2　评分项 ……………………………………………………… 26

　Ⅰ　土地利用 …………………………………………………… 26

　Ⅱ　室外环境 …………………………………………………… 29

　Ⅲ　交通设施与公共服务 ……………………………………… 32

　Ⅳ　场地设计与场地生态 ……………………………………… 34

5　节能与能源利用 ………………………………………………… 39

　5.1　控制项 ……………………………………………………… 39

　5.2　评分项 ……………………………………………………… 60

　Ⅰ　建筑与围护结构 …………………………………………… 60

　Ⅱ　供暖、通风与空调 ………………………………………… 65

　Ⅲ　照明与电气 ………………………………………………… 73

　Ⅳ　能量综合利用 ……………………………………………… 78

6　节水与水资源利用 ……………………………………………… 85

　6.1　控制项 ……………………………………………………… 85

　6.2　评分项 ……………………………………………………… 87

　Ⅰ　节水系统 …………………………………………………… 87

　Ⅱ　节水器具与设备 …………………………………………… 89

　Ⅲ　非传统水源利用 …………………………………………… 92

7　节材与材料资源利用……………………………………… 95

　7.1　控制项　………………………………………………… 95

　7.2　评分项　………………………………………………… 98

　Ⅰ　节材设计　……………………………………………… 98

　Ⅱ　材料选用　……………………………………………… 103

8　室内环境质量……………………………………………… 115

　8.1　控制项　………………………………………………… 115

　8.2　评分项　………………………………………………… 120

　Ⅰ　室内声环境　…………………………………………… 120

　Ⅱ　室内光环境　…………………………………………… 122

　Ⅲ　室内热湿环境　………………………………………… 124

　Ⅳ　室内空气质量　………………………………………… 125

9　施工管理…………………………………………………… 129

　9.1　控制项　………………………………………………… 129

　9.2　评分项　………………………………………………… 131

　Ⅰ　环境保护　……………………………………………… 131

　Ⅱ　资源节约　……………………………………………… 133

　Ⅲ　过程管理　……………………………………………… 138

10　运营管理………………………………………………… 141

　10.1　控制项　……………………………………………… 141

　10.2　评分项　……………………………………………… 145

　Ⅰ　管理制度　……………………………………………… 145

　Ⅱ　技术管理　……………………………………………… 149

　Ⅲ　环境管理　……………………………………………… 155

11　提高与创新……………………………………………… 159

　11.1　一般规定　…………………………………………… 159

　11.2　加分项　……………………………………………… 159

　Ⅰ　性能提高　……………………………………………… 159

　Ⅱ　创新　…………………………………………………… 163

第三篇　专题论述

专题 1　绿色商店建筑评价方法和权重体系的研究 ………… 171

专题 2　环境模拟软件在商店建筑中的应用 ………………… 177

专题 3　商店建筑能耗模拟计算方法 ………………………… 187

专题 4　绿色商店建筑照明节能设计及技术评价要点 ················ 196

专题 5　商店建筑过渡季节冷却塔免费供冷方式的适应条件分析 ········· 204

专题 6　商店建筑暖通能耗现状概述 ······················· 215

专题 7　商店建筑中庭采光顶采光、遮阳、通风问题探讨 ············ 224

专题 8　商店建筑水资源利用调研分析 ······················ 232

专题 9　绿色商店建筑运行管理评价要点 ····················· 243

第四篇　案例介绍

案例 1　内蒙古通辽新城·欢乐河岸商业中心 ·················· 257

案例 2　西宁新华联广场 1 号地大型商业楼 ·················· 264

案例 3　天津仁恒海河广场商场 ························· 271

案例 4　天津生态城某商业项目 ························· 278

案例 5　德州红星国际广场家具城和商业街 ·················· 289

案例 6　郑州二七万达广场购物中心 ······················ 300

案例 7　苏州国际广场综合体 ·························· 305

案例 8　苏州复合式诚品书店文化商业综合体 ················· 312

案例 9　昆山康居商业新城 ··························· 320

案例 10　上海五玠坊商业中心 ························· 327

案例 11　福建莆田万达广场批发零售中心 ··················· 335

附录　绿色商店建筑评价标准 GB/T 51100—2015 ················ 343

参考文献 ·································· 438

第一篇　编制概况

一、任务来源

根据住房和城乡建设部《关于印发〈2012 年工程建设标准规范制订、修订计划〉的通知》（建标〔2012〕5 号）的要求，由中国建筑科学研究院会同有关单位开展国家标准《绿色商店建筑评价标准》（以下简称《标准》）编制工作。

《标准》主编单位为中国建筑科学研究院，参编单位为中国城市科学研究会绿色建筑与节能专业委员会、重庆大学、哈尔滨工业大学、上海现代建筑设计（集团）有限公司、南京工业大学、内蒙古城市规划市政设计研究院、广东省建筑科学研究院、中国中建设计集团有限公司（直营总部）、浙江大学、北京工业大学、南京建工集团有限公司、上海维固工程实业有限公司、陕西省建筑科学研究院、深圳市科源建设集团有限公司。

二、编制过程

为进一步推进绿色建筑全面发展，完善绿色建筑评价标准体系，主编单位以"绿色商场建筑评价技术研究与评估工具开发"课题研究为基础，为绿色商店建筑评价标准编制，积累了丰富的经验。

在《标准》编制过程中，编制组进行了广泛深入调研，总结了我国商店建筑工程建设的实践情况，同时参考了国外先进技术法规、技术标准，并广泛征求了社会各界的意见。从 2012 年 9 月 8 日，《标准》编制组成立暨第一次工作会议的召开，课题组先后组织召开 4 次工作会议、项目试评估工作会议、审查会议等，于 2014 年 1 月 10 日《标准》完成报批工作。

1.《标准》编制组成立暨第一次工作会议

2012 年 9 月 8 日，《标准》编制组成立暨第一次工作会议在北京召开。《标准》编制组成立会由住房和城乡建设部建筑环境与节能标准化技术委员会邹瑜秘书长主持。程志军处长代表《标准》主编单位致辞，对主管部门、《标准》参编单位及编制组成员所给予的大力支持表示感谢。住房城乡建设部标准定额司代表对《标准》编制工作做了重要指示，要求《标准》明确适用范围与定位，充分结合我国国情，并保持与我国相关的现行标准良好衔接。其他代表也分别对《标准》编制工作提出了具体要求。邹瑜秘书长宣读了《标准》编制组成员名单，并宣布编制组成立。

随后，《标准》编制组召开了第一次工作会议。《标准》主编王清勤教授级高工主持会议，并向会议报告了前期筹备工作。《标准》编制组讨论了《标准》编制的定位、重点和难点，及《标准》的章节框架，明确了工作重点和进度计划。

2. 第二次工作会议

2012 年 10 月 17 日，《标准》编制第二次工作会在上海召开。会上，标准编制章节负责人先后向编制组汇报了标准前期编制情况。会议进一步明确了标准编写规范要求及注意事项，统一了标准条文框架及编写体例要求，讨论了标准技术指标设置的合理性、与其他国标的协调性等问题。

3. 第三次工作会议

2013 年 4 月 12 日，《标准》编制第三次工作会议在苏州召开。会上，各章节负责人分别汇报了各章编写思路、内容、编写中存在的共性问题，讨论了与《绿色建筑评价标准》GB/T 50378 修订送审稿的协调性、兼容性等问题，并完成了《标准》第二稿的修改工作。

4. 第四次工作会议

2013 年 7 月 9 日，《标准》编制第四次工作会议在北京召开。会上，编制组秘书处向编制组成员汇报了《标准》的公开征求意见及反馈情况，讨论并处理《标准》反馈意见，形成《标准》送审稿初稿。

5. 《标准》（送审稿）项目试评工作会议

2013 年 8 月 30 日，《标准》（送审稿）项目试评工作会议在北京召开。会议总结了 14 个试评项目存在的共性问题，讨论分析了《标准》与《绿色建筑评价标准》GB/T 50378—2006、《绿色建筑评价标准》GB/T 5037—2014 的异同，并对《标准》（送审稿）条文提出了修改意见和建议。

6. 标准审查会

2013 年 9 月 11 日，《标准》（送审稿）审查会在北京召开。

会议由住房和城乡建设部建筑环境与节能标准化技术委员会汤亚军工程师主持。会议成立了由 11 位专家组成的审查委员会。审查委员会听取了《标准》编制工作报告，对《标准》各章内容进行了逐条讨论和审查。

审查专家认为《标准》编制过程符合工程建设标准的编制程序要求，内容与《绿色建筑评价标准》GB/T 50378 等相关标准规范相协调，送审资料齐全，符合审查要求。

经充分讨论，审查委员一致同意通过《标准》审查。建议《标准》编制组根据审查意见，对送审稿进一步修改和完善，尽快形成报批稿上报主管部门审批。

7. 标准报批工作

2013 年 9 月 12 日，编制组召开了标准报批稿修改会议。根据审查会议提出的主要意见和建议，对标准进行了进一步的修改和完善，于 2014 年 1 月 10 日，主编单位向住房和城乡建设部提交了审批文件。

三、主要特点

（1）针对性强

《标准》在全面调研国内商店案例基础上，完善了对一般商店建筑能耗、室内环境、照明、空调系统、运行管理等各方面评估，突出了商店建筑绿色评估内容，增强了标准应用的针对性。

（2）科学全面

《标准》在"四节一环保"、运行管理的评价内容基础上，增加建筑全寿命期中建筑施工管理阶段评估，《标准》评价技术内容更全面。

（3）操作性强

《标准》条文设置"控制项"、"评分项"、"加分项"评价，采用定性与定量相结合的评价方法，对评分项内容采用分级得分设置，提高了标准的可操作性。

（4）灵活性提高

为鼓励绿色商店建筑性能提高与技术创新，《标准》设置提高与创新评价，提倡各环节和阶段采用先进、适用、经济的技术、产品和管理方式来建设更高性能绿色建筑。

四、《标准》主要技术内容

《标准》编制组深入调研了我国商店建筑存在的共性问题，考虑了不同气候区建筑人文、地理、气候、经济等因素，在标准评价内容设置及技术应用引导方面，加大了对商店建筑节能与能源利用、室内环境质量、运营管理等方面的商业功能需求考虑，兼顾了标准的全面性和均衡性。《标准》的目录框架如下：

1　总则

2　术语

3　基本规定

　　3.1　一般规定

　　3.2　评价与等级划分

4　节地与室外环境

　　4.1　控制项

　　4.2　评分项

5　节能与能源利用

　　5.1　控制项

5.2 评分项

6 节水与水资源利用

6.1 控制项

6.2 评分项

7 节材与材料资源利用

7.1 控制项

7.2 评分项

8 室内环境质量

8.1 控制项

8.2 评分项

9 施工管理

9.1 控制项

9.2 评分项

10 运营管理

10.1 控制项

10.2 评分项

11 提高与创新

11.1 一般规定

11.2 加分项

本标准用词说明

引用标准名录

主要技术内容特点如下：

（1）节地与室外环境

控制项条文要求商店建筑规划应选择人员易到达、交通便利的适宜位置，以保证绿色交通出行，减少交通碳排放；评分项包括商店建筑的土地利用、室外环境、交通设施与公共服务、场地设计与生态等方面评价内容。鼓励合理开发地下空间、集约节约利用土地；结合周边环境，合理优化建筑室外照明设计和风环境；场地与公共交通设施有便捷联系，方便客流集散，提供便捷服务；建筑布局设计应结合地形地貌充分利用场地空间，设置绿色雨水设施，控制地表径流，采取对绿化等保护生态的措施。

（2）节能与能源利用

控制项条文对围护结构、冷热源机组效率、照明系统等节能性能控制提出要求；评分项条文对进一步提升围护结构热工性能、供暖通风与空调、照明与电气、能源综合利用四方面技术内容进行了系统引导。

建筑围护结构应充分结合场地自然条件进行优化设计，提高热工性能，减少采暖空调负荷；合理采用天然采光、通风技术优化技术降低建筑能耗。鼓励采用能效高的设备、变频技术等节能措施减少供暖、空调与通风系统全年运行能耗；通过降低照明密度、采用分区和计量控制、无功率补偿的供配电系统等措施降低照明能耗；同时，鼓励采用排风热回收技术、余热废热回收利用、可再生能源等节能技术。

（3）节水与水资源利用

控制项对商店建筑用水规划、水系统设置、节水器具等提出明确要求；评分项包括建筑节水系统、节水器具与设备、非传统水源利用三部分内容。鼓励水系统充分利用系统压力，采用分项计量装置，避免管网漏损；提倡采用节水器具、节水灌溉等节水效率高的系统和设备，以及非传统水源的综合利用技术等。

（4）节材与材料资源利用

控制项对国家禁止的建筑材料和制品，建筑造型装饰性构件等提出节材要求；评分项包括节材设计和材料选用两部分内容。建筑结构应优先选用规则的建筑形体，并对建筑地基基础、结构体系、结构构件等进行优化设计；建筑公共部位建议土建装修工程一体化设计、施工，采用工业化生产预制构件和建筑部品；建筑材料鼓励选用当地生产的建筑材料、使用现浇预拌混凝土、预拌砂浆、可再生材料和可循环材料等节材技术，合理采用高性能钢筋、耐久性好易维修的建筑材料等。

（5）室内环境质量

控制项对商店建筑照明、采光、噪声、卫生状况、室内污染物浓度等内容提出控制要求；评分项包括室内声环境、光环境、热湿环境、室内空气质量等四个方面技术内容。鼓励优化室内功能设计，合理组织空间气流，改善自然通风效果，公共区域设置空气质量监控系统，保证建筑室内空气质量。

（6）施工管理

施工管理是绿色建筑全寿命期评价的重要内容之一，控制项对建筑绿色施工的机构组织、施工计划、环境保护措施等内容提出要求；评分项包括了环境保护、资源节约、过程管理三部分评价内容。施工过程应采取环境保护、降低施工噪声污染的措施，制定能源资源节约利用方案，鼓励采用定型模板以及其他减少建筑混凝土、砂浆、钢筋损耗的施工技术或措施。

（7）运营管理

运行管理是绿色建筑实现真正绿色的重要保证，该部分内容从运行管理制度、技术管理、环境管理单方面提出要求。

首先应具备完善的运行管理制度，制定并实施节能、节水、节材、绿化管理措施，保证绿色建筑技术落到实处；对建筑的用能、用水、能源管理系统、供暖、通风空调系统的调试、定期清洗维修提出技术要求，建议采用信息化手段加强物业管理信息化水平。采取无公害病虫防治技术、垃圾分类处理等环境管理和保护措施。

（8）提高与创新

提高与创新评价鼓励商店建筑各环节和阶段采用先进、适用、经济的技术、产品和管理方式。鼓励采用进一步提升绿色建筑围护结构热工性能、建筑冷热源机组能效、蓄热蓄冷技术的节能技术，选用资源消耗少和环境影响小的建筑结构体系、应用改善室内环境质量的功能性建筑装修新材料或新技术。提倡采用BIM技术、碳排放计算分析，降低建筑环境负荷的创新技术。

五、《标准》技术水平、作用和效益

《标准》编制组结合我国绿色商店建筑的实践经验和研究成果，借鉴了有关国外先进标准，开展了多项专题研究和试评工作，广泛征求了各方面的意见。经审查会专家组审查认定，《标准》评价指标体系充分考虑了我国国情和商店建筑特点，具有创新性，《标准》技术指标科学合理，符合国情，可操作性和适用性强，标准编制总体上达到国际先进水平。

《标准》评价内容覆盖建筑全寿命期各阶段节地与室外环境、节能与能源利用、节水与水资源利用、节材与材料资源利用、室内环境质量、施工管理、运营管理等内容，《标准》编制有助于我国绿色商店建筑的进一步发展，对于全面促进我国建筑节能工作的开展，实现我国的节能减排目标具有重要的意义。

《标准》立足商店建筑现状，针对商店建筑客流密度变化大、运行时间长、能耗高、室内环境差等重点问题，在评价指标和权重的设置，有针对性地加大对相应问题的控制和引导，为规范我国绿色商店建筑评价，降低我国商店建筑能耗、提升室内环境质量具有重要意义，可产生良好的社会、经济和环境效益。

六、《标准》审查会及审查意见

审查委员会听取了《标准》编制工作报告，对《标准》各章内容进行了逐条讨论和审查。经充分讨论，形成以下审查意见：

（一）《标准》编制过程符合工程建设标准的编制程序要求，内容与国家标准《绿色建筑评价标准》GB/T 50378等相关标准规范相协调，送审资料齐全，符合审查要求。

（二）《标准》编制组结合我国绿色商店建筑的实践经验和研究成果，借鉴了有关国外先进标准，开展了多项专题研究和试评，广泛征求了各方面的意见，保证了《标准》编制质量。

（三）《标准》评价指标体系充分考虑了我国国情和商店建筑特点，具有创新性。《标准》的实施将对促进我国绿色商店建筑的发展起到重要作用。

（四）《标准》技术指标科学合理，符合国情，可操作性和适用性强，标准编制总体上达到国际先进水平。

（五）《标准》主要修改意见和建议如下：

（1）"术语"部分取消与《绿色建筑评价标准》GB/T 50378 内容相同的条款；

（2）"可再循环材料"、"可再利用材料"、"旧建筑材料"以废弃物为原料生产的材料等相关条文再作整合；

（3）进一步优化部分条款分值。

审查委员一致同意通过《标准》审查。建议《标准》编制组根据审查意见，对送审稿进一步修改和完善，尽快形成报批稿上报主管部门审批。

七、《绿色商店建筑评价标准实施指南》编制情况

1. 编制目的

便于使用者准确理解和全面掌握《标准》技术内容；作为宣贯培训的技术资料，推动《标准》贯彻实施。

2. 内容编写说明

《指南》的主要内容包括标准编制概况、《绿色商店建筑评价标准》内容释义、相关专题论述、案例介绍四部分内容。

第一篇 编制概况。介绍《标准》编制的任务来源、编制过程、标准特点、主要技术内容等。

第二篇 《绿色商店建筑评价标准》内容释义。该篇包括十一章，分别为 1 总则、2 术语、3 基本规定、4 节地与室外环境、5 节能与能源利用、6 节水与水资源利用、7 节材与材料利用、8 室内环境质量、9 施工管理、10 运行管理、11 提高与创新。各部分与《标准》中的条文相对应，前三章的编写格式为：条文＋【条文释义】；后八章的编写格式为：条文＋【参评范围】＋【条文释义】＋【评价方法】。

【参评范围】说明本条适用的评价阶段，参评范围。

【条文释义】主要包括：条文关键名词解释说明或数据来源、条文内涵和外延，相关标准的规定或可能引起的不准确理解等内容。

【评价方法】主要包括：（1）条文评价内容和指标；（2）指标达标评判方法（数值计算、经验公式）依据；（3）特殊情况处理方法及说明等；（4）各评价阶段审查工作所需文件及要求。

第三篇 专题论述。本部分内容共包含9个专题，作为本规范的重要补充资料，对《标准》标准权重设置、环境性能软件应用、能耗计算方法、商店建筑能耗、水耗、室内环境以及运行管理各方面技术内容和评价重点进行了专题论述解读。

第四篇 案例介绍。共介绍了11个商店建筑案例，其中严寒地区1个，寒冷地区5个，夏热冬冷地区4个，夏热冬暖地区1个。

在《绿色商店建筑评价标准实施指南》（以下简称《指南》）编制过程中，编写组在《条文释义》部分对《标准》的条文说明进行了补充细化，但《指南》中的《标准》正文应依然以《标准》为准。

第二篇 《绿色商店建筑评价标准》内容释义

1　总　　则

1.0.1　为贯彻国家技术经济政策，节约资源，保护环境，推进可持续发展，规范绿色商店建筑的评价，制定本标准。

【条文释义】近年来，国家高度重视绿色建筑发展，党的十八届三中全会提出"建设美丽中国深化生态文明体制改革，推动形成人与自然和谐发展的现代化建设新格局"；2014年6月7日，国务院办公厅印发的关于《能源发展战略行动计划（2014—2020年）》明确提出"实施绿色建筑行动计划，大力发展低碳生态城市和绿色生态城区"的发展要求。

随着经济的快速发展和人民生活水平的不断提高，我国商店建筑的数量越来越多。建造和运营过程中，消耗大量资源，对环境造成较大影响。我国资源总量和人均资源量不足，资源利用率上也低于主要发达国家，发展绿色建筑，提高建筑的资源利用效率，是我国建筑业可持续发展的必然选择。

为推动实施绿色建筑行动计划，完善绿色建筑标准体系、规范绿色商店建筑评价工作，促进我国绿色商店建筑健康发展，制定本标准。

1.0.2　本标准适用于绿色商店建筑的评价。

【条文释义】商店建筑是为商品直接进行买卖和提供服务供给的公共建筑。本标准明确了评价对象是以商业功能为主的商店建筑，适用于不同规模类型、不同业态组合的商店建筑群、单体建筑或局部商店区域的绿色认证评价。本标准中的商店建筑群主要是指以商业中心、步行商业街等为代表的多栋商业建筑；单体建筑是以商店为主要功能的建筑单体；局部商店区域主要指建筑综合体中的某层或几层作为商业功能，或者临街居住建筑的首层商业区等。但无论是局部区域、单体还是建筑群，评价的建筑主体应为室内环境可控的建筑整体，菜市场、批发市场的集散地等开放式建筑空间不在评价范围之内。

1.0.3　绿色商店建筑的评价应遵循因地制宜的原则，结合商店建筑的具体业态和规模，对建筑全寿命期内节能、节地、节水、节材、保护环境等性能进行综合评价。

【条文释义】因地制宜是绿色建筑的基本原则之一，对于商店建筑的绿色评价更为重要。商店建筑的首要功能是进行商业活动，且往往是多种业态组合，建筑规模大小差异较大，资源消耗水平、环境负荷各不相同。因此，在绿色商店建筑的评价过程中，应根据当地气候、资源、经济社会发展水平与民俗文化等，结合建筑业态功能、规模大小等实际情况，对建筑在全寿命期内的节能、节地、节水、节材、保护环境等性能进行科学评价，因地制宜采用适用技术，使"四节一环保"真正落到实处。

1.0.4 绿色商店建筑的评价除应符合本标准外,尚应符合国家现行有关标准的规定。

【条文释义】由于绿色建筑评价涉及多个专业和多个阶段,不同专业和不同阶段都制定了相应的标准。在进行绿色商店建筑的评价时,除应符合本标准的规定外,尚应符合国家现行的有关标准规范的规定。对于某些地区,如果执行了高于国家标准和行业标准规定的、更严格的地方标准,尚应符合当地相关标准的要求。

2 术 语

2.0.1 商店建筑 store building

为商品直接进行买卖和提供服务供给的公共建筑。

2.0.2 绿色商店建筑 green store building

在全寿命期内，最大限度地节约资源（节地、节能、节水、节材）、保护环境、减少污染，为人们提供健康、适用和高效的使用空间，与自然和谐共生的商店建筑。

2.0.3 照明功率密度 lighting power density (LPD)

单位面积上的照明安装功率（包括光源、镇流器或变压器），单位为瓦特每平方米（W/m^2）。

2.0.4 可吸入颗粒物 inhalable particles

悬浮在空气中，空气动力学当量直径小于等于 $10 \mu m$，可通过呼吸道进入人体的颗粒物。

2.0.5 建筑能源管理系统 building energy management system

对建筑物或者建筑群内的变配电、照明、电梯、供暖、空调、给排水等设备的能源使用状况进行检测、控制、统计、评估等的软硬件系统。

3 基 本 规 定

3.1 一 般 规 定

3.1.1 绿色商店建筑的评价应以商店建筑群、商店建筑单体或综合建筑中的商店区域为评价对象。

【条文释义】 本条确定了标准的评价对象。商店建筑群、单体均可参评；考虑到综合楼中的商业功能等特殊业态，故将综合性建筑中的商店区域补充为绿色商店建筑的评价对象。

例如大、中、小型（分别是建筑面积 20000m² 以上、5000m²～20000m²、5000m² 以下）百货商场、购物中心、超级市场、专业店、步行商业街等，以及综合建筑中的部分商店区域均适用于本标准的评价。菜市场类非封闭建筑不适用本标准。

商店建筑群是指由两栋或两栋以上单体建筑组成的群体。当对建筑群进行评价时，可先用本标准评分项和加分项对各单体建筑进行评价，得到单体建筑的总得分，再按各单体建筑的建筑面积进行加权计算得到建筑群的总分，最后按建筑群的总得分确定建筑群的绿色建筑等级。

3.1.2 绿色商店建筑的评价分为设计评价和运行评价。设计评价应在建筑工程施工图设计文件审查通过后进行，运行评价应在建筑通过竣工验收并投入使用一年后进行。

【条文释义】 根据绿色商店建筑发展的实际需求，结合目前有关管理制度，标准将绿色商店建筑的评价分为设计评价和运行评价。仅运行评价阶段对"施工管理"、"运行管理"条文进行评价，设计阶段可对部分条文进行预评价，以保证建筑全寿命期内设计内容与施工、运行的系统性和完整性。

设计评价的重点在绿色商店建筑采取的"绿色措施"和预期效果上，而运行评价则不仅要评价"绿色措施"，而且要评价这些"绿色措施"所产生的实际效果。除此之外，运行评价还关注绿色商店建筑在施工过程中留下的"绿色足迹"，以及绿色商店建筑正常运行后的科学管理。

3.1.3 申请评价方应进行建筑全寿命期技术和经济分析，合理确定建筑规模，选用适当的建筑技术、设备和材料，对规划、设计、施工、运行阶段进行全过程控制，并提交相应分析、测试报告和相关文件。

【条文释义】 本条对申请评价方的相关工作提出要求。申请评价方依据有关管理制度文件规定，注重绿色商店建筑全寿命期内能源资源节约与环境保护的性能，对建筑全寿命期内各个阶段进行控制，综合考虑建筑性能、安全、耐久、经济、美观等因素，优化建筑技术、设备和材料选用，综合评估建筑规模、建筑技术与投资之间的总体平衡，并按本标准的要求提交相应分析、测试报告和相关文件。

3.1.4 评价机构应按本标准的有关要求，对申请评价方提交的报告、文件进行审查，出具评价报告，确定等级。对申请运行评价的建筑，尚应进行现场考察。

【条文释义】 绿色商店建筑的评价机构，应依据有关管理制度文件确定。本条对绿色商店建筑评价机构的相关工作提出要求。绿色商店建筑评价机构应按照本标准的有关要求审查申请评价方提交的报告、文件，并在评价报告中确定等级。对申请运行评价的建筑，评价机构还应组织现场考察，进一步审核规划设计要求的落实情况以及建筑的实际性能和运行效果。

3.1.5 评价商店建筑单体时，凡涉及系统性、整体性的指标，应基于该栋建筑所属工程项目的总体进行评价；评价综合建筑中的商店区域时，凡涉及系统性、整体性的指标，应基于该栋建筑或该栋建筑所属工程项目的总体进行评价。

【条文释义】 商店建筑单体和综合建筑中的商店区域均可以参评绿色建筑。当需要对某工程项目中的单栋建筑或综合建筑中的商店区域进行评价时，由于有些评价指标是针对该工程项目设定的（如建筑的绿地率），或该工程项目中其他建筑也采用了相同的技术方案（如再生水利用），难以仅基于该单栋建筑或综合建筑中的商店区域进行评价，此时，应以该栋建筑所属工程项目的总体或该栋建筑为基准进行评价。

常见的系统性、整体性指标主要有：容积率、绿地率、年径流总量控制率等等。

3.2 评价与等级划分

3.2.1 绿色商店建筑评价指标体系应由节地与室外环境、节能与能源利用、节水与水资源利用、节材与材料资源利用、室内环境质量、施工管理、运营管理 7 类指标组成，每类指标均包括控制项和评分项，并统一设置加分项。

【条文释义】 本标准设置的七类指标，基本覆盖了建筑全寿命期内各环节。同时，控制项、评分项、加分项的指标类型设置，也与国家标准《绿色建筑评价标准》GB/T 50378—2014 的相关规定保持一致。

3.2.2 设计评价时，不应对施工管理和运营管理 2 类指标进行评价，但可预评相关条文。运行评价应包括 7 类指标。

【条文释义】 设计评价，应考虑施工管理和运行管理相关条文规定，但不计入设计评价总分；在预审阶段可对施工管理和运行管理控制项条文内容进行预审。

3.2.3 控制项的评定结果应为满足或不满足；评分项和加分项的评定结果应为分值。

【条文释义】控制项、评分项、加分项的评价与国家标准《绿色建筑评价标准》GB/T 50378—2014 保持一致。评分项的评价，依据评价条文的规定确定得分或不得分，得分时根据需要对具体评分子项确定得分值，或根据具体达标程度确定得分值。加分项的评价，依据评价条文的规定确定得分或不得分。

3.2.4 绿色商店建筑的评价应按总得分确定等级。

【条文释义】本标准按总得分来确定绿色商店建筑的等级。总得分＝七类指标加权得分＋提高与创新项得分，各类指标重要性方面的相对差异，计算总得分时引入了权重，权重值见第 3.2.7 条。同时，为了鼓励绿色商店建筑技术和管理方面的提升和创新，计算总得分时还计入了提高与创新项的附加得分（最高分为 10 分）。

3.2.5 评价指标体系 7 类指标的总分均为 100 分。7 类指标各自的评分项得分 Q_1、Q_2、Q_3、Q_4、Q_5、Q_6、Q_7 应按参评建筑该类指标的评分项实际得分值除以适用于该建筑的评分项总分值再乘以 100 分计算。

【条文释义】对于具体的参评建筑而言，它们在业态、规模、所处地域的气候、环境、资源等方面存在差异，适用于各栋参评建筑的评分项的条文数量可能不一样。不适用的评分项条文可以不参评。这样，各参评建筑理论上可获得的总分也可能不一样。为克服这种客观存在的情况给绿色商店建筑评价带来的困难，计算各类指标的评分项得分时采用了"折算"的办法。"折算"的实质就是将参评建筑理论上可获得的总分值当作 100 分。折算后的实际得分大致反映了参评建筑实际采用的"绿色"措施占理论上可以采用的全部"绿色"措施的比例。一栋参评建筑理论上可获得的总分值等于所有参评的评分项条文的分数之和，某类指标评分项理论上可获得的总分值总是小于等于 100 分。例如：某项目 Q_3 实际得分为 45 分，实际参评总分为 90 分，则该项目的节水与水资源利用计算得分为：$45/90×100＝50$ 分。

3.2.6 加分项的附加得分 Q_8 应按本标准第 11 章的有关规定确定。

【条文释义】详见第 11.1.2 条。

3.2.7 绿色商店建筑评价的总得分应按下式进行计算，其中评价指标体系 7 类指标评分项的权重 $\omega_1 \sim \omega_7$ 应按表 3.2.7 取值。

$$\sum Q = \omega_1 Q_1 + \omega_2 Q_2 + \omega_3 Q_3 + \omega_4 Q_4 + \omega_5 Q_5 + \omega_6 Q_6 + \omega_7 Q_7 + Q_8 \qquad (3.2.7)$$

表 3.2.7 绿色商店建筑各类评价指标的权重

	节地与室外环境 ω_1	节能与能源利用 ω_2	节水与水资源利用 ω_3	节材与材料资源利用 ω_4	室内环境质量 ω_5	施工管理 ω_6	运营管理 ω_7
设计评价	0.15	0.35	0.10	0.15	0.25	—	—
运行评价	0.12	0.28	0.08	0.12	0.20	0.05	0.15

注：表中"—"表示施工管理和运营管理 2 类指标不参与设计评价。

【条文释义】本条对各类指标在绿色商店建筑评价中的权重作出规定。表 3.2.7 中给出了设计评价、运行评价时商店建筑的分项指标权重。施工管理和运营管理两类指标不参与设计评价。各大类指标（一级指标）权重和某大类指标下的具体评价条文/指标（二级指标）的分值，本标准一级权重通过专家问卷调查，采用层次分析法确定；二级权重经广泛征求意见和专题研究后综合调整确定，该标准权重体现了商店建筑特点，与国家标准《绿色建筑评价标准》GB/T 50378 中的公共建筑分项指标权重值有所不同。

3.2.8 绿色商店建筑应分为一星级、二星级、三星级 3 个等级。3 个等级的绿色商店建筑均应满足本标准所有控制项的要求，且每类指标的评分项得分不应小于 40 分。当绿色商店建筑总得分分别达到 50 分、60 分、80 分时，绿色商店建筑等级应分别评为一星级、二星级、三星级。

【条文释义】控制项是绿色商店建筑的必要条件；同时，评分项也设置最低得分限制，每个单项得分最低不小于 40 分。本标准与国家标准《绿色建筑评价标准》GB/T 50378 保持一致，规定了每类指标的最低得分要求，避免仅按总得分确定等级引起参评的绿色商店建筑可能存在某一方面性能过低的情况。在满足全部控制项和每类指标最低得分的前提下，绿色商店建筑按总得分确定等级。对于含不参评项，总分低于 100 分的一级指标，采用第 3.2.4 条中的"折算"方法进行处理。

4　节地与室外环境

4.1　控　制　项

4.1.1　项目选址应符合所在地城乡规划，且应符合各类保护区、文物古迹保护的建设控制要求。

【参评范围】本条适用于设计、运行评价。

【条文释义】《中华人民共和国城乡规划法》第二条明确规定："本法所称城乡规划，包括城镇体系规划、城市规划、镇规划、乡规划和村庄规划"；第四十二条规定："城市规划主管部门不得在城乡规划确定的建设用地范围以外作出规划许可"。因此，任何建设项目的选址应符合城乡规划。

各类保护区是指受到国家法律法规保护、划定有明确的保护范围、制定有相应的保护措施的各类政策区，主要包括：基本农田保护区（《基本农田保护条例》）、风景名胜区（《风景名胜区条例》）、自然保护区（《中华人民共和国自然保护区条例》）、历史文化名城名镇名村（《历史文化名城名镇名村保护条例》）、历史文化街区（《城市紫线管理办法》）等。

保存文物特别丰富并且具有重大历史价值或者革命纪念意义的城市，由国务院核定公布为历史文化名城。

保存文物特别丰富并且具有重大历史价值或者革命纪念意义的城镇、街道、村庄，由省、自治区、直辖市人民政府核定公布为历史文化街区、村镇，并报国务院备案。

历史文化名城和历史文化街区、村镇所在地的县级以上地方人民政府应当组织编制专门的历史文化名城和历史文化街区、村镇保护规划，并纳入城市总体规划。

历史文化街区是指经省、自治区、直辖市人民政府核定公布的保存文物特别丰富、历史建筑集中成片、能够较完整和真实地体现传统格局和历史风貌，并具有一定规模的区域。

文物古迹是指人类在历史上创造的具有价值的不可移动的实物遗存，包括地面与地下的古遗址、古建筑、古墓葬、石窟寺、石碑石刻、近代代表性建筑、革命纪念建筑等，主要指文物保护单位、保护建筑和历史建筑。

古文化遗址、古墓葬、古建筑、石窟寺、石刻、壁画、近代现代重要史迹和代表性建筑等不可移动文物，根据它们的历史、艺术、科学价值，可以分别确定为全国重点文物保护单位，省级文物保护单位，市、县级文物保护单位。

所以，项目选址应符合项目所在地的城乡规划，且上位规划应经过相关主管部门的审批。当项目选址场地内或周边有保护区或文物古迹时，应严格遵守划定保护界线，符合各类保护区、文物古迹保护的建设控制要求。

【评价方法】本条重点评价项目选址是否符合项目所在地的城市（镇）总体规划和控制性详细规划要求，当项目选址场地内或周边有保护区或文物古迹时，是否符合各类保护区、文物古迹保护的建设控制要求。

设计评价查阅项目上位规划文件、区位图、项目规划设计文件和准确反映周边场地及既有建筑相互关系的场地地形图。

运行评价查阅相关竣工文件和图纸等设计资料，并应现场核查。

4.1.2 场地应有自然灾害风险防范措施，且不应有重大危险源。

【参评范围】本条适用于设计、运行评价。

【条文释义】自然灾害是指给人类生存带来危害或损害人类生活环境的自然现象，包括干旱、洪涝、台风、冰雹、暴雪、沙尘暴等气象灾害，火山、地震灾害，山体崩塌、滑坡、泥石流等地质灾害，风暴潮、海啸等海洋灾害，森林草原火灾和重大生物灾害等。

场地自然灾害主要包括洪涝灾害、泥石流及含氡土壤的威胁。

泥石流是指在山区或者其他沟谷深壑，地形险峻的地区，因暴雨、暴雪或其他自然灾害引发的山体滑坡并携带有大量泥沙以及石块的特殊洪流。泥石流具有突然性以及流速快，流量大，物质容量大和破坏力强等特点。为了防范洪涝灾害、泥石流等自然灾害，项目场地选址时除了要满足上位规划的要求外，还应尽量避开下列区域：滑坡体及滑坡体两侧、前缘等地带；危岩的附近；沟口、沟道内；已出现裂缝的地面或塌陷区；坡度陡峭的山体下。由于氡是主要存在于岩石和土壤中的天然放射性气体，当人吸入体内后，对人体的主要放射性效应是诱发肺癌，并可引起造血系统和心血管系统不同程度的病变，因此特别要对场地的氡含量进行专项检测，根据检测结果采取相应的措施。

重大危险源是指场地安全范围内存在的电磁辐射危害和火、爆、有毒物质等危险源。电磁辐射危害包括广播发射塔、雷达站、通信发射台、变电站、高压电线等可能存在电磁辐射危害的危险源。火、爆、有毒物质是指油库、有毒物质车间等可能发生火灾、爆炸和有毒物质泄漏的危险源。由于电磁辐射对人体产生较大的危害，因此场地应选择在没有或远离具有电磁辐射危险源的区域。若场地无法避开电磁辐射危险源，应采取屏蔽等防护措施，以降低电磁辐射对人体的危害。

【评价方法】本条重点评价执行规划对场地要求以及对潜在的危险采取避让措施，主要内容包括：

1. 查看规划文件，了解项目是否具有合法的规划，场址选址与工程措施是否符合上位规划的要求。

2. 查看环境影响评估报告中对场地自然环境状况的描述与评价，确定场地安全范围内无洪涝灾害、泥石流的威胁。

3. 查看环境影响评估报告中建设项目所在区域的环境质量现状，确认场地远离广播发射塔、雷达站、通信发射台、变电站、高压电线等可能存在电磁辐射危害的危险源，场地磁场本底水平符合《电磁辐射防护规定》的要求；确认场地远离油库、有毒物质车间等可能发生火灾、爆炸和有害物质泄漏的危险源。

4. 查看土壤氡浓度检测报告，确认场地内无含氡土壤的威胁，选址周围土壤氡浓度应符合《民用建筑工程室内环境污染控制规范》GB 50325—2010 (2013 版) 的规定。

5. 若原场地为工业用地等存在潜在污染源的用地，应查看环境影响评估报告并重点核查场地土壤检测结果。

6. 如果场地选址内确实存在不安全因素，并采取了措施避让，应查看采取措施后的检测报告。

设计评价查阅区位图、场地地形图、项目规划设计图纸；项目审批文件；查阅环境影响评估报告或专项检测报告。

运行评价在设计评价方法之外还应现场核实应对措施的落实情况及其有效性。

4.1.3 场地内不应有排放超标的污染源。

【参评范围】本条适用于设计、运行评价。

【条文释义】本条文所提的排放污染源主要是指商店建筑场地内易产生烟、气、尘、声的饮食店和锅炉房等。为了降低这些排放污染源对商店建筑及其周边环境造成的污染，需编制项目环境影响评估报告，并根据环境影响评估报告中的建议，对排放的污染源采取相应的治理措施。

【评价方法】本条文重点核查场地内是否有超标污染源排放等，重点评价内容应包括：

1. 查看环境影响评估报告中的相关内容，确定场地范围内是否存在污染源。

2. 查看环境评估报告中推荐的治理污染源的方法，查看设计文件中是否采用合理的治理方法和措施。

3. 查看申报项目在设计过程中是否出现了新的污染源，如果出现还需查看相应的治理方法和措施。

4. 对于已经建成项目，可现场检测建成投入使用后各污染源环境指标。

设计评价查阅环境影响评估报告，其中应包含场地内部潜在污染源情况以及治理污染源的措施；有关单位需提供落实措施的相关文件。

运行评价查阅各项污染源的专项检测报告。

4.1.4 商店建筑用地应依据城市规划选择人员易到达或交通便利的适宜位置。

【参评范围】本条适用于设计、运行评价。

【条文释义】为保证商店建筑运营效果，对于其交通便利可达性的要求较高。同时，由于基地内人员流量和物流量均较大，且集散相对集中。因此，人员疏散及城市交通的快速疏导极为重要，这也要求其项目用地选择在易到达或交通便利的适宜位置，便于各类交通流线的疏导和集散。特别是当前商店建筑更加趋向于功能的复合和集约，多选址于各类公共交通站点（交通枢纽）周边、人口集中居住区及大型企事业单位周边，较为集中的商业及生活服务网点周边，这时，人员便利到达和快速疏导显得尤为重要。但当商店建筑用地选址于城市郊区时，其用地周边也应具有便捷的各类交通路网和快捷的公共交通组织。

所以，商店建筑的选址应满足现行行业标准《商店建筑设计规范》JGJ 48选址要求；对于新建商店建筑除应满足城市整体商业布局要求外，还应满足当地城镇规划（城市总体规划和商业布局规划）的控制要求以及专用建筑设计规范的有关要求。

【评价方法】本条重点审核项目执行所在地城市总体规划、商业布局规划和控制性详细规划要求情况，及项目所在地交通专项规划及交评文件，判断商店建筑用地是否符合人员易到达或交通便利的要求。

设计评价查阅项目所在地城市总体规划、商业布局规划及交评文件、控制性详细规划、项目总平面图及相关设计文件。

运行评价在设计评价方法之外还应核查相关上位规划审批文件，并现场核查。

4.1.5 不得降低周边有日照要求建筑的日照标准。

【参评范围】本条适用于设计、运行评价。

【条文释义】有日照要求的建筑包括居住建筑以及学校、幼儿园、托儿所、疗养院、医院病房和老年人居住建筑等每天有太阳光照射时间要求的建筑。

建筑日照标准是指根据建筑物（场地）所处的气候区、城市规模和建筑物（场地）的使用性质，在日照标准日的有效日照时间带内阳光应直接照射到建筑物（场地）上的最低日照时数。

住宅日照标准应符合表 4-1 规定；对于特定情况还应符合下列规定：

1. 老年人居住建筑，残疾人住宅的卧室、起居室，应能获得冬至日不小于 2 小时的日照标准。

2. 托儿所、幼儿园的主要生活用房应能获得冬至日不小于 3h 的满窗日照。

3. 中、小学半数以上的教室应能获得冬至日不小于 2h 的日照标准。

4. 医院（含社区卫生服务中心）、疗养院半数以上的病房和疗养室应能获得冬至日不小于 2 小时的日照标准。

5. 宿舍半数以上的居室，应能获得同住宅居住空间相等的日照标准。

6. 旧区改造的项目内新建住宅日照标准可酌情降低，但不应低于大寒日日照 1 小时的标准。

表 4-1　住宅建筑日照标准

建筑气候区划	Ⅰ、Ⅱ、Ⅲ、Ⅶ气候区		Ⅳ气候区		Ⅴ、Ⅵ气候区
	大城市	中小城市	大城市	中小城市	
日照标准日	大寒日				冬至日
日照时数（h）	≥2	≥3			≥1
有效日照时间带（h）	8～16				9～15
日照时间计算起点	底层窗台面				

注：1. 表 4-1 摘自《城市居住区规划设计规范》GB 50180—93（2002 年版）。

2. 建筑气候区划应符合《城市居住区规划设计规范》附录 A 第 A.0.1 条的规定。

3. 底层窗台面是指距室内地坪 0.9m 高的外墙位置。

根据行业标准《商店建筑设计规范》JGJ 48—2014，商店建筑为有店铺的、供销售商品所用的商店，综合性建筑的商店部分也包括在内，包括菜市场、书店、药店等，但不包括其他商业服务行业（如修理店等）的建筑。零售业态主要包括购物中心、百货商场、超级市场、菜市场、专业店、步行商业街等。商店建筑的规模应按单项建筑内的商店总建筑面积进行划分，并应符合表 4-2 的规定。

表 4-2　商店建筑的规模划分（摘自《商店建筑设计规范》JGJ 48—2014)

规模	小型	中型	大型
总建筑面积	<5000m²	5000m²～20000m²	>20000m²

不同业态不同规模的商店建筑对周围有日照要求的建筑的影响是不同的，因此本条评价时要综合考虑商店建筑的具体业态和规模以及周边有日照要求建筑的日照标准。为有效降低商店建筑对周边建筑物的日照影响，规划设计商店建筑时需注意其与周边建筑的关系，并进行日照分析。另外，日照遮挡不能只考虑相邻建筑，还应考虑商店建筑日影长度覆盖范围内有日照要求的不相邻建筑。

【评价方法】本条文重点考察参评建筑对周边建筑的日照影响。重点评价内容应包括：

1. 建筑总平面图中申报范围内的建筑与周边建筑的关系，确认其建筑布局或体形是否对周围环境产生不利影响。

2. 查阅日照分析报告，确认其是否对周围有日照要求的建筑造成遮挡。

3. 现场检测周边有日照要求建筑的日照时数。

设计评价查阅总平面图、设计说明，日照分析报告，日照分析报告基本内容至少应包括计算范围、主要计算参数、等时线图或窗户日照时间表以及明确的结论。

运行评价应核查竣工图及其日照模拟分析报告，并进行现场核实。

4.1.6 场地内人行通道应采用无障碍设计，且应与建筑场地外人行通道无障碍连通。

【**参评范围**】本条文适用于设计、运行评价。

【**条文释义**】对城市公共环境进行无障碍设计，能够充分体现社会的文明和进步。商店建筑的基地内，应按照国家标准《无障碍设计规范》GB 50763—2012 的规定设置无障碍设施。

无障碍设施是指为了保障残疾人、老年人、儿童及其他行动不便者在居住、出行、工作、休闲娱乐和参加其他社会活动时，能够自主、安全、方便地通行和使用所建设的物质环境。

主要包括以下设施：缘石坡道、盲道；无障碍电梯、升降平台等升降装置；低位服务设施、无障碍机动车停车位、轮椅席位、安全抓杆；无障碍厕所、厕位；无障碍标志、安全警示线、过街音响提示装置、语音指示站台；其他便于残疾人、老年人、儿童及其他行动不便者使用的设施。

商店建筑人行通道的无障碍设计应符合下列规定：

1. 建筑基地的人行通道的地面应平整、防滑、不积水。

2. 建筑基地的主要人行通道当有高差或台阶时应设置轮椅坡道或无障碍电梯。

3. 建筑基地的车行道与人行通道地面有高差时，在人行通道的路口及人行横道的两端应设缘石坡道。

4. 建筑物至少应有 1 处为无障碍出入口，且宜位于主要出入口处。

5. 公众通行的室内走道应为无障碍通道。

6. 供公众使用的男、女公共厕所每层至少有 1 处应满足国家标准《无障碍设计规范》GB 50763—2012 第 3.9.1 条的有关规定或在男、女公共厕所附近设置 1 个无障碍厕所，大型商业建筑宜在男、女公共厕所满足《无障碍设计规范》GB 50763—2012 第 3.9.1 条的有关规定的同时且在附近设置 1 个无障碍厕所。

7. 供公众使用的主要楼梯应为无障碍楼梯。

8. 与建筑场地外的人行系统（包括人行道、人行横道、人行天桥及地道、公交车站）无障碍连通。

【**评价方法**】本条重点评价无障碍设计是否满足《无障碍设计规范》GB 50763—

2012 的要求，以及建筑场地内人行通道与建筑场地外人行通道是否无障碍连通。

设计评价查阅建筑总平面图、总图的竖向及景观设计文件。重点审查建筑的主要出入口是否满足无障碍要求，场地内的人行系统以及与外部城市道路的连接是否满足无障碍要求。

运行评价在设计评价方法之外，应查阅竣工图、现场照片等影音资料，并现场核查。场地内盲道的设置可不作为审查重点。

4.2 评 分 项

Ⅰ 土 地 利 用

4.2.1 节约集约利用土地，评价总分值为 10 分，根据其容积率按表 4.2.1 的规则评分。

表 4.2.1 商店建筑容积率评分规则

容积率 R	得分
$0.8 \leqslant R < 1.5$	5
$1.5 \leqslant R < 3.5$	8
$R \geqslant 3.5$	10

【参评范围】本条适用于设计、运行评价。

【条文释义】在城市规划中，一般都对每种用地性质内所建建筑物类型的容积率给出一定的值，用以指导城市的开发建设。商店建筑的容积率不应超出当地城市规划中规定的值。商店建筑容积率的计算参考北京市规划委员会发布的《容积率指标计算规则》：容积率是指一定地块内，地上总建筑面积与总建设用地面积的比率。地上总建筑面积为建设用地内各栋建筑物地上建筑面积计算值之和；地下有经营性面积的，其经营面积不纳入计算容积率的建筑面积。一般情况下，建筑面积计算值按照《建筑工程建筑面积计算规范》GB/T 50353—2013 的规定执行；遇有特殊情况，按照本规则下列规定执行：

（1）当普通商业建筑标准层层高大于 6.1m（3.9m＋2.2m）时，不论层内是否有隔层，建筑面积的计算值按该层水平投影面积的 2 倍计算；当普通商业建筑层高大于 10m（3.9m×2＋2.2m）时，不论层内是否有隔层，建筑面积的计算值按该层水平投影面积的 3 倍计算。

（2）地下空间的顶板面高出室外地面 1.5m 以上时，建筑面积的计算值按该层水平投影面积计算；地下空间的顶板面高出室外地面不足 1.5m 的，其建筑面积不计入容积率。如建筑室外地坪标高不一致时，以周边最近的城市道路标高为准加上 0.2m 作为室外地坪，之后再按上述规定核准。

（3）普通商业建筑的门厅、大堂、中庭、内廊、采光厅等公共部分及屋顶，特殊用途的大型商业用房，暂不按《容积率指标计算规则》计算容积率，其建筑面积的计算值按照《建筑工程建筑面积计算规范》GB/T 50353—2013 的规定执行。

【评价方法】本条文重点评价容积率是否满足相关标准的规定。

申报项目用地性质明确且有独立用地边界时，其容积率应按所在地城乡规划管理部门核发的建设用地规划许可证规划条件提出的容积率进行计算。

申报项目为某个综合开发项目中的部分建筑时，依照建设用地规划许可证的规划条件进行计算，评价规则按只要有涉及即全部参评执行。以商住楼为例，虽只有低层一、二楼是商店建筑功能，其评价过程中应以系统性整体性为原则进行整体评价。

设计评价查阅商店建筑规划设计图、建筑总平面图等图纸。

运行评价在设计评价方法之外还应核实竣工图和容积率计算书。

4.2.2 场地内合理设置绿化用地，评价总分值为 10 分，按下列规则分别评分并累计：

1 绿地率高于当地主管部门出具的绿地率控制指标要求的 5%，得 3 分；高于 10%，得 6 分；

2 绿地向社会公众开放，得 4 分。

【参评范围】本条适用于设计、运行评价。

【条文释义】提高绿地率，能给人以清新、愉悦的感受，还可以美化城市、净化空气、减少噪声、过滤灰尘、调节微气候、减轻热岛效应。鼓励商店建筑项目优化建筑布局提供更多的绿化用地或绿化广场，创造更加宜人的公共空间；鼓励绿地或绿化广场设置休憩、娱乐等设施并定时向社会公众免费开放，为人们提供更多的公共活动空间，营造愉快轻松的工作和休闲环境。

【评价方法】本条重点评价场地内的绿化用地以及是否向公众开放。

设计评价查阅相关设计文件中的相关技术经济指标，内容包括项目总用地面积、绿地面积、绿地率；检查设计文件中是否包含了绿地将向社会公众开放的设计理念及技术措施。

运行评价在设计评价方法之外应核实竣工图，并现场核查绿地及绿地、广场和休闲设施向社会公众开放的落实情况。

4.2.3 合理开发利用地下空间，评价总分值为 10 分，根据地下建筑面积与总用地面积之比按表 4.2.3 的规则评分。

表 4.2.3 地下空间开发利用评分规则

地下建筑面积与总用地面积之比 R_p	得分
$R_p < 0.5$	2
$0.5 \leqslant R_p < 1.0$	6
$R_p \geqslant 1.0$	10

【参评范围】本条适用于设计、运行评价。经论证场地区位和地质条件、建筑结构类型、建筑功能或性质确实不适宜开发地下空间的项目，本条不参评。

【条文释义】城市地下空间资源的开发与利用，是节约土地资源的有效途径，利于保护现有耕地，减少环境污染，提高城市化水平。为加强对城市地下空间开发利用的管理，合理开发城市地下空间资源，适应城市现代化和城市可持续发展建设的需要，建设部于 1997 年颁布了《城市地下空间开发利用管理规定》，其第三条明确规定，城市地下空间的开发利用应贯彻统一规划、综合开发、合理利用、依法管理的原则，坚持社会效益、经济效益和环境效益相结合，考虑防灾和人民防空等需要。商店建筑的地下空间利用也应本着此原则，因地制宜地合理开发。

商店建筑的地下空间按使用功能分为三类：第一类是商业功能的延续。由于可以从首层近便到达，商店建筑地下空间的地下一层具有很高的商业价值，被许多大型商店建筑用于商业、餐饮、娱乐等用途；第二类是商店建筑的附属设施，如设备机房、仓储、停车场等；第三类是商店建筑与周边建筑、公共交通设施的地下连通通道。商店建筑应结合实际功能需求合理利用。

【评价方法】本条重点评价地下空间的开发利用。

计算面积以建筑面积为准，面积计算符合现行国家标准《建筑工程建筑面积计算规范》GB/T 50353 要求。地下建筑面积地下室、半地下室（包括相应的有永久性顶盖的出入口）建筑面积，应按其外墙上口（不包括采光井、外墙防潮层及其保护墙）外边线所围水平面积计算。层高在 2.2m 及以上者应计算全面积；层高不足 2.2m 者应计算 1/2 面积。房间地平面低于室外地平面的高度超过该房间净高的 1/2 者为地下室；房间地平面低于室外地平面的高度超过该房间净高的 1/3，且不超过 1/2 者为半地下室；永久性顶盖是指经规划批准设计的永久使用的顶盖。全部在地下的商店建筑按满分 10 分计算。

设计评价查阅相关设计文件、计算书，审核地下空间设计的合理性；核查地下建筑面积与总用地面积之比，同时核查地下一层建筑面积与总用地面积的比率。

运行评价在设计评价方法之外核查竣工图的相关指标，并现场核实。

Ⅱ 室 外 环 境

4.2.4 建筑及照明设计避免产生光污染，评价总分值为 10 分，按下列规则分别评分并累计：

1 玻璃幕墙设计控制反射光对周边环境的影响，玻璃幕墙可见光反射比不大于 0.2，得 5 分；

2 室外夜景照明光污染的限制符合现行行业标准《城市夜景照明设计规范》JGJ/T 163 的规定，得 5 分。

【参评范围】本条适用于设计、运行评价。

【条文释义】本项条文主要涉及的名词包括光污染、可见光反射比、夜景照明等。

光污染是指过量的光辐射对人类正常生活、工作、休息和娱乐造成不利影响的现象。在日常生活中，人们常见的光污染的状况多为由镜面建筑反光所导致的行人和司机的眩晕感，以及夜晚不合理灯光给人体造成的不适感。

可见光反射比是指被物体表面反射的光通量 Φ_ρ 与入射到物体表面的光通量 Φ_i 之比，用符号 N 表示，主要用于表示玻璃幕墙的反射"光污染"现象。

夜景照明泛指除体育场场地、建筑工地和道路照明等功能性照明以外，所有室外公共活动空间或景物及建筑的夜间景观照明，亦称景观照明。夜景照明自商业活动诞生以来就随之而生，它在商业建筑中扮演着重要的角色，是商业建筑重要的广告和文化载体。为减轻商业建筑夜景照明对居住建筑的影响，夜景照明设计应满足现行行业标准《城市夜景照明设计规范》JGJ/T 163—2008 关于光污染控制的相关要求。包括：

1 夜景照明设施在居住建筑窗户外表面产生的垂直面照度不应大于表 4-3 的规定值。

表 4-3 垂直面照度最大允许值

照明技术参数	应用条件	环境区域			
		E1 区	E2 区	E3 区	E4 区
垂直面照度 (E_v) (lx)	熄灯时段前	2	5	10	25
	熄灯时段	0	1	2	5

注：1 考虑对公共（道路）照明灯具会产生影响，E1 区熄灯时段的垂直面照度最大允许值可提高到 1lx；

2 环境区域（E1～E4 区）的划分可按《城市夜景照明设计规范》JGJ/T 163—2008 附录 A 进行。

2 夜景照明灯具朝居室方向的发光强度不应大于表 4-4 的规定值。

表 4-4 夜景照明灯具朝居室方向的发光强度的最大允许值

照明技术参数	应用条件	环 境 区 域			
		E1 区	E2 区	E3 区	E4 区
灯具发光强度	熄灯时段前	2500	7500	10000	25000
I（cd）	熄灯时段	0	500	1000	2500

注：1 要限制每个能持续看到的灯具，但对于瞬时或短时间看到的灯具不在此例；

2 如果看到光源是闪动的，其发光强度应降低一半；

3 如果是公共（道路）照明灯具，E1 区熄灯时段灯具发光强度最大允许值可提高到 500cd；

4 环境区域（E1～E4 区）的划分可按《城市夜景照明设计规范》JGJ/T 163—2008 附录 A 进行。

3 居住区和步行区的夜景照明设施应避免对行人和非机动车人造成眩光。夜景照明灯具的眩光限制值应满足表 4-5 的规定。

表 4-5 步行区夜景照明灯具的眩光限制值

安装高度（m）	L 与 $A^{0.5}$ 的乘积
$H \leqslant 4.5$	$LA^{0.5} \leqslant 4000$
$4.5 < H \leqslant 6$	$LA^{0.5} \leqslant 5500$
$H > 6$	$LA^{0.5} \leqslant 7000$

注：1 L 为灯具在与向下垂线成 85°和 90°方向间的最大平均亮度（cd/m²）；

2 A 为灯具在与向下垂线成 90°方向的所有出光面积（m²）。

4 灯具的上射光通比的最大值不应大于表 4-6 的规定值。

表 4-6 灯具的上射光通比的最大允许值

照明技术参数	应用条件	环 境 区 域			
		E1 区	E2 区	E3 区	E4 区
上射光通比	灯具所处位置水平面以上的光通量与灯具总光通量之比（%）	0	5	15	25

5 夜景照明在建筑立面和标识面产生的平均亮度不应大于表 4-7 的规定值。

表 4-7 建筑立面和标识面产生的平均亮度最大允许值

照明技术参数	应用条件	环 境 区 域			
		E1 区	E2 区	E3 区	E4 区
建筑立面亮度 L_b（cd/m²）	被照面平均亮度	0	5	10	25
标识亮度 L_s（cd/m²）	外投光标识被照面平均亮度；对自发光广告标识，指发光面的平均亮度	50	400	800	1000

注：1 若被照面为漫反射面，建筑立面亮度可根据被照面的照度 E 和反射比 ρ，按 $L = E\rho/\pi$ 式计算出亮度 L_b 或 L_s。

2 标识亮度 L_s 值不适用于交通信号标识。

3 闪烁、循环组合的发光标识，在 E1 和 E2 区里不应采用，在所有环境区域这类标识均不应靠近住宅的窗户设置。

【评价方法】本条重点评价建筑及照明是否产生光污染。

设计评价查阅照明施工图、照明设计方案（含计算书）、光污染分析专项报告、玻璃的光学性能检验报告、灯具的光度检验报告。

运行评价在设计评价方法之外还应查阅竣工图、光污染分析专项报告、玻璃进场复验报告、灯具进场复验报告等相关检测报告，并现场核查玻璃幕墙的可见光反射、夜景照明光污染控制情况。

4.2.5　场地内风环境有利于室外行走、活动舒适和建筑的自然通风，评价总分值为 6 分，按下列规则分别评分并累计：

　　1　冬季典型风速和风向条件下，建筑物周围人行区风速小于 5m/s，且室外风速放大系数小于 2，得 3 分；

　　2　过渡季、夏季典型风速和风向条件下，场地内人活动区不出现涡旋或无风区，且主入口与广场空气流动状况良好，得 3 分。

【参评范围】本条适用于设计、运行评价。

【条文释义】本项条文主要涉及的名词包括风环境、风速、风速放大系数等。

风环境是指室外自然风在城市地形地貌或自然地形地貌影响下形成的受到影响之后的风场。

风速放大系数是建筑物周围离地面高 1.5m 处风速与开阔地面同高度风速之比。

本条的目的是为了使建筑周围的风环境在冬季有利于行人活动，过渡季和夏季有利于自然通风，且场地内不出现涡旋和死角。

冬季条件下，强烈的寒冷气流会在一定程度上影响商场建筑周边的微气候，使行人产生强烈的吹风感。研究表明，当平均风速 $V < 5$m/s 时，行人感觉是舒适的，如表 4-8 所示（引自《风对结构的作用—风工程导论》一书中风速与人体舒适度之间的定量关系）。因此，标准中规定冬季典型风速和风向条件下，建筑物周围人行区域距地 1.5m 高处的风速小于 5m/s，以保证人们正常的室外活动。

表 4-8　风速与人体舒适度的关系

风速	人体舒适度
$V < 5$m/s	舒适，行动不受影响
5m/s $< V < 10$m/s	不舒适，行动受到影响
10m/s $< V < 15$m/s	很不舒适，行动受到严重影响
15m/s $< V$	行动受及其严重影响

由于建筑单体和群体布局设计不当，不仅会阻碍风的流动，还会产生二次风，造成"狭道风"、"缝隙风"、"角隅风"等不利的风环境，从而导致行人举步维艰或强风卷刮物体撞碎玻璃等现象。此外，当某个区域的流场分布不均匀时，

也会对行人的舒适感产生影响,如当小于2m的范围内平均风速的变化率达到70%,行人就会感觉到明显的不舒适,因此本标准采用风速放大系数作为建筑周边人行及活动区域风环境的评价依据,要求人行区域的风速放大系数不大于2。

夏季、过渡季节条件下,通畅的气流会给高温下活动的人们带来明显的舒适感,如果通风不畅会严重地阻碍气流的流动,在建筑周边某些区域形成涡旋区和无风区,这不仅对于室外散热和污染物消散是非常不利的,同时也会严重影响行人的舒适度,设计时应避免出现这种情况。

【评价方法】本条重点评价场地内风环境是否满足设计要求。

设计评价查阅相关设计文件、风环境模拟计算报告。

运行评价查阅相关竣工图、风环境模拟计算报告,并现场核查是否全部按照设计要求进行施工。必要时,可进行现场实测验证是否符合设计要求。

Ⅲ 交通设施与公共服务

4.2.6 场地与公共交通设施具有便捷的联系,评价总分值为10分,按下列规则分别评分并累计:

1 主要出入口到达公共汽车站的步行距离不大于500m,或到达轨道交通站的步行距离不大于800m,得3分;

2 主要出入口步行距离800m范围内设有2条及以上线路的公共交通站点(含公共汽车站和轨道交通站),得3分;

3 有便捷的人行通道联系公共交通站点,得4分。

【参评范围】本条适用于设计、运行评价。

【条文释义】优先发展公共交通是缓解城市交通拥堵问题的重要措施,国内外经验表明,将商店建筑与公共交通设施站点建立便捷联系,有利于各区域顾客在短时间内的汇集和疏散,同时能够满足供、销货渠道的畅通。既可有效缓解交通压力,方便服务民众生活,减少车辆尾气排放,又可提高商业建筑运营效益,增加城市活力。在商店建筑选址和场地规划中应重视建筑及场地与公共交通站点的有机联系,特别是与地铁和公共交通站点的有机联系,使其能够通过便捷的人行通道(包括:人行道、广场、建筑屋顶平台、天桥、地下空间等)与公共交通设施建立便捷的步行联系,避免与机动车流交叉,减少绕行距离,为行人提供人性化的安全通道路径。

【评价方法】本条重点评价场地与公共交通设施是否具有便捷的联系,场地出入口的设计是否有利于步行、公交等绿色出行模式。

设计评价查阅场地区位图、区域交通线路图、场地规划、建筑总平面图、场地周边公共交通设施布局图(应标明场地出入口到达公共站点的步行路线、距离，包括建筑与公共交通站场连通的专用通道、连接口等）。

运行评价在设计评价方法之外应查阅相关竣工图、现场照片等影音资料，并现场核实。

4.2.7 合理设置停车场所，评价总分值为 10 分，按下列规则分别评分并累计：

1 自行车停车设施位置合理，方便出入，且有遮阳防雨措施，得 5 分；

2 采用机械式停车库、地下停车库或停车楼等方式节约集约用地，且有明确的交通标识，得 5 分。

【参评范围】 本条适用于设计、运行评价。

【条文释义】 商店建筑机动车和非机动车的停车量较大，各种车行和人行流线组织非常复杂，所以停车场所的合理布置非常重要。为节约土地资源，集约利用土地，应结合项目实际情况合理设置地上或地下立体集约式（包括机械式停车楼）停车场所，并科学管理、合理组织交通流线，不应对行人活动空间产生干扰。室内外机动车和非机动车停车场所配置规模和停车数量，应符合项目所在地控制性详细规划要求，其规划及建筑设计应符合现行国家和地方标准的有关规定。同时，应在室外（地面或屋顶）停车位处采取遮阴措施（布置乔木或构筑物），降低热岛强度，提高驾驶者的舒适感。

由于商店建筑停车场所面积较大，各种流线（车流、物流、人流）复杂，特别是地下空间或不规则空间的场地方向感较差。所以，要求规划设置完善的交通流线导引系统，满足各种车流组织的要求。

应鼓励使用自行车等绿色环保的交通工具，为绿色出行提供便利条件，商店建筑应设计安全方便、规模适度、布局合理，符合使用者出行习惯的自行车停车场所，并要求为自行车停车场提供遮阳防雨措施和必要的安全防范措施。

【评价方法】 本条重点评价商店建筑停车场所设置是否合理。

设计评价查阅场地及停车库的相关设计文件。

运行评价在设计评价方法之外还应查阅相关竣工图，并现场核实。

4.2.8 提供便利的公共服务，评价总分值为 10 分。满足下列要求中 2 项，得 5 分；满足 3 项，得 10 分：

1 商店建筑兼容 2 种及以上公共服务功能；

2 向社会公众提供开放的公共空间；

3 配套辅助设施设备共同使用、资源共享。

【参评范围】 本条适用于设计、运行评价。

【条文释义】 随着时代的发展，商业建筑已不是过去的单一零售功能，而多以融合了商业零售、商务办公、酒店餐饮、公寓住宅、综合娱乐或城市交通等不同功能于一体的商业综合体形式存在。功能复合可最大限度地利用土地资源，使城市的多重功能之间联系紧密，互为补充。同时兼顾不同时段对商业体中各功能的不同消费需求（例如昼夜之间、工作日和周末之间不同时段的消费需求）。

商业综合体与多功能建筑不同，其差别在于：多功能建筑是数量与种类上的积累综合，这种综合不构成集约高效的系统和能耗的节约，局部增减无关整体大局。而商业综合体则是各组成部分之间的优化组合，并共同存在于一个有机系统之中，使建筑的设备设施管理系统、交通系统、网络通信系统、安防系统等能够集约利用和管理。

同时，商业综合体是为城市提供公共服务功能的场所，应该为城市和公众提供更多的城市公共空间（包括室外场所和室内场所），便于市民进行各种活动，保证城市和街区活力。兼容2种以上主要公共服务功能是指将多种功能在建筑内部混合布局，部分空间及设施整合集中，共享使用。兼容多种公共服务功能，有利于节约能源、保护环境。设施整合集中布局、协调互补，和社会共享可提高使用效率，节约用地和投资。商店建筑除具备商业服务功能以外，还应考虑兼容文化体育、金融邮电、社区服务、市政公用等其他公共服务功能。

向社会公众提供开放的公共空间，既可增加公共活动空间、提高各类设施和场地的使用率，又可陶冶情操、增进社会交往。

【评价方法】本条重点评价商店建筑是否兼容更多的城市公共服务功能，方便公众的生活。

设计评价查阅场地、建筑及设备的相关设计文件。

运行评价在设计评价方法之外还应查阅相关竣工图，并现场核实。

Ⅳ 场地设计与场地生态

4.2.9 结合现状地形地貌进行场地设计与建筑布局，保护场地内原有的自然水域、湿地和植被，采取表层土利用等生态补偿措施，评价分值为5分。

【参评范围】本条适用于设计、运行评价。

【条文释义】自然水域就是指的无人工养殖、投放鱼苗的水域。

湿地泛指暂时或长期覆盖水深不超过2m的低地、土壤充水较多的草甸以及低潮时水深不过6m的沿海地区，包括各种咸水淡水沼泽地、湿草甸、湖泊、河流以及洪泛平原、河口三角洲、泥炭地、湖海滩涂、河边洼地或漫滩、湿草原等。湿地是指不论其为天然或人工、长久或暂时之沼泽地、湿原、泥炭地或水域地带，带有静止或流动或为淡水、半咸水或咸水水体者，包括低潮时水深不超过6m的水域。

植被就是覆盖地表的植物群落的总称。它是一个植物学、生态学、农学或地球科学的名词。陆地表面分布着由许多植物组成的各种植物群落，如森林、草原、灌丛、荒漠、草甸、沼泽等，总称为该地区的植被。

从全球范围可区分为海洋植被和陆地植被两大类。植被还可分为自然植被和人工植被。自然植被是一地区的植物长期发展的产物，包括原生植被、次生植被和潜在植被。人工植被包括农田、果园、草场、人造林和城市绿地等。植被可按地理环境特征划分，如高山植被、温带植被；可按不同地域划分，如天山植被、中国植被；还可依植物群落类型划分，如草甸植被、森林植被等。

在建设过程中应重点合理利用及保护的自然资源包括原有水体、湿地和植被，特别是胸径在 15～40cm 的中龄期以上的乔木。如在建设过程中确需改造场地内的地形、地貌、水体、植被等自然资源时，应在工程结束后及时采取生态复原措施，以减少对原有自然环境的改变和破坏。

表层土是指位于土壤的最上部，在耕地上是指受耕作影响而被搅乱的土层即耕层，在非耕地上则指深约 10～25cm 的土层。充分利用表层土的意义在于其含有丰富的有机质、矿物质和微量元素，透气透水能力强，使深层土壤透气好并保有养分，适合植物和微生物的生长。场地表层土的保护和回收利用是土壤资源保护、防止水土流失、维持生物多样性的重要方法之一。

【评价方法】本条重点评价建筑活动是否对场地自然生态系统造成不利影响。

设计评价查阅场地原始地形图、带地形的规划设计图纸、表层土利用方案、乔木等植被保护方案（保留场地内全部原有中龄期以上的乔木（允许移植））、水面保留方案总平面图、竖向设计图、景观设计总平面图、拟采取的生态补偿措施与实施方案。

运行评价需现场核实地形地貌与原设计的一致性，现场核实原有场地自然水域、湿地和植被的保护情况。对场地的水体和植被作了改造的项目，查阅水体和植被修复改造过程的照片和记录，核实修复补偿情况。查阅表层土收集、堆放、回填过程的照片、施工组织文件和施工记录，以及表层土收集利用量的计算书。

4.2.10 充分利用场地空间合理设置绿色雨水基础设施，评价总分值为 8 分，按下列规则分别评分并累计：

1 合理衔接和引导屋面雨水、道路雨水进入地面生态设施，并采取相应的径流污染控制措施，得 4 分；

2 室外场地硬质铺装地面中透水铺装面积的比例达到 50% ，得 4 分。

【参评范围】本条适用于设计、运行评价。

【条文释义】绿色雨水基础设施包括雨水花园、下凹式绿地、屋顶绿化、植被浅沟、雨水截流设施、渗透设施、雨水塘、雨水湿地、景观水体、多功能调蓄设施等。绿色雨水基础设施有别于传统的灰色雨水设施（雨水口、雨水管道等），能够以自然的方式控制城市雨水径流、减少城市洪涝灾害、控制径流污染、保护水环境。

应根据场地条件合理采用雨水控制利用措施，编制场地雨水综合利用方案。

（1）利用场地的河流、湖泊、水塘、湿地、低洼地作为雨水调蓄设施，或利用场地内设计景观（如景观绿地和景观水体）来调蓄雨水，可达到有限土地资源多功能开发的目标。能调蓄雨水的景观绿地包括下凹式绿地、雨水花园、树池、干塘等。

（2）屋面雨水和道路雨水是建筑场地产生径流的重要源头，易被污染并形成污染源，故应合理引导其进入地面生态设施进行调蓄、下渗和利用，并在雨水进入生态设施前后采取相应截污措施，保证雨水在滞蓄和排放过程中有良好的衔接关系，保障自然水体和景观水体的水质、水量安全。地面生态设施是指下凹式绿地、植草沟、树池等，即在地势较低的区域种植植物，通过植物截流、土壤过滤滞留处理小流量径流雨水，达到径流污染控制目的。

（3）雨水下渗也是消减径流和径流污染的重要途径之一。商店建筑的广场、停车场和道路等多为硬质铺装，采用石材、砖、混凝土、砾石等为铺地材料，透水性能较差，雨水无法入渗，形成大量地面径流，增加城市排水系统的压力。透水铺装是指既能满足路用及铺地强度和耐久性要求，又能使雨水通过本身与铺装下基层相通的渗水路径直接渗入下部土壤的地面铺装。采用如透水沥青、透水混凝土、透水地砖等透水铺装系统，可以改善地面透水性能。

室外透水地面是缓解城区及公共区气温升高和气候干燥状况，降低热岛效应，调节小气候，增加场地雨水冲洗盐碱效果与土壤淡水量，改善生态环境及强化天然降水的地下渗透能力，补充地下水量，减少因地下水位下降造成的地面下陷，降低排水系统负荷，减少雨水的洪峰径流量，以减轻城市的排水压力，调节城市水热各分量平衡的重要措施，也是绿色商店建筑节地与室外环境设计评价和运营评价的重要标志。

【评价方法】本条重点评价绿色雨水基础设施的应用措施及透水铺装面积比例。

设计评价查阅地形图及场地规划设计文件、场地雨水综合利用方案或雨水专项规划设计、施工图纸（含总图、景观设计图、室外给排水总平面图等）。

运行评价还应现场核查设计要求的实施情况。

4.2.11 合理规划地表与屋面雨水径流，对场地雨水实施外排总量控制，评价总分值为 6 分。场地年径流总量控制率达到 55%，得 3 分；达到 70%，得 6 分。

【参评范围】本条适用于设计、运行评价。

【条文释义】年径流总量控制率定义为：通过自然和人工强化的入渗、滞留、调蓄和回用，场地内累计一年得到控制的雨水量占全年总降雨量的比例。

场地设计应合理评估和预测场地可能存在的水涝风险，对场地雨水实施减量控制，尽量使场地雨水就地消纳或利用，防止径流外排到其他区域形成水涝和污染。径流总量控制同时包括雨水的减排和利用，实施过程中减排和利用的比例需依据场地的实际情况，通过合理的技术经济比较，来确定最优方案。雨水设计应协同场地、景观设计，采用屋顶绿化、透水铺装等措施降低地表径流量，同时利用下凹式绿地、浅草沟、雨水花园加强雨水入渗、滞蓄、调节雨水外排量，也可根据项目的用水需求收集雨水回用，实现减少场地雨水外排的目标。

从区域角度看，雨水的过量收集会导致原有水体的萎缩或影响水系统的良性循环。要使硬化地面恢复到自然地貌的环境水平，最佳的雨水控制量应以雨水排放量接近自然地貌为标准，因此从经济性和维持区域性水环境的良性循环角度出发，径流的控制率也不宜过大而应有合适的量（除非具体项目有特殊的防洪排涝设计要求）。

设计时应根据年径流总量控制率对应的设计控制雨量来确定雨水管理设施规模和最终方案，有条件时，可通过相关雨水控制利用模型进行设计计算；也可采用简单计算方法，结合项目条件，用设计控制雨量乘以场地综合径流系数、总汇水面积来确定项目雨水设施总规模，再分别计算滞蓄、调蓄和收集回用等措施实现的控制容积，达到设计控制雨量对应的控制规模要求，即达标。

从减少场地雨水外排的目标角度，鼓励适度提高场地年径流总量控制率。然而雨水的过量收集会导致原有水体的萎缩或影响水系统的良性循环，因此本条设定的年径流总量控制率上限值为85%，即指标值超过85%后得分为0。

【评价方法】本条重点评价场地雨水设施，鼓励适度提高场地年径流总量控制率。

设计评价查阅当地降雨统计资料、设计说明书（或雨水专项规划设计报告，应包括雨水径流途径，雨水入渗措施等）、设计控制雨量计算书、施工图纸（含总图、景观设计图、室外给排水总平面图等）。

运行评价查阅当地降雨统计数据、相关竣工图、设计控制雨量计算书、场地年径流总量控制报告，并现场检查。

4.2.12 屋顶或墙面合理采用垂直绿化、屋顶绿化等方式，并科学配置绿化植物，评价分值为5分。

【参评范围】本条适用于设计、运行评价。

【条文释义】增加城市的绿化面积是生态城市环境建设的重要内容，是改善生态环境和提高民众的生态参与意识及生活质量的重要内容，为大力改善城市生态景观的环境质量，应鼓励商店建筑进行屋顶绿化或墙面垂直绿化。合理采用屋顶绿化或垂直绿化能增加绿化面积，提高绿化在二氧化碳固定方面的作用，缓解城市热岛效应；改善屋顶和墙壁的保温隔热效果、辅助建筑节能；还可有效截留雨水。屋面可绿化面积不包括放置设备、管道、太阳能板等所占面积，不包括轻质屋面和大于 15 度的坡屋面等,不包括顶层房间有特殊防水工艺要求的屋面面积,也不包括不大于 $30m^2$ 的楼梯间和设备间的屋面。

屋顶绿化面积须达到 25% 以上,或单面垂直绿化墙体面积须达到 15%,才能满足得分要求。

【评价方法】本条重点评价商店建筑是否合理采用了屋顶绿化、垂直绿化等立体绿化方式;审查屋顶绿化面积比或垂直绿化墙体面积比是否达到标准要求,核对建筑屋顶或墙体可绿化面积的范围。

设计评价查阅景观设计文件及其植物配植报告。

运行评价在设计评价方法之外还应进行现场核实。

5　节能与能源利用

5.1　控　制　项

5.1.1　建筑设计应符合国家现行有关建筑节能设计标准中强制性条文的规定。

【参评范围】本条适用于设计、运行评价。对采用市政供热、市政供冷的项目或冷热源机组位于由第三方建设和管理的集中能源站内，其冷、热源机组能效不进行评价。

【条文释义】建筑围护结构热工性能指标、外窗和幕墙的气密性能指标、分户（单元）热计量和分室（户）温度调节、供冷（热）设备机组等对建筑供暖和空调能耗有很大的影响。国家、行业和地方的公共建筑节能设计标准都对这些性能参数提出了明确要求。

本条主要应符合国家标准《公共建筑节能设计标准》GB 50189—2015 中"建筑与建筑热工"章节的强制性条文第 3.2.1、3.2.7、3.3.1、3.3.2、3.3.7 条、"供暖通风与空气调节"章节的强制性条文第 4.2.5、4.2.8、4.2.10、4.2.14、4.2.17、4.2.19、4.5.2、4.5.4、4.5.6 条（另有第 4.1.1 条不作考察，第 4.2.2、4.2.3 条在本标准的第 5.1.3 条中考察），主要指标包括体形系数、围护结构传热系数、太阳得热系数、锅炉热效率、制冷机组性能系数或能效比、热计量、调控等。

国家标准《公共建筑节能设计标准》GB 50189—2015 对应条文具体内容如下：

3.2.1　严寒和寒冷地区公共建筑体形系数应符合表 3.2.1 的规定。

表 3.2.1　严寒和寒冷地区公共建筑体形系数

单栋建筑面积 A（m²）	建筑体形系数
300＜A≤800	≤0.50
A＞800	≤0.40

3.2.7　甲类公共建筑的屋顶透光部分面积不应大于屋顶总面积的 20%。当不能满足本条的规定时，必须按本标准规定的方法进行权衡判断。

3.3.1　根据建筑热工设计的气候分区，甲类公共建筑的围护结构热工性能应分别符合表 3.3.1-1～表 3.3.1-6 的规定。当不能满足本条的规定时，必须按本标准规定的方法进行权衡判断。

表 3.3.1-1 严寒 A、B 区甲类公共建筑围护结构热工性能限值

围护结构部位		体形系数≤0.30	0.30<体形系数≤0.50
		传热系数 K[W/(m²·K)]	
屋面		≤0.28	≤0.25
外墙（包括非透光幕墙）		≤0.38	≤0.35
底面接触室外空气的架空或外挑楼板		≤0.38	≤0.35
地下车库与供暖房间之间的楼板		≤0.50	≤0.50
非供暖楼梯间与供暖房间之间的隔墙		≤1.2	≤1.2
单一立面外窗（包括透光幕墙）	窗墙面积比≤0.20	≤2.7	≤2.5
	0.20<窗墙面积比≤0.30	≤2.5	≤2.3
	0.30<窗墙面积比≤0.40	≤2.2	≤2.0
	0.40<窗墙面积比≤0.50	≤1.9	≤1.7
	0.50<窗墙面积比≤0.60	≤1.6	≤1.4
	0.60<窗墙面积比≤0.70	≤1.5	≤1.4
	0.70<窗墙面积比≤0.80	≤1.4	≤1.3
	窗墙面积比>0.80	≤1.3	≤1.2
屋顶透光部分（屋顶透光部分面积≤20%）		≤2.2	
围护结构部位		保温材料层热阻 R[(m²·K)/W]	
周边地面		≥1.1	
供暖地下室与土壤接触的外墙		≥1.1	
变形缝（两侧墙内保温时）		≥1.2	

表 3.3.1-2 严寒 C 区甲类公共建筑围护结构热工性能限值

围护结构部位		体形系数≤0.30	0.30<体形系数≤0.50
		传热系数 K[W/(m²·K)]	
屋面		≤0.35	≤0.28
外墙（包括非透光幕墙）		≤0.43	≤0.38
底面接触室外空气的架空或外挑楼板		≤0.43	≤0.38
地下车库与供暖房间之间的楼板		≤0.70	≤0.70
非供暖楼梯间与供暖房间之间的隔墙		≤1.5	≤1.5
单一立面外窗（包括透光幕墙）	窗墙面积比≤0.20	≤2.9	≤2.7
	0.20<窗墙面积比≤0.30	≤2.6	≤2.4
	0.30<窗墙面积比≤0.40	≤2.3	≤2.1
	0.40<窗墙面积比≤0.50	≤2.0	≤1.7
	0.50<窗墙面积比≤0.60	≤1.7	≤1.5
	0.60<窗墙面积比≤0.70	≤1.7	≤1.5
	0.70<窗墙面积比≤0.80	≤1.5	≤1.4
	窗墙面积比>0.80	≤1.4	≤1.3
屋顶透光部分（屋顶透光部分面积≤20%）		≤2.3	
围护结构部位		保温材料层热阻 R[(m²·K)/W]	
周边地面		≥1.1	
供暖地下室与土壤接触的外墙		≥1.1	
变形缝（两侧墙内保温时）		≥1.2	

表 3.3.1-3 寒冷地区甲类公共建筑围护结构热工性能限值

围护结构部位		体形系数≤0.30		0.30<体形系数≤0.50	
		传热系数 K [W/(m²·K)]	太阳得热系数 SHGC (东、南、西向/北向)	传热系数 K [W/(m²·K)]	太阳得热系数 SHGC (东、南、西向/北向)
屋面		≤0.45	—	≤0.40	—
外墙（包括非透光幕墙）		≤0.50	—	≤0.45	—
底面接触室外空气的架空或外挑楼板		≤0.50	—	≤0.45	—
地下车库与供暖房间之间的楼板		≤1.0	—	≤1.0	—
非供暖楼梯间与供暖房间之间的隔墙		≤1.5	—	≤1.5	—
单一立面外窗（包括透光幕墙）	窗墙面积比≤0.20	≤3.0	—	≤2.8	—
	0.20<窗墙面积比≤0.30	≤2.7	≤0.52/—	≤2.5	≤0.52/—
	0.30<窗墙面积比≤0.40	≤2.4	≤0.48/—	≤2.2	≤0.48/—
	0.40<窗墙面积比≤0.50	≤2.2	≤0.43/—	≤1.9	≤0.43/—
	0.50<窗墙面积比≤0.60	≤2.0	≤0.40/—	≤1.7	≤0.40/—
	0.60<窗墙面积比≤0.70	≤1.9	≤0.35/0.60	≤1.7	≤0.35/0.60
	0.70<窗墙面积比≤0.80	≤1.6	≤0.35/0.52	≤1.5	≤0.35/0.52
	窗墙面积比>0.80	≤1.5	≤0.30/0.52	≤1.4	≤0.30/0.52
屋顶透光部分（屋顶透光部分面积≤20%）		≤2.4	≤0.44	≤2.4	≤0.35
围护结构部位		保温材料层热阻 R[(m²·K)/W]			
周边地面		≥0.60			
供暖、空调地下室外墙（与土壤接触的墙）		≥0.60			
变形缝（两侧墙内保温时）		≥0.90			

表 3.3.1-4 夏热冬冷地区甲类公共建筑围护结构热工性能限值

围护结构部位		传热系数 K [W/(m²·K)]	太阳得热系数 SHGC (东、南、西向/北向)
屋面	围护结构热惰性指标 D≤2.5	≤0.40	—
	围护结构热惰性指标 D>2.5	≤0.50	
外墙（包括非透光幕墙）	围护结构热惰性指标 D≤2.5	≤0.60	—
	围护结构热惰性指标 D>2.5	≤0.80	
底面接触室外空气的架空或外挑楼板		≤0.70	—
单一立面外窗（包括透光幕墙）	窗墙面积比≤0.20	≤3.5	—
	0.20<窗墙面积比≤0.30	≤3.0	≤0.44/0.48
	0.30<窗墙面积比≤0.40	≤2.6	≤0.40/0.44
	0.40<窗墙面积比≤0.50	≤2.4	≤0.35/0.40
	0.50<窗墙面积比≤0.60	≤2.2	≤0.35/0.40
	0.60<窗墙面积比≤0.70	≤2.2	≤0.30/0.35
	0.70<窗墙面积比≤0.80	≤2.0	≤0.26/0.35
	窗墙面积比>0.80	≤1.8	≤0.24/0.30
屋顶透明部分（屋顶透明部分面积≤20%）		≤2.6	≤0.30

表 3.3.1-5 夏热冬暖地区甲类公共建筑围护结构热工性能限值

围护结构部位		传热系数 K [W/(m²·K)]	太阳得热系数 SHGC (东、南、西向/北向)
屋面	围护结构热惰性指标 D≤2.5	≤0.50	—
	围护结构热惰性指标 D>2.5	≤0.80	
外墙（包括非透光幕墙）	围护结构热惰性指标 D≤2.5	≤0.80	—
	围护结构热惰性指标 D>2.5	≤1.5	
底面接触室外空气的架空或外挑楼板		≤1.5	—
单一立面外窗（包括透光幕墙）	窗墙面积比≤0.20	≤5.2	≤0.52/—
	0.20<窗墙面积比≤0.30	≤4.0	≤0.44/0.52
	0.30<窗墙面积比≤0.40	≤3.0	≤0.35/0.44
	0.40<窗墙面积比≤0.50	≤2.7	≤0.35/0.40
	0.50<窗墙面积比≤0.60	≤2.5	≤0.26/0.35
	0.60<窗墙面积比≤0.70	≤2.5	≤0.24/0.30
	0.70<窗墙面积比≤0.80	≤2.5	≤0.22/0.26
	窗墙面积比>0.80	≤2.0	≤0.18/0.26
屋顶透光部分（屋顶透光部分面积≤20%）		≤3.0	≤0.30

表 3.3.1-6 温和地区甲类公共建筑围护结构热工性能限值

围护结构部位		传热系数 K [W/(m²·K)]	太阳得热系数 SHGC (东、南、西向/北向)
屋面	围护结构热惰性指标 D≤2.5	≤0.50	—
	围护结构热惰性指标 D>2.5	≤0.80	
外墙（包括非透光幕墙）	围护结构热惰性指标 D≤2.5	≤0.80	—
	围护结构热惰性指标 D>2.5	≤1.5	
单一立面外窗（包括透光幕墙）	窗墙面积比≤0.20	≤5.2	—
	0.20<窗墙面积比≤0.30	≤4.0	≤0.44/0.48
	0.30<窗墙面积比≤0.40	≤3.0	≤0.40/0.44
	0.40<窗墙面积比≤0.50	≤2.7	≤0.35/0.40
	0.50<窗墙面积比≤0.60	≤2.5	≤0.35/0.40
	0.60<窗墙面积比≤0.70	≤2.5	≤0.30/0.35
	0.70<窗墙面积比≤0.80	≤2.5	≤0.26/0.35
	窗墙面积比>0.80	≤2.0	≤0.24/0.30
屋顶透光部分（屋顶透光部分面积≤20%）		≤3.0	≤0.30

注：传热系数 K 只适用于温和 A 区，温和 B 区的传热系数 K 不作要求。

3.3.2 乙类公共建筑的围护结构热工性能应符合表 3.3.2-1 和表 3.3.2-2 的规定。

表 3.3.2-1 乙类公共建筑屋面、外墙、楼板热工性能限值

围护结构部位	传热系数 $K[W/(m^2 \cdot K)]$				
	严寒 A、B 区	严寒 C 区	寒冷地区	夏热冬冷地区	夏热冬暖地区
屋面	≤0.35	≤0.45	≤0.55	≤0.70	≤0.90
外墙（包括非透光幕墙）	≤0.45	≤0.50	≤0.60	≤1.0	≤1.5
底面接触室外空气的架空或外挑楼板	≤0.45	≤0.50	≤0.60	≤1.0	—
地下车库和供暖房间与之间的楼板	≤0.50	≤0.70	≤1.0	—	—

表 3.3.2-2 乙类公共建筑外窗（包括透光幕墙）热工性能限值

围护结构部位	传热系数 $K[W/(m^2 \cdot K)]$					太阳得热系数 SHGC		
外窗（包括透光幕墙）	严寒A、B区	严寒C区	寒冷地区	夏热冬冷地区	夏热冬暖地区	寒冷地区	夏热冬冷地区	夏热冬暖地区
单一立面外窗（包括透光幕墙）	≤2.0	≤2.2	≤2.5	≤3.0	≤4.0	—	≤0.52	≤0.48
屋顶透光部分（屋顶透光部分面积≤20%）	≤2.0	≤2.2	≤2.5	≤3.0	≤4.0	≤0.44	≤0.35	≤0.30

3.3.7 当公共建筑入口大堂采用全玻幕墙时，全玻幕墙中非中空玻璃的面积不应超过同一立面透光面积（门窗和玻璃幕墙）的 15%，且应按同一立面透光面积（含全玻幕墙面积）加权计算平均传热系数。

4.2.5 名义工况和规定条件下，锅炉的热效率不应低于表 4.2.5 的数值。

表 4.2.5 名义工况和规定条件下的锅炉的热效率 (%)

锅炉类型及燃料种类		锅炉额定蒸发量 D（t/h）/额定热功率 Q（MW）					
		$D<1$ / $Q<0.7$	$1 \leqslant D \leqslant 2$ / $0.7 \leqslant Q \leqslant 1.4$	$2<D \leqslant 6$ / $1.4<Q \leqslant 4.2$	$6 \leqslant D \leqslant 8$ / $4.2 \leqslant Q \leqslant 5.6$	$8<D \leqslant 20$ / $5.6<Q \leqslant 14.0$	$D>20$ / $Q>14.0$
燃油燃气锅炉	重油	86		88			
	轻油	88		90			
	燃气	88		90			
层状燃烧锅炉	Ⅲ类烟煤	75	78	80		81	82
抛煤机链条炉排锅炉		—	—			82	83
流化床燃烧锅炉					84		

4.2.8 电动压缩式冷水机组的总装机容量，应按本标准第4.1.1条的规定计算的空调冷负荷值直接选定，不得另作附加。在设计条件下，当机组的规格不符合计算冷负荷的要求时，所选择机组的总装机容量与计算冷负荷的比值不得大于1.1。

4.2.10 采用电机驱动的蒸气压缩循环冷水（热泵）机组，其在名义制冷工况和规定条件下的性能系数（COP）应符合下列规定：

    1 水冷定频机组及风冷或蒸发冷却机组的性能系数（COP）不应低于表4.2.10的数值；

    2 水冷变频离心式机组的性能系数（COP）不应低于表4.2.10中数值的0.93倍；

    3 水冷变频螺杆式机组的性能系数（COP）不应低于表4.2.10中数值的0.95倍。

表4.2.10 名义制冷工况和规定条件下冷水（热泵）机组的制冷性能系数（COP）

类　型		名义制冷量 CC（kW）	性能系数 COP（W/W）					
			严寒 A、B区	严寒 C区	温和 地区	寒冷 地区	夏热冬 冷地区	夏热冬 暖地区
水冷	活塞式/涡旋式	CC≤528	4.10	4.10	4.10	4.10	4.20	4.40
	螺杆式	CC≤528	4.60	4.70	4.70	4.70	4.80	4.90
		528<CC≤1163	5.00	5.00	5.00	5.10	5.20	5.30
		CC>1163	5.20	5.30	5.40	5.50	5.60	5.60
	离心式	CC≤1163	5.00	5.00	5.10	5.20	5.30	5.40
		1163<CC≤2110	5.30	5.40	5.40	5.50	5.60	5.70
		CC>2110	5.70	5.70	5.70	5.80	5.90	5.90
风冷或 蒸发冷却	活塞式/涡旋式	CC≤50	2.60	2.60	2.60	2.60	2.70	2.80
		CC>50	2.80	2.80	2.80	2.80	2.90	2.90
	螺杆式	CC≤50	2.70	2.70	2.70	2.80	2.90	2.90
		CC>50	2.90	2.90	2.90	3.00	3.00	3.00

4.2.14 采用名义制冷量大于7.1kW、电机驱动的单元式空气调节机、风管送风式和屋顶式空气调节机组时，其在名义制冷工况和规定条件下的能效比（EER）不应低于表4.2.14的数值。

表 4.2.14　名义制冷工况和规定条件下单元式空气调节机、
风管送风式和屋顶式空气调节机组能效比（*EER*）

类型		名义制冷量 *CC*（kW）	能效比 *EER*（W/W）					
			严寒A、B区	严寒C区	温和地区	寒冷地区	夏热冬冷地区	夏热冬暖地区
风冷	不接风管	7.1＜C≤14.0	2.70	2.70	2.70	2.75	2.80	2.85
		CC＞14.0	2.65	2.65	2.65	2.70	2.75	2.75
	接风管	7.1＜CC≤14.0	2.50	2.50	2.50	2.55	2.60	2.60
		CC＞14.0	2.45	2.45	2.45	2.50	2.55	2.55
水冷	不接风管	7.1＜CC≤14.0	3.40	3.45	3.45	3.50	3.55	3.55
		CC＞14.0	3.25	3.30	3.30	3.35	3.40	3.45
	接风管	7.1＜CC≤14.0	3.10	3.10	3.15	3.20	3.25	3.25
		CC＞14.0	3.00	3.00	3.05	3.10	3.15	3.20

4.2.17　采用多联式空调（热泵）机组，其在名义制冷工况和规定条件下的制冷综合性能系数 *IPLV*（C）不应低于表 4.2.17 的数值。

表 4.2.17　名义制冷工况和规定条件下多联式空调
（热泵）机组制冷综合性能系数 *IPLV*（C）

名义制冷量 CC（kW）	制冷综合性能系数 IPLV（C）					
	严寒A、B区	严寒C区	温和地区	寒冷地区	夏热冬冷地区	夏热冬暖地区
CC≤28	3.80	3.85	3.85	3.90	4.00	4.00
28＜CC≤84	3.75	3.80	3.80	3.85	3.95	3.95
CC＞84	3.65	3.70	3.70	3.75	3.80	3.80

4.2.19　采用直燃型溴化锂吸收式冷（温）水机组，其在名义工况和规定条件下的性能参数应符合表 4.2.19 的规定。

表 4.2.19　名义制冷工况和规定条件下直燃型溴化锂吸收式冷（温）水机组的性能参数

名　义　工　况		性能参数（W/W）	
冷（温）水进/出口温度（℃）	冷却水进/出口温度（℃）	制冷	供热
12/7（供冷）	30/35	≥1.20	—
—/60（供热）	—	—	≥0.90

4.5.2　锅炉房、换热机房和制冷机房应进行能量计量，能量计量应包括下列内容：

1　燃料的消耗量；

2　制冷机的耗电量；

3　集中供热系统的供热量；

4 补水量。

4.5.4 锅炉房和换热机房应设置供热量自动控制装置。

4.5.6 供暖空调系统应设置室温调控装置；散热器及辐射供暖系统应安装自动温度控制阀。

【评价方法】本条重点评价国家标准《公共建筑节能设计标准》GB 50189 中规定的强制性条文要求。

若所设计的商店建筑热工参数（如体形系数、外墙传热系数、窗墙比、太阳得热系数等）不能同时满足所有限值规定时，应根据公共建筑节能设计标准规定的权衡判断法判断围护结构的总体热工性能。

若选用的冷热源机组类型超出了公共建筑节能设计标准所包含的范围，应参照对应的国家能效标准的能源限定值要求。

设计评价查阅建筑、暖通、电气等专业施工图设计说明，围护结构做法详图，节能计算报告（以审图单位批复后的复印件为准），设备清单及机房详图，节能计算书，以及当地建筑节能审查相关文件。

运行评价查阅建筑、暖通、电气等专业竣工图设计说明，围护结构做法详图，当地建筑节能审查相关文件，节能工程验收记录，进场复验报告（保温材料、外窗、幕墙等），设备清单，冷热源机组铭牌和使用手册，检查由具有资质的第三方提供的相关设备的型式检验报告或证明符合能效要求的检验报告等，并现场核查。

节能计算书中软件、算法等应符合规定，参数设置应和施工图、施工图节能审查报告一致。

5.1.2 严寒和寒冷地区商店建筑的主要外门应设置门斗、前室或采取其他减少冷风渗透的措施，其他地区商店建筑的主要外门应设置风幕。

【参评范围】本条适用于设计、运行评价。

【条文释义】商店建筑往往具有体量大、空间集中、客流量大等特点，这些建筑特性使得商店的无组织渗风控制与一般建筑相比更为困难，大量且无组织的冷风渗透将大大增加室内供暖空调系统的负荷，导致商店建筑能耗增大。影响冷风渗透的因素主要有风压作用和热压作用，但一般热压作用影响较小，风压在冷风渗透中起到主要作用。在严寒和寒冷地区，设置门斗、前室或其他减少冷风渗透的措施是采用较广泛的控制无组织渗风方式，其他气候区应考虑采取设置风幕保温措施。

【评价方法】本条重点评价减少无组织冷风渗透措施，如采用门斗、前室、风幕等措施。

设计评价查阅建筑、暖通等专业施工图设计说明及平面图。

运行评价查阅建筑、暖通等专业竣工图设计说明及平面图，并现场核实。

5.1.3 不应采用电直接加热设备作为供暖空调系统的供暖热源和空气加湿热源。

【参评范围】 本条适用于设计、运行评价。

【条文释义】 以高品位的电能直接转换为低品位的热能进行供暖或加湿，能源利用效率低，空调运行费用高，不符合我国合理利用能源、提高能源利用效率的基本国策。与本条相关的标准规定主要有：国家标准《公共建筑节能设计标准》GB 50189—2015 中第 4.2.2、4.2.3 条；国家标准《民用建筑供暖通风与空气调节设计规范》GB 50736—2012 中第 5.5.1、8.1.2 条。这些条文均为必须严格执行的强制性条文。

国家标准《公共建筑节能设计标准》GB 50189—2015 中第 4.2.2 条和第 4.2.3 条具体内容如下：

4.2.2 除符合下列条件之一外，不得采用电直接加热设备作为供暖热源：

1 电力供应充足，且电力需求侧管理鼓励用电时；

2 无城市或区域集中供热，采用燃气、煤、油等燃料受到环保或消防限制，且无法利用热泵提供供暖热源的建筑；

3 以供冷为主、供暖负荷非常小，且无法利用热泵或其他方式提供供暖热源的建筑；

4 以供冷为主、供暖负荷小，无法利用热泵或其他方式提供供暖热源，但可以利用低谷电进行蓄热，且电锅炉不在用电高峰和平段时间启用的空调系统；

5 利用可再生能源发电，且其发电量能满足自身电加热用电量需求的建筑。

4.2.3 除符合下列条件之一外，不得采用电直接加热设备作为空气加湿热源：

1 电力供应充足，且电力需求侧管理鼓励用电时；

2 利用可再生能源发电，且其发电量能满足自身加湿用电量需求的建筑；

3 冬季无加湿用蒸汽源，且冬季室内相对湿度控制精度要求高的建筑。

【评价方法】 本条重点评价暖通图纸中的供暖热源和空气加湿热源；

在评价过程中，需关注以下几点：

（1）设计中不应采用末端再热方式，且末端再热应避免采用电热盘管。

（2）一些采用太阳能供热的建筑、利用夜间低谷电进行部分或全部蓄热的建筑，有利于减少昼夜峰谷，平衡能源利用，是一种宏观节能，但需要提供当地政策说明，提供证明蓄热式电锅炉不在日间用电和平段时间启用的运行记录。

设计评价查阅暖通设计说明、平面图、暖通空调设备清单、机房详图。

运行评价查阅暖通竣工图设计说明、设备列表、机房详图；并现场核实，查阅相关运行记录。

5.1.4 冷热源、输配系统和照明等各部分能耗应进行独立分项计量。

【参评范围】本条适用于设计、运行评价。

【条文释义】商店建筑能源消耗情况较复杂，当未分项计量时，不利于掌握建筑各类系统设备的能耗分布，难以发现能耗不合理之处。因此，商店建筑应安装分项计量装置，对建筑内各耗能环节，如冷热源、输配系统（包括冷热水循环泵、冷却水循环泵、冷却塔等设备）、照明和热水能耗等实现独立分项计量。

住房和城乡建设部2008年发布的《国家机关办公建筑和大型公共建筑能耗监测系统分项能耗数据采集技术导则》中对国家机关办公建筑和大型公共建筑能耗监测系统的建设提出指导性做法。要求电量分为照明插座用电、空调用电、动力用电和特殊用电。其中，照明插座用电可包括照明和插座用电、走廊和应急照明用电、室外景观照明用电等子项；空调用电可包括冷热站用电、空调末端用电等子项；动力用电包括电梯用电、水泵用电、通风机用电等子项。其他类能耗（水耗量、燃气量、集中供热耗热量、集中供冷耗冷量等）则不分项。

同时发布的《国家机关办公建筑和大型公共建筑能耗监测系统楼宇分项计量设计安装技术导则》则进一步规定以下回路应设置分项计量表计：

（1）变压器低压侧出线回路；

（2）单独计量的外供电回路；

（3）特殊区供电回路；

（4）制冷机组主供电回路；

（5）单独供电的冷热源系统附泵回路；

（6）集中供电的分体空调回路；

（7）照明插座主回路；

（8）电梯回路；

（9）其他应单独计量的用电回路。

【评价方法】本条重点评价各系统独立分项计量装置。

对建筑冷热源、输配系统、照明系统等均应设置单独计量表具。施工图设计说明中应有对分项计量系统的完整、详细说明，并与设计图纸一致。

对于改建和扩建的商店建筑，可能受到建筑原有状况和实际条件的限制，各项能耗实现分项计量较难实施，仅对冷热源、水泵实现分项计量本条也算达标。

设计评价查阅暖通、电气施工图及设计说明、分项计量施工图。

运行评价查阅暖通、电气竣工图及设计说明、分项计量竣工图；分项计量运行记录（至少有一个采暖季或空调季的记录数据），并现场核查。

5.1.5 照明功率密度值不应高于现行国家标准《建筑照明设计标准》GB 50034的现行值规定。在满足眩光限制和配光要求条件下，灯具效率或效能不应低于现行国家标准《建筑照明设计标准》GB 50034的规定。

【参评范围】本条适用于商店建筑的设计、运行评价。

【条文释义】照明功率密度值（LPD）作为一般照明节能的评价指标。现行国家标准《建筑照明设计标准》GB 50034中将其现行值列为强制性条文，必须严格执行。

灯具效率（效能）越高意味着光的利用率越高，因而越有利于节能。荧光灯、高强度气体放电灯采用灯具效率作为评价指标，发光二极管灯采用灯具效能作为评价指标。传统的荧光灯灯具、高强度气体放电灯能够单独检测出光源和整个灯具所发出的总光通量，这样可以计算出灯具的效率；但发光二极管灯不能分别检测出发光体发出的光通量，只能计算出整个灯具所发出的总光通量，因此总光通量除以系统消耗的功率就得到了效能。

灯具效率：是指在相同的使用条件下，灯具发出的总光通量与灯具内所有光源发出的总光通量之比。

灯具效能：是指在规定的使用条件下，灯具发出的总光通量与其所输入的功率之比，单位为流明每瓦特（lm/W）。

现行国家标准《建筑照明设计标准》GB 50034—2013规定了商店的建筑照明功率密度限值的现行值，见表5-1。表中对装设重点照明和室形指数≤1时，这两种特殊情况下，LPD限值的调整方法见表注。

表5-1 商店建筑照明功率密度限值

房间或场所	照度标准值（lx）	照明功率密度限值（W/m²）
		现行值
一般商店营业厅	300	≤10.0
高档商店营业厅	500	≤16.0
一般超市营业厅	300	≤11.0
高档超市营业厅	500	≤17.0
专卖店营业厅	300	≤11.0
仓储超市	300	≤11.0

注：1. 一般商店营业厅、高档商店营业厅、专卖店营业厅需要装设重点照明时，该营业厅的照明功率密度现行值应增加5W/m²；

2. 当房间或场所的室形指数值等于或小于1时，其照明功率密度限值应增加，但增加值不应超过限值的20%。

现行国家标准《建筑照明设计标准》GB 50034—2013对荧光灯、高强度气体放电灯灯具效率和发光二极管灯灯具效能最低允许值的规定，见表5-2～表5-7。

表 5-2 直管型荧光灯灯具的效率（%）

灯具出光口形式	开敞式	保护罩（玻璃或塑料）		格栅
		透明	棱镜	
灯具效率	75	70	55	65

表 5-3 紧凑型荧光灯筒灯灯具的效率（%）

灯具出光口形式	开敞式	保护罩	格栅
灯具效率	55	50	45

表 5-4 小功率金属卤化物灯筒灯灯具的效率（%）

灯具出光口形式	开敞式	保护罩	格栅
灯具效率	60	55	50

表 5-5 高强度气体放电灯灯具的效率（%）

灯具出光口形式	开敞式	格栅或透光罩
灯具效率	75	60

表 5-6 发光二极管筒灯灯具的效能（lm/W）

色温	2700K		3000K		4000K	
灯具出光口形式	格栅	保护罩	格栅	保护罩	格栅	保护罩
灯具效能	55	60	60	65	65	70

表 5-7 发光二极管平面灯灯具的效能（lm/W）

色温	2700K		3000K		4000K	
灯盘出光口形式	反射式	直射式	反射式	直射式	反射式	直射式
灯盘效能	60	65	65	70	70	75

【评价方法】照明节能评价应在满足规定的照度和照明质量要求的前提下进行，照度和照明质量要求见《建筑照明设计标准》GB 50034。照明功率密度参评区域包括表 5-1 中规定的主要商业空间，其他场所不做评价。

灯具效率和效能按表 5-2～表 5-7 中规定的灯具类型进行评价。评价时以最不利的灯具进行评价。

设计评价查阅电气施工图（需包含电气照明系统图、电气照明平面施工图）和设计说明、灯具参数表、照明功率密度的计算分析报告，审查照明密度功率值及其计算。

运行评价查阅电气竣工图、灯具检测报告、建筑照明功率密度 LPD 的计算分析报告，审查照明密度功率值及其计算，并现场核查。

5.1.6 使用电感镇流器的气体放电灯应在灯具内设置电容补偿，荧光灯功率因数不应低于 0.9，高强气体放电灯功率因数不应低于 0.85。

【参评范围】本条适用于设计、运行评价。

【条文释义】由于气体放电灯配电感镇流器时，通常其功率因数很低，一般仅为0.4～0.5，所以应设置电容补偿，以提高功率因数。提高功率因数能够减少无功电流值，从而降低线路能耗和电压损失。该条是现行国家标准《建筑照明设计标准》GB 50034 中规定的最低要求。

高强气体放电灯使用电感镇流器时，从经济性和可行性方面综合考虑，功率因数不低于 0.85 较合理，也符合《灯用附件　放电灯（管形荧光灯除外）用镇流器　性能要求》GB/T 15042—2008 的规定。

【评价方法】本条应重点评价以下内容：

1. 查阅电气施工图是否采取电容补偿措施；

2. 电气灯具技术参数；

3. 现场核实。

设计评价查阅电气专业设计图纸和文件，查阅设计选择灯具的技术参数。

运行评价在设计评价方法之外还应审查竣工验收资料，必要时应进行现场检测，对主要产品进行抽样检验。

5.1.7 室内外照明不应采用高压汞灯、自镇流荧光高压汞灯和普通照明白炽灯，照明光源、镇流器等的能效等级满足现行有关国家标准规定的 2 级要求。

【参评范围】本条适用于设计、运行评价。

【条文释义】高压汞灯、自镇流荧光高压汞灯和普通照明白炽灯光效低，不利于节能，均属于需要淘汰的产品，因此商店建筑室内外照明不应使用上述三类照明光源。现行国家标准《建筑照明设计标准》GB 50034 也有相应规定。

国家出台了淘汰白炽灯路线图：

第一阶段：2011 年 11 月 1 日至 2012 年 9 月 30 日为过渡期。

第二阶段：2012 年 10 月 1 日起，禁止进口和销售 100 瓦及以上普通照明白炽灯。

第三阶段：2014 年 10 月 1 日起，禁止进口和销售 60 瓦及以上普通照明白炽灯。

第四阶段：2015 年 10 月 1 日至 2016 年 9 月 30 日为中期评估期，对前期政策进行评估，调整后续政策。

第五阶段：2016 年 10 月 1 日起，禁止进口和销售 15 瓦及以上普通照明白炽灯，或视中期评估结果进行调整。

到目前为止，我国已正式发布的照明光源、镇流器能效标准共有 8 项，如表5-8所示。在标准中将产品能效等级分为 3 级，其中 1 级能效最高，损耗最低；2 级为节能平均值；3 级要求最低，低于 3 级的产品不得在市场上销售（表5-9～

表 5-16）。

表 5-8 我国已制定的照明及电气产品能效标准

序号	标准编号	标准名称
1	GB 19415	单端荧光灯能效限定值及节能评价值
2	GB 19043	普通照明用双端荧光灯能效限定值及能效等级
3	GB 19044	普通照明用自镇流荧光灯能效限定值及能效等级
4	GB 17896	管形荧光灯镇流器能效限定值及能效等级
5	GB 20053	金属卤化物灯用镇流器能效限定值及能效等级
6	GB 20054	金属卤化物灯能效限定值及能效等级
7	GB 19573	高压钠灯能效限定值及能效等级
8	GB 19574	高压钠灯用镇流器能效限定值及节能评价值
9	GB 20052	三相配电变压器能效限定值及能效等级

表 5-9 单端荧光灯节能评价值

（引自国家标准《单端荧光灯能效限定值及节能评价值》GB 19415—2013）

灯的类别	标称功率（W）	单端荧光灯最低初始光效 （lm/W）			
		色调：RR，RZ		色调：RL，RB，RN，RD	
		能效限定值	节能评价值	能效限定值	节能评价值
双管类	5	42	51	44	54
	7	46	53	50	57
	9	55	62	59	67
	11	69	75	74	80
	18	57	63	62	67
	24	62	70	65	75
	27	60	64	63	68
	28	63	69	67	73
	30	63	69	67	73
	36	67	76	70	81
	40	67	79	70	83
	55	67	77	70	82
	80	69	75	72	78
四管类	10	52	60	55	64
	13	60	65	63	69
	18	57	63	62	67
	26	60	64	63	67
	27	52	56	54	59
多管类	13	60	61	63	65
	18	57	63	62	67
	26	60	64	63	67
	32	55	68	60	75
	42	55	67	60	74
	57	59	68	62	75

续表

灯的类别		标称功率（W）	单端荧光灯最低初始光效（lm/W）			
			色调：RR，RZ		色调：RL，RB，RN，RD	
			能效限定值	节能评价值	能效限定值	节能评价值
多管类		60	59	65	62	69
		62	59	65	62	69
		70	59	68	62	74
		82	59	69	62	75
		85	59	66	62	71
		120	59	68	62	75
方形		10	54	60	58	65
		16	56	63	61	67
		21	56	61	61	65
		24	57	63	62	67
		28	62	69	66	73
		36	62	69	66	73
		38	63	69	66	73
环形	Φ29（卤粉）	22	44	—	51	—
		32	48	—	57	—
		40	52	—	60	—
	Φ29（三基色粉）	22	55	62	59	64
		32	64	70	68	74
		40	64	72	68	76
	Φ16	20	72	76	75	81
		22	72	74	75	78
		27	72	79	75	84
		34	72	81	75	87
		40	69	75	74	80
		41	69	81	74	87
		55	63	70	66	75
		60	63	75	66	80

RR 表示日光色（6500K）；RZ 表示中性白色（5000K）；
RL 表示冷白色（4000K）；RB 表示白色（3500K）；RN 表示暖白色（3000K）；RD 表示白炽灯色（2700K）。

表 5-10 双端荧光灯各能效等级的初始光效

（引自国家标准《普通照明用双端荧光灯能效限定值及能效等级》GB 19043—2013）

工作类型	标称管径（mm）	额定功率（W）	补充信息	GB/T 10682 参数表号	初始光效（lm/W）					
					RR，RZ			RL，RB，RN，RD		
					1级	2级	3级	1级	2级	3级
工作于交流电源频率带启动器的线路的预热阴极灯	26	18		2220	70	64	50	75	69	52
		30		2320	75	69	53	80	73	57
		36		2420	87	80	62	93	85	63
		58		2520	84	77	59	90	82	62

续表

工作类型	标称管径 (mm)	额定功率 (W)	补充信息	GB/T 10682 参数表号	初始光效 (lm/W)					
					RR, RZ			RL, RB, RN, RD		
					1级	2级	3级	1级	2级	3级
工作于高频线路预热阴极管	16	14	高光效系列	6520	80	77	69	86	82	75
		21	高光效系列	6530	84	81	75	90	86	83
		24	高光通系列	6620	68	66	65	73	70	67
		28	高光效系列	6640	87	83	77	93	89	82
		35	高光效系列	6650	88	84	75	94	90	82
		39	高光通系列	6730	74	71	67	79	75	71
		49	高光通系列	6750	82	79	75	88	84	79
		54	高光通系列	6840	77	73	67	82	78	72
		80	高光通系列	6850	72	69	63	77	73	67
	26	16		7220	81	75	66	87	80	75
		23		7222	84	77	76	89	86	85
		32		7420	97	89	78	104	95	84
		45		7422	101	93	85	108	99	90

RR表示日光色（6500K）；RZ表示中性白色（5000K）；
RL表示冷白色（4000K）；RB表示白色（3500K）；RN表示暖白色（3000K）；RD表示白炽灯色（2700K）。

表5-11 自镇流荧光灯能效等级

（引自国家标准《普通照明用自镇流荧光灯能效限定值及能效等级》GB 19044—2013）

标称功率范围 (W)	初始光效 (lm/W)					
	能效等级（RR, RZ）			能效等级（RL, RB, RN, RD）		
	1级	2级	3级	1级	2级	3级
3	54	46	33	57	48	34
4	57	49	37	60	51	39
5	58	51	40	61	54	42
6	60	53	43	63	56	45
7	61	55	45	64	57	47
8	62	56	47	65	59	49
9	63	57	48	66	60	51
10	63	58	50	66	61	52
11	64	59	51	67	62	53
12	64	59	52	67	62	54
13	65	60	53	68	63	55
14	65	61	53	68	64	56
15	65	61	54	69	64	57

续表

标称功率范围（W）	初始光效（lm/W）					
	能效等级（RR，RZ）			能效等级（RL，RB，RN，RD）		
	1级	2级	3级	1级	2级	3级
16	66	61	55	69	64	58
17	66	62	55	69	65	58
18	66	62	56	70	65	59
19	67	62	56	70	66	59
20	67	63	57	70	66	60
21	67	63	57	70	66	60
22	67	63	57	70	66	60
23	67	63	58	71	67	61
24	67	64	58	71	67	61
25	68	64	58	71	67	61
26	68	64	59	71	67	62
27	68	64	59	71	67	62
28	68	64	59	71	68	62
29	68	64	59	71	68	62
30	68	65	60	72	68	63
31	68	65	60	72	68	63
32	68	65	60	72	68	63
33	68	65	60	72	68	63
34	68	65	60	72	68	63
35	68	65	60	72	68	63
36	69	65	60	72	68	64
37	69	65	61	72	68	64
38	69	65	61	72	68	64
39	69	65	61	72	68	64
40	69	65	61	72	69	64
41	69	65	61	72	69	64
42	69	65	61	72	69	64
43	69	65	61	72	69	64
44	69	65	61	72	69	64
45	69	65	61	72	69	64
46	69	65	61	72	69	64
47	69	65	61	72	69	65
48	69	65	61	72	69	65
49	69	65	62	72	69	65

续表

标称功率范围 (W)	初始光效 （lm/W）					
	能效等级 （RR，RZ）			能效等级 （RL，RB，RN，RD）		
	1级	2级	3级	1级	2级	3级
50	69	65	62	72	69	65
51	69	65	62	72	69	65
52	69	65	62	72	69	65
53	69	65	62	72	69	65
54	69	65	62	72	69	65
55	69	65	62	72	69	65
56	69	65	62	72	69	65
57	69	65	62	72	69	65
58	69	65	62	72	69	65
59	69	65	62	72	69	65
60	69	65	62	72	69	65

RR 表示日光色（6500K）；RZ 表示中性白色（5000K）；
RL 表示冷白色（4000K）；RB 表示白色（3500K）；RN 表示暖白色（3000K）；RD 表示白炽灯色（2700K）。

表 5-12 非调光电子镇流器能效等级

（引自国家标准《普通照明用双端荧光灯能效限定值及能效等级》GB 17896—2012）

与镇流器配套灯的类型、规格等信息			镇流器效率（%）			
类别	标称功率 (W)	国际代码	额定功率 (W)	1级	2级	3级
T8	15	FD-15-E-G13-26/450	13.5	87.8	84.4	75.0
T8	18	FD-18-E-G13-26/600	16	87.8	84.2	76.2
T8	30	FD-30-E-G13-26/900	24	82.1	77.4	72.7
T8	36	FD-36-E-G13-26/1200	32	91.4	88.9	84.2
T8	38	FD-38-E-G13-26/1050	32	87.7	84.2	80.0
T8	58	FD-58-E-G13-26/1500	50	93.0	90.9	84.7
T8	70	FD-70-E-G13-26/1800	60	90.9	88.2	83.3
TC-L	18	FSD-18-E-2G11	16	87.7	84.2	76.2
TC-L	24	FSD-24-E-2G11	22	90.7	88.0	81.5
TC-L	36	FSD-36-E-2G11	32	91.4	88.9	84.2
TCF	18	FSS-18-E-2G10	16	87.7	84.2	76.2
TCF	24	FSS-24-E-2G10	22	90.7	88.0	81.5
TCF	36	FSS-36-E-2G10	32	91.4	88.9	84.2
TC-D/DE	10	FSQ-10-E-G24q=1 FSQ-10-I-G24d=1	9.5	89.4	86.4	73.1

续表

与镇流器配套灯的类型、规格等信息			镇流器效率（%）			
类别	标称功率（W）	国际代码	额定功率（W）	1级	2级	3级
TC-D/DE	13	FSQ-13-E-G24q＝1 FSQ-13-I-G24d＝1	12.5	91.7	89.3	78.1
TC-D/DE	18	FSQ-18-E-G24q＝2 FSQ-18-I-G24d＝2	16.5	89.9	86.8	78.6
TC-D/DE	26	FSQ-26-E-G24q＝3 FSQ-26-I-G24d＝3	24	91.4	88.9	82.8
TC-T/TE	13	FSM-13-E-GX24q＝1 FSM-13-I-GX24d＝1	12.5	91.7	89.3	78.1
TC-T/TE	18	FSM-18-E-GX24q＝2 FSM-18-I-GX24d＝2	16.5	89.9	86.8	78.6
TC-T/TC-TE	26	FSM-26-E-GX24q＝3 FSM-26-I-GX24d＝3	24	91.4	88.9	82.8
TC-DD/DDE	10	FSS-10-E-GR10q FSS-10-L/P/H-GR10q	9.5	86.4	82.6	70.4
TC-DD/DDE	16	FSS-16-E-GR10q FSS-16-I-GR8 FSS-10-L/P/H-GR10q	15	87.0	83.3	75.0
TC-DD/DDE	21	FSS-21-E-GR10q FSS-21-I-GR10q FSS-21-L/P/H-GR10q	19.5	89.7	86.7	78.0
TC-DD/DDE	28	FSS-28-E-GR10q FSS-28-I-GR8 FSS-28-L/P/H-GR10q	24.5	89.1	86.0	80.3
TC-DD/DDE	38	FSS-38-E-GR10q FSS-38-L/P/H-GR10q	34.5	92.0	89.6	85.2
TC	5	FSD-5-I-G23 FSD-5-E-2G7	5	72.7	66.7	58.8
TC	7	FSD-7-I-G23 FSD-7-E-2G7	6.5	77.6	72.2	65.0
TC	9	FSD-9-I-G23 FSD-9-E-2G7	8	78.0	72.7	66.7
TC	11	FSD-11-I-G23 FSD-11-E-2G7	11	83.0	78.6	73.3
T5	4	FD-4-E-G5-16/150	3.6	64.9	58.1	50.0

与镇流器配套灯的类型、规格等信息			镇流器效率（%）			
类别	标称功率（W）	国际代码	额定功率（W）	1级	2级	3级
T5	6	FD-6-E-G5-16/225	5.4	71.3	65.1	58.1
T5	8	FD-8-E-G5-16/300	7.5	69.9	63.6	58.6
T5	13	FD-13-E-G5-16/525	12.8	84.2	80.0	75.3
T9-C	22	FSC-22-E-G10q-29/200	19	89.4	86.4	79.2
T9-C	32	FSC-32-E-G10q-29/300	30	88.9	85.7	81.1
T9-C	40	FSC-40-E-G10q-29/400	32	89.5	86.5	82.1
T2	6	FDH-6-L/P-W4.3x8.5d-7/220	5	72.7	66.7	58.8
T2	8	FDH-8-L/P-W4.3x8.5d-7/320	7.8	76.5	70.9	65.0
T2	11	FDH-11-L/P-W4.3x8.5d-7/420	10.8	81.8	77.1	72.0
T2	13	FDH-13-L/P-W4.3x8.5d-7/520	13.3	84.7	80.6	76.0
T5-E	14	FDH-14-G5-L/P-16/550	13.7	84.7	80.6	72.1
T5-E	21	FDH-21-G5-L/P-16/850	20.7	89.3	86.3	79.6
T5-E	24	FDH-24-G5-L/P-16/550	22.5	89.6	86.5	80.4
T5-E	28	FDH-28-G5-L/P-16/1150	27.8	89.8	86.9	81.8
T5-E	35	FDH-35-G5-L/P-16/1450	34.7	91.5	89.0	82.6
T5-E	39	FDH-39-G5-L/P-16/850	38	91.0	89.0	82.6
T5-E	49	FDH-49-G5-L/P-16/1450	49.3	91.6	89.2	84.6
T5-E	54	FDH-54-G5-L/P-16/1150	53.8	92.0	89.7	85.4
T5-E	80	FDH-80-G5-L/P-16/1150	80	93.0	90.9	87.0
T8	16	FDH-16-L/P-G13-26/600	16	87.4	83.2	78.3
T8	23	FDH-23-L/P-G13-26/600	23	89.2	85.6	80.4
T8	32	FDH-32-L/P-G13-26/1200	32	90.5	87.3	82.0
T8	45	FDH-45-L/P-G13-26/1200	45	91.5	88.7	83.4
T5-C	22	FSCH-22-L/P-2GX13-16/255	22.3	88.1	84.8	78.8
T5-C	40	FSCH-40-L/P-2GX13-16/300	39.9	91.4	88.9	83.3
T5-C	55	FSCH-55-L/P-2GX13-16/300	55	92.4	90.2	84.6
T5-C	60	FSCH-60-L/P-2GX13-16/375	60	93.0	90.9	85.7
TC-LE	40	FSDH-40-L/P-2G11	40	91.4	88.9	83.3
TC-LE	55	FSDH-55-L/P-2G11	55	92.4	90.2	84.6
TC-LE	80	FSDH-80-L/P-2G11	80	93.0	90.9	87.0
TC-TE	32	FSMH-32-L/P-GX24q＝3	32	91.4	88.9	82.1
TC-TE	42	FSMH-42-L/P-GX24q＝4	43	93.5	91.5	86.0
TC-TE	57	FSM6H-57-L/P-GX24q＝5 FSM8H-57-L/P-GX24q＝5	56	91.4	88.9	83.6

续表

与镇流器配套灯的类型、规格等信息			镇流器效率（%）			
类别	标称功率（W）	国际代码	额定功率（W）	1级	2级	3级
TC-TE	70	FSM6H-70-L/P-GX24q=6 FSM8H-70-L/P-GX24q=6	70	93.0	90.9	85.4
TC-TE	60	FSM6H-60-L/P-2G8=1	63	92.3	90.0	84.0
TC-TE	62	FSM8H-62-L/P-2G8=2	62	92.2	89.9	83.8
TC-TE	82	FSM8H-82-L/P-2G8=2	82	92.4	90.1	83.7
TC-TE	85	FSM6H-85-L/P-2G8=1	87	92.8	90.6	84.5
TC-TE	120	FSM6H-120-L/P-2G8=1	122	92.6	90.4	84.7

注：在多灯镇流器情况下，镇流器的能效要求等同于单灯镇流器，计算时灯的功率取连接该镇流器上的灯的功率之和。

表 5-13　金属卤化物灯能效等级

（引自国家标准《金属卤化物灯能效限定值及能效等级》GB 20054—2006）

额定功率（W）	最低初始光效值（lm/W）		
	1级	2级	3级
175	86	78	60
250	88	80	66
400	99	90	72
1000	120	110	88
1500	110	103	83

表 5-14　金属卤化物灯用镇流器的能效等级

（引自国家标准《金属卤化物灯用镇流器能效限定值及能效等级》GB 20053—2006）

额定功率（W）		175	250	400	1000	1500
BEF（W^{-1}）	1级	0.514	0.362	0.233	0.0958	0.0638
	2级	0.488	0.344	0.220	0.0910	0.0606
	3级	0.463	0.326	0.209	0.0862	0.0574

表 5-15　高压钠灯能效等级

（引自国家标准《高压钠灯能效限定值及能效等级》GB 19573—2004）

额定功率（W）	最低初始光效值（lm/W）		
	1级	2级	3级
50	78	68	61
70	85	77	70
100	93	83	75
150	103	93	85
250	110	100	90
400	120	110	100
1000	130	120	108

表 5-16 高压钠灯用镇流器的能效限定值和节能评价值

(引自国家标准《高压钠灯用镇流器能效限定值及节能评价值》GB 19574—2004)

额定功率（W）		70	100	150	250	400	1000
BEF（W⁻¹）	能效限定值	1.16	0.83	0.57	0.340	0.214	0.089
	目标能效限定值	1.21	0.87	0.59	0.354	0.223	0.092
	节能评价值	1.26	0.91	0.61	0.367	0.231	0.095

【评价方法】 本条重点查阅电气专业设计图纸和计算文件，设计选择光源、镇流器的技术参数；运行阶段还应审查竣工验收资料，必要时应进行现场检测，对主要产品进行抽样检验。

设计评价查阅电气专业设计图纸和文件（应包括选择光源、镇流器有关的技术参数等信息）。

运行评价在设计要求之外，还应查阅竣工验收资料及由光源、镇流器能效检验报告。全部产品都应该满足此要求。

5.1.8 夜景照明应采用平时、一般节日、重大节日三级照明控制方式。

【参评范围】 本条适用于设计、运行评价。

【条文释义】 住房城乡建设部发布了《城市照明管理规定》、《"十二五"城市绿色照明规划纲要》等有关城市照明的文件，对夜景照明的规划、设计、运行和管理提出了严格要求，对景观照明实行统一管理，采取实现照明分级，限制开关灯时间等措施对于节能有着显著的效果。国内大中城市普遍采用平时、一般节日、重大节日三级照明控制方式，对于商店建筑也应符合相关规定。

【评价方法】 设计评价查阅电气专业设计图纸和夜景照明系统控制图原理图。

运行评价在设计评价方法之外还应审查竣工验收资料，必要时应进行现场查看核实。

5.2 评 分 项

Ⅰ 建筑与围护结构

5.2.1 结合场地自然条件，对商店建筑的体形、朝向、楼距、窗墙比等进行优化设计，评价分值为 3 分。

【参评范围】 本条适用于设计、运行评价。

【条文释义】 商店建筑总平面设计的原则是冬季能获得足够的日照并避开主导风向，夏季则能利用自然通风并防止太阳辐射。虽然建筑总平面设计应考虑多方面的因素，会受到社会历史文化、地形、城市规划、道路、环境等条件的制约，但在设计之初仍需权衡各因素之间的相互关系，通过多方面分析、优化建筑的规划设计，尽可能提高建筑物在夏天、过渡季节的自然通风和冬季的采光效果。

与本条相关的标准规定具体如下：

国家标准《公共建筑节能设计标准》GB 50189—2015

3.1.3 建筑群的总体规划应考虑减轻热岛效应。建筑的总体规划和总平面设计应有利于自然通风和冬季日照。建筑的主朝向宜选择本地区最佳朝向或适宜朝向，且避开冬季主导风向。

3.1.4 建筑设计应遵循被动节能措施优先的原则，充分利用天然采光、自然通风，结合围护结构保温隔热和遮阳措施，降低建筑的用能需求。

3.2.6 建筑立面朝向的划分应符合下列规定：

1 北向应为北偏西 60°至北偏东 60°；

2 南向应为南偏西 30°至南偏东 30°；

3 西向应为西偏北 30°至西偏南 60°（包括西偏北 30°和西偏南 60°）；

4 东向应为东偏北 30°至东偏南 60°（包括东偏北 30°和东偏南 60°）。

行业标准《严寒和寒冷地区居住建筑节能设计标准》JGJ 26—2010

4.1.1 建筑群的总体布置，单体建筑的平面、立面设计和门窗的设置，应考虑冬季利用日照并避开冬季主导风向。

4.1.2 建筑物宜朝向南北或接近朝向南北。建筑物不宜设有三面外墙的房间，一个房间不宜在不同方向的墙面上设置两个或更多的窗。

行业标准《夏热冬冷地区居住建筑节能设计标准》JGJ 134—2010

4.0.1 建筑群的总体布置，单体建筑的平面、立面设计和门窗的设置应有利于自然通风。

4.0.2 建筑物宜朝向南北或接近朝向南北。

行业标准《夏热冬暖地区居住建筑节能设计标准》JGJ 75—2012

4.0.1 建筑群的总体规划应有利于自然通风和减轻热岛效应。建筑的平面、立面设计应有利于自然通风。

4.0.2 居住建筑的朝向宜采用南北向或接近南北向。

国家标准《城市居住区规划设计规范》GB 50180—93（2002 年版）

5.0.2 住宅间距，应以满足日照要求为基础，综合考虑采光、通风、消防、防灾、管线埋设、视觉卫生等要求确定。

【评价方法】对于商店建筑，如果经过优化之后的建筑窗墙比都低于 0.5，本条直接得 3 分。否则应提供建筑的朝向、体形、楼距、窗墙比的优化设计，检查是否满足相关标准要求。

设计评价查阅场地地形图、建筑总平面图等设计文件，建筑体形、朝向、楼距、窗墙比等的优化设计报告（包括节能设计目标、设计思路、设计效果及有关模拟分析报告），审查优化设计报告中体形系数、朝向、楼距、窗墙比的达标情况。

运行评价查阅场地地形图、建筑总平面图等设计文件，建筑体形、朝向、楼距、窗墙比等的优化设计报告（包括节能设计目标、设计思路、设计效果及有关模拟分析报告），审查优化设计报告中体形系数、朝向、楼距、窗墙比的达标情况，并现场核查。

5.2.2 外窗、幕墙的气密性不低于国家现行有关标准的要求，评价总分值为5分，按下列规则评分：

1 外窗的气密性达到现行国家标准《建筑外门窗气密、水密、抗风压性能分级及检测方法》GB/T 7106 的 6 级要求，幕墙的气密性达到现行国家标准《建筑幕墙》GB/T 21086 规定的 3 级要求，得 3 分；

2 外窗的气密性达到现行国家标准《建筑外门窗气密、水密、抗风压性能分级及检测方法》GB/T 7106 的 8 级要求，幕墙的气密性达到现行国家标准《建筑幕墙》GB/T 21086 规定的 4 级要求，得 5 分。

【参评范围】本条适用于设计、运行评价。

【条文释义】本条要求外窗的气密性达到 6 级或 6 级以上。《建筑外门窗气密、水密、抗风压性能分级及检测方法》GB/T 7106—2007 中外窗的气密性分为 8 级，见表5-17。

表5-17　建筑外门窗气密性能分级

分级	1	2	3	4	5	6	7	8
单位缝长分级指标值 q_1 ($m^3/m \cdot h$)	$4.0 \geq q_1 > 3.5$	$3.5 \geq q_1 > 3.0$	$3.0 \geq q_1 > 2.5$	$2.5 \geq q_1 > 2.0$	$2.0 \geq q_1 > 1.5$	$1.5 \geq q_1 > 1.0$	$1.0 \geq q_1 > 0.5$	$q_1 \leq 0.5$
单位面积分级指标值 q_2 ($m^3/m^2 \cdot h$)	$12 \geq q_2 > 10.5$	$10.5 \geq q_2 > 9.0$	$9.0 \geq q_2 > 7.5$	$7.5 \geq q_2 > 6$	$6 \geq q_2 > 4.5$	$4.5 \geq q_2 > 3$	$3 \geq q_2 > 1.5$	$q_2 \leq 1.5$

《建筑幕墙》GB/T 21086—2007 规定了建筑幕墙、可开启部分、幕墙整体的气密性能指标，见表5-18、表5-19。

表5-18　开启部分气密性能分级指标应符合的要求

分级代号	1	2	3	4
分级指标值 q_L($m^3/m \cdot h$)	$4.0 \geq q_L > 2.5$	$2.5 \geq q_L > 1.5$	$1.5 \geq q_L > 0.5$	$q_L \leq 1.5$

表5-19　幕墙整体气密性能分级指标应符合的要求

分级代号	1	2	3	4
分级指标值 q_A($m^3/m^2 \cdot h$)	$4.0 \geq q_A > 2.0$	$2.0 \geq q_A > 1.2$	$1.2 \geq q_A > 0.5$	$q_A \leq 0.5$

【评价方法】本条重点审查设计说明及计算书中气密性能指标及达标情况。对于

外窗，考察单位缝长分级指标值 q_1 及单位面积分级指标 q_2，两个指标均应达到 6 级或以上；对于幕墙，考察开启部分及幕墙整体的气密性能指标 q_L 及 q_A，两个指标均应达到 3 级或以上。

设计评价查阅建筑施工图设计说明（对于采用玻璃幕墙的建筑还需要提供幕墙施工图设计说明）、建筑节能计算书（以管理部门批复后的复印件为准）、节能设计报审表（以管理部门批复后的复印件为准）等。

运行评价查阅建筑设计说明竣工图（对于采用玻璃幕墙的建筑还需要提供幕墙设计说明竣工图）、建筑节能计算书（以管理部门批复后的复印件为准）、节能设计报审表（以管理部门批复后的复印件为准）、外窗（玻璃幕墙）产品气密性检测报告（必要时，需提供现场抽样检测报告）、建设监理单位提供检验记录等，审查气密性能指标及达标情况，并现场核查。

5.2.3 围护结构热工性能指标优于国家现行有关建筑节能设计标准的规定，评价总分值为 5 分，按下列规则评分：

1 围护结构热工性能比国家现行有关建筑节能设计标准规定的提高幅度达到 5%，得 3 分；达到 10%，得 5 分。

2 供暖空调全年计算负荷降低幅度达到 5%，得 3 分；达到 10%，得 5 分。

【参评范围】本条适用于设计、运行评价。

【条文释义】建筑围护结构节能设计是保证建筑节能的关键之一，在绿色建筑中应该严格执行。建筑围护结构节能设计主要通过控制建筑围护结构的热工性能指标来实现，相关的主要指标有：建筑体形系数、各立面窗墙面积比，外墙、屋面的传热系数和（或）热惰性指标，外窗的传热系数和（或）太阳得热系数，架空或外挑楼板的传热系数，分隔采暖与非采暖空间的隔墙、地下车库与供暖房间之间楼板的传热系数等。

在公共建筑的全年能耗中，外围护结构传热所导致的能耗约占 20%～50%（夏热冬暖地区大约 20%，夏热冬冷地区大约 35%，寒冷地区大约 40%，严寒地区大约 50%），而商店建筑是公共建筑中一个主要的建筑类型，可见，对于商店建筑的围护结构节能设计（建筑本体节能）是建筑节能中的一个主要方面，通过对围护结构热工性能的限定，可以降低商店建筑实际热（冷）量，进而降低空调采暖负荷。

【评价方法】本条文应按以下方法评价：

对于第 1 款，要求外墙、屋面、外窗/幕墙等围护结构主要部位的传热系数 K、外窗/幕墙的太阳得热系数 $SHGC$ 低于国家现行相关建筑节能设计标准的要求。在不同窗墙比情况下，节能设计标准对于透明围护结构的传热系数和太阳得热系数数值要求是不一样的，需要在此基础上作有针对性的改善。具体来说，要

求传热系数 K、太阳得热系数 $SHGC$ 比标准要求的数值均降低 5% 得 5 分，均降低 10% 得 10 分。对于夏热冬暖地区，应重点比较透明围护结构太阳得热系数的降低，传热系数不作进一步降低的要求。对于严寒地区，应重点比较不透明围护结构传热系数的降低，太阳得热系数不作进一步降低的要求。当地方建筑节能设计标准高于国家现行建筑节能设计标准时，仍应以国家现行节能设计标准作为基准来判断。

本条第 2 款的判定比较复杂，需要基于两个算例的建筑供暖空调全年计算负荷进行判定。设计评价查阅建筑施工图及设计说明、围护结构施工详图、围护结构热工性能参数表、当地建筑节能审查相关文件；或审查供暖空调全年计算负荷报告。

设计评价查阅建筑施工图及设计说明、围护结构施工详图、围护结构热工性能参数表、当地建筑部门节能审查相关文件或供暖空调全年计算负荷报告。

运行评价查阅建筑竣工图、围护结构竣工详图、围护结构热工性能参数表、当地建筑节能审查相关文件、节能工程验收记录、进场复验报告，并现场核查；或审查供暖空调全年计算负荷报告，同时查阅基于实测数据的供暖供热量、空调供冷量，并现场核查。

5.2.4 严寒和寒冷地区商店建筑，外窗的传热系数降低至国家现行有关建筑节能设计标准规定值的 80%，玻璃幕墙的传热系数降低至 1.3W/ (m² • K)；夏热冬冷和夏热冬暖地区商店建筑，东西向外窗、玻璃幕墙的综合遮阳系数降低至 0.3。评价分值为 5 分。

【参评范围】本条适用于设计、运行评价。

【条文释义】本项条文主要针对商店建筑外立面透明围护结构的节能优化，主要涉及的热工参数包括外窗或幕墙的传热系数及综合遮阳系数。

【评价方法】对于严寒和寒冷地区商店建筑通过选用保温性能较好的幕墙材质，以保证透明幕墙传热系数小于 1.3W/(m² • K)。

对于夏热冬冷和夏热冬暖地区商店建筑的东西向外窗或透明幕墙，单靠窗户玻璃本身很难达到条文的规定，一般需选用遮阳型的外窗（如中空百叶窗）或幕墙，或通过合理增加遮阳措施，才可以确保其综合遮阳太阳得热系数小于 0.3。

设计评价查阅建筑施工图设计说明、幕墙设计说明，对于采用玻璃幕墙的项目审查其中的幕墙形式及其热工参数，对于采用外窗的项目，审查外窗的具体形式及其热工参数。审查筑节能计算书（以管理部门批复后的复印件为准），建筑节能计算书中外窗或幕墙的形式及热工参数与建筑设计说明中的相关内容相一致。

运行评价除查阅以上资料外，还应审查外窗（玻璃幕墙）热工性能检测报告（必要时，需提供现场抽样检测报告）、节能工程专项验收报告和（或）登记表等。

5.2.5　中庭设置采光顶遮阳设施及通风窗，评价分值为3分。

【参评范围】本条适用于设计、运行评价。如建筑无中庭，本条不参评。

【条文释义】在大部分商店建筑中，采光顶是建筑设计中的一个特有的元素，设置天窗采光顶能够充分利用天然采光，但是同时也增加了太阳辐射得热，太阳辐射是造成室内温度升高的重要原因。因此，在采光顶处设置活动遮阳设施可以有效降低夏季的辐射得热，还能够兼顾冬季的天然采光与得热。

此外，在采光顶部位设置通风窗，可以通过温室效应及烟囱效应对于室内的高温气流进行排放，有利于提升室内的热舒适效果。

《公共建筑节能设计标准》GB 50189对处于严寒地区、寒冷地区、夏热冬冷、夏热冬暖地区的屋顶采光顶的面积比例及采光顶的热工参数进行了限定要求。绿色商店建筑应当在满足上述节能设计标准各项要求的基础上，有更高的要求，本条对设置采光顶遮阳设施提出了明确要求，并要求合理进行通风窗的设置，可以有效地提升室内热舒适效果的同时，降低空调系统的能耗。

对于采光顶遮阳设施的设置，可采用以下三种形式：

1）在采光顶外侧设置活动外遮阳；

2）在采光顶内侧设置采光顶遮阳帘；

3）以及中空玻璃夹层智能内遮阳。

对采光顶进行合理设置通风窗，能够有效形成拔风效果，即采光顶内侧区域的气流能有效流通，有利于区域内散热，提高室内舒适度。对于采光顶通风窗的设置可在采光顶顶部及四周设置。

【评价方法】本条主要关注采光顶的遮阳及通风措施，在采光顶外侧设置活动外遮阳、内侧设置采光顶遮阳帘或采用中空玻璃夹层智能内遮阳均可认为得分，采光顶遮阳的面积应达到整个采光顶面积的80%以上。

设计评价审阅建筑施工图设计说明、建筑平面图、采光顶遮阳及通风窗设计施工图，模拟分析报告等，审查采光顶的遮阳及通风情况。

运行评价除审阅以上资料外，建筑设计说明、建筑平面图、采光顶遮阳及通风窗设计图等竣工图纸，还应审查节能工程专项验收报告和（或）登记表等，并现场核查。

Ⅱ　供暖、通风与空调

5.2.6　供暖空调系统的冷、热源机组能效均优于现行国家标准《公共建筑节能设计标准》GB 50189的规定以及现行有关国家标准能效限定值的要求，评价分值为5分。对电机驱动的蒸气压缩循环冷水（热泵）机组，直燃型和蒸汽型溴化锂吸收式冷（温）水机组，单元式空气调节机、风管送风式和屋顶式空调机组，多联式空调（热泵）机组，燃煤、燃油和燃气锅炉，其能效指标比现行国家标准《公共建筑节能设计标准》GB 50189 规定值的提高或降低幅度满足表 5.2.6 的要求；对房间空气调节器和家用燃气热水炉，其能效等级满足现行有关国家标准的节能评价值要求。

表 5.2.6 冷、热源机组能效指标比现行国家标准《公共建筑节能设计标准》
GB 50189 提高或降低幅度

机组类型		能效指标	提高或降低幅度
电机驱动的蒸气压缩循环冷水（热泵）机组		制冷性能系数（COP）	提高 6%
溴化锂吸收式冷水机组	直燃型	制冷、供热性能系数（COP）	提高 6%
	蒸汽型	单位制冷量蒸汽耗量	降低 6%
单元式空气调节机、风管送风式和屋顶式空调机组		能效比（EER）	提高 6%
多联式空调（热泵）机组		制冷综合性能系数［IPLV（C）］	提高 8%
锅炉	燃煤	热效率	提高 3 个百分点
	燃油燃气	热效率	提高 2 个百分点

【参评范围】本条适用于设计、运行评价。

【条文释义】供暖空调系统的冷（热）源机组能效比是指冷（热）源机组单位功耗所能获得的冷量或（热）量。冷（热）源的能耗是商店建筑空调系统能耗的主体，冷（热）源机组能效比对节能至关重要。

【评价方法】本条重点考察冷源的性能系数和锅炉的热效率，依据《公共建筑节能设计标准》GB 50189—2015 第 4.2.5 条对锅炉的热效率的规定以及第 4.2.10 条、第 4.2.14 条、第 4.2.17 条、第 4.2.19 条对冷热源机组能效比与性能参数进行评价，具体评价方法参见本书第 5.1.1 条。

设计评价查阅暖通空调施工图全套图纸，包括设计说明、设备清单、各层平面图、立面图及机房大样。

运行评价查阅暖通空调竣工图全套图纸，包括设计说明、设备清单、各层平面图、立面图及机房大样；由具有资质的第三方提供的相关设备的形型式检验报告或证明符合能效要求的检验报告，建设监理单位的进场验收记录，查看设备铭牌和使用手册，核对设备的能效值。

5.2.7 集中供暖系统热水循环泵的耗电输热比和通风空调系统风机的单位风量耗功率符合现行国家标准《公共建筑节能设计标准》GB 50189 等的有关规定，且空调冷热水系统循环水泵的耗电输冷（热）比比现行国家标准《民用建筑供暖通风与空气调节设计规范》GB 50736 规定值低 20%，评价分值为 5 分。

【参评范围】本条适用于设计、运行评价。

对于无集中供暖系统仅配置集中空调系统的建筑，通风空调系统的单位风量耗功率、空调冷热水系统循环水泵的耗电输冷（热）比满足本条要求，得5分；同理，对于仅有集中采暖的建筑，集中采暖的供暖系统热水循环泵耗电输热比满足本条对应要求，得5分。对于夏季用集中空调系统降温，冬季用集中供暖系统供暖的建筑，空调系统满足本条要求得3分，供暖系统满足本条要求得3分。

【条文释义】 集中供暖热水循环水泵、空调冷（热）水系统循环水泵的耗电输冷（热）比反映了空调水系统中循环水泵的耗电与建筑冷热负荷的关系，对此值进行限制是为了保证水泵的选择在合理的范围，降低水泵能耗；同理，规定通风空调系统风机的单位风量耗功率，也是为了降低风机能耗。商店建筑空调系统的水泵和风机运行时间长、耗能大，节能意义重大。

【评价方法】 重点评价建筑用能系统和设备进行节能设计和选择；评价方法为检查图纸及说明书中的所选水泵和风机计算的输送能耗限值。

供暖系统热水循环泵耗电输热比满足国家标准《公共建筑节能设计标准》GB 50189—2015 第4.3.3条的要求。

通风空调系统风机的单位风量耗功率满足国家标准《公共建筑节能设计标准》GB 50189—2015 第4.3.23条的要求。

空调冷热水系统循环水泵的耗电输冷（热）比需要比《民用建筑供暖通风与空气调节设计规范》GB 50738—2012 的要求低20%以上。

《民用建筑供暖通风与空气调节设计规范》GB 50736—2012 第8.5.12条规定：在选配空调冷热水系统的循环水泵时，应计算循环水泵的耗电输冷（热）比 $EC(H)R$，并应标注在施工图的设计说明中。耗电输冷（热）比应符合下式要求：

$$EC(H)R = 0.003096 \sum(G \cdot H / \eta_b) / \sum Q \leqslant A(B + \alpha \sum L) / \Delta T$$

式中：$EC(H)R$——循环水泵的耗电输冷（热）比，%；

   G——每台运行水泵的设计流量，m^3/h；

   H——每台运行水泵对应的设计扬程，m；

   η_b——每台运行水泵对应设计工作点的效率，%；

   Q——设计冷（热）负荷，kW；

   ΔT——规定的计算供回水温差，按表5-20选取；

   A——与水泵流量有关的计算系数，按表5-21选取；

   B——与机房及用户的水阻力有关的计算系数，按表5-22选取；

   α——与$\sum L$有关的计算系数，按表5-23或表5-24选取；

   $\sum L$——从冷热机房至该系统最远用户的供回水管道的总输送长度，m；当管道设于大面积单层或多层建筑时，可按机房出口至最远端空调末端的管道长度减去100m确定。

表 5-20 计算供回水温差 Δ*T* 值（℃）

冷水系统	热水系统			
	严寒	寒冷	夏热冬冷	夏热冬暖
5	15	15	10	5

注：1. 对空气源热泵、溴化锂机组、水源热泵等机组的热水供回水温差按机组实际参数确定；

2. 对直接提供高温冷水的机组，冷水供回水温差按机组实际参数确定。

表 5-21 计算供回水温差 *A* 值

设计水泵流量 *G*	*G*≤60	60<*G*≤200	*G*>200
A 值	0.004225	0.003858	0.003749

注：多台水泵并联运行时，流量按较大流量选取。

表 5-22 *B* 值

系统组成		四管制单冷、单热管道	二管制热水管道
一级泵	冷水系统	28	—
	热水系统	22	21
二级泵	冷水系统[1]	33	—
	热水系统[2]	27	25

1) 多级泵冷水系统，每增加一级泵，*B* 值可增加 5；

2) 多级泵热水系统，每增加一级泵，*B* 值可增加 4。

表 5-23 四管制冷、热水管道系统的 α 值

系统	管道长度∑*L* 范围（m）		
	∑*L*≤400	400<∑*L*<1000	∑*L*≥1000
冷水	α=0.02	α=0.016+1.6/∑*L*	α=0.013+4.6/∑*L*
热水	α=0.014	α=0.0125+0.6/∑*L*	α=0.009+4.1/∑*L*

表 5-24 两管制热水管道系统的 α 值

系统	地区	管道长度∑*L* 范围（m）		
		∑*L*≤400	400<∑*L*<1000	∑*L*≥1000
热水	严寒	α=0.009	α=0.0072+0.72/∑*L*	α=0.0059+2.02/∑*L*
	寒冷 夏热冬冷	α=0.0024	α=0.002+0.16/∑*L*	α=0.0016+0.56/∑*L*
	夏热冬暖	α=0.0032	α=0.0026+0.24/∑*L*	α=0.0021+0.74/∑*L*

设计评价查阅暖通空调施工图设计说明、暖通空调施工图设备清单、电气施工图设计说明、风机的单位风量耗功率、空调冷热水系统的耗电输冷（热）比、集中供暖系统热水循环泵的耗电输热比计算书；节能电器说明书。

运行评价查阅暖通空调竣工图设计说明、暖通空调竣工图设备清单、电气竣工图设计说明、风机的单位风量耗功率、空调冷热水系统的耗电输冷（热）比、

集中供暖系统热水循环泵的耗电输热比计算书或测试记录、系统运行记录等；节能电器铭牌及说明书；由物业及技术支持单位提供相应的系统运行记录；并现场核查。

5.2.8 合理选择和优化供暖、通风与空调系统，评价总分值为 11 分，根据系统能耗的降低幅度按表 5.2.8 的规则评分。

表 5.2.8 供暖、通风与空调系统能耗降低幅度评分规则

供暖、通风与空调系统能耗降低幅度 D_e	得分
$5\% \leqslant D_e < 10\%$	3
$10\% \leqslant D_e < 15\%$	7
$D_e \geqslant 15\%$	11

【参评范围】本条适用于设计、运行评价。

【条文释义】暖通空调系统能耗降低幅度是指被评建筑实际空调供暖系统全年能耗和参照建筑空调供暖系统全年能耗差值占参照建筑空调供暖系统全年能耗的比率，本条是鼓励在技术经济分析合理的前提下，在对绿色商店建筑围护结构热工性能节能设计的基础上，对暖通空调系统进一步的优化设计。

【评价方法】本条重点考虑暖通空调系统的节能贡献率。

优化前后的参照系统和实际系统，围护结构、设计参数、模拟参数（作息、室内发热量等）的设置等应一致。

空调输配系统应符合国家标准《公共建筑节能设计标准》GB 50189—2015 中输配系统相关条文规定。

关于参照系统的选取，遵循表 5-25 的原则。

表 5-25 参照系统选取原则

设定内容		设计系统	参照系统
采暖、空调负荷		相同	
暖通空调系统设定	冷源系统（对应不同的实际设计方案，参照系统选择如右）	实际设计方案（设计采用水冷冷水机组系统，或水源或地源热泵系统，或蓄能系统）IPLV 值	采用电制冷的离心机或螺杆机，其能效值（或 IPLV 值）应按照现行国家标准《公共建筑节能设计标准》GB 50189 规定取值。若地标能效规定高于国标，仍应采用国标作为参照值
		实际设计方案（设计采用风冷、蒸发冷却冷水机组或吸收制冷机组或系统）	采用风冷、蒸发冷却螺杆机或吸收式制冷机组，其能效值参考国家标准《公共建筑节能设计标准》GB 50189 规定取值
		实际设计方案（设计采用直接膨胀式系统）	系统与实际设计系统相同，其效率满足相应国家和行业标准的单元式空调机组、多联式空调（热泵）机组或风管送风式空调（热泵）机组的空调系统的要求

续表

	设定内容	设计系统	参照系统
暖通空调系统设定	热源系统	实际设计方案，包括采用地源热泵系统	热源采用燃气锅炉，锅炉效率满足相应的标准的要求
	输配系统	实际设计方案	水泵按定频泵，风机按定频风机；冷机和水泵采用台数控制
	末端	实际设计方案	末端与实际设计方案相同；设计系统末端为VAV变风量系统时，参照系统送风参数应满足《公共建筑节能设计标准》GB 50189的一般规定；设计方案末端采用了大温差送风、温度/湿度分控（如干式风机盘管、地板辐射）等新式节能末端时，参照系统不需与设计系统完全一致。

注：1 集中空调系统：参照系统的设计新风量、冷热源、输配系统设备能效比等均应严格按照节能标准选取，不应盲目提高新风量设计标准，不考虑风机、水泵变频、新风热回收、冷却塔免费供冷等节能措施。即便设计方案的新风量标准高于国家、行业或地方标准，参考建筑的新风量设计标准也不得高于国家、行业或地方标准。参照系统不考虑新风比增加等措施。

2 采用分散式房间空调器进行空调和采暖时，参照系统选用符合现行国家标准《房间空气调节器能效限定值及能效等级》GB 12021.3和《转速可控型房间空气调节器能效限定值及能效等级》GB 21455中规定的第2级产品。

3 对于新风热回收系统，热回收装置机组名义测试工况下的热回收效率，全热焓交换效率制冷不低于50%，制热不低于55%，显热温度交换效率制冷不低于60%，制热不低于65%。需要考虑新风热回收耗电，热回收装置的性能系数（COP值）大于5（COP值为回收的热量与附加的风机耗电量比值），超过5以上的部分为热回收系统的节能值。

4 对于水泵的一次泵，二次泵系统，参照系统为对应一二次泵定频系统。考虑变频的措施，水泵节能率可计入。对于风机，参照系统为定频风机。

5 对于有多种能源形式的空调采暖系统，其能耗应折算为一次能源进行计算。

6 对于设计方案采用低谷电蓄冷（蓄热）方案的。

设计评价查阅暖通空调施工设计说明、暖通空调施工图设备清单以及相应的系统设计图纸与暖通空调能耗模拟计算书，审查系统能耗降低幅度及其计算。

运行评价还应查阅运行能耗记录，系统能耗降低幅度及其计算，以及物业及技术支持单位提供相应的能耗计量数据记录或账单，并现场检查。

5.2.9 采取措施降低过渡季节供暖、通风与空调系统能耗，评价分值为5分。

【参评范围】本条适用于设计、运行评价。

【条文释义】空调系统设计时不仅要考虑到设计工况，而且应考虑全年运行模式。

与本条相关的标准主要是国家标准《公共建筑节能设计标准》GB 50189—2015。其中，第4.2.20条规定，对冬季或过渡季存在供冷需求的建筑，应充分利用新风降温技术；经济分析合理时，可应利用冷却塔提供空气调节冷水或使用具有同时制冷和制热功能的空调（热泵）产品；第4.3.12条规定，设计定风量全空气空气调节系统时，宜采取实现全新风运行或可调新风比的措施，并宜设计相应的排风系统。

过渡季节降低供暖、通风与空调系统能耗的技术主要有冷却塔免费供冷、全新风或可调新风的全空气调节系统等。

【评价方法】重点查阅图纸中新风取风口和新风管道面积，判断是否具有新风可调性。施工图设计说明中是否明确新风机组调节新风比的范围，并给出新风系统全年（包括过渡季节、冬季、夏季）的运行策略或建议。

设计评价查阅暖通空调专业施工图设计说明、暖通空调专业施工图设备清单、暖通系统设计图纸（包括全空气空调系统图与平面图）及设计说明以及降低过渡季节供暖、通风与空调系统能耗措施报告。

运行评价查阅暖通空调竣工图设计说明、全空气空调系统竣工图与平面图、降低过渡季节供暖、通风与空调系统能耗措施报告、由物业及技术支持单位提供的系统运行记录等，现场检查系统设置情况。

5.2.10 采取措施降低部分负荷、部分空间使用下的供暖、通风与空调系统能耗，评价总分值为 9 分，按下列规则分别评分并累计：

1 区分房间的朝向，细分供暖、空调区域，对系统进行分区控制，得 3 分；

2 合理选配空调冷、热源机组台数与容量，制定实施根据负荷变化调节制冷（热）量的控制策略，且空调冷源的部分负荷性能符合现行国家标准《公共建筑节能设计标准》GB 50189 的规定，得 3 分；

3 水系统、风系统采用变频技术，且采取相应的水力平衡措施，得 3 分。

【参评范围】本条适用于设计、运行评价。

【条文释义】建筑物外区和内区的负荷特性不同。外区由于与室外空气相邻，不同朝向的外围护结构的负荷特性随季节改变都有较大的变化；内区则由于远离外围护结构，室外气候条件的变化对它几乎没有影响，常年需要供冷。冬季内、外区对空调的需求存在很大的差异，因此宜分别按朝向设计和配置空调系统、并进行分区控制。通常，空调系统按照建筑物最大使用情况（最不利情况）进行系统设计和设备选型。而实际上，建筑物绝大部分时间的同时使用率大约在 80%～85%，处于部分负荷状况，或者同一时间仅有一部分建筑空间处于使用状态。因此，为了提高空调设备系统的运行效率，在确定空调冷、热源系统以及空调末端系统设计方案时，需要根据建筑物全年空调动态负荷变化特性，合理的选配空调冷、热源机组台数与容量，包括水系统、空气系统和制冷机系统变流量控制技术的采用，并制定相应的系统全年优化节能运行控制策略，保证建筑物处于部分负荷或同时使用系数较低时，能根据实际需要提供恰当的能源供给，且不降低能源转换效率。

【评价方法】本条重点审核图纸中对空调系统的分区划分及分区控制设计方案。检查图纸及说明书中冷、热源机组的台数、容量和部分负荷性能系数（IPLV），施工图设计说明中应明确提出冷、热源机组在不同负荷水平下的运行控制策略；空调的水、空气等系统设计是否有变水量或变风量设计（包括可分区域启停或分档控制)。

本条第1款:通常,空调系统分区按照使用时间、温度、湿度、房间朝向等进行。对于采用分体空调、多联机的建筑,可实现自然分区、分室调控,本款可直接得分。

本条第2款:一方面需定性判断冷热源机组的容量配置、台数是否满足部分负荷要求,另一方面需定量考察冷热源机组的部分负荷性能系数(IPLV),是否满足国家标准《公共建筑节能设计标准》GB 50189—2015的要求。该标准第4.2.11条对电机驱动的蒸气压缩循环冷水(热泵)机组的综合部分负荷性能系数(IPLV)作了具体规定。

4.2.11 电机驱动的蒸气压缩循环冷水(热泵)机组的综合部分负荷性能系数(IPLV)应符合下列规定:

1 综合部分负荷性能系数(IPLV)计算方法应符合本标准第4.2.13条的规定;

2 水冷定频冷水机组的综合部分负荷性能系数(IPLV)不应低于表4.2.11的数值;

3 水冷变频离心式冷水机组的综合部分负荷性能系数(IPLV)不应低于表4.2.11中水冷离心式冷水机组限值的1.30倍;

4 水冷变频螺杆式冷水机组的综合部分负荷性能系数(IPLV)不应低于表4.2.11中水冷螺杆式冷水机组限值的1.15倍。

表4.2.11 冷水(热泵)机组综合部分负荷性能系数(*IPLV*)

类　型		名义制冷量 CC (kW)	综合部分负荷性能系数 *IPLV*					
			严寒A、B区	严寒C区	温和地区	寒冷地区	夏热冬冷地区	夏热冬暖地区
水冷	活塞式/涡旋式	CC≤528	4.90	4.90	4.90	4.90	5.05	5.25
	螺杆式	CC≤528	5.35	5.45	5.45	5.45	5.55	5.65
		528<CC≤1163	5.75	5.75	5.75	5.85	5.90	6.00
		CC>1163	5.85	5.95	6.10	6.20	6.30	6.30
	离心式	CC≤1163	5.15	5.15	5.25	5.35	5.45	5.55
		1163<CC≤2110	5.40	5.50	5.55	5.60	5.75	5.85
		CC>2110	5.95	5.95	5.95	6.10	6.20	6.20
风冷或蒸发冷却	活塞式/涡旋式	CC≤50	3.10	3.10	3.10	3.10	3.20	3.20
		CC>50	3.35	3.35	3.35	3.35	3.40	3.45
	螺杆式	CC≤50	2.90	2.90	2.90	3.00	3.10	3.10
		CC>50	3.10	3.10	3.10	3.20	3.20	3.20

本条第3款：水系统、风系统必须全部采用变频技术，并经水力平衡计算，方可认为达标；对于不需要设水系统或风系统的空调系统或设备，例如采用变制冷剂流量的多联机或者分体空调，本款可直接得分。

设计评价查阅暖通空调施工图设计说明（包括系统全年节能运行控制策略说明）、暖通空调施工图设备清单、电气施工图设计说明、节能电器说明书；审查分区控制、控制策略、部分负荷性能系数（IPLV）、水力平衡计算书。

运行评价查阅暖通空调竣工图设计说明、暖通空调竣工图设备清单、电气竣工图设计说明、节能电器铭牌及说明书；审查分区控制、控制策略、部分负荷性能系数（IPLV）、水力平衡计算书，系统运行记录以及系统全年节能运行控制策略实施方案说明书；并现场核查。

Ⅲ 照 明 与 电 气

5.2.11 照明功率密度值不高于现行国家标准《建筑照明设计标准》GB 50034 中的目标值规定，评价总分值为6分，按表5.2.11的规则评分。

表5.2.11 照明功率密度值比目标值的降低幅度评分规则

照明功率密度值降低幅度 D_{LPD}	得 分
$D_{LPD} < 10\%$	2
$10\% \leqslant D_{LPD} < 20\%$	4
$D_{LPD} \geqslant 20\%$	6

【参评范围】本条适用于设计、运行评价。

【条文释义】现行国家标准《建筑照明设计标准》GB 50034 规定了商店的建筑照明功率密度限值的现行值和目标值，见表5-26。表中对装设重点照明和室形指数等于或小于1两种特殊情况下，LPD限值的调整方法见表注。

表5-26 商店建筑照明功率密度限值

（引自国家标准《建筑照明设计标准》GB 50034—2013）

房间或场所	照度标准值（lx）	照明功率密度限值（W/m²）
		目标值
一般商店营业厅	300	≤9.0
高档商店营业厅	500	≤14.5
一般超市营业厅	300	≤10.0
高档超市营业厅	500	≤15.5
专卖店营业厅	300	≤10.0
仓储超市	300	≤10.0

注：1. 一般商店营业厅、高档商店营业厅、专卖店营业厅需要装设重点照明时，该营业厅的照明功率密度现行值应增加 5W/m²；

2. 当房间或场所的室形指数值等于或小于1时，其照明功率密度限值应增加，但增加值不应超过限值的20%。

【评价方法】 照明功率密度参评区域包括表 5-26 中规定的主要使用空间,其他场所不做评价。评价时以最不利的房间或场所进行计算评价。

如该商店建筑只有一个营业厅(如超市),那么设计评价时,

满足 $0 \leqslant \dfrac{LPD_{目标值} - LPD_{设计计算值}}{LPD_{目标值}} \times 100\% < 10\%$,得 2 分;

满足 $10\% \leqslant \dfrac{LPD_{目标值} - LPD_{设计计算值}}{LPD_{目标值}} \times 100\% < 20\%$,得 4 分;

满足 $20\% \leqslant \dfrac{LPD_{目标值} - LPD_{设计计算值}}{LPD_{目标值}} \times 100\%$,得 6 分;

如大型综合商店建筑包含若干营业厅或超市,且 LPD 与目标值降低的程度不同,取最不利的房间或场所评分,确定得分。

运行评价时的方法同上,将 $LPD_{设计计算值}$ 换成 $LPD_{实测计算值}$。

设计评价查阅电气专业设计图纸和文件,应包括照明功率密度计算书。

运行评价在设计要求之外,查阅竣工验收资料及照度、照度均匀度、照明功率密度等工程检验报告。

5.2.12 照明光源、镇流器等的能效等级满足现行有关国家标准规定的 1 级要求,评价分值为 3 分。

【参评范围】 本条适用于设计、运行评价。

【条文释义】 同第 5.1.7 条。

【评价方法】 商店建筑所选的全部照明光源、镇流器、变压器均满足第 5.1.7 条中的 1 级要求,可得 3 分。否则不得分。

设计评价查阅电气专业设计图纸及文件。

运行评价查阅竣工图及照明产品能效等级检验报告,并现场核查。

5.2.13 照明采用集中控制,并满足分区、分组及调光或降低照度的控制要求,评价分值为 3 分。

【参评范围】 本条适用于设计、运行评价。

【条文释义】 商店建筑照明采用集中控制,主要是为了便于管理,避免长明灯。照明的分区、分组及调光或降低照度等控制措施对降低照明能耗作用显著。

现行国家标准《建筑照明设计标准》GB 50034—2013 具体规定包括:

1. 公共建筑和工业建筑的走廊、楼梯间、门厅等公共场所的照明,宜按建筑使用条件和天然采光状况采取分区、分组控制措施。

2. 公共场所应采用集中控制,并按需要采取调光或降低照度的控制措施。

3. 有条件的场所,宜采用下列控制方式:

1) 可利用天然采光的场所,宜随天然光照度变化自动调节照度;

2) 办公室的工作区域,公共建筑的楼梯间、走道等场所,可按使用需求自

动开关灯或调光；

  3）地下车库宜按使用需求自动调节照度；

  4）门厅、大堂、电梯厅等场所，宜采用夜间定时降低照度的自动控制装置。

  4. 大型公共建筑宜按使用需求采用适宜的自动（含智能控制）照明控制系统。其智能照明控制系统宜具备下列功能：

  1）宜具备信息采集功能和多种控制方式，并可设置不同场景的控制模式；

  2）控制照明装置时，宜具备相适应的接口；

  3）可实时显示和记录所控照明系统的各种相关信息并可自动生成分析和统计报表；

  4）宜具备良好的中文人机交互界面；

  5）宜预留与其他系统的联动接口。

【评价方法】若商店建筑采用了集中控制，且做到分区分组调光的建筑面积达到 50% 及以上时，可得 3 分，否则不得分。当商店中的租户自行装修商铺，且并无集中控制措施时，该项不得分。

  设计评价查阅电气专业设计图纸和照明系统控制原理图。

  运行评价在设计评价方法之外还应审查竣工验收资料，并现场核查。

5.2.14 走廊、楼梯间、厕所、大堂以及地下车库的行车道、停车位等场所采用半导体照明并配用智能控制系统，评价分值为 3 分。

【参评范围】本条适用于设计、运行评价。

【条文释义】商店建筑的走廊、楼梯间、厕所、大堂以及地下车库的行车道、停车位等公共空间使用的时段或区域相对灵活，宜按使用需求自动调节照度，如在地下车库照明回路装设控制装置及在灯具上装设感应装置，可按使用需求分区域、分时段自动调节照度。

  半导体（LED）照明是未来建筑照明发展的方向。这不仅是因为其具有高能效、寿命长、启动快等优点，而且半导体照明相对于传统照明的另外一大特点是其易于调节和易于控制。因此，上述商店建筑的房间或场所宜采用半导体照明并配用智能控制系统。当无人时，可调至 10%～30% 左右的照度，有很大的节能效果。

【评价方法】本条评价区域若采用半导体照明并配用智能控制系统的面积比例达到 50% 及以上时，可得 3 分，否则不得分。

  设计评价查阅电气专业设计图纸和照明系统控制原理图。

  运行评价在设计要求之外，查阅竣工验收资料和工程运行记录，并现场核查。

5.2.15 合理选用电梯及扶梯，并采取电梯群控、自动扶梯自动感应启停等节能控制措施，评价分值为 3 分。

【参评范围】 本条适用于设计、运行评价。对于不设电梯、自动扶梯的建筑，本条不参评。

【条文释义】 对于一些大型的商店建筑，如大型商场，电梯及扶梯的使用非常普遍，电梯的能源消耗不能忽视。商店建筑中，当乘坐电梯人数多时，电梯同上同下运行，既耗电，又增加了等待时间；当电梯乘坐人数不多时，多台电梯同时运行，耗能严重。而扶梯在营业时间内，如一直开启，将造成能源的浪费。从实践经验来看，采用电梯群控、能量回馈以及自动扶梯自动感应启停等措施可起到较好的节能效果，应提倡在绿色商店建筑中使用。

本评分项包括如下三层含义：

第一层是电梯、扶梯的选用：充分考虑使用需求和客/货流量，确定电梯台数、载客量、速度等指标；

第二层是电梯、扶梯产品的节能特性：由于目前并未明确电梯和步梯的节能标识，暂以是否采取变频调速拖动方式或能量再生回馈等技术判定；

第三层是其节能控制措施：包括电梯群控、扶梯感应启停、轿厢无人自动关灯技术、驱动器休眠技术、自动扶梯变频感应启动技术、群控楼宇智能管理技术等。

电梯群控是指将两台以上电梯组成一组，由一个专门的群控系统负责处理群内电梯的所有层站呼梯信号。群控系统可以是独立的，也可以隐含在每一个电梯控制系统中。群控系统和每一个电梯控制系统之间都有通信联系。群控系统根据群内每台电梯的楼层位置、已登记的指令信号、运行方向、电梯状态、轿内载荷等信息，实时将每一个层站呼梯信号分配给最适合的电梯去应答，从而最大程度地提高群内电梯的运行效率。群控系统中，通常还可选配上班高峰服务、下班高峰服务、分散待梯等多种满足特殊场合使用要求的操作功能。

自动感应启停（自动启动）是指自动扶梯或自动人行道，在无乘客时停止运行，在有乘客时，自动启动运行的方式。

【评价方法】 本条电梯和自动扶梯的节能控制措施各占 1.5 分。当所有电梯或扶梯均采用节能控制措施时，可得相应的分值，否则不得分。

特殊情况：当建筑中只有电梯无自动扶梯时，电梯占 3 分；对于仅设有一台电梯的建筑，自然无须考虑电梯群控措施，但电梯应满足节能电梯相关规定，否则也不能得分。必要时应到现场核查。

设计评价查阅电梯、自动扶梯选型参数表，人流平衡计算分析报告，电梯、扶梯配电系统图，电梯、扶梯控制系统图。

运行评价查阅电气专业竣工图、电梯检验报告、电梯运行记录、电梯检测报告等，审查节能控制措施，并现场核查。

5.2.16 商店电气照明等按功能区域或租户设置电能表，评价分值为 3 分。

【参评范围】本条适用于设计、运行评价。

【条文释义】商店电气照明等按租户或使用单位的区域来设置电能表不仅有利于管理和收费，用户也能及时了解和分析电气照明耗电情况，加强管理，提高节能意识和节能的积极性，自觉采用节能灯具和设备。

【评价方法】本条重点查阅电气专业设计图纸是否按租户或单位设置电能表及运行记录。

设计评价查阅电气专业的设计图纸，检查设计图纸是否按租户或单位设置电能表。

运行评价查阅电气专业系统竣工图纸、运行记录等，并现场核查。

5.2.17 室外广告与标识照明的平均亮度应低于现行行业标准《城市夜景照明设计规范》JGJ/T 163 规定的最大允许值，评价分值为 3 分。

【参评范围】本条适用于设计、运行评价。

【条文释义】室外广告与标识照明的平均亮度过高，不仅会破坏广告标识的艺术效果还造成光污染，浪费能源。广告、标识有外投光和内透光两种照明方式，采用平均亮度指标。

广告照明：是指为照亮各种广告的照明，所用的光源有霓虹灯、荧光灯、高强度气体放电灯及发光二极管等。

标识照明：是指用文字、纹样、符号或色彩传递信息的标识设施的照明。

平均亮度：是指规定表面上各点的亮度平均值。

行业标准《城市夜景照明设计规范》JGJ/T 163—2008 规定了不同环境区域、不同面积的广告与标识照明的平均亮度最大允许值，见表 5-27。

表 5-27　不同环境区域不同面积的广告标识照明平均亮度最大允许值（cd/m²）

（引自行业标准《城市夜景照明设计规范》JGJ/T 163—2008）

广告与标示照明面积	环境区域			
（m²）	E1	E2	E3	E4
S≤0.5	50	400	800	1000
0.5＜S≤2	40	300	600	800
2＜S≤10	30	250	450	600
S＞10	—	150	300	400

【评价方法】本条重点评价商店建筑室外广告与标识照明的平均亮度。

核查受评商店建筑所处的环境区域。环境区域根据环境亮度和活动内容可作下列划分：

E1 区为天然暗环境区，如国家公园、自然保护区和天文台所在地区等；

E2 区为低亮度环境区，如乡村的工业或居住区等；

E3 区为中等亮度环境区，如城郊工业或居住区等；

E4 区为高亮度环境区，如城市中心和商业区等。

核查广告或标识的面积。

依据表 5-27 确定平均亮度最大允许值；

设计评价查阅电气专业设计图纸和广告与标识照明模拟计算报告，核查报告中的平均亮度计算值。

运行评价查阅电气专业设计图纸和广告与标识照明模拟计算报告，核查平均亮度实测值。并现场核查。

若受评商店建筑所有的室外广告与标识照明均满足该条，可得 3 分。

5.2.18 供配电系统采取自动无功补偿和谐波治理措施，评价分值为 3 分。

【参评范围】本条适用于设计、运行评价。

【条文释义】进行无功功率补偿的目的是为了提高功率因数。提高用电功率因数是非常必要的，它不但可以提高电力系统和用电企业设备的利用率，做到在同样发电设备条件下可以减小电能损耗和提高用电质量。

谐波会引起变压器、电动机的损耗增加、中性线过热、载流导体的集肤效应加重、功率因数降低等，故谐波较大时，应就地设置谐波抑制装置。

谐波对于控制、通信网络、继电保护、电能计量等二次系统及电容器、电机、变压器、开关设备等一次系统都可能造成影响和危害。

【评价方法】本条重点评价供配电系统采取自动无功补偿和谐波治理措施相关文件及证明材料。

设计评价查阅电气专业设计图纸和文件，设计计算书。核查是否采用合理的自动无功补偿措施使得功率因数不低于 0.90，且配电系统中的谐波电压和谐波电流符合《电能质量 公用电网谐波》GB/T 14549 的限值要求，是否有谐波抑制措施。

运行评价在设计评价方法之外还应查阅设备订货合同技术要求系统竣工图纸、主要产品检验报告、运行记录、第三方检测报告等，并现场检查。

Ⅳ 能 量 综 合 利 用

5.2.19 排风能量回收系统设计合理并运行可靠，评价分值为 4 分。

【参评范围】本条适用于设计、运行评价。对无独立新风系统的建筑，新风与排风的温差不超过 15℃，无空调、供暖或新风系统的建筑，或其他情况下能量投入产出收益不合理，可不置排风能量回收系统（装置），本条不参评。

【条文释义】国家标准《公共建筑节能设计标准》GB 50189—2015 中第 4.3.25 条、第 4.3.26 条规定：

4.3.25　设有集中排风的空调系统经技术经济比较合理时，宜设置空气-空气能量回收装置。严寒地区采用时，应对能量回收装置排风侧是否出现结霜或结露现象进行核算。当出现结霜或结露时，应采取预热等保温防冻措施。

4.3.26　有人员长期停留且不设置集中新风、排风系统的空气调节区或空调房间，宜在各空气调节区或空调房间分别安装带热回收功能的双向换气装置。

国家标准《空气-空气能量回收装置》GB/T 21087—2007 中第 5.1 条对装置性能提出了具体要求，并规定了装置名义风量对应的热交换效率最低值符合表 5-28 的要求。

表 5-28　空气-空气能量回收装置交换效率要求

类　　型	热交换效率	
	制冷（%）	制热（%）
焓效率（适用于全热交换装置）	>50	>55
温度效率（适用于显热交换装置）	>60	>65

注：按标准规定工况，且新风、排风量相等的条件下测量效率。

相关标准图集有《空气-空气能量回收装置选用与安装（新风换气机部分）》06K301-1、《空调系统热回收装置选用与安装》06K301-2 等。其中《空调系统热回收装置选用与安装》06K301-2 对排风热回收装置的选用提出了以下原则：

1）当建筑物内设有集中排风系统，并且符合下列条件之一时，宜设置排风热回收装置，但选用的热回收装置的额定显热效率原则上不应低于 60%、全热效率不应低于 50%：送风量大于或等于 3000m³/h 的直流式空调系统，且新风与排风之间的温差大于 8℃时；设计新风量大于或等于 4000m³/h 的全空气空调系统，且新风与排风之间的温差大于 8℃时；设有独立新风和排风的系统。

2）有人员长期停留但未设置集中新风、排风系统的空调区域或房间，宜安装热回收换气装置。

【评价方法】本条重点评价内容包括系统形式、对应的建筑区域、热回收装置在过渡季是否有旁通路径、排风回收系统的技术经济分析等。

利用排风对新风进行预热（预冷）处理，可以降低新风负荷，除系统设计合理且运行可靠的要求外，还对装置的热交换效率有最低要求：对于集中空调系统的空气—空气能量回收装置，额定热回收效率不得低于 60%；对于采用带热回收功能的双向换气装置，额定热回收效率不得低于 55%。同时避免为了得分而只在个别空调系统中采用的情况，要求采用热回收的排风风量不低于总排风风量的 50%。

设计评价查阅排风热回收系统设计说明、利用排风对新风进行预热（或预冷）的系统设计图、排风热回收的能量投入产出收益分析。

运行评价查阅排风热回收系统竣工图及设计说明、产品型式检验报告；第三方检测机构出具的检验报告；由物业及技术支持单位提供的运行记录（风量、温度）、排风热回收的能量投入产出收益分析等，并现场核查。

5.2.20 合理回收利用余热废热，评价分值为 4 分。

【参评范围】 本条适用于设计、运行评价。若设置水环热泵经济技术不合理，或建筑无可用的余热废热源且无稳定的热需求，本条不参评。

【条文释义】 余热废热有两种利用方式，一种是热回收（直接利用热能），如利用热电厂的余热生产蒸汽及热水，利用空调冷凝热来加热供热空调房间等；另一种是动力回收（转换为动力或电力再用），如余热驱动吸收式制冷机组供冷。进行余热废热回收利用，需要进行可行性论证。

国家标准《民用建筑供暖通风与空气调节设计规范》GB 50736—2012 第8.1.1 条规定：

8.1.1 有可供利用的废热或工业余热的区域，热源宜采用废热或工业余热。当废热或工业余热的温度较高、经技术经济论证合理时，冷源宜采用吸收式机组。全年进行空气调节，且各房间或区域负荷特性相差较大，需要长时间地向建筑物同时供热和供冷，经技术经济比较合理时，宜采用水环热泵空调系统供冷、供热。

国家标准《公共建筑节能设计标准》GB 50189—2015 第 4.2.22 条规定：

4.2.22 对常年存在生活热水需求的建筑，当采用电动蒸汽压缩循环冷水机组时，宜采用具有冷凝热回收功能的冷水机组。

国家标准《建筑给水排水设计规范》GB 50015—2003（2009 年版）中第5.2.2 条规定：

5.2.2 集中热水供应系统的热源，宜首先利用工业余热、废热、地热。

　　注：1　利用废热锅炉制备热媒时，引入其内的废气、烟气温度不宜低于 400℃；

　　　　2　当以地热为热源时，应按地热水的水温、水质和水压，采取相应的技术措施。

水环热泵系统可以利用供冷空调房间排放的冷凝热来为空调房间加热，从而提高了建筑物内部的能源利用系数。在冬季，大型商店的内区由于发热量较大仍然需要供冷，而外区因为围护结构传热量大则需要供热。消耗少量电能采用水环热泵空调，将内区多余热量转移至建筑外区，分别同时满足外区供热和内区供冷的空调需要比同时运行空调热源和冷源两套系统更节能。

当商店或本建筑内部其他区域有稳定热需求时，鼓励采用热泵、空调余热、其他废热等供应。在靠近热电厂、工厂等具有余热、废热资源的区域，可考虑对工厂、热电厂排放的余热废热进行集中回收以用于解决建筑用能需求，降低能源消耗。另外，可考虑设置热回收型冷水机组或其他设备，回收利用空调凝结水、排水中的热量等余热、废热来作为生活热水的预热。

【评价方法】本条重点评价余热废热合理利用内容。

（1）水环热泵空调系统评价须对采用的水环热泵系统进行科学论证，在对建筑的冷热负荷进行详细计算分析的基础上，进行系统优化配置，提供模拟或实测的分析报告。

（2）余热或废热提供的能量不少于建筑所需蒸汽设计日总量的40%，或供暖设计日总量的30%，或生活热水设计日总量的60%。

设计评价查阅暖通、给排水等专业施工图及设计说明，余热废热利用系统设计图纸，余热废热利用专项计算分析报告。

运行评价查阅暖通、给排水等专业竣工图及设计说明，主要产品型式检验报告，由物业或技术支持单位提供的余热废热利用系统运行记录及分析报告，并现场检查。

5.2.21 根据当地气候和自然资源条件，合理利用可再生能源，评价总分值为9分，按表5.2.21的规则评分。

表5.2.21 可再生能源利用评分规则

可再生能源利用类型和指标		得分
由可再生能源提供的生活用热水比例 R_{hw}	$20\% \leqslant R_{hw} < 30\%$	2
	$30\% \leqslant R_{hw} < 40\%$	3
	$40\% \leqslant R_{hw} < 50\%$	4
	$50\% \leqslant R_{hw} < 60\%$	5
	$60\% \leqslant R_{hw} < 70\%$	6
	$70\% \leqslant R_{hw} < 80\%$	7
	$80\% \leqslant R_{hw} < 90\%$	8
	$R_{hw} \geqslant 90\%$	9
由可再生能源提供的空调用冷量和热量比例 R_{ch}	$20\% \leqslant R_{ch} < 30\%$	3
	$30\% \leqslant R_{ch} < 40\%$	4
	$40\% \leqslant R_{ch} < 50\%$	5
	$50\% \leqslant R_{ch} < 60\%$	6
	$60\% \leqslant R_{ch} < 70\%$	7
	$70\% \leqslant R_{ch} < 80\%$	8
	$R_{ch} \geqslant 80\%$	9
由可再生能源提供的电量比例 R_e	$1.0\% \leqslant R_e < 1.5\%$	3
	$1.5\% \leqslant R_e < 2.0\%$	4
	$2.0\% \leqslant R_e < 2.5\%$	5
	$2.5\% \leqslant R_e < 3.0\%$	6
	$3.0\% \leqslant R_e < 3.5\%$	7
	$3.5\% \leqslant R_e < 4.0\%$	8
	$R_e \geqslant 4.0\%$	9

【参评范围】本条适用于设计、运行评价。

【条文释义】常用可再生能源建筑应用技术包括太阳能光热系统、地源热泵系统、太阳能光伏发电系统等。

我国《可再生能源法》第二条规定：本法所称可再生能源，是指风能、太阳能、水能、生物质能、地热能、海洋能等非化石能源。水力发电对本法的适用，由国务院能源主管部门规定，报国务院批准。通过低效率炉灶直接燃烧方式利用秸秆、薪柴、粪便等，不适用本法。第十七条还进一步规定：国家鼓励单位和个人安装和使用太阳能热水系统、太阳能供热采暖和制冷系统、太阳能光伏发电系统等太阳能利用系统。房地产开发企业应当根据前款规定的技术规范，在建筑物的设计和施工中，为太阳能利用提供必备条件。对已建成的建筑物，住户可以在不影响其质量与安全的前提下安装符合技术规范和产品标准的太阳能利用系统；但是，当事人另有约定的除外。

《民用建筑节能条例》也有类似鼓励措施，第四条规定：国家鼓励和扶持在新建建筑和既有建筑节能改造中采用太阳能、地热能等可再生能源。在具备太阳能利用条件的地区，有关地方人民政府及其部门应当采取有效措施，鼓励和扶持单位、个人安装使用太阳能热水系统、照明系统、供热系统、采暖制冷系统等太阳能利用系统。

国家标准《民用建筑供暖通风与空气调节设计规范》GB 50736—2012 中第 8.1.1 条对供暖空调冷源与热源提出的具体内容如下：

8.1.1(2) 在技术经济合理的情况下，冷、热源宜利用浅层地能、太阳能、风能等可再生能源。当采用可再生能源受到气候等原因的限制无法保证时，应设置辅助冷、热源。

国家标准《建筑给水排水设计规范》GB 50015—2003（2009 年版）中第 5.2.2A、5.2.2B 条对生活热水热源提出的具体内容如下：

5.2.2A 当日照时数大于 1400h/年且年太阳辐射量大于 4200MJ/m² 及年极端最低气温不低于 −45℃的地区，宜优先采用太阳能作为热水供应热源。

5.2.2B 具备可再生低温能源的下列地区可采用热泵热水供应系统：

1 在夏热冬暖地区，宜采用空气源热泵热水供应系统；

2 在地下水源充沛、水文地质条件适宜，并能保证回灌的地区，宜采用地下水源热泵热水供应系统；

3 在沿江、沿海、沿湖、地表水源充足，水文地质条件适宜，及有条件利用城市污水、再生水的地区，宜采用地表水源热泵热水供应系统。

注：当采用地下水源和地表水源时，应经当地水务主管部门批准，必要时应进行生态环境、水质卫生方面的评估。

国家标准《可再生能源建筑应用工程评价标准》GB/T 50801—2013 对可再生能源的相关术语进行了定义，具体内容如下：

2.0.1 可再生能源建筑应用

在建筑供热水、采暖、空调和供电等系统中，采用太阳能、地热能等可再生能源系统提供全部或部分建筑用能的应用形式。

2.0.2 太阳能热利用系统

将太阳能转换成热能，进行供热、制冷等应用的系统，在建筑中主要包括太阳能供热水、采暖和空调系统。

2.0.5 太阳能光伏系统

利用光生伏打效应，将太阳能转变成电能，包含逆变器、平衡系统部件及太阳能电池方阵在内的系统。

2.0.6 地源热泵系统

以岩土体、地下水或地表水为低温热源，由水源热泵机组、地热能交换系统、建筑物内系统组成的供热空调系统。根据地热能交换系统形式的不同，地源热泵系统分为地埋管地源热泵系统、地下水地源热泵系统和地表水地源热泵系统，其中地表水源热泵又分为江、河、湖、海水源热泵系统。

2.0.7 太阳能保证率

太阳能供热、采暖或空调系统中由太阳能供给的能量占系统总消耗能量的百分率。

此外，现行标准《可再生能源建筑应用工程评价标准》GB/T 50801、《地源热泵系统工程技术规范》GB 50366、《民用建筑太阳能热水系统应用技术规范》GB 50364、《太阳能供热采暖工程技术规范》GB 50495、《民用建筑太阳能空调工程技术规范》GB 50787、《民用建筑太阳能光伏系统应用技术规范》JGJ 203 等均对可再生能源的应用作出了具体规定。需要补充的是，对于采用可再生能源提供生活热水的情况，控制项第 6.1.2 条细则给出了生活热水系统设置要求，即：热水用水量较小且用水点分散时，宜采用局部热水供应系统；热水用水量较大、用水点比较集中时，应采用集中热水供应系统。

【评价方法】本条分别对由可再生能源提供的生活热水比例、空调用冷量和热量比例、电量比例进行分档评分。由于不同种类可再生能源的度量方法、品位和价格都不同，本条分三类进行评价。如有多种用途可同时得分，但本条累计得分不超过 9 分。

利用可再生能源提供生活热水：设计阶段采用可再生能源对生活热水的设计小时供热量与生活热水的设计小时加热耗热量（参见国家标准《建筑给水排水设计规范》GB 50015）的比例（其中已考虑贮水箱作用）作为评价指标，运行阶段应以全年为周期，依据系统运行记录数据计算可再生能源对于生活热水的加热量（不含辅助加热）与所消耗生活热水的总耗热量之比作为评价指标。可再生能源热水系统供应量应满足建筑生活热水总消耗量的一定比例，下限不低于30%，得2分，每提高10%的比例，得分加1分。特别地，对于夏热冬冷、夏热冬暖、温和地区存在稳定热水需求的商店建筑，若采用较高效的空气源热泵提供生活热水，也可在本条得分，具体评价同前。

利用可再生能源提供建筑的空调供冷供热量：设计阶段采用可再生能源供冷供热的冷热源机组（如地/水热源泵）的供冷供热量（即将机组输入功率考虑在内）与空调系统总的冷热负荷（冬季供热且夏季供冷的，可简单取冷量和热量的算术和）作为评价指标，运行阶段应以全年的供冷供热量比例作为评价指标。采用地源热泵、水源热泵等新型可再生能源技术承担的建筑供冷供热量比例不低于建筑总供冷供热量的20%，得3分，每提高10%，得分加2分。对于配置了冷却塔、电加热等的复合式地源热泵空调系统，应以地埋管、地下水等供冷供热量（不含辅助加热）乘以机组实际运行的性能系数来计算可再生能源的供冷供热量。另外，地源热泵系统需提供对土壤或地下水影响的分析报告。

利用可再生能源发电技术：设计阶段采用发电机组（如光伏板）的输出功率与供电系统设计负荷之比作为评价指标，运行阶段采用全年的实际发电量与总用电量比例作为评价指标。可再生能源发电量在建筑总用电量中达到的比例不小于1%，得3分，每提高0.5%，得分加1分。

如果采用热泵方式（污水源、地表水、地下水、地源、空气源）提供生活热水，要求"热泵＋冷热源侧水系统"的综合$COP \geqslant 2.0$，否则不能作为可再生能源利用来参评。

如果采用热泵方式（污水源、地表水、地下水、地源）供暖或空调制冷，要求"热泵＋冷热源侧水系统"的综合$COP \geqslant 2.3$，否则不能作为可再生能源利用来参评。

设计评价查阅可再生能源系统施工图及设计说明、专项计算分析报告。

运行评价查阅可再生能源系统竣工图、产品型式检验报告，由具有资质的第三方提供的可再生能源系统测试报告，由物业及技术支持单位提供的系统运行记录，并现场核查。

设计评价和运行评价时，可再生能源替代量应为净替代能量，即需扣除辅助能耗。

6 节水与水资源利用

6.1 控 制 项

6.1.1 应制定水资源利用方案，统筹利用水资源。

【参评范围】本条适用于设计、运行评价。

【条文释义】"水资源综合利用方案"是指在方案、规划设计阶段，在设计范围内，结合城市总体规划，在适宜于当地环境与资源条件的前提下，将供水、污水、雨水等统筹安排，以达到高效、低耗、节水、减排目的的专项设计文件。包括建筑节水、污水回用、雨洪管理与雨水利用等。

水资源综合利用方案尤其应关注以下内容：

1　当地政府规定的节水要求、地区水资源状况、气象资料、地质条件及市政设施等。

2　确定节水定额，编制用水量计算书，如使用非传统水源，还需编制水量平衡表。

3　非传统水源利用方案。

优先使用市政再生水；如果收集生活污水就地回用，应明确原水收集范围、管网布置、进出水水质、水处理工艺等。

所在地年降雨量不小于 800cm 的项目，应合理收集利用雨水，并将雨水收集管网与雨水调蓄装置相衔接，明确进出水水质和水处理工艺等。

不论是再生水还是雨水利用，均应提出安全保障措施和技术经济性分析。

4　明确绿色雨水基础设施方案。

5　合理确定水景的规模和水源。

6　制定节水灌溉方案，说明灌溉方式、灌溉范围、灌溉周期及灌溉用水的水源。

7　合理选用节水器具。

【评价方法】设计评价查阅水资源利用方案，核查其在给排水专业、景观专业相关设计文件（含设计说明、施工图、计算书）中的落实情况。

运行评价查阅水资源利用方案、方案落实涉及的给排水专业、景观专业相关竣工图、产品说明书，查阅运行数据报告，并现场核查。

6.1.2 给排水系统设置应合理、完善、安全，并充分利用城市自来水管网压力。

【参评范围】本条适用于设计、运行评价。

【条文释义】合理、完善、安全的给排水系统应符合下列要求：

1 给排水系统的设计应符合国家和行业有关标准的相关规定。

2 给水水压稳定、可靠，充分利用市政供水管网压力，合理设置二次增压并选用节能设备，超压部分采取减压限流措施。

3 各类用水水质均应达到国家、地方或行业标准规定的要求，并应采取用水安全保障措施，不得对人体健康与周围环境产生不良影响。

4 管材、管道附件及设备等供水设施的选取和运行不应对供水造成二次污染。

5 设置完善的污水收集、处理和排放等设施。

6 采取有效措施避免管道、阀门和设备的漏水、渗水或结露。

7 合理规划雨水入渗、排放或利用，尽可能利用雨水资源。

【评价方法】本条重点评价以下内容是否符合要求：给排水系统的设计符合国家和行业标准规范要求，给水系统分区合理，给水水压稳定、可靠、满足用水点要求，各类用水水质均达到国家、地方或行业标准的规定，管材、管道附件及设备等供水设施的选取和运行不应对供水造成二次污染，污水收集、处理和排放等设施等完善。

设计评价查阅给排水专业相关设计文件，设计说明、施工图、计算书等。

运行评价查阅给排水专业相关内容的竣工图、产品说明书、水质检测报告、运行数据报告等，并现场核查。

6.1.3 应采用节水器具。

【参评范围】本条适用于设计、运行评价。

【条文释义】卫生器具应满足现行标准《节水型生活用水器具》CJ/T 164 及《节水型产品通用技术条件》GB/T 18870 的要求。可选择的节水器具有：①节水水嘴：掺气节水嘴、陶瓷阀芯水嘴、停水自动关闭水嘴、光电感应式延时自动关闭水嘴；②便器：一次冲水量小于等于 6 升的节水型便器；③感应式节水型蹲便器；④节水型电器：节水洗碗机、高效节水型洗衣机等。

【评价方法】对于土建工程与装修工程一体化设计项目，应审查设计文件中对于节水器具选用的要求、说明、清单等；对非一体化设计项目，申报方则应提供确保业主采用节水器具的措施、方案或约定。

设计评价查阅用水器具设置的相关设计文件、产品说明书等。

运行评价查阅用水器具设置的相关竣工图、产品说明书、产品节水性能检测报告、产品符合节水型要求的证明材料等，并现场核查。

6.2 评 分 项

Ⅰ 节 水 系 统

6.2.1 采取有效措施避免管网漏损，评价总分值为12分，按下列规则分别评分并累计：

1 选用密闭性能好的阀门、设备，使用耐腐蚀、耐久性能好的管材、管件，得2分；

2 室外埋地管道采取有效措施避免管网漏损，得2分；

3 设计阶段根据水平衡测试的要求安装分级计量水表；运行阶段提供用水量计量情况和管网漏损检测、整改的报告，得8分。

【参评范围】 本条适用于设计、运行评价。

【条文释义】 管网漏失水量包括：阀门故障漏水量、室内卫生器具漏水量、水池、水箱溢流漏水量、设备漏水量和管网漏水量等。为避免漏损，可采取以下措施：

1 给水系统中使用的管材、管件，必须符合现行产品行业标准的要求。

2 选用性能高的阀门、零泄漏阀门等。

3 合理设计供水压力，避免供水压力持续高压或压力骤变。

4 加强管道工程施工监督，严格控制施工质量。

5 水池、水箱溢流报警和进水阀门自动联动关闭。

6 设计阶段根据水平衡测试的要求安装分级计量水表，分级计量水表安装率达100%，下级水表的设置应覆盖上一级水表的所有出流量，不得出现无计量支路

7 运行阶段物业管理方应按水平衡测试要求进行运营管理，定期依据各级用水计量实测记录核查管道漏损情况，分析原因并采取整改措施。

【评价方法】 设计评价查阅给排水专业相关设计文件（含给排水设计及施工说明、给水系统图、分级水表设置示意图等）。

运行评价查阅采取有效避免管网漏损措施的相关竣工图（含给排水专业竣工说明、给水系统图、分级水表设置示意图等）、用水量计量和漏损检测及整改情况的报告，并现场核查。

6.2.2 给水系统无超压出流现象，评价分值为12分。

【参评范围】 本条适用于设计、运行评价。

【条文释义】 用水器具流出水头是保证给水配件流出的额定流量，在阀前所需的最小水压。阀前压力大于流出水头，用水器具在单位时间内的出水量超过额定流量的现象，称超压出流。该流量与额定流量的差值，为超压出流量。超压出流不

但会破坏给水系统中水量的正常分配，对用水工况产生不良的影响。同时，超压出流量未产生正常的使用效益，而是在人们的使用过程中流失，造成的浪费不易被人察觉，因此亦被称为"隐形"水量浪费；另外，发生超压时，由于水压过大，易产生噪声、水击及管道振动，缩短给水管道及管件的使用寿命；水压过大在龙头开启时会形成射流喷溅，影响用户的正常使用。因此，应在合理分区的前提下，在需要减压的横支管上设置压力控制阀，或采取其他有效措施，控制各用水设备出流水头，减少隐形水量损失。

在满足用水器具所需最小水压的前提下，商店建筑多数为多层建筑或者位于高层建筑的下部，如果建筑给水系统分区不合理，易产生严重的"隐形"水量浪费。因此，可适当采取末端减压措施。

【评价方法】 设计评价查阅给排水专业相关设计文件（含给排水设计及施工说明、给水系统图、各层用水点用水压力计算表等）。

运行评价查阅采取避免给水系统超压出流措施的相关竣工图（含给排水专业竣工说明、给水系统图、各层用水点用水压力计算表等）、产品说明书，并现场核查。

6.2.3 设置用水计量装置，评价总分值为 14 分，按下列规则分别评分并累计：

1 供水系统设置总水表，得 6 分；

2 按使用用途，对冲厕、盥洗、餐饮、绿化、景观、空调等用水分别设置用水计量装置，统计用水量，每个系统得 1 分，最高得 6 分；

3 其他应单独计量的系统合理设置用水计量装置，每个系统得 1 分，最高得 2 分。

【参评范围】 本条适用于设计、运行评价。

【条文释义】 水表是测量水流量的仪表，分为容积式水表和速度式水表两类。水表计量的目的包括：统计用水量、收费、指示漏失水量。在设计时，应按付费单元和管理单元收缴水费；非传统水源供水系统不仅应计量用量，可能还需审核水价，因此，本条在市政自来水系统和非传统水源供水系统两个层面上对水表计量提出要求。

付费单元：指一个或多个用水点（或用户）集中付费，则称为一个付费单元。例如：一幢建筑中包含多家单位，需按单位缴纳水费，则每个单位为一个付费单元；管理单元：指一个或多个用水点（或用户）归属于一个部门统一管理和缴费，则成为一个管理单元。例如：一幢建筑或建筑群由多家物业公司管理，则每家物业公司为一个管理单元。

商业建筑常常同时存在多种业态，收费系统复杂，本条对水表计量装置的设置点进行了规定，其目的是满足分类、收费的需求，监督水量漏失；同时，有利于统计非传统水源利用率，以评价雨水回用或再生水利用的效果。

在运行管理阶段，水平衡测试是一种行之有效的用水管理方法。可通过水平衡测试全面了解用水单位管网状况、各部位（单元）用水现状，依据测定的用水量数据，找出水量平衡关系，绘制水量平衡图，判断合理用水程度。在此基础上，采取相应的措施，挖掘节水潜力，达到加强用水管理，提高合理用水水平的目的。

【评价方法】设计评价查阅给排水专业相关设计文件（给排水设计及施工说明、给水系统图、水表设置示意图等）。

运行评价查阅体现水表设置的相关竣工图（给排水专业竣工说明、给水系统图、水表设置示意图等）、各类用水的计量记录、收费清单及统计报告，并现场核查水表设置和使用情况。

Ⅱ 节水器具与设备

6.2.4 使用用水效率等级高的卫生器具，评价总分值为 16 分。用水效率等级达到三级，得 8 分；达到二级，得 16 分。

【参评范围】本条适用于设计、运行评价。

【条文释义】采用用水效率等级高的卫生器具可以减少无效耗水量（如不发生跑、冒、滴、漏现象），与传统的卫生器具相比有明显的节水效果。所有新建、扩建和改建项目的用水器具应满足《节水型生活用水器具》CJ/T 164 及《节水型产品通用技术条件》GB/T 18870 的要求。关于用水效率评定，按《水嘴用水效率限定值及用水效率等级》GB 25501—2010、《坐便器用水效率限定值及用水效率等级》GB 25502—2010 和《小便器用水效率限定值及用水效率等级》GB 28377—2012 执行，详见表 6-1。

表 6-1 各类卫生器具用水效率等级指标

用水效率限定值及用水效率			1 级	2 级	3 级	4 级	5 级
水嘴流量（L/s）			0.100	0.125	0.150	—	—
坐便器用水量（L）	单档	平均值	4.0	5.0	6.5	7.5	9.0
	双档	大档	4.5	5.0	6.5	7.5	9.0
		小档	3.0	3.5	4.2	4.9	6.3
		平均值	3.5	4.0	5.0	5.8	7.2
小便器冲洗水量（L）			2.0	3.0	4.0	—	—
大便器冲洗阀冲洗水量（L）			4.0	5.0	6.0	7.0	8.0
小便器冲洗阀冲洗水量（L）			2.0	3.0	4.0	—	—

【评价方法】在设计文件中要注明对卫生器具的节水要求和相应的参数或标准。

当存在不同用水效率等级的卫生器具时，按满足最低等级的要求得分。

卫生器具有用水效率相关标准的应全部采用，方可认定达标。今后当其他用水器具出台了相应标准时，按同样的原则进行要求。当卫生器具用水效率等级达到 3 级，且便器冲水量不大于 6 升/次时得 8 分；当卫生器具用水效率等级达到 2 级及以上，且便器冲水量不大于 6 升/次时得 16 分。

对土建装修一体化设计的项目，在施工图设计中应对节水器具的选用作出要求；对非一体化设计的项目，申报方应提供确保业主采用节水器具的措施、方案或约定。

设计评价查阅体现节水器具选取要求的设计文件、产品说明书（相关节水器具的性能参数要求）。

运行评价查阅体现节水器具设置的竣工图纸、竣工说明、产品说明书、产品节水性能检测报告，并现场核查。

6.2.5 绿化灌溉采用节水灌溉方式，评价总分值为 10 分，按下列规则评分：

1 采用节水灌溉系统，得 7 分；在此基础上，设置土壤湿度感应器、雨天关闭装置等节水控制措施，再得 3 分；

2 种植无需永久灌溉植物，得 10 分。

【参评范围】本条适用于设计、运行评价。

【条文释义】绿化灌溉应采用喷灌、微灌、渗灌、低压管灌等节水灌溉方式，同时还可采用湿度传感器或根据气候变化的调节控制器。目前普遍采用的绿化节水灌溉方式是喷灌，其比地面漫灌要省水 30%～50%。采用再生水灌溉时，因水中微生物在空气中极易传播，应避免采用喷灌方式。微灌包括滴灌、微喷灌、涌流灌和地下渗灌，比地面漫灌省水 50%～70%，比喷灌省水 15%～20%。其中微喷灌射程较短，一般在 5m 以内，喷水量为 200～400L/h。无需永久灌溉植物是指适应当地气候，仅依靠自然降雨即可维持良好的生长状态的植物，或在干旱时体内水分丧失，全株呈风干状态而不死亡的植物。无需永久灌溉植物仅在生根时需进行人工灌溉，因而不需设置永久的灌溉系统，但临时灌溉系统应在安装后一年之内移走。对于全部采用无需永久灌溉植物的，本条可得 10 分。

【评价方法】设计评价查阅绿化灌溉相关设计图纸（给排水设计及施工说明、景观设计说明、室外给排水平面图、绿化灌溉平面图、相关节水灌溉产品的设备材料表等）、景观设计图纸（苗木表、当地植物名录等）、节水灌溉产品说明书。

运行评价查阅绿化灌溉相关竣工图纸（给排水专业竣工说明、景观专业竣工说明、室外给排水平面图、绿化灌溉平面图、相关节水灌溉产品的设备材料表等）、节水灌溉产品说明书，并进行现场核查。现场核查包括实地检查节水灌溉设施的使用情况、查阅绿化灌溉用水制度和计量报告。

如绿化浇灌采用非传统水源，还应审查非传统水源的处理工艺及设备，非传统水源供水管道与绿化管网的衔接和末端配水设施（喷头、洒水栓等）。

6.2.6 空调设备或系统采用节水冷却技术，评价总分值为 15 分，按下列规则评分：

1 循环冷却水系统设置水处理措施；采取加大集水盘、设置平衡管或平衡水箱的方式，避免冷却水泵停泵时冷却水溢出，得 9 分；

2 运行时，冷却塔的蒸发耗水量占冷却水补水量的比例不低于 80%，得 10 分；

3 采用无蒸发耗水量的冷却技术，得 15 分。

【参评范围】本条适用于设置集中空调的商店建筑的设计、运行评价。按使用单元分别设置空调器的商店建筑本条不参评。

【条文释义】公共建筑集中空调系统的冷却水补水量占据建筑物用水量的 30%～50%，减少冷却水系统不必要的耗水对整个建筑物的节水意义重大。

1 开式循环冷却水系统受气候、环境的影响，冷却水水质比闭式系统差，改善冷却水系统水质可以保护制冷机组和提高换热效率，应设置水处理装置和化学加药装置改善水质，减少排污耗水量。

2 本条文从冷却补水节水角度出发，不考虑不耗水的接触传热作用，假设建筑全年冷凝排热均为蒸发传热作用的结果，通过建筑全年冷凝排热可计算出排出冷凝热所需要的蒸发耗水量。集中空调制冷及其自控系统设计应提供条件使其满足能够记录、统计空调系统的冷凝排热量。在设计与招标阶段，对空调系统/冷水机组应有安装冷凝热计量设备的设计与招标要求；运行阶段可以通过楼宇控制系统实测、记录并统计空调系统/冷水机组全年的冷凝热，据此计算出排出冷凝热所需要蒸发耗水量。相应的蒸发耗水量占冷却水补水量的比例不应低于 80%。排出冷凝热所需要蒸发耗水量可按下式计算：

$$Q_e = \frac{H}{r_0}$$

式中：Q_e——排出冷凝热所需要的蒸发耗水量，kg；

H——冷凝排热量，kJ；

r_0——水的汽化热，kJ/kg。

采用喷淋方式运行的闭式冷却塔应同开式冷却塔一样，计算其排出冷凝热所需要的蒸发耗水量占补水量的比例，不应低于 80%。

3 本款所指的"无蒸发耗水量的冷却技术"包括采用风冷式冷水机组、风冷式多联机、地源热泵、干式运行的闭式冷却塔等。采用风冷方式替代水冷方式可以减少水资源消耗，风冷空调系统的冷凝排热以显热方式排到大气，并不直接耗费水资源，但由于风冷方式制冷机组的 COP 通常较水冷方式的制冷机组低，所以需要综合评价工程所在地的水资源和电力资源情况，有条件时宜优先考虑风冷方式排出空调冷凝热。

【评价方法】 本条评价重点关注冷却塔设备选择、计量装置、水质控制和非传统水源利用等，包括：冷却塔是否选用了冷效高、能耗小、噪声低、飘水少的产品；冷却塔补充水是否优先使用雨水等非传统水源；冷却塔补充水总管上是否设置了计量装置；循环冷却水的水质稳定处理工艺是否合理适用等。计算部分重点审查排出冷凝热所需要的蒸发耗水量占补水量的比例。

设计评价查阅给排水专业、暖通专业空调冷却系统相关设计文件、计算书、产品说明书。

运行评价查阅给排水专业、暖通专业空调冷却系统相关竣工图纸、设计说明、产品说明，查阅冷却水系统的运行数据、蒸发量、冷却水补水量的用水计量报告和计算书，并现场核查。

Ⅲ 非传统水源利用

6.2.7 合理使用非传统水源用于室内冲厕、室外绿化灌溉、道路浇洒与广场冲洗、空调冷却、景观水体以及其他用途，评价总分值为 10 分。每用于一种用途得 2 分，最高得 10 分。

【参评范围】 本条适用于设计、运行评价。

【条文释义】 污水再生利用对于缓解我国水资源短缺状况、促进水资源优化配置、减少污水排放尤为重要。再生水水量大、水质稳定、受季节和气候影响小，是一种十分宝贵的水资源。近年来，我国城市污水处理能力不断增长，根据"全国城镇污水处理管理信息系统"汇总数据，截至 2014 年底，全国设市城市、县（以下简称城镇，不含其他建制镇）累计建成污水处理厂 3717 座，污水处理能力 1.57 亿 m^3/d，较 2013 年新增约 800 万 m^3/d。全国设市城市建成投入运行污水处理厂 2107 座，形成污水处理能力 1.29 亿 m^3/d，较 2013 年新增约 600 万 m^3/d。全国已有 1402 个县城建有污水处理厂，占县城总数的 86.9%；累计建成污水处理厂 1610 座，形成污水处理能力 0.28 亿 m^3/d，较 2013 年新增约 201 万 m^3/d。在城市污水处理总量控制方面取得了长足的进步，但是，我国再生水回用率还很低，基本处于起步阶段。《国家节水型城市考核标准》的考核指标中，城市再生水利用率应达到 $\geqslant 20\%$，再生水资源开发和减排的潜力巨大。

适宜于绿色商店建筑的再生水回用技术方案要点：

（1）商店建筑用水主要在公共卫生间，冲厕用水所占比重约为 60%，在商店卫生间使用再生水较易被使用者所接受。因此，如果项目周边有市政再生水供水管道，应优先使用市政再生水替代自来水冲厕。除了冲厕之外，还可以将其用于绿化、道路和广场浇洒、空调冷却和水景观等。如果项目周边没有市政再生水，可根据项目所在地的气候等自然条件，考虑就地回用的雨水、再生水，或其他经处理后回用的非传统水源。

（2）如果商店建筑位于城市基础设施薄弱地区，需自身配套建设污水处理设施时，宜考虑污水处理设施的深度处理并回用方案，可获得节水和减排的双重功效，对减少水环境污染负荷很有效果。

（3）再生水的主要安全防护措施与监测控制：

① 选择的处理工艺和设备运行安全稳定，出水水质应符合国家《城市杂用水水质标准》GB/T 18920 的规定；

② 再生水管道不得与生活饮用水管道连接；

③ 满足再生水管道与其他管道敷设间距的要求；

④ 管道、设备等必须设置明显标志，避免误饮、误用；

⑤ 不得安装取水嘴；

⑥ 根据用途选择对 BOD_5、浊度、氨氮、TN、TP 等主要水质指标进行"实时在线监控"。

【评价方法】 本条按非传统水源用途给分，计算时，应合理进行水量分配，不合理地增加非传统水源用途不给分。例如：某项目非传统水源主要用于绿化与室外道路浇洒，为了增加评价分值，在不能满足绿化用水的前提下，将非传统水源用于少量的便器冲洗，例如：仅用于（1~2）个便器冲洗，不可得分。

设计评价查阅非传统水源利用的相关设计文件（包含给排水设计及施工说明、非传统水源利用系统图及平面图、机房详图等）、当地相关主管部门的许可、非传统水源利用计算书。

运行评价查阅非传统水源利用的相关竣工图纸（包含给排水专业竣工说明、非传统水源利用系统图及平面图、机房详图等），查阅用水计量记录、计算书及统计报告、非传统水源水质检测报告，并现场核查。

6.2.8 非传统水源利用率不低于 2.5%，评价总分值为 11 分，按表 6.2.8 的规则评分。

表 6.2.8 非传统水源利用率评分规则

非传统水源利用率 R_{NTWS}	得分	非传统水源利用率 R_{NTWS}	得分
$2.5\% \leqslant R_{NTWS} < 3.5\%$	5	$6.5\% \leqslant R_{NTWS} < 7.5\%$	9
$3.5\% \leqslant R_{NTWS} < 4.5\%$	6	$7.5\% \leqslant R_{NTWS} < 8.5\%$	10
$4.5\% \leqslant R_{NTWS} < 5.5\%$	7	$R_{NTWS} \geqslant 8.5\%$	11
$5.5\% \leqslant R_{NTWS} < 6.5\%$	8		

【参评范围】本条适用于设计、运行评价。

【条文释义】非传统水源利用率是非传统水源年用水量与年总用水量之比。设计阶段，计算年总用水量应由平均日用水量（扣除冷却用水量）计算得出，取值详见国家标准《民用建筑节水设计标准》GB 50555。运行阶段，实际的非传统水源年用水量与年总用水量均应通过统计全年各水表计量数据得出。

【评价方法】设计评价查阅非传统水源利用的相关设计文件（包含给排水设计及施工说明、非传统水源利用系统图及平面图、机房详图等）、非传统水源利用计算书等。

运行评价查阅非传统水源利用的相关竣工图纸（包含给排水专业竣工说明、非传统水源利用系统图及平面图、机房详图等），查阅用水计量记录、计算书及统计报告、非传统水源水质检测报告等，并现场核查。

7 节材与材料资源利用

7.1 控 制 项

7.1.1 不应采用国家和地方禁止和限制使用的建筑材料及制品。

【参评范围】 本条适用于设计、运行评价。

【条文释义】 随着科学技术的进步，以及人们认知能力和生活水平的提高，发现一些建筑材料或制品制约甚至不符合建筑业可持续发展需求，破坏人类生存环境，浪费宝贵资源和能源，给人类健康带来危害。为此，国家和各地根据实际情况制定了一系列禁止和限制使用的建筑材料及制品目录，例如《建设事业"十一五"推广应用和限制禁止使用技术（第一批）》（建设部公告第 659 号发布）、《墙体保温系统与墙体材料推广应用和限制、禁止使用技术》（住房和城乡建设部公告第 1338 号发布）、《北京市推广、限制和禁止使用建筑材料目录（2014 年版）》（京建发［2015］86 号发布）、《山东省建筑节能推广和限制禁止使用技术产品目录（第一批)》（鲁建节科字［2015］6 号发布）等。所谓禁止使用，是指该产品或该技术已经完全不适应现代建筑业发展需求，应予以淘汰；所谓限制使用，是指该产品或技术尽管不属于全面禁止使用、将予以淘汰，但是不适宜在某些环境、某些部位或某些类型建筑中使用。显然，不应在商店建筑中使用禁止使用的建材及制品，也不应使用那些不适宜在申报项目中使用的建材或制品。

国家现行相关标准也在这方面进行了类似规定，例如《民用建筑绿色设计规范》JGJ/T 229—2010 第 7.1.2 条规定：严禁采用高耗能、污染超标及国家和地方限制使用或淘汰的材料。《民用建筑工程室内环境污染控制规范》GB 50325—2010 第 4.3.1 条规定：民用建筑工程室内不得使用国家禁止使用、限制使用的建筑材料。《建筑装饰装修工程质量验收规范》GB 50210—2001 第 3.2.1 条规定：严禁使用国家明令淘汰的材料。

【评价方法】 本条重点评价是否采用了国家和地方禁止和限制使用的建筑材料及制品。应对选用的建筑材料逐一进行核查，重点核查墙体材料、保温材料、门窗制品、装饰装修材料、管道材料、卫生洁具等容易出现问题的材料类型，除了核查禁止使用的建材，还要注意核查当地限制使用的建材以及不适宜申报项目使用的建材（例如《北京市推广、限制、禁止使用建筑材料目录（2014 年版）》规定限制水泥聚苯板在各类墙体内、外保温工程中使用，原因是该类产品保温性能不稳定）。

应重点熟悉国家和已经出台的各地方禁止和限制使用的建筑材料及制品目录

及相关文件,例如《关于发布墙体保温系统与墙体材料推广应用和限制、禁止使用技术的公告》(住房和城乡建设部公告 2012 年第 1338 号),《关于发布建设事业"十一五"推广应用和限制禁止使用技术(第一批)的公告》(中华人民共和国建设部公告第 659 号),《关于发布〈北京市推广、限制和禁止使用建筑材料目录(2014 年版)〉的通知》(京建发〔2015〕86 号),《关于公布〈上海市禁止或者限制生产和使用的用于建设工程的材料目录〉(第三批)的通知》(沪建交〔2008〕1044 号),《关于发布〈江苏省建设领域"十二五"推广应用新技术和限制、禁止使用落后技术目录〉(第一批)的公告》(江苏省住房和城乡建设厅公告第 204 号),《关于发布〈山东省建筑节能推广和限制禁止使用技术产品目录〉(第一批)的通知》(鲁建节科字〔2015〕6 号)等。

设计评价应对照国家和当地有关主管部门向社会公布的限制、禁止使用的建材及制品目录,审阅设计文件及工程概预算材料清单,对设计选用的建筑材料逐一进行核查。

运行评价也应对照国家和当地有关主管部门向社会公布的限制、禁止使用的建材及制品目录,审阅竣工图纸及工程决算材料清单,对实际采用的建筑材料予以核查,必要时现场核查。

7.1.2 混凝土结构中梁、柱纵向受力普通钢筋应采用不低于 400MPa 级的热轧带肋钢筋。

【参评范围】本条适用于设计、运行评价。采用混凝土结构以外的其他结构形式(如钢结构、砌体结构、木结构等)的商店建筑本条可不参评。

【条文释义】热轧带肋钢筋是螺纹钢筋的正式名称。高强钢筋是指抗拉屈服强度达到 400MPa 级及以上的螺纹钢筋,具有强度高、综合性能优的特点。实践证明,在保证建筑使用安全性前提下,用高强钢筋替代目前大量使用的 335MPa 级螺纹钢筋,平均可节约钢材 12% 以上。高强钢筋作为节材节能环保产品,在建筑工程中大力推广应用,是加快转变经济发展方式的有效途径,是建设资源节约型、环境友好型社会的重要举措,对推动钢铁工业和建筑业结构调整、转型升级具有重大意义。我国目前已经完全具备规模化生产高强钢筋的能力,国外成功经验证明,逐步淘汰较低强度等级钢筋是大势所趋,近年来住房和城乡建设部与工业和信息化部已经在共同大力推进高强钢筋在建筑中的应用,效果明显。目前,随着建筑工程对混凝土这一大宗建设材料使用量提出节约要求,我国高强混凝土发展也很快,研究和实践证明,高强混凝土与高强钢筋配合使用,将更好发挥两者的性能优势,也可进一步节约材料,所以从这个角度来说,也应该大力推广使用高强钢筋。

绿色商店建筑作为典型的公共建筑,对于推广应用高强钢筋具有重要引导示范作用，所以，本条参考国家标准《混凝土结构设计规范》GB 50010—2010 第 4.2.1 条中"梁、柱纵向受力普通钢筋应采用 HRB400、HRB500、HRBF400、HRBF500 钢筋"和《建筑抗震设计规范》GB 50011—2010 第 3.9.3 条中"普通钢筋宜优先采用延性、韧性和焊接性较好的钢筋；普通钢筋的强度等级，纵向受力钢筋宜选用符合抗震性能指标的不低于 HRB400 级的热轧钢筋，也可采用符合抗震性能指标的 HRB335 级热轧钢筋"的规定。

【评价方法】本条应对梁、柱、剪力墙等混凝土结构中所用钢筋进行核查，重点核查纵向受力钢筋，评价其是否全部采用了 400MPa 级及以上的热轧带肋钢筋，即要求梁、柱、剪力墙纵向受力普通钢筋必须 100% 采用不低于 400MPa 级的热轧带肋钢筋。

设计评价查阅结构专业全套施工图（包括结构设计总说明、梁配筋图及柱配筋图），查阅梁、柱、剪力墙纵向受力普通钢筋全部采用不低于 400MPa 级的热轧带肋钢筋的说明（可在结构设计总说明中体现）。

运行评价查阅竣工图（包括结构设计总说明、梁配筋图及柱配筋图），查阅梁、柱、剪力墙纵向受力普通钢筋的采购清单，核查纵向受力钢筋是否全部采用了 400MPa 级及以上的热轧带肋钢筋。

7.1.3 建筑造型要素应简约，无大量装饰性构件。

【参评范围】本条适用于设计、运行评价。

【条文释义】建筑造型的选择对于节材意义重大。近些年来，很多建筑设计追求新、奇、特，建筑造型千奇百怪，这其中有些建筑体现了建筑与结构的完美结合，但同时，大部分异型建筑出现了使用功能不合理、异型结构耗材巨大、装饰性构件耗材量大等问题。

本条要求绿色商店建筑在设计伊始，应充分考虑建筑与结构的关系，并通过使用装饰和功能一体化构件，利用功能构件作为建筑造型的语言，可以在满足建筑功能的前提下表达美学效果。

装饰性构件包括不具备遮阳、导光、导风、载物、辅助绿化等作用的飘板、格栅、构架和塔、球、曲面等没有功能的纯装饰性构件。

【评价方法】本条重点评价建筑造型的合理性以及审查装饰性构件的使用量。

建筑造型的合理性以结构受力的合理性及功能布局的合理性作为评价依据，当建筑造型由于异型形态及强烈的凸凹变化而严重影响结构受力及功能需求，视为不符合本条要求。

建筑如有装饰性构件或女儿墙高度超过 3.0m，需提供装饰性构件造价占工程总造价比例计算书，当其造价大于等于工程总造价的 0.5% 时，为不符合本条要求。

设计评价查阅总平面图、建筑施工图、结构施工图、设计说明及造价说明，核查建筑造型是否采用了不符合力学原理的造型；并核查建筑装饰性构件造价，判定建筑装饰性构件造价占工程总造价的比值。

运行评价现场核查实施状况，检查是否有后加设的装饰性构件。

7.2 评 分 项

I 节 材 设 计

7.2.1 择优选用建筑形体，评价总分值为12分。根据现行国家标准《建筑抗震设计规范》GB 50011规定的建筑形体规则性评分，建筑形体不规则，得3分；建筑形体规则，得12分。

【参评范围】 本条适用于设计、运行评价。

【条文释义】 形体指建筑平面形状和立面、竖向剖面的变化。国家标准《建筑抗震设计规范》GB 50011—2010中第3.4.1条明确规定：建筑设计应依据抗震概念设计的要求选择建筑方案，不规则的建筑方案应按规定采取加强措施；特别不规则的建筑方案应进行专门的研究和论证，采取特别的加强措施；严重不规则的建筑不应采用。

建筑形体的不规则不仅导致建造成本的提高，在运营阶段也会造成能耗的增加，所以建筑形体的规则化是一种根本意义上的节材与节能。绿色商店建筑设计应重视其平面、立面和竖向剖面的规则性及其经济合理性，优先选用规则的形体。

【评价方法】 本条重点判断建筑形体的规则程度。主要依据为国家标准《建筑抗震设计规范》GB 50011—2010中抗震概念设计的建筑形体分类，抗震概念设计将建筑形体分为：规则、不规则、特别不规则、严重不规则。

对形体特别不规则的建筑和严重不规则的建筑，本条不得分。

设计评价查阅建筑施工图、结构施工图及设计说明，判定建筑形体的规则程度。

运行评价现场观察核查实施状况。

7.2.2 对地基基础、结构体系、结构构件进行优化设计，达到节材效果，评价分值为8分。

【参评范围】 本条适用于设计、运行评价。

【条文释义】 对地基基础、结构体系、结构构件进行优化设计是指在满足安全的条件下，达到经济、适用、美观的目的，结构设计的一项重要工作就是在满足受力合理的条件下能以更少的材料去完成建筑物各种功能要求。结构体系是指结构中所有承重构件及其共同工作的方式；结构布置及构件截面设计不同，建筑的材料用量也会有较大的差异；地基基础尤其是高层或大跨建筑的地基基础，材料消耗巨大，如何优化地基基础设计，节约材料的潜力巨大。因此，在设计过程中应对地基基础、结构体系和结构构件进行优化，能够有效地节约材料用量。

绿色建筑提倡通过优化设计，采用新技术新工艺达到节材目的。如多层纯框架结构，适当设置剪力墙（或支撑），即可减小整体框架的截面尺寸及配筋量；对抗震安全性和使用功能有较高要求的建筑，合理采用隔震或消能减震技术，也可减小整体结构的材料用量；在混凝土结构中，合理采用空心楼盖技术、预应力技术等，可减小材料用量、减轻结构自重等；在地基基础设计中，充分利用天然地基承载力，合理采用复合地基或复合桩基，采用变刚度调平技术减小基础材料的总体消耗等。

【评价方法】根据建筑图、结构施工图、地基基础方案比选论证报告、结构体系节材优化设计书和结构构件节材优化设计书，评价优化效果及合理性。评价时，还需要查阅优化前后的所有建筑材料用量明细表对比。对地基基础方案进行了节材优化选型，得3分；对结构体系进行了节材优化，得3分；对结构构件进行了节材优化设计，得2分。满分8分。

设计评价查阅建筑图、结构施工图和地基基础方案的比对论证报告、结构体系节材优化设计书和结构构件节材优化设计书，所选方案与原设计方案预算书比对。

运行评价查阅竣工图并现场核实。

7.2.3 公共部位土建工程与装修工程一体化设计、施工，评价分值为7分。

【参评范围】本条适用于设计、运行评价。

【条文释义】土建与装修工程一体化设计施工相比土建完工后再装修，可以减少二次施工的拆改量，同时也可以避免二次施工所带来的环境污染与噪声。因为商店建筑的多元化经营模式，很难做到建筑所有部位的土建与装修一体化，所以根据实际情况，绿色商店建筑应将公共部位的装修与土建一起完成。

【评价方法】本条重点检查装修与土建一体化设计与施工的完成度。

商店建筑根据商业业态的定位不同，大体分为两类：一类是统一经营的独立商店建筑，如超市、产品专营店等，由于可以统一经营，所以可以做到全面的土建与装修工程一体化设计施工；另一类是多经营单元的商店建筑，如百货公司、商业综合体、精品店等，由于各独立经营单元有自己独特的装修需求，很难要求全建筑的土建与装修工程一体化设计施工，但要求建筑的公共区域（如门厅、公共走廊、中厅等）、公共部位（如柱、天花板等）做到土建与装修工程一体化设计施工。

设计评价查阅土建、装修各专业施工图及其他证明材料。

运行评价查阅土建、装修各专业竣工图及其他证明材料，并现场核查。

7.2.4 非营业区域中可变换功能的室内空间采用可重复使用的隔断（墙），评价总分值为 10 分，根据可重复使用隔断（墙）比例按表 7.2.4 的规则评分。

表 7.2.4　可重复使用隔断（墙）比例评分规则

可重复使用隔断（墙）比例 R_{rp}	得分
$30\% \leqslant R_{rp} < 50\%$	6
$50\% \leqslant R_{rp} < 80\%$	8
$R_{rp} \geqslant 80\%$	10

【参评范围】本条适用于设计、运行评价。

【条文释义】在保证室内工作环境不受影响的前提下，在商店建筑室内空间尽量多地采用可重复使用的灵活隔墙，或采用无隔墙只有矮隔断的大开间敞开式空间，可减少室内空间重新布置时对建筑构件的破坏，节约材料，同时为使用期间构配件的替换和将来建筑拆除后构配件的再利用创造条件。

【评价方法】本条重点评价可重复使用隔墙的使用比例。

首先要判定可变换功能的室内空间范围，除走廊、楼梯、电梯井、卫生间、设备机房、公共管井以外的地上室内空间均应视为"可变换功能的室内空间"，有特殊隔声、防护及特殊工艺需求的空间不计入。此外，作为商业、办公用途的地下空间也应视为"可变换功能的室内空间"，其他用途的地下空间可不计入。其次，要判定"可重复使用的隔断（墙）"及其使用数量，"可重复使用的隔断（墙）"即在拆除过程中基本不影响与之相接的其他墙体，拆卸后可进行再次利用，如玻璃隔断（墙）、预制隔断（墙）、可分段拆除的轻钢龙骨水泥板或石膏板隔断（墙）和木隔断（墙）等。是否具有可拆卸节点，也是认定某隔断（墙）是否属于"可重复使用的隔断（墙）"的一个关键点，例如用砂浆砌筑的砌体隔墙不算可重复使用的隔墙。

本条中"可重复使用隔断（墙）比例"为：实际采用的可重复使用隔断（墙）围合的建筑面积与建筑中可变换功能的室内空间面积的比值。

设计评价查阅平面图、材料做法表、结构施工图及可重复使用隔断（墙）的设计使用比例计算书。

运行评价查阅建筑、结构、装修竣工图及可重复使用隔断（墙）的实际使用比例计算书，并进行现场核查。

7.2.5 采用工业化生产的预制构件，评价总分值为 2 分。预制构件用量比例达到 10%，得 1 分；达到 20%，得 2 分。

【参评范围】本条适用于设计、运行评价。对于砌体结构，本条可不参评。对采用钢结构、木结构、索膜结构等基本以预制装配为主的结构体系的建筑，由于预制构件、配件用量比例一般远高于20%，故这种情况下本条得满分。

【条文释义】所谓工业化生产，是指在专业化、机械化乃至自动化流水线上进行加工制造的生产方式；此处"工业化"既包含永久的预制加工工厂，也包括临时的施工现场预制加工工厂。相比于现场浇筑构配件，工业化生产可以保证构配件产品质量、精度及其稳定性。此处工业化生产的预制构配件主要指在结构中主要受力的构配件，不包括雨棚、栏杆等配件。

预制构件用量比例＝（工业化生产的主要受力预制结构构配件的重量之和）／（所有主要受力结构构配件总重量）。

在保证安全的前提下，使用工业化方式生产的预制构配件（如预制梁、预制柱、预制外墙板、预制阳台板、预制楼梯等）进行装配式施工，具有诸多优点：可减少材料浪费（例如工业化生产时，制作混凝土构件所用的钢模具、钢模板的循环使用次数远高于现场制作模具的木模板；混凝土构件的养护用水也可循环使用，从而减少用水量）；可减少施工对环境的影响（例如可大大减少施工噪声，显著降低建筑垃圾、建筑污水、有害气体和粉尘的排放）；由于装配式施工的高效率及高精度，故还能加快施工进度，更好的保证工程质量；此外，装配式建筑以预制构配件为基本单元，在拆除或更换时只需按构配件进行，减弱了相连构配件间的影响，因此替换更加灵活，且装配式的建筑结构体系在拆除时对构配件损伤相对较小，构配件实现再次直接利用的可能性较大。所以，大力鼓励使用工业化预制构配件，非常有利于建筑业的可持续发展，符合绿色建筑需求。商店建筑属于典型的公共建筑，在预制构配件用量方面应该做好示范带头工作；且商店建筑是用于商业经营，更应该讲求施工质量和施工效率，以便能够吸引更多的商户进驻，更早投入运营，尽早产生商业价值。

采用工业化生产的预制构配件，应尽可能实现模数协调以使产品设计、加工制造、施工安装与验收标准达到一体化。

本条的预制构件用量比例比现行国家标准《绿色建筑评价标准》GB/T 50378中的要求降低，对应各档分值也有所降低。这是因为商店建筑往往具有较强的个性化设计，所用构配件一般不具备大批量的需求规模，如果要求较高的预制构件用量比例，则造价较高，会抑制投资开发商对预制装配结构的追求，反而不利于推广预制装配式结构体系。所以，本条既鼓励商店建筑采用预制装配式结构体系，但是针对商店建筑所用构配件可能个性化较强的特点，对预制构件用量比例的要求并不高，所占分值比重也不高。

【评价方法】本条重点评价在结构中受力的预制构件、配件用量。

设计评价查阅结构专业全套施工图、工程材料用量概预算清单以及由此计算的在结构中受力构配件的预制构件用量比例计算书。

运行评价查阅竣工图、工程材料用量决算清单以及由此计算的在结构中受力构配件的预制构件用量比例计算书，必要时或有条件时，可现场检查预制构配件的使用情况。

【附件】

预制构件用量比例计算书

分类	工业化预制的受力构配件用量		非预制的受力构配件用量	
	名称	重量（t）	名称	重量（t）
混凝土构配件	梁		梁	
	柱		柱	
	板		板	
	墙		墙	
	阳台板		阳台板	
	楼梯		楼梯	
	其他		其他	
	小计		小计	
钢材构配件	名称	重量（t）	名称	重量（t）
	小计		小计	
其他	名称	重量（t）	名称	重量（t）
合计			合计	
预制构件用量比例（%）				

7.2.6 采用工业化生产的建筑部品，且占同类部品比例不小于50%，评价总分值为2分。采用1种工业化生产的建筑部品，得1分；采用2种及以上，得2分。

【参评范围】本条适用于设计、运行评价。

【条文释义】本条所指工业化生产的建筑部品主要指在建筑中围护部品的门窗、栏杆、装配式隔墙、复合外墙、整体卫生间、遮阳百叶、雨棚、烟道以及水、暖、电、卫生设备等。此处"工业化"一般指永久的预制加工厂，采用临时的现场预制加工厂生产建筑部品并不多见，本标准不予考虑。在保证安全的前提下，使用工业化方式生产的建筑部品，在现场仅需要进行相对简单的拼装工作，同样可提高施工精度和建筑品质，缩短工期，能减少材料浪费，减少建筑垃圾的产生，减少施工对环境的影响，同时可为将来建筑拆除后建筑部品的替换和再利用创造条件。

采用工业化生产的建筑部品，应尽可能实现模数协调以使产品设计、产品制造、设备选型、施工安装与验收标准达到一体化；各类管线应合理集中组织，避免随意穿越，节约管线，减少敷设长度，保证管线流向畅通。

商店建筑出于吸引顾客及商户的角度出发，往往比一般公共建筑更频繁的进行内部装修，所以更适合采用工业化生产的建筑部品，这样可以较为容易的实现对装修部品的拆除和替换，缩短重新装修、重新开业的时间，更有利于商业运营；且由于拆除相对容易，原装修部品的损坏较小，易于简单修复翻新，所以更有利于建筑部品再利用。

本条对使用工业化生产的建筑部品所给分值较低，同样是因为商店建筑往往具有较强的个性化设计，所用建筑部品一般也难以具备大批量的需求规模，如果要求较高工业化建筑部品用量比例，则造价也会较高，会抑制投资开发商对工业化生产建筑部品的追求，反而不利于推广工业化生产的建筑部品。所以，本条虽鼓励商店建筑采用工业化生产的建筑部品，但是针对商店建筑所用建筑部品可能个性化较强的特点，对工业化生产的建筑部品所给分值比重也不高。

【评价方法】本条重点评价工业化生产的每一种建筑部品占同类部品的比例是否达到了50%，并核查达到这一比例的工业化建筑部品的种类。

设计评价查阅建筑设计或装修设计图和设计说明以及工程材料用量概预算清单。

运行评价查阅竣工图纸、工程材料用量决算清单、工业化建筑部品购买证明和施工记录，并在必要时或有条件时进行现场核实。

【附件】

工业化建筑部品用量比例计算书

工业化建筑部品用量		非生产的同类建筑部品用量		工业化建筑部品用量比例（%）
部品名称	体积（m³）、面积（m²）或重量（t）	部品名称	体积（m³）、面积（m²）或重量（t）	

注：根据部品用量计量习惯来决定计量单位采用体积、面积还是重量。

Ⅱ 材料选用

7.2.7 选用本地生产的建筑材料，评价总分值为10分，根据施工现场500km

范围以内生产的建筑材料重量占建筑材料总重量的比例按表 7.2.7 的规则评分。

表 7.2.7 施工现场 500km 范围以内生产的建筑材料重量占建筑材料总重量比例评分规则

施工现场 500km 范围以内生产的建筑材料重量占建筑材料总重量的比例 R_{lm}	得分
$60\% \leqslant R_{lm} < 70\%$	6
$70\% \leqslant R_{lm} < 90\%$	8
$R_{lm} \geqslant 90\%$	10

【参评范围】本条适用于运行评价。

【条文释义】本条所规定的 500km 运输距离指建筑材料的最后一个生产工厂或场地到施工现场的距离。一般通过汽车运输的合理运输距离约为 150～200km，通过铁路运输的合理运输距离约为 300～500km，通过水路运输的合理运输距离在 600km 以上。我国目前主要运输方式仍是汽车和铁路。

【评价方法】本条重点评价 500km 范围内生产的各种建筑材料及其重量，并核查 500km 以内生产的建筑材料重量占建筑材料总重量的比例。

运行评价查阅材料进场记录、工程材料决算清单、本地建筑材料使用比例计算书、建筑材料采购合同等有关证明文件。

【附件】

本地建筑材料使用比例计算书

500km 以内生产的建筑材料用量 A			500km 以外生产的建筑材料用量 B			500km 以内生产的建筑材料重量占建筑材料总重量的比例 $[A/(A+B)]$（%）
建筑材料名称	体积（m³）	重量（t）	建筑材料名称	体积（m³）	重量（t）	
合计 A			合计 B			

7.2.8 现浇混凝土采用预拌混凝土，评价分值为 9 分。

【参评范围】本条适用于设计、运行评价。当结构施工不需要大量现浇混凝土时，本条不参评；若 50km 范围内没有预拌混凝土供应，本条也不参评。

【条文释义】预拌混凝土是指由水泥、集料、水以及根据需要掺入的外加剂和矿物掺合料等组分按一定比例，在集中搅拌站（厂）经计量拌制后出售并采用运输车在规定时间内运至使用地点的混凝土拌合物。我国大力提倡和推广使用预拌混凝土，其应用技术已较为成熟。与现场搅拌混凝土相比，预拌混凝土产品性能稳定，易于保证工程质量，且采用预拌混凝土能够减少施工现场噪声和粉尘污染，节约能源、资源，减少材料损耗。

由于预拌混凝土拌合物的工作性能随着时间会降低，若运距过远，则混凝土拌合物抵达施工浇筑现场时可能已经不具备施工性能了，所以如果需要大量使用现浇混凝土但是50km范围内没有预拌混凝土供应，本条不做要求。

商店建筑一般都位于大中城市或较为发达的城镇，这些地区50km范围内基本上都具有预拌混凝土生产企业，所以，商店建筑有条件积极采用预拌混凝土。

预拌混凝土应符合现行国家标准《预拌混凝土》GB/T 14902的规定，且宜满足住房城乡建设部和工信部发布的《绿色建材评价技术导则（预拌混凝土）》中一星级或以上要求。

【评价方法】本条重点评价预拌混凝土的用量，是否全部采用了预拌混凝土。

设计说明书、建筑施工图应明确要求全部使用预拌混凝土；当设计说明书、建筑施工图中反映出结构施工需要大量现浇混凝土，且50km范围内有预拌混凝土供应时，判定要参评。

设计评价查阅建筑施工图、设计说明书，判断是否符合参评要求。

运行评价查阅竣工图纸及说明，混凝土工程总用量清单，混凝土搅拌站提供的预拌混凝土供货单。

7.2.9 建筑砂浆采用预拌砂浆，评价总分值为5分。建筑砂浆采用预拌砂浆的比例达到50%，得3分；达到100%，得5分。

【参评范围】本条适用于设计、运行评价。若需要使用砂浆但是500km范围内没有干混砂浆供应且50km范围内没有湿拌砂浆供应，本条不参评。

【条文释义】长期以来，我国建筑施工用砂浆一直采用现场拌制砂浆。现场拌制砂浆由于计量不准确、原材料质量不稳定等原因，施工后经常出现空鼓、龟裂等质量问题，工程返修率高。而且，现场拌制砂浆在生产和使用过程中不可避免地会产生大量材料浪费和损耗，污染环境。预拌砂浆是根据工程需要配制、由专业化工厂规模化生产的产品，砂浆的性能品质和均匀性能够得到充分保证，可以很好地满足砂浆保水性、和易性、强度和耐久性需求。

预拌砂浆与现场拌制砂浆相比，不是简单意义的同质产品替代，而是采用先进工艺的生产线拌制，增加了技术含量，产品性能得到显著增强。预拌砂浆尽管单价比现场拌制砂浆高，但是由于其性能好、质量稳定、减少环境污染、材料浪费和损耗小、施工效率高、工程返修率低，可降低工程的综合造价。

湿拌砂浆与预拌混凝土类似，如果运距过远、运输时间过长可能明显影响其抵达现场后的施工性能；干混砂浆尽管不存在随运输时间延长其性能降低的问题，但是如果运距过远显然不经济。因此，当需要使用砂浆但是500km范围内没有干混砂浆供应且50km范围内没有湿拌砂浆供应，本条不做要求。

商店建筑一般都位于大中城市或较为发达的城镇，这些地区或其500km范围内的邻近地区一般都至少具有干混砂浆生产企业，所以，商店建筑也基本上有条件积极采用预拌砂浆。

预拌砂浆应符合现行国家标准《预拌砂浆》GB/T 25181及行业标准《预拌砂浆应用技术规程》JGJ/T 223的规定，且宜满足住房城乡建设部和工信部发布的《绿色建材评价技术导则（预拌砂浆）》中一星级或以上要求。

【评价方法】预拌砂浆应符合现行国家标准《预拌砂浆》GB/T 25181及行业标准《预拌砂浆应用技术规程》JGJ/T 223的规定。本条重点评价预拌砂浆的用量，考虑到预拌砂浆起步较晚，为鼓励预拌砂浆的应用，分成两档打分，采用50%以上的给3分；全部采用给5分。

设计评价查阅建筑施工图、设计说明书和预拌砂浆使用比例计算书。

运行评价查阅竣工图及说明，砂浆工程总用量清单；预拌砂浆供货商提供的预拌砂浆供货单；预拌砂浆使用比例计算书。

7.2.10 合理采用高强建筑结构材料，评价总分值为10分，按下列规则评分：

1 混凝土结构：

1）根据400MPa级及以上受力普通钢筋的比例，按表7.2.10的规则评分，最高得10分。

表 7.2.10 400MPa级及以上受力普通钢筋的比例评分规则

400MPa级及以上受力普通钢筋的比例 R_{sb}	得分
$30\% \leqslant R_{sb} < 50\%$	4
$50\% \leqslant R_{sb} < 70\%$	6
$70\% \leqslant R_{sb} < 85\%$	8
$R_{sb} \geqslant 85\%$	10

2）混凝土竖向承重结构采用强度等级不小于C50混凝土用量占竖向承重结构中混凝土总量的比例达到50%，得10分。

2 钢结构：Q345及以上高强钢材用量占钢材总量的比例达到50%，得8分；达到70%，得10分。

3 混合结构：对其混凝土结构部分和钢结构部分，分别按本条第1款和第2款进行评价，得分取两项得分的平均值。

【参评范围】本条适用于设计、运行评价。砌体结构和木结构不参评。

【条文释义】结构，广义上指房屋建筑和土木工程的建筑物、构筑物及其相关组成部分的实体；狭义上指各种工程实体的主要承重骨架或传力体系。混凝土结构是指以混凝土为主要材料制作的结构，包括素混凝土结构、钢筋混凝土结构、劲性混凝土结构、预应力混凝土结构和钢管混凝土结构；钢结构是指以钢材为主制作的结构，是主要的建筑结构类型之一，也是现代建筑工程中较普遍的结构形式；混合结构指由钢框架或型钢（钢管）混凝土框架与钢筋混凝土筒体所组成的共同承受竖向和水平作用的建筑结构。高强建筑结构材料主要指高强钢材、高强混凝土及高强钢筋。合理采用高强度结构材料，可减小构件的截面尺寸及材料用量，同时也可减轻结构自重，减小地震作用及地基基础的材料消耗。混凝土结构中的受力普通钢筋，包括梁、柱、墙、板、基础等构件中的纵向受力筋及箍筋。由于商店建筑属于典型的公共建筑，且商店建筑往往属于高层或大跨结构，其对高强结构材料使用的引导示范效应显著，应该激励其采用高强结构材料。

【评价方法】本条仅对混凝土结构、钢结构、混合结构进行评价。对混凝土结构既要考量高强钢筋用量也要考量高强混凝土用量。对于受力普通钢筋既要考量其规格也要考量其用量，不低于400MPa级钢筋占受力普通钢筋总量的比例达到30%，得4分；达到50%，得6分；达到70%，得8分；达到85%，得10分。对竖向承重结构采用强度等级不小于C50混凝土用量占竖向承重结构中混凝土总量的比例超过50%，得10分。

对钢结构按Q345及以上高强钢材用量占钢材总量的比例打分，用量占钢材总量的比例达到50%，得8分；达到70%，得10分。

对混合结构，应该分别对混凝土结构和钢结构进行评价，之后取两者评价得分的算术平均值。总分10分。

设计评价查阅结构施工图及高强度材料用量比例计算书。

运行评价查阅竣工图、施工记录及材料决算清单，并现场核实。

7.2.11 合理采用高耐久性建筑结构材料，评价分值为5分。对混凝土结构，其中高耐久性混凝土用量占混凝土总量的比例达到50%；对钢结构，采用耐候结构钢或耐候型防腐涂料。

【参评范围】本条适用于设计、运行评价。

【条文释义】高耐久性建筑结构材料包括混凝土结构中的高耐久性混凝土、钢结构中的耐候结构钢或结构钢表面涂覆的耐候型防腐涂料。混凝土的耐久性是指混凝土结构在自然环境、使用环境及材料内部因素作用下保持其工作能力的性能。使用环境中的气体、液体和固体通过扩散、渗透进入混凝土内部，发生物理和化学变化，多数情况下会导致硬化混凝土性能的劣化。高耐久性混凝土则通过采用优化的原料体系及特殊的配合比设计等技术手段，赋予混凝土出色的抵御这些侵蚀介质破坏的能力，使混凝土结构安全可靠地工作50~100年甚至更长，是一种新型的高技术混凝土。高耐候钢是指在钢中加入少量的合金元素，如 Cu、P、Cr、Ni 等，使其在金属基体表面形成保护层，以提高钢材的耐候性能。高耐久性建筑结构材料的使用，能延长建筑的使用寿命。耐候型防腐涂料则具有良好的长期阻隔环境中有害介质侵入或长期抵抗紫外线破坏的能力，从而可以长期具有防腐功能，能够很好地长期抵御钢材腐蚀。

本条中的高耐久性混凝土须按现行行业标准《混凝土耐久性检验评定标准》JGJ/T 193 进行检测，抗硫酸盐等级达到 KS90，抗氯离子渗透、抗碳化及抗早期开裂均达到Ⅲ级、不低于现行国家标准《混凝土结构耐久性设计规范》GB/T 50476 中 50 年设计寿命要求。对于严寒及寒冷地区，还要求抗冻性能至少达到 F250 级。

【评价方法】本条重点评价混凝土结构及钢结构类型商店建筑高耐久性建筑结构材料使用情况。对混凝土结构高耐久性混凝土用量占混凝土总量的比例，超过 50%，得 5 分；对钢结构重点评价是否采用了耐候结构钢或耐候型防腐涂料，如果采用即得 5 分。对于混合结构，应该分别对混凝土结构和钢结构进行评价，之后取两者评价得分的平均值。

设计评价查阅建筑及结构施工图。

运行评价查阅施工记录及材料决算清单中高耐久性建筑结构材料的使用情况，混凝土配合比报告单以及混凝土配料清单，并核查第三方出具的进场及复验报告，核查工程中采用高耐久性建筑结构材料的情况。

7.2.12 采用可再利用材料和可再循环材料，评价总分值为 9 分，按下列规则评分：

1 可再利用材料和可再循环材料用量比例达到 8%，得 5 分；达到 10%，得 7 分；

2 在满足本条第 1 款的基础上，装饰装修材料中可再利用材料和可再循环材料用量比例达到 20%，可再得 2 分。

【参评范围】本条适用于设计、运行评价。

【条文释义】可再利用材料是指不改变物质形态可直接再利用的，或经过组合、修复后可直接再利用的材料，即基本不改变旧建筑材料或制品的原貌，仅对其进行适当清洁或修整等简单工序后经过性能检测合格，直接回用于建筑工程的建筑材料。合理使用可再利用建筑材料，可实现在建筑拆除后延长仍具有使用价值的建筑材料的使用寿命，减少未来新建材的生产和使用量。然而，尽管可再利用建筑材料将来可以直接回用，是一种非常好的节材行为，但是由于美观以及再利用产品的性能检测较为繁琐等原因，目前实际实现了可再利用建材直接回用的案例很少；随着人们审美观的进步以及对循环经济的逐步深入认可，将来直接回用可再利用建材的案例会越来越多。

可再循环材料是指通过改变物质形态可实现循环利用的材料。如果原貌形态的建筑材料或制品不能直接回用在建筑工程中，但可经过破碎、回炉等专门工艺加工形成再生原材料，用于替代传统形式的原生原材料生产出新的建筑材料，此类建材可视为可再循环建筑材料，例如钢筋、钢材、铜、铝合金型材、玻璃等。

有些材料可能既具有可再利用性能又具有可再循环性能，例如钢材型材、铝合金型材等。

充分使用可再利用和可再循环的建筑材料可以减少未来生产加工新材料带来的资源、能源消耗和环境污染，充分发挥建筑材料的循环利用价值，减轻未来建筑业发展的资源和环境压力，为子孙后代造福，这对于建筑业的可持续性发展具有非常重要的意义，对未来具有良好的经济和社会效益。

对于商店建筑这种典型的公共建筑，更要鼓励其承担起未来建筑拆除后建筑材料尽可能再利用或再循环应用的使命和责任。

由于市场潮流变化以及为了吸引顾客等原因，商店建筑往往隔几年就要重新装修，会产生大量的装修拆除垃圾，所以本条对装饰装修材料单独规定可再循环材料或可再利用材料的使用比例，以促使重新装修过程中拆除的建筑材料或建筑垃圾可以更多地实现循环再利用。

【评价方法】对于本条第1款，重点评价可再利用材料和可再循环材料的界定是否正确，以及各种可再利用材料和可再循环材料的重量计算是否正确，并注意检查其他所有建筑材料的重量计算是否正确，最后核查可再利用材料和可再循环材料总量占全部建筑材料总重量的比例。

对于本条第2款，重点评价装饰装修材料中可再循环材料和可再利用材料的界定是否正确，以及装饰装修材料中各种可再利用材料和可再循环材料的重量计算是否正确，并注意检查其他所有装饰装修材料的重量计算是否正确，最后核查装饰装修材料中可再利用材料和可再循环材料总量占全部装饰装修材料总重量的比例。

设计评价查阅申报单位提交的工程概预算材料清单和可再利用材料、可再循环材料利用率计算书，审阅装饰装修材料中可再利用材料、可再循环材料利用率计算书。

运行评价查阅申报单位提交的工程决算材料清单，核查可再利用材料、可再循环材料利用率计算书，核查装饰装修材料中可再利用材料、可再循环材料利用率计算书，必要时或有条件时现场核查各种可再利用材料、可再循环材料的使用情况。

【附件】

可再利用材料、可再循环材料利用率计算书

可再利用材料主要包括拆除后未损坏变形的制品、部品或型材形式等建筑材料。

可再循环材料主要包括金属材料(钢材、铜、铝材等)、玻璃、石膏制品、木材等。

可再利用材料、可再循环材料总重量(t)＝[拆除后不易损坏变形的制品、部品或型材形式等建筑材料(kg)＋钢材重量(kg)＋铜材重量(kg)＋铝材重量(kg)＋木材重量(kg)＋石膏制品(kg)＋玻璃重量(kg)]/1000

建筑材料总重量即为表中所有材料重量之和,换算为 t(吨)

可再利用材料、可再循环材料利用率 C＝(可再利用材料总重量＋可再循环材料总重量)(t)/建筑材料总重量(t)。

请完整填写下表:

建筑材料种类		体积 (m³)	密度 (kg/m³)	重量 (kg)	用途	可再利用材料、可再循环材料总重量(t)	建筑材料总重量(t)
可再利用材料(制品、部品、型材)							
可再循环材料	钢材						
	铜						
	木材						
	铝合金型材						
	石膏制品						
	门窗玻璃						
	玻璃幕墙						
	其他可循环利用材料						
其他材料	混凝土						
	建筑砂浆						
	乳胶漆						
	屋面卷材						
	石材						
	砌块						
	其他						

注:对于既具有可再利用性能又具有可再循环性能的材料,在上述计算时只计算一次重量,不得重复计算。

装饰装修材料中可再利用材料、可再循环材料利用率计算书

装饰装修材料中可再利用材料、可再循环材料利用率 $D=$ 装饰装修材料中可再利用材料、可再循环材料总重量(t)/全部装饰装修材料总重量(t)

请完整填写下表：

装饰装修材料种类		体积（m³）	密度（kg/m³）	重量（kg）	用途	装饰装修材料中可再利用材料、可再循环材料总重量（t）	全部装饰装修材料总重量（t）
可再利用材料（制品、部品、型材）							
可再循环材料	钢材						
	铜						
	木材						
	铝合金型材						
	石膏制品						
	玻璃						
	其他可循环利用材料						
其他材料	混凝土						
	建筑砂浆						
	乳胶漆						
	石材						
	其他						

注：对于既具有可再利用性能又具有可再循环性能的材料，在上述计算时只计算一次重量，不得重复计算。

7.2.13 使用以废弃物为原料生产的建筑材料，评价总分值为 7 分，按下列规则评分：

1 采用 1 种以废弃物为原料生产的建筑材料，其占同类建材的用量比例达到 30%，得 3 分；达到 50%，得 7 分；

2 采用 2 种及以上以废弃物为原料生产的建筑材料，每 1 种用量比例均达到 30%，得 7 分。

【参评范围】本条适用于运行评价。

【条文释义】废弃物主要包括建筑废弃物、工业废弃物、农业废弃物和生活废弃物。很多废弃物可作为原材料用于生产再生建材产品。例如，在满足使用性能的

前提下，鼓励利用建筑废弃物生产加工再生骨料用于制作再生混凝土砌块、水泥制品和配制再生混凝土；鼓励在混凝土中掺用粉煤灰、矿渣粉等工业废渣来替代部分水泥，以工业副产品石膏（脱硫石膏、磷石膏等）制作石膏砌块；鼓励采用农作物秸秆来加工制造建筑板材；鼓励利用城市污水处理厂污泥或淤泥为原料制作轻骨料、墙体材料等。

大量采用废弃物生产各种建筑材料，不仅可以节约生产建材所需的天然资源，减轻由于开采天然资源而造成的生态环境恶化，而且可以消纳大量废弃物，节约废弃物处理处置堆放所占用的人力物力财力以及宝贵土地，降低废弃物造成的环境污染。所以，推广使用以废弃物为原料生产的建筑材料非常有利于建材业可持续发展。

对于商店建筑这种典型的公共建筑，更要鼓励其采用废弃物为原料生产的建筑材料，以起到引导示范作用。

【评价方法】本条重点评价哪些建筑材料采用了废弃物作为原料，其中每种建筑材料具体又采用了哪几种废弃物，采用的这几种废弃物总计在该种建材产品所用原材料中的重量比是否不低于 30%，以此来界定该种建材产品是否属于本条所说的"以废弃物为原料生产的建筑材料"；同时还要对符合本条所说的"以废弃物为原料生产的建筑材料"，重点评价其占同类建材的用量比例（重量比）。如果以废弃物为原料生产的建筑材料在申报项目中的总用量很小，则即使占同类建材的使用比例满足条文规定要求，也不宜评判其能够得分。

运行评价查阅工程决算材料清单、以废弃物为原料生产的建筑材料检测报告和废弃物建材资源综合利用认定证书等证明材料，核查相关建筑材料的使用情况和废弃物掺量。

【附件】

以废弃物为原料生产的建筑材料占同类建材的用量比例计算书

	废弃物名称	体积（m³）	密度（kg/m³）	重量（kg）	如果废弃物掺量比例不低于 30%，则该种建筑材料的总用量 A（t）	该种建筑材料的同类建材（含该种建筑材料）的总用量 B（t）
每 1000kg 某种建筑材料中各种废弃物用量						
	各种废弃物用量小计（kg）					
	该种建筑材料中废弃物掺量比例（%）					
以废弃物为原料生产的建筑材料占同类建材的用量比例（A/B）＝　　　　　（%）						

7.2.14 合理采用耐久性好、易维护的装饰装修建筑材料，评价总分值为 4 分，按下列规则分别评分并累计：

1 合理采用清水混凝土或其他形式的简约内外装饰设计，得1分；

2 采用耐久性好、易维护的外立面材料，得2分；

3 采用耐久性好、易维护的室内装饰装修材料，得1分。

【参评范围】本条适用于运行评价。

【条文释义】清水混凝土是指具有良好外观质量、可以直接作为外饰面的混凝土。由于采用清水混凝土之后不需要再进行额外装饰，节省了大量装修装饰材料。所以，清水混凝土技术属于绿色混凝土技术范畴。

在满足设计要求的前提下，在内外墙等主要部位合理使用清水混凝土，可减少额外装饰面层的材料使用，节约装饰装修材料用量；使用清水混凝土还可以减轻建筑自重，对于减少承重结构材料用量也有一定意义。

出于商业吸引力考虑，商店建筑往往需要始终保持良好的建筑物风格、视觉效果和人居环境，为此其装饰装修效果在一定使用年限后就需要进行更新。如果使用易沾污、难维护及耐久性差的装饰装修材料，则必然会增加商店建筑装修的维护次数、维护难度和维护成本，甚至在较短的使用年限之后就不得不重新二次装修，不仅浪费资源，影响正常营业，且反复多次维护施工也会带来有毒有害物质的排放以及粉尘或噪声等问题。反之，如果商店建筑采用耐久性好、易维护的室内外装饰装修材料，则在一定使用年限之后，只需要将原装饰装修材料或部品简单翻新处理即可光鲜如初，付出较小的代价即可使商店建筑恢复原有的装饰效果，节约维护时间和维护成本。

装饰装修材料耐久性要求

类别		执行标准（补充）	要求
外立面	外墙涂料	《合成树脂乳液外墙涂料》GB/T 9755 《建筑用水性氟涂料》HG/T 4104	经1000h人工老化、湿热和盐雾试验后不起泡、不剥落、无裂纹，粉化≤1级，变色≤2级
	建筑幕墙 硅酮结构密封胶	《建筑用硅酮结构密封胶》GB 16776	通过相容性试验，水-紫外线光照后拉伸粘接强度≥0.45MPa，热老化后失重≤10%，无龟裂粉化
	金属幕墙板	《建筑装饰用铝单板》GB/T 23443 《建筑幕墙用铝塑复合板》GB/T 17748	经4000h人工老化、湿热和盐雾试验后不起泡、不剥落、无裂纹，光泽保持率≥70%，粉化不次于0级，ΔE≤3
	石材	《建筑幕墙用瓷板》JG/T 217 《金属与石材幕墙工程技术规范》GB/T 21086	冻融循环50次

续表

类别		执行标准（补充）	要　求
内墙涂料		《合成树脂乳液内墙涂料》GB/T 9756	耐洗刷 5000 次
厨卫金属吊顶		《金属及金属复合材料吊顶板》GB/T 23444	经 1000h 湿热试验后不起泡、不剥落、无裂纹，无明显变色。（适用于住宅）
地面	实木（复合）地板	《实木地板》GB/T 5036 《实木复合地板》GB/T 18103	耐磨性≤0.08 且漆膜未磨透
	强化木地板	《浸渍纸层压木质地板》GB/T 18102	公共建筑≥9000 转 居住建筑≥6000 转
	竹地板	《竹地板》GB/T 20240	1）任一胶层的累计剥离长度不低于 25mm； 2）耐磨性不低于 100 转且磨耗值不大于 0.08g
	陶瓷砖	《陶瓷砖》GB/T 4100	破坏强度≥400N，耐污性 2 级

【评价方法】对采用钢结构、木结构、索膜结构等基本以预制装配为主的结构体系的建筑，由于预制构件、配件用量比例一般远高于 20%，故这种情况下本条得满分。

运行评价查阅竣工图、工程材料用量决算清单以及由此计算的在结构中受力构配件的预制构件用量比例计算书，必要时或有条件时，可现场检查预制构配件的使用情况。

8 室内环境质量

8.1 控 制 项

8.1.1 主要功能房间的室内噪声级应满足现行国家标准《民用建筑隔声设计规范》GB 50118 中的低限要求。

【**参评范围**】本条适用于设计、运行评价。

【**条文释义**】商店建筑室内的噪声主要来源于外部传入噪声、设备机械噪声等背景噪声和室内人群走动、交谈等人为噪声。其中外部传入噪声则包括周边交通噪声、社会生活噪声甚至工业噪声等。商业建筑室内声学设计的核心，一方面是降低室内背景噪声，另一方面是通过室内吸声技术控制人为噪声，实现建筑空间舒适的声环境。允许噪声级是室内噪声容许标准，商店建筑室内允许噪声级应采用A声级作为评价量。A声级是指用声级计的A计权网络测得的声级，单位为分贝，记作 dB（A）。A声级广泛应用于噪声计量中，已经成为国际标准化组织和绝大多数国家评价噪声的主要指标。

商店建筑主要功能房间空场时的噪声级低限值，应满足现行国家标准《民用建筑隔声设计规范》GB 50118—2010 中规定的低限要求，见表 8-1。

表 8-1　商业建筑室内空场时允许噪声级

房间名称	允许噪声级（A声级，dB）	
	低限标准	高要求标准
商场、商店、购物中心、会展中心	≤55	≤50
餐厅	≤55	≤45
员工休息室	≤45	≤40
走廊	≤60	≤50

【**评价方法**】设计评价查阅建筑设计平面图，审核基于环评报告室外噪声要求对室内的背景噪声影响（也包括室内噪声源影响）的分析报告以及在图纸上的落实情况，及可能有的声环境专项设计报告。

运行评价在设计评价的基础上，还应审核典型时间、主要功能房间的室内噪声检测报告。

8.1.2 照明质量应符合现行国家标准《建筑照明设计标准》GB 50034 的规定。

【**参评范围**】本条适用于设计、运行评价。

【**条文释义**】室内照明质量是影响室内环境的重要因素之一，良好、舒适的照明要求在参考平面上具有适当的照度水平，避免眩光，有利于人们身心健康，提升工作和学习效率，减少各种职业疾病。

各商店建筑室内照度、眩光、一般显色指数等照明数量和质量指标应满足现行国家标准《建筑照明设计标准》GB 50034—2013的有关规定，如表8-2所示。

表8-2 商店建筑照明标准值

房间或场所	参考平面及其高度	照度标准值（lx）	UGR	U_0	R_a
一般商店营业厅	0.75m水平面	300	22	0.60	80
一般室内商业街	地面	200	22	0.60	80
高档商店营业厅	0.75m水平面	500	22	0.60	80
高档室内商业街	地面	300	22	0.60	80
一般超市营业厅	0.75m水平面	300	22	0.60	80
高档超市营业厅	0.75m水平面	500	22	0.60	80
仓储式超市	0.75m水平面	300	22	0.60	80
专卖店营业厅	0.75m水平面	300	22	0.60	80
农贸市场	0.75m水平面	200	25	0.40	80
收款台	台面	500※	—	0.60	80

注：※指混合照明照度。

【评价方法】设计评价查阅相关照明电气和弱电设计图纸等设计文件、灯具与光源选型表、照明计算书。

运行评价查阅相关电气专业竣工图、照明计算书、灯具产品检验报告、照明现场检测报告，并现场核查。

8.1.3 采用集中供暖空调系统的商店建筑，房间内的温度、湿度、新风量等设计参数应符合现行国家标准《民用建筑供暖通风与空气调节设计规范》GB 50736的规定。

【参评范围】本条适用于设计、运行评价。

【条文释义】房间的温度、湿度、新风量是指影响人体舒适的重要因素，良好的室内环境因素可有助于人们身心健康。

商店建筑室内的温度、湿度、新风量等设计参数应符合现行国家标准《民用建筑供暖通风与空气调节设计规范》GB 50736—2012的相关规定：

3.0.1 供暖室内设计温度应符合下列规定：

  1 严寒和寒冷地区主要房间应采用18℃～24℃；

  2 夏热冬冷地区主要房间宜采用16℃～22℃；

  3 设置值班供暖房间不应低于5℃。

3.0.2 舒适性空调室内设计参数应符合以下规定：

1 人员长期逗留区域空调室内设计参数应符合表3.0.2的规定：

表 3.0.2　人员长期逗留区域空调室内设计参数

类别	热舒适等级	温度（℃）	相对湿度（%）
供热工况	Ⅰ级	22～24	≥30
	Ⅱ级	18～22	—
供冷工况	Ⅰ级	24～26	40～60
	Ⅱ级	26～28	≤70

注：1. Ⅰ级热舒适度较高，Ⅱ级热舒适度一般；

　　2. 热舒适等级划分按照PMV、PPD值进行划分。

2 热舒适度划分等级按本规范第3.0.4条确定；

3 人员短期逗留区域空调供冷工况室内设计参数宜比长期逗留区域高1℃～2℃，供热工况宜降低1℃～2℃。

3.0.5 辐射供暖室内设计温度宜降低 2℃；辐射供冷室内设计温度宜提高 0.5℃～1.5℃。

3.0.6 每人所需最小新风量应按人员密度确定，且应符合表3.0.6-4的规定。

表 3.0.6-4　每人所需最小新风量［m³/（h·人）］

建筑类型	人员密度PF（人/m²）		
	$PF≤0.4$	$0.4<PF≤1.0$	$PF>1.0$
商店	19	16	15

商店建筑运行评价时，房间内的热湿环境应符合《民用建筑室内热湿环境评价标准》GB/T 50785 关于人工冷热源热湿环境等级Ⅰ级或Ⅱ级要求。

【评价方法】 设计评价查阅暖通专业施工图、暖通设计计算书等。

运行评价查阅相关竣工图、典型房间空调期间的室内温湿度检测报告、新风机组风量检测报告、典型房间空调期间的室内二氧化碳浓度检测报告，并现场检查。

8.1.4 在室内设计温、湿度条件下，建筑围护结构内表面不应结露。

【参评范围】 本条适用于设计、运行评价。

【条文释义】 由于楼层和墙角处有混凝土圈梁和构造柱，而混凝土材料比起砌墙材料有较好的热传导性，同时由于室内通风不畅，秋末冬初室内外温差较大，冷热空气频繁接触，墙体保温层导热不均匀，产生热桥效应，造成房屋内墙结露甚至滴水。内表面结露，会造成围护结构内表面材料受潮，在通风不畅的情况下会产生霉菌，影响室内人员的身体健康。因此，应采取合理的保温、隔热措施，减少围护结构热桥部位的传热损失，防止外墙和外窗等外围护结构内表面温度过低。

在南方的梅雨季节，空气的湿度接近饱和，要彻底避免发生结露现象非常困难。所以本条文规定判定的前提条件是"在室内设计温、湿度条件下"。另外，短时间的结露并不至于引起霉变。

需说明的是：为防止采暖的营业厅外附的橱窗在冬季产生结露现象，应在橱窗里壁，即营业厅外墙，采用保温措施，但严寒地区的橱窗还需在外表面上下框设小孔泄湿，可减少结露现象发生。

围护结构结露验算，需满足国家标准《民用建筑热工设计规范》GB 50176 的要求。

【评价方法】设计评价查阅围护结构施工图、节点大样图、结露验算计算书等。

运行评价除查阅设计阶段相关文件外，还应查阅相关竣工图，并现场核查。

8.1.5 屋顶和东西外墙隔热性能应满足现行国家标准《民用建筑热工设计规范》GB 50176 的要求。

【参评范围】本条适用于设计、运行评价。

【条文释义】屋顶和外墙内表面的温度的高低直接影响室内人员的舒适，控制屋顶和外墙内表面的温度不至于过高，可使用户少开空调多通风，有利于提高室内的热舒适水平，同时降低空调能耗。在现行国家标准《民用建筑热工设计规范》GB 50176 中设定了建筑围护结构的最低隔热性能要求。

屋顶和东、西向外墙的内表面温度，应满足现行国家标准《民用建筑热工设计规范》GB 50176 中对其隔热设计的标准要求。

在自然通风情况下，建筑物的屋顶和东、西外墙的内表面最高温度，应满足下式要求：

$$\theta_{imax} \leqslant \theta_{emax}$$

式中 θ_{imax}——围护结构内表面最高温度，℃；

θ_{emax}——夏季室外计算温度最高值，℃。

其中，围护结构内表面最高温度的计算方法和夏季室外计算温度应符合现行国家标准《民用建筑热工设计规范》GB 50176 中的规定。

围护结构的隔热可采用下列措施：

（1）外表面做浅色饰面，如浅色粉刷、涂层和面砖等。

（2）设置通风间层，如通风屋顶、通风墙等。通风屋顶的风道长度不宜大于10m。间层高度以 20cm 左右为宜。间层上面应有 6cm 左右的隔热层。夏热多风地区，檐口处宜采用兜风构造。

（3）采用双排或三排孔混凝土或轻骨料混凝土空心砌块墙体。

（4）复合墙体的内侧宜采用厚度为 10cm 左右的砖或混凝土等重质材料。

（5）设置带铝箔的封闭空气间层。当为单面铝箔空气间层时，铝箔宜设置在温度较高的一侧。

（6）蓄水屋顶。水面宜有水浮莲等浮生植物或白色漂浮物，水深宜为15~20cm。

（7）采用有土和无土植被屋顶，以及墙面垂直绿化等。

【评价方法】设计评价查阅围护结构热工设计图纸或文件，以及专项计算分析报告。

目前，寒冷地区多采用外墙外保温系统，夏热冬冷地区多采用外墙外保温或外墙内外复合保温系统，如完全按照地方明确的节能构造图集进行设计，可直接判定隔热验算通过。

运行评价查阅相关竣工文件，并现场核查。

8.1.6 室内空气中的氨、甲醛、苯、总挥发性有机物、氡等污染物浓度应符合现行国家标准《室内空气质量标准》GB/T 18883 的有关规定。

【参评范围】本条适用于运行评价。

【条文释义】室内空气品质不仅影响人体的舒适和健康，而且影响室内人员的工作效率。良好的室内空气品质能够使人感到神清气爽、精力充沛、心情愉悦。然而，室内空气污染造成的健康问题近年来得到广泛关注，由于商店建筑人员和货物密度大，此方面问题更为严重。人在室内空气污染空间的轻微不良反应包括眼睛、鼻子及呼吸道刺激和头疼、头昏眼花及身体疲乏，严重的有可能导致呼吸器官疾病，甚至心脏疾病及癌症等。为此，危害人体健康的氨、甲醛、苯、总挥发性有机物（TVOC）、氡五类空气污染物，应符合现行国家标准《室内空气质量标准》GB/T 18883—2002 中的有关规定（表 8-3）。

表 8-3　室内空气质量标准

污染物	标准值	备注
氨 NH_3	$\leqslant$0.20mg/m³	1 小时均值
甲醛 HCHO	$\leqslant$0.10mg/m³	1 小时均值
苯 C_6H_6	$\leqslant$0.11mg/m³	1 小时均值
总挥发性有机物 TVOC	$\leqslant$0.60mg/m³	8 小时均值
可吸入颗粒 PM_{10}	0.15mg/m³	日平均值
氡 ^{222}Rn	$\leqslant$400Bq/m³	年平均值

【评价方法】所有污染物检测结果均满足要求方可判定本条达标。

运行评价查阅室内污染物检测报告，并现场核查。

8.1.7 营业厅和人员通行区域的楼地面应能防滑、耐磨且易清洁。

【参评范围】本条适用于设计、运行评价。

【条文释义】 楼地面是商店建筑日常接触最频繁的部位，经常受到撞击、摩擦和洗刷的部位；除有特殊使用要求外，楼地面材料的选择应考虑满足平整、耐磨、不起尘、防滑、易于清洁的要求，以保证其安全性和耐用性。

《建筑地面设计规范》GB 50037 对民用建筑中的底层地面和楼层地面以及散水、明沟、踏步、台阶和坡道等设计作出了规定。

（1）在踏步、坡道或经常有水、油脂、油灯各种易滑物质的地面上，应考虑防滑措施。

（2）有清洁要求的地面，地面类型应符合下列要求：有一般情节要求时，可采用水泥石屑面层、石屑混凝土面层；有较高清洁要求时，宜采用水磨石面层或涂刷涂料的水泥类面层，或其他板、块材面层等；有较高清洁要求的底层地面，宜设置防潮层。

（3）公共建筑中，经常有大量人员走动或小型推车行驶的地段，其面层宜采用耐磨、防滑、不易起尘的无釉地砖、大理石、花岗石、水泥花砖等块材面层和水泥类整体面层。有空气洁净度要求的建筑地面，其面层应平整、耐磨、不起尘，并易除尘、清洗。其底层地面应设防潮层。

（4）使用地毯的地段，地毯的选用应符合下列要求：经常有人员走动或小型推车行驶的地段，宜常采用耐磨、耐压性能较好、绒毛密度较高的尼龙类地毯。有特殊要求的地段，地毯纤维应分别满足防霉、防蛀和防静电要求。

（5）有不起尘、易清洗和抗油腻沾污要求的餐厅、酒吧、咖啡厅等地面，宜采用水磨石、釉面地砖、陶瓷锦砖、木地板或耐沾污低地毯等。

（6）存放书刊、文件或档案等纸质文件库房，珍藏各种文物或艺术品和装有贵重物品的库房地面，宜采用木板、塑料、水磨石等不起尘、易清洁的面层。底层地面应采取防潮和防结露措施。装有贵重物品的库房，采用水磨石地面时，宜在适当范围内增铺柔性面层。

（7）有水或其他液体流淌的楼层地面空洞四周和平台临空边缘，应设置翻边或贴地遮挡，高度不宜小于100mm。

【评价方法】 设计评价查阅室内装修设计说明及施工图。

运行评价查阅室内装修设计竣工图、设计说明及现场照片，并现场核查。

8.2 评 分 项

Ⅰ 室 内 声 环 境

8.2.1 主要功能房间室内噪声级，评价总分值为 6 分。噪声级达到现行国家标准《民用建筑隔声设计规范》GB 50118 中的低限标准限值和高要求标准限值的平均值，得 3 分；达到高要求标准限值，得 6 分。

【参评范围】本条适用于设计、运行评价。

【条文释义】除具体指标外，评价内容同第 8.1.1 条。低限标准限值和高要求标准限值的平均值按四舍五入取整。

【评价方法】设计评价查阅建筑设计平面图，审核基于环评报告室外噪声要求对室内的背景噪声影响（也包括室内噪声源影响）的分析报告以及在图纸上的落实情况，及可能有的声环境专项设计报告。

运行评价在设计评价的基础上，还应审核典型时间、主要功能房间的室内噪声检测报告。

8.2.2 主要功能房间的隔声性能良好，评价总分值为 6 分，按下列规则分别评分并累计：

1 构件及相邻房间之间的空气声隔声性能达到现行国家标准《民用建筑隔声设计规范》GB 50118 中的低限标准限值和高要求标准限值的平均值，得 3 分；达到高要求标准限值，得 4 分；

2 楼板的撞击声隔声性能达到现行国家标准《民用建筑隔声设计规范》GB 50118 中的低限标准限值和高要求标准限值的平均值，得 1 分；达到高要求标准限值，得 2 分。

【参评范围】本条适用于设计、运行评价。

【条文释义】噪声敏感房间指有室内允许噪声级标准要求的各类建筑空间。商店建筑产生的噪声易干扰他人，必须做好隔声处理。

计权隔声量、计权标准化声压级差、计权规范化撞击声压级、计权标准化撞击声压级按照《建筑隔声评价标准》GB/T 50121 和《声学建筑和建筑构件隔声测量》GB/T 19889 进行测量与计算。交通噪声频谱修正量按照《建筑隔声评价标准》GB/T 50121 计算得出。

低限标准限值和高要求标准限值的平均值按四舍五入取整。

【评价方法】设计评价查阅相关设计文件（主要是围护结构的构造说明、大样图纸）、建筑构件隔声性能分析报告或建筑构件隔声性能的实验室检验报告。

运行评价在设计评价的基础上，还应查阅相关竣工图、房间之间空气声隔声性能、楼板撞击声隔声性能的现场检验报告，并现场核查。

8.2.3 建筑平面、空间布局和功能分区安排合理，没有明显的噪声干扰，评价分值为 6 分。

【参评范围】本条适用于设计、运行评价。

【条文释义】通过建筑设计，应使高噪声级的商店建筑不与噪声敏感的空间位于同一建筑内或者毗邻。《民用建筑隔声设计规范》GB 50118—2010 规定如果不可避免位于同一建筑内或毗邻，必须进行隔声、隔振处理，保证传至敏感区域的营业噪声和该区域的背景噪声叠加后的总噪声级与背景噪声之差值不大于3dB（A）。

【评价方法】审核总平面图，若噪声敏感房间沿交通干线两侧布置且没有采取相关降噪措施，本条不得分；若产生噪声的建筑附属设施，如锅炉房、水泵房与噪声敏感房间之间可能产生噪声干扰而未采取防止噪声干扰的措施，本条不得分。审核建筑平面、剖面片，若噪声敏感房间布置在临街一侧、与噪声源相邻布置，且未采取隔振降噪措施，本条不得分。

设计评价查阅建筑总平面图。

运行评价查阅相关竣工图，现场勘查设计图纸落实情况，有必要时进行房间室内声压级现场检测，考察房间是否有明显的噪声干扰问题。

8.2.4 入口大厅、营业厅和其他噪声源较多的房间或区域进行吸声设计，评价总分值为5分。吸声材料及构造的降噪系数达到现行国家标准《民用建筑隔声设计规范》GB 50118中的低限标准限值和高要求标准限值的平均值，得3分；达到高标准要求限值，得5分。

【参评范围】本条适用于设计、运行评价。

【条文释义】对于容积大于400m³且流动人员人均占地面积小于20m²的室内空间，应当安装吸声顶棚，其面积不应小于顶棚总面积的75%。顶棚吸声材料或构造的降噪系数满足表8-4的要求。

表8-4 顶棚吸声材料及构造的降噪系数（NRC）

房间名称	降噪系数（NRC）	
	高要求标准	低限标准
商场、商店、购物中心、走廊	≥0.60	≥0.40
餐厅、健身中心、娱乐场所	≥0.80	≥0.40

【评价方法】设计评价查阅吸声材料的种类、吸声性能报告以及吸声构造做法。

运行评价在设计评价基础上，查阅相关检测报告，并现场核查。

Ⅱ 室内光环境

8.2.5 改善建筑室内天然采光效果，评价总分值为10分，按下列规则评分：

1 入口大厅、中庭等大空间的平均采光系数不小于2%的面积比例达到50%，且有合理的控制眩光和改善天然采光均匀性措施，得5分；面积比例达到75%，且有合理的控制眩光和改善天然采光均匀性措施，得10分。

2 根据地下空间平均采光系数不小于0.5%的面积与首层地下室面积的比例，按表8.2.5的规则评分，最高得10分。

表 8.2.5 地下空间平均采光系数不小于 0.5%的面积与首层地下室面积的比例评分规则

面积比例 R_A	得分
$5\% \leqslant R_A < 10\%$	2
$10\% \leqslant R_A < 15\%$	4
$15\% \leqslant R_A < 20\%$	6
$20\% \leqslant R_A < 25\%$	8
$R_A \geqslant 25\%$	10

【参评范围】本条适用于设计、运行评价。

【条文释义】天然采光是指利用天然光源来营造建筑室内光环境。在良好的光照条件下，人眼才能进行有效的视觉工作。尽管利用天然光和人工光都可以创造良好的光环境，但单纯依靠人工光源需要耗费大量常规能源。而天然光则是对太阳能的直接利用，将适当的昼光引进室内照明，可有效降低建筑照明能耗，有利于照明节能，改善空间光环境，是保证人的工作效率、身心舒适健康的重要条件。

建筑的地下空间和无窗的房间，易出现天然采光不足的情况。通过合理的设计，保证空间有足够的采光，通过反光板、棱镜玻璃窗、天窗、下沉庭院等设计手法，以及导光管等技术和设施的采用，可以有效改善这些空间的天然采光效果。

【评价方法】设计评价查阅建筑平面图、采光计算报告（内容须含有采光系数和面积比例计算及控制眩光和改善天然采光均匀性措施的定量分析）。

运行评价查阅相关竣工文件、检测报告，并现场核查。

8.2.6 采取措施改善室内人工照明质量，评价总分值为 10 分，按下列规则分别评价并累计：

1 收款台、货架柜等设局部照明，且货架柜的垂直照度不低于 50lx，得 5 分；

2 采取措施防止或减少光幕反射和反射眩光，得 5 分。

【参评范围】本条适用于设计、运行评价。

【条文释义】局部照明是指特定视觉工作用的、为照亮某个局部而设置的照明。

光幕反射是指视觉对象的镜面反射，它使视觉对象的对比度降低，以致部分地或全部地难以看清细部。

反射眩光是指由视野中的反射引起的眩光，特别是在靠近视线方向看见反射像所产生的眩光。

为便于顾客挑选商品，改善整个空间的光环境质量，应保证货架垂直面有足够的照度。

光幕反射和反射眩光会改变作业面的可见度，不仅影响视看效果，对视力也有不利影响，可采用以下的措施来减少光幕反射和反射眩光：

(1) 应将灯具安装在不易形成眩光的区域内；

(2) 应限制灯具出光口表面发光亮度；

(3) 墙面的平均照度不宜低于50lx，顶棚的平均照度不宜低于30lx。

【评价方法】设计评价查阅相关设计文件、照明设计说明及图纸。

运行评价在设计评价基础上，查阅检测报告，并现场核查。

Ⅲ 室内热湿环境

8.2.7 采取可调节遮阳措施，降低夏季太阳辐射得热，评价总分值为12分。外窗和幕墙透明部分中，有可控遮阳调节措施的面积比例达到25%，采光顶50%的面积有可调节遮阳措施，得6分；有可控遮阳调节措施的面积比例达到50%的，采光顶全部面积采用可调节遮阳措施，得12分。

【参评范围】本条适用于设计、运行评价。

【条文释义】透过透明围护结构的太阳辐射是造成室内温度升高的重要原因，在透明围护结构处设置遮阳设施可以有效降低辐射得热。从兼顾冬夏的角度考虑，遮阳应具有可调节能力。

现行国家标准《公共建筑节能设计标准》GB 50189中对遮阳提出了设计要求，绿色建筑应当在满足现行节能设计标准要求的基础上有更高的要求。本条对设置可控遮阳调节装置的具体数量提出了明确要求。强调遮阳的可调节性，主要包括以下三种形式：

(1) 常规活动外遮阳设施，如设置在门窗幕墙外侧的活动遮阳板，电动百叶等。

(2) 中间遮阳，主要做法是在中空玻璃夹层设置可调节遮阳百叶。

(3) 永久性的固定外遮阳加内部高反射率可调节遮阳。

外窗和幕墙的透明部分是指有阳光直射的透明围护结构，即对遮阳有需求的围护透明构件，也包含透明天窗。对于没有太阳光直射的透明部分，如北向窗户和或者某些被遮挡的窗口等，则不包含在内。实际是否属于非直射透明部分，应提供有力说明。

【评价方法】设计评价查阅相关设计文件、产品说明书、可控遮阳覆盖率计算参数表。

运行评价查阅相关竣工图、产品说明书、可控遮阳覆盖率计算参数表，并现场核查。

8.2.8 供暖空调系统末端装置可独立调节，评价总分值为10分。供暖、空调末端装置可独立启停的主要房间数量比例达到70%，得5分；达到90%，得

10 分。

【参评范围】本条适用于设置供暖、空调系统的商店建筑的设计、运行评价。对未设置供暖、空调系统的商店建筑，室内热湿环境评价等级符合《民用建筑室内热湿环境评价标准》GB/T 50785 的 Ⅰ 级或 Ⅱ 级要求时，得 10 分。

【条文释义】本条文强调的是节能基础上的室内热舒适可调控性，通过要求包括主动式供暖空调末端的可调性，以及被动式或个性化的调节措施，实现尽量地满足用户改善个人热舒适的差异化需求的目标。

通常商店建筑业态丰富，室内区域功能复杂，人员总量不稳定，建筑冷热负荷波动大。如果继续沿用商店建筑常用的集中供暖、集中空调系统模式，由于末端装置不能独立启停和温度调温，将造成系统无法较好地适应负荷变化，浪费能源。所以，商店供暖、空调系统应根据房间或区域功能，合理选择系统形式、设计服务区域和设置末端装置，使更多的区域可以实现按需求独立调节。

【评价方法】设计评价查阅暖通空调施工图、产品说明书、房间数量比计算书。

运行评价查阅暖通空调相关竣工图、产品说明书、房间数量比计算书，并现场核查。

Ⅳ 室内空气质量

8.2.9 优化建筑空间、平面布局和构造设计，改善自然通风效果，评价分值为 10 分。

【参评范围】本条适用于设计、运行评价。

【条文释义】现行行业标准《商店建筑设计规范》JGJ48 中规定商店建筑应尽可能利用自然通风。自然通风是在风压或热压推动下的空气流动。在室外气象条件良好的条件下，加强自然通风有助于缩短空调设备的运行时间，降低空调能耗，是实现节能和改善室内空气品质的重要手段，提高室内热舒适的重要途径。因此，在建筑设计和构造中鼓励采用诱导气流、促进自然通风的措施，如导风墙、拔风井等等，以促进室内的自然通风效率。

国家标准《民用建筑供暖通风与空气调节设计规范》GB 50736—2012 对采用自然通风时，通风开口有效面积作出了规定。要求通畅的通风开口面积不应小于房间地板面积的 5%，其中：生活、工作的房间的通风开口有效面积不应小于该房间地板面积的 5%；厨房的通风开口有效面积不应小于该房间地板面积的 10%，并不得小于 0.60m²。建筑内区房间若通过邻接房间进行自然通风，其通风开口面积与房间地板面积的比例应在上述基础上提高。各地具体情况应按当地相关标准执行。

针对不容易实现自然通风的区域（例如大进深内区、由于其他原因不能保证开窗通风面积满足自然通风要求的区域）以及走廊、中庭等区域，可通过技术创新来加强自然通风的效果，如建筑单体采用诱导气流方式（导风墙和拔风井等）促进建筑内自然通风；采用数值模拟技术定量分析风压和热压作用在不同区域的通风效果，综合比较不同建筑设计及构造设计方案，确定最优自然通风系统设计方案。

【评价方法】设计评价查阅相关设计文件、计算书、自然通风模拟分析报告。

运行评价查阅相关竣工图、计算书、自然通风模拟分析报告，并现场核查。

8.2.10 室内气流组织合理，评价总分值为8分，按下列规则分别评价并累计：

1 重要功能区域供暖、通风与空调工况下的气流组织满足热环境参数设计要求，得4分；

2 避免卫生间、餐厅、厨房、地下车库等区域的空气和污染物串通到室内其他空间或室外活动场所，得4分。

【参评范围】本条适用于设计、运行评价。

【条文释义】目前商店建筑中设风味小吃情况较多，如面向公共通道设灶台，油气四溢，严重影响场内空气质量。宜采取良好地排油烟措施，保证商店建筑内的空气质量，方便顾客。卫生间、厨房、地下车库的空气质量较差，宜采取有效措施避免卫生间、厨房、地下车库等区域的空气和污染物串通到室内其他空间或室外主要活动场所。

主要措施有：

（1）尽量将厨房和卫生间设置于建筑单元自然通风的负压侧，防止厨房或卫生间的气味因主导风反灌进入室内，而影响室内空气质量。

（2）对于不同功能房间保证一定压差，避免气味散发量大的空间的气味或污染物串通到室内其他空间或室外主要活动场所。

（3）卫生间、厨房、地下车库等区域如设置机械排风，并保证负压外，还应注意其新风口和排风口的位置，避免短路或污染，才能判断达标。

《民用建筑供暖通风与空气调节设计规范》GB 50736—2012规定，空调区的气流组织应根据建筑物对空调区内温湿度参数、允许风速、空气质量、室内温度梯度及空气分布特性指标（ADPI）等要求，结合建筑物特点、内部装修、家具布置等进行设计、计算。

重要功能区域供暖、通风与空调工况下的气流组织满足要求，避免冬季热风无法下降，避免气流短路或制冷效果不佳，确保主要房间的环境参数（温度、湿度分布，风速，辐射温度等）达标。

【评价方法】设计评价查阅暖通空调施工图、气流组织模拟分析报告。

运行评价查阅相关竣工图、气流组织模拟分析报告，或查阅检测报告，并现场核查。

8.2.11 营业区域设置室内空气质量监控系统，评价总分值为12分，按下列规则分别评分并累计：

　　1 对室内的二氧化碳浓度进行数据采集、分析，并与通风系统联动，得7分；

　　2 实现室内污染物浓度超标实时报警，并与通风系统联动，得5分。

【参评范围】本条适用于集中通风空调商店建筑的设计、运行评价。

【条文释义】为保护人体健康，预防和控制室内空气污染，可在营业区域设计和安装室内空气质量监控系统，利用传感器对室内主要位置进行温湿度、二氧化碳、空气污染物浓度等进行数据采集和分析；也可同时监测进、排风设备的工作状态，并与室内空气质量监控系统联动，实现自动通风调节，保证室内始终处于健康的空气环境。

二氧化碳检测技术比较成熟、使用方便，但氨、苯、VOC等空气污染物的浓度监测比较复杂，有些简便方法不成熟，使用不方便，受环境条件变化影响大，仅甲醛的监测容易实现。如上所述，除二氧化碳要求检测进、排风设备的工作状态，并与室内空气污染监测系统关联，实现自动通风调节外，其他污染物要求可以超标实时报警。

国家标准《室内空气中二氧化碳卫生标准》GB/T 17094—1997中规定，室内空气中二氧化碳卫生标准值为不大于0.10%（2000mg/m³）。二氧化碳浓度传感器监测到二氧化碳浓度超过设定量值（如1800mg/m³）时，进行报警，同时自动启动送排风系统。

本条要求对甲醛等空气污染物，可以实现超标实时报警。超标报警的浓度限值可以依据国家标准《室内空气质量标准》GB/T 18883—2002的规定，如表8-5所示：

表 8-5　室内空气污染物浓度限值

污染物	标准值	备注
氨 NH_3	$0.20mg/m^3$	1小时均值
甲醛 HCHO	$0.10mg/m^3$	1小时均值
苯 C_6H_6	$0.11mg/m^3$	1小时均值
总挥发性有机物 TVOC	$0.60mg/m^3$	8小时均值
可吸入颗粒 PM_{10}	$0.15mg/m^3$	日平均值
氡^{222}Rn	$400Bq/m^3$	年平均值

【评价方法】设计评价查阅暖通空调专业施工图、电气专业施工图及相关设计说明。

运行评价查阅暖通空调专业竣工图、电气专业竣工图及相关设计说明、运行记录，并现场核查。

8.2.12 地下车库设置与排风设备联动的一氧化碳浓度监测装置，评价分值为5分。

【参评范围】本条适用于设计、运行评价。

【条文释义】地下停车库存在空气污染问题。汽车在车库内启车与停车的过程中产生了大量有害气体，如一氧化碳、氮氧化物、硫化物、铅微粒等，对人的影响最大。地下建筑与地上建筑比较而言，密闭程度高，污染物不易扩散，所以需设置机械通风设施。以排出一氧化碳为目标，若一氧化碳浓度能够满足要求，其他有害物也随之能够满足要求。

目前，尚无关于地下车库空气质量的相关标准。相关标准对一氧化碳浓度规定有：

(1) 国家标准《工作场所有害因素职业接触限值化学有害因素》GBZ 2.1—2007 规定一氧化碳的短时间接触容许浓度上限为 $30mg/m^3$。

(2) 国家标准《室内空气质量标准》GB/T 18883—2002 规定一氧化碳浓度要求为 $10mg/m^3$（1 小时均值）。

(3) 国家标准《公共建筑节能设计标准》GB 50189—2005 第 5.5.11 条条文说明建议一氧化碳浓度监测值取为 3～5ppm（约合 $3.87～6.45mg/m^3$）。

综上，建议地下车库排风系统启动的一氧化碳浓度阈值取为 3～5ppm，与国家标准《公共建筑节能设计标准》GB 50189—2015 规定一致，如此也能够满足卫生标准要求。

有地下车库的建筑，车库设置与排风设备联动的一氧化碳检测装置，超过规定值时报警，立刻启动排风系统。

【评价方法】设计评价查阅暖通空调专业施工图、电气专业施工图及相关设计说明。

运行评价查阅暖通空调专业竣工图、电气专业竣工图及相关设计说明、物业单位提供的运行记录等，并现场核查。

9 施 工 管 理

9.1 控 制 项

9.1.1 应建立绿色建筑项目施工管理体系和组织机构，并落实各级责任人。

【参评范围】 本条适用于运行评价。

【条文释义】 根据国家标准《建筑工程绿色施工规范》GB 50905、《建筑工程绿色施工评价标准》GB/T 50640 和《绿色施工导则》建质〔2007〕223 号的规定：绿色施工管理主要包括组织管理、规划管理、实施管理、评价管理、人员安全和健康管理五个方面。绿色建筑项目施工管理体系是指项目施工管理组织体系、管理流程体系、管理制度体系、管理考核体系。应运用 ISO 14000 和 ISO 18000 管理体系，建立绿色施工管理体系，并制定相应的管理制度与目标，落实各级责任人。施工组织设计及施工方案应有专门的绿色施工章节，绿色施工目标明确，内容应涵盖"四节一环保"要求。在施工全过程中应加强对施工策划、施工准备、材料采购、现场施工、工程验收等各环节的管理和监督，实施动态管理。对绿色建筑施工，应开展有针对性的宣传和知识、技能培训。

【评价方法】 查阅企业 ISO 14000 管理体系文件、OHSAS 18000 管理体系文件；查阅该项目组织机构的相关制度文件、施工项目部组织机构图和经审批的施工方案；重点查阅项目施工管理体系和组织机构是否有针对绿色建筑（包括绿色施工）而制定或设置的相应内容及落实情况，包括可证明时间、事件、人物的文本资料和电子文件，影像资料等。

9.1.2 施工项目部应制定施工全过程的环境保护计划，并组织实施。

【参评范围】 本条适用于运行评价。

【条文释义】 施工环境保护计划一般包括环境因素分析、控制原则、控制措施、组织机构与运行管理、应急准备和响应、检查和纠正措施、文件管理、施工用地保护和生态复原等内容。对于不同的施工项目，应制定符合当地要求和项目实际情况的环境保护计划，并组织实施。

施工项目部应依据《中华人民共和国环境保护法》、国家标准《建筑工程绿色施工规范》GB 50905、《建筑工程绿色施工评价标准》GB/T 50640 和《绿色施工导则》建质〔2007〕223 号的规定建立项目环境管理制度，掌握监控环境信息，采取应对措施，保证施工现场及周边环境得到有效控制。施工组织设计中应有防治大气、水土、噪声污染和改善环境卫生的有效措施。建设工程施工现场环境保护的主要内容包括：预防水土流失，防止土壤污染，控制扬尘，控制噪声，减少污水排放，防止光污染等。

【评价方法】查阅施工单位 ISO 14001 管理体系文件、环境保护计划，审核计划的可执行性；查阅环境保护计划实施记录文件（包括责任人签字的检查记录、照片或影像等）。

9.1.3 施工项目部应制定施工人员职业健康安全管理计划，并组织实施。

【参评范围】本条适用于运行评价。

【条文释义】施工人员职业健康安全管理计划由建筑施工项目部组织编制，并组织落实，保障施工人员的健康与安全。施工人员职业健康安全管理计划内容应包括：健康安全管理目标、健康安全管理制度、应急救援预案及健康安全责任管理，并应符合国家标准《建筑工程绿色施工规范》GB 50905、《建筑工程绿色施工评价标准》GB/T 50640、《职业健康安全管理体系要求》GB/T 28001、行业标准《建筑施工安全检查标准》JGJ59、《建筑施工现场环境与卫生标准》JGJ 146 和《绿色施工导则》（建质〔2007〕223 号）的规定和要求。

【评价方法】查阅施工人员职业健康安全管理计划内容及落实情况的相关证明，包括文件、台账、清单等；查阅职业健康安全管理计划，并检查其全面性；查阅施工单位 OHSAS 18000 职业健康与安全体系文件；查阅现场作业危险源清单及其控制计划；查阅劳动保护用品或器具进货单，必要时核查现场作业人员个人防护用品配备及发放台账。

9.1.4 施工前应进行设计文件中绿色建筑重点内容的专项会审。

【参评范围】本条适用于运行评价。

【条文释义】施工准备是为了保证绿色施工生产正常进行而必须做好的工作，是施工过程管理的重要环节，在施工过程中，各责任主体应对设计文件中绿色商店建筑重点内容有正确理解与准确把握。施工前进行专业交底时，应对保障绿色商店建筑性能的重点内容逐一进行会审。项目参建各方应在建设单位的统一组织协调下，各司其职、各负其责地参与项目绿色施工。因此，作为项目设计单位不仅在设计时应重视施工图设计文件的完善程度、设计方案的可实施性、"四节一环保"技术措施以及相关标准规范的要求，同时尚应考虑绿色建筑设计对于施工的可行性和便利性，以便于绿色建筑的实施。在项目设计图纸会审过程中，设计单位应充分、细致地向项目参建单位介绍绿色建筑设计的主导思想、构思和要求、采用的设计规范、确定的抗震设防烈度、防火等级、基础、结构、内外装修及机电设备设计，对主要建筑材料、构配件和设备的要求，所采用的节能、节水、节材及环境保护的具体技术要求以及施工中应特别注意的事项，以便于项目参建单位充分理解其设计意图。在项目施工过程中，通过与施工单位、监理单位充分沟通，设计单位可从其专业角度为施工单位实施绿色施工出谋划策，为项目最终实现绿色建筑"四节一环保"目标奠定坚实基础。

专项图纸会审应在工程项目开工前进行。绿色建筑重点专项会审参与单位应包括建设单位、设计单位、施工单位和监理单位，交底内容应包括关键工程部位的质量要求、施工工艺、施工难点和做法等，以及设计单位对监理单位和施工单位提出的图纸中绿色建筑的相关问题的答复，以确保绿色建筑的工程实施。

【评价方法】查阅绿色商店建筑重点内容说明文件；查阅绿色商店重点内容设计文件专项会审记录，包括绿色设计要点、施工单位提出的问题、设计单位的答复、会审结果与解决方法、需要进一步商讨的问题等。

9.2　评　分　项

Ⅰ　环　境　保　护

9.2.1　采取洒水、覆盖、遮挡等降尘措施，评价分值为 10 分。

【参评范围】本条适用于运行评价。

【条文释义】施工中的降尘措施包括对易飞扬物质的洒水、覆盖、遮挡，对出入车辆的清洗、封闭，在工地建筑结构脚手架外侧设置防尘网或防尘布，对易产生扬尘的施工工艺采取降尘措施等。降尘措施的主要对象是：土方工程、进出车辆、堆放土方、易飞扬材料的运输与保存、易产生扬尘的施工作业、高空垃圾清运。易产生扬尘的施工作业除了土方工程外，还有诸如拆除工程、爆破工程、切割工程、部分装饰装修工程和安装工程等。降尘措施应定期进行检查、记录，每月不少于一次。施工现场污水、废水不得直接排入市政污水管网，可经二次沉淀后循环使用或用于洒水降尘。

降尘措施应符合《中华人民共和国大气污染防治法》、国家标准《建筑工程绿色施工规范》GB 50905、《建筑工程绿色施工评价标准》GB/T 50640、行业标准《建筑施工安全检查标准》JGJ 59、《建筑施工现场环境与卫生标准》JGJ 146 的相关规定，并应符合当地绿色施工管理规程的相关要求。污水排放应达到国家标准《污水综合排放标准》GB 8978 的相关要求。

【评价方法】查阅施工单位编制的降尘计划书或绿色施工专项方案中降尘相关内容，并检查其可行性；查阅洒水记录、降尘物资的采购单及现场覆盖影像资料；查阅由建设单位、监理单位签字确认的降尘措施实施记录，以及现场影像资料。

9.2.2　采取有效的降噪措施。在施工场界测量并记录噪声，满足现行国家标准《建筑施工场界环境噪声排放标准》GB 12523 的规定，评价分值为 8 分。

【参评范围】本条适用于运行评价。

【条文释义】建筑施工过程中，施工噪声是主要的污染之一。降噪和振动控制措施包括采用低噪声设备，运用吸声、消声、隔声、隔振等降噪措施，降低施工机械噪声。工程项目部应按照《中华人民共和国环境噪声污染防治法》、国家标准《建筑施工场界环境噪声排放标准》GB 12523、《建筑工程绿色施工规范》GB 50905、《建筑工程绿色施工评价标准》GB/T 50640 等有关噪声控制的规定，采取有效的降低噪声措施，包括：施工机械的选择、施工现场噪声监测、运输车辆的管理、夜间连续施工报批等。

【评价方法】查阅施工单位编制的降噪计划书或绿色施工专项方案中降噪相关内容，审查降噪措施计划是否全面有效；查阅降噪措施记录表，重点包括噪声源记录是否全面、降噪措施是否合理有效；查阅场界噪声测量记录以及现场影响资料。

9.2.3 制定并实施施工废弃物减量化、资源化计划，并对施工及场地清理产生的固体废弃物进行合理的分类处理，评价总分值为 10 分，按下列规则分别评分并累计：

  1 制定施工废弃物减量化、资源化计划，得 3 分；

  2 可回收施工废弃物的回收率不小于 80%，得 3 分；

  3 根据每 10000m² 建筑面积的施工固体废弃物排放量，按表 9.2.3 的规则评分，最高得 4 分。

表 9.2.3 每 10000m² 建筑面积施工固体废弃物排放量评分规则

每 10000m² 建筑面积施工固体废弃物排放量 SW_c	得分
350t<SW_c≤400t	1
300t<SW_c≤350t	3
SW_c≤300t	4

【参评范围】本条适用于运行评价。

【条文释义】建筑施工废弃物的数量很大，堆放或填埋均占用大量的土地，会对环境产生很大的影响，同时建筑施工废弃物的产出，也意味着资源的浪费。因此，施工废弃物减量化应在材料采购、材料管理、施工管理的全过程实施。施工废弃物应分类收集、集中堆放，尽量回收和再利用。建筑施工废弃物包括工程施工产生的各类施工废料，不包括基坑开挖的渣土。应依据《中华人民共和国固体废物污染环境防治法》、《中华人民共和国建设项目环境保护管理办法》、国家标准《建筑工程绿色施工规范》GB 50905、《建设工程项目管理规范》GB/T 50326、《危险废物贮存污染控制标准》GB 18597、《工程施工废弃物再生利用技术规范》GB/T 50743、行业标准《建筑垃圾处理技术规范》CJJ 134 制定并实施施工废弃物减量化、资源化计划，包括：建筑垃圾的堆放处置、回收利用等。

【评价方法】本条重点评价是否按照有关国家法律、标准、规范制定并实施施工废弃物减量化资源化计划，是否对施工及场地清理产生的固体废弃物进行合理的分类处理，可回收施工废弃物的回收率是否不小于80%；每万平方米建筑面积的施工固体废弃物排放量及回收记录及相关证明文件。

施工废弃物减量化资源化计划应包括对混凝土、钢筋、砖、木材及装修材料等施工废弃物的分类处理及资源化利用，应提出对不同材料的减量化指标及计算方法。

每10000m²建筑施工固体废弃物排放量根据材料进货单与工程量结算单，选择下述方法之一进行计算：

（1）废弃物排放量＝∑［材料进货量－工程结算量］×10000/建筑总面积。

（2）根据废弃物排放到消纳场及回收站的统计数据计算。

查阅建筑施工废弃物减量化资源化计划，建筑施工废弃物回收单据及回收率计算书，各类建筑材料进货单，各类工程量结算单，施工单位统计计算的每10000m²建筑施工固体废弃物排放量以及现场影像资料。

Ⅱ 资 源 节 约

9.2.4 制定并实施施工节能和用能方案，监测并记录施工能耗，评价总分值为8分，按下列规则分别评分并累计：

1 制定并实施施工节能和用能方案，得1分；

2 监测并记录施工区、生活区的能耗，得3分；

3 监测并记录主要建筑材料、设备从供货商提供的货源地到施工现场运输的能耗，得3分；

4 监测并记录建筑施工废弃物从施工现场到废弃物处理/回收中心运输的能耗，得1分。

【参评范围】 本条适用于运行评价。

【条文释义】 施工过程中的用能，是建筑全寿命期能耗的组成部分。施工用能和节能方案包括制定合理的施工能耗指标，选择功率与负载相匹配的施工机械，合理安排施工用电及照明，材料运输距离和运输机械的统筹等。本条要求在施工过程中，应按照国家标准《建筑工程绿色施工规范》GB 50905、《建筑工程绿色施工评价标准》GB/T 50640 和《绿色施工导则》（建质［2007］223 号）有关规定对施工用能进行计划安排，并制定节能方案和措施，同时要求对施工中的能耗进行监测和记录。主要包括：施工、生活用电、用水和材料运输用油等能源消耗。

【评价方法】 本条重点审查现场照明是否符合国家标准《施工现场临时用电安全技术规范》JGJ 46 的规定，施工区和生活区是否有用电损耗记录，是否分区统计用电损耗。主要施工机械（塔吊、施工电梯等）是否有专项能耗记录，施工使用的建筑材料和废弃物运输（运输车辆载重量和运输距离）是否有能耗记录。能耗记录是否包含施工过程中现场及运输过程所消耗的所有能源。

节电设备应用节电设备配置率进行评价，节电设备配置率＝节电设备总量/所有用电设备总量。能源形式包括原煤（t）、洗精煤（t）、其他洗煤（t）、焦炭（t）、焦炉煤气（m³）、高炉煤气（m³）、其他煤气（m³）、天然气（m³）、原油（t）、汽油（t）、煤油（t）、柴油（t）、燃料油（t）、液化石油气（t）、炼厂干气（t）、热力（百万千焦）、电力（万千瓦小时），最后将其折算为标准煤（t）。

查阅施工节能和用能方案与实施情况报告，包括电表安装证明，节能设备的选择等；查阅各部分（施工区、生活区、材料设备运输和废弃物运输）用能监测记录和能耗总量（生活区不在施工现场的仅记录施工区能耗），其中有记录的建筑材料占所有建筑材料重量的85%以上；查阅施工单位统计计算的建成每平方米建筑实际能耗值，审查其真实性和完整性；查阅现场影像资料。

9.2.5 制定并实施施工节水和用水方案，监测并记录施工水耗，评价总分值为6分，按下列规则分别评分并累计：

    1 制定并实施施工节水和用水方案，得2分；

    2 监测并记录施工区、生活区的水耗数据，得2分；

    3 监测并记录基坑降水的抽取量、排放量和利用量数据，得2分。

【参评范围】本条适用于运行评价。

【条文释义】施工过程中的用水，是建筑全寿命期水耗的组成部分。施工节水和用水方案包括制定节水、提高用水效率和水资源利用、非传统水源利用措施并组织实施。施工中应按照国家标准《建筑工程绿色施工规范》GB 50905、《建筑工程绿色施工评价标准》GB/T 50640、《绿色施工导则》（建质〔2007〕223号）有关规定制定节水和用水方案，提出建成每平方米建筑水耗目标值，对施工水耗进行监测和记录。应在施工区和生活区分别安装水表，应有用水记录台账。主要包括：施工、生活用水，基坑降水和非传统水源的利用等。

【评价方法】本条重点审查施工方案中是否有用水和节水计划和措施，施工和生活用水是否分区统计用水量，基坑降水的抽取量、排放量和利用量数据是否有记录台账，非传统水源的利用是否有记录台账。竣工时是否能够提供施工过程水耗记录和建成每平方米建筑实际水耗值，为施工过程的水耗统计提供基础数据。

查阅施工中节水和用水方案和实施情况报告，包括水表安装证明；查阅各部分用水监测记录和用水总量记录（生活区不在施工现场的仅记录施工区水耗）；查阅施工单位统计计算的建成每平方米建筑水耗值，审查其真实性和完整性；查阅有监理证明的非传统水源使用记录以及项目配置的施工现场非传统水源使用设施；查阅现场影像等证明资料。

9.2.6 减少预拌混凝土的损耗，评价总分值为 6 分。损耗率降低至 1.5%，得 4 分；降低至 1.0%，得 6 分。

【参评范围】本条适用于运行评价。对未使用预拌混凝土的项目，本条不参评。

【条文释义】减少混凝土损耗、降低混凝土消耗量是施工中节材的重点内容之一。施工中应按照国家标准《建筑工程绿色施工规范》GB 50905—2014、《建筑工程绿色施工评价标准》GB/T 50640—2010 和《绿色施工导则》（建质 [2007] 223 号）有关规定，结合地方标准制定混凝土损耗率标准和降低混凝土损耗率的措施，本条参考有关定额标准及部分实际工程的调查数据，对混凝土损耗率进行分档评分。

【评价方法】本条应重点审查制定施工方案是否结合地方标准制定混凝土损耗率标准和降低混凝土损耗率的措施，是否在施工过程中组织实施，施工单位统计计算的预拌混凝土损耗率是否真实完整准确。预拌混凝土损耗的方法应采用混凝土损耗率进行评价，混凝土损耗率按下列方法计算；工程变更，按照实际变更后的使用量进行计算。

$$混凝土损耗率 = \frac{混凝土总用量 - 混凝土清单量}{混凝土清单量} \times 100\%$$

查阅预拌混凝土供货合同、预拌混凝土进货单、预拌混凝土工程量计算单；查阅施工单位统计计算的预拌混凝土损耗率，审查其真实性和完整性。

设计评价预审查阅采用预拌混凝土的设计文件及说明，有关建议文件，或减少混凝土损耗的措施计划。

9.2.7 减少预拌砂浆损耗，评价总分值为 6 分。损耗率降低至 3.0%，得 4 分；降低至 1.5%，得 6 分。

【参评范围】本条适用于运行评价。对未使用砂浆的项目，本条不参评。

【条文释义】采用预拌砂浆、降低预拌砂浆和自拌砂浆的消耗量是施工中节材的重点内容之一。施工中应按照国家标准《建筑工程绿色施工规范》GB 50905、《建筑工程绿色施工评价标准》GB/T 50640 和《绿色施工导则》（建质[2007]223 号）有关规定，结合地方标准制定预拌砂浆和自拌砂浆损耗率标准和降低砂浆损耗率的措施，本条参考有关定额标准及部分实际工程的调查数据，对砂浆损耗率进行分档评分。

【评价方法】本条应重点审查制定施工方案时是否结合地方标准制定砂浆损耗率标准和降低砂浆损耗率的措施，是否在施工过程中组织实施。施工单位统计计算的砂浆损耗率是否真实完整准确。预拌砂浆损耗的方法应采用砂浆损耗率进行评价，砂浆损耗率按下列方法计算；工程变更，按照实际变更后的使用量进行计算。

$$砂浆损耗率＝\frac{砂浆总用量－砂浆清单量}{砂浆清单量}×100\%$$

查阅预拌砂浆使用设计要求文件，预拌砂浆供货合同、预拌砂浆进货单、预拌砂浆工程量计算单；查阅施工单位统计计算的预拌砂浆和自拌砂浆的损耗率，预拌砂浆占砂浆总量的比率，审查其真实性和完整性；相关现场影像资料。

9.2.8 采取措施降低钢筋损耗，评价总分值为12分，按下列规则评分：

1 80%以上的钢筋采用专业化生产的成型钢筋，得12分。

2 根据现场加工钢筋损耗率，按表9.2.8的规则评分，最高得12分。

表 9.2.8　现场加工钢筋损耗率评分规则

现场加工钢筋损耗率 LR_{sb}	得分
$3.0\%<LR_{sb}≤4.0\%$	8
$1.5\%<LR_{sb}≤3.0\%$	10
$LR_{sb}≤1.5\%$	12

【参评范围】 本条适用于运行评价。对于不使用钢筋的项目，本条得12分。

【条文释义】 钢筋是钢筋混凝土结构建筑的大宗消耗材料。施工中应按照国家标准《建筑工程绿色施工规范》GB 50905、《建筑工程绿色施工评价标准》GB/T 50640和《绿色施工导则》（建质［2007］223号）有关规定，结合地方标准制定钢筋损耗率标准和降低钢筋损耗率的措施，本条参考有关定额标准及部分实际工程的调查数据，对钢筋损耗率进行分档评分。施工过程中节约钢材主要应从采用钢筋连接新技术和降低钢筋损耗进行评价，采用钢筋连接新技术或在工厂进行专业化加工，可以提高钢筋的利用率。

【评价方法】 采用成型钢筋时，查阅有监理签字的钢筋算量及使用计划，成型钢筋进货单、钢筋用量结算清单，采用钢筋连接的新技术记录，专业化加工钢筋用量结算清单、工厂化加工钢筋进货单，施工单位统计计算的成型钢筋使用率，核算成型钢筋使用率；查阅现场影像资料。

现场加工钢筋时，查阅钢筋进货单、钢筋工程量清单、施工单位统计计算的现场加工钢筋损耗率，审查相关材料的真实性。钢筋损耗率按下列方法计算，工程变更按照实际变更后的使用量进行计算。

$$钢筋损耗率＝\frac{钢筋总用量－钢筋清单量}{钢筋清单量}×100\%$$

设计评价预审查阅采用成型钢筋的设计文件及说明，或有关建议文件，或减少损耗的措施计划。

9.2.9 采用工具式定型模板等措施，提高模板的周转次数，评价总分值为8分，按下列规则分别评价并累计：

1 制定模板使用和提高模板周转次数施工措施，得 2 分；

2 根据工具式定型模板使用面积占模板工程总面积的比例按表 9.2.9 的规则评分，最高得 6 分。

表 9.2.9 工具式定型模板使用面积占模板工程总面积比例评分规则

工具式定型模板使用面积占模板工程总面积的比例 R_{st}	得分
$50\% \leqslant R_{\text{sf}} < 70\%$	2
$70\% \leqslant R_{\text{sf}} < 85\%$	4
$R_{\text{sf}} \geqslant 85\%$	6

【参评范围】本条适用于运行评价。对不使用模版的项目，本条得 8 分。

【条文释义】建筑模板是混凝土结构工程施工的重要工具。工具式定型模板，采用模数制设计，可以通过定型单元，包括平面模板、内角、外角模板以及连接件等，在施工现场拼装成多种形式的混凝土模板。提高模板周转次数的主要方法是采用工具式定型模板。施工中应按照国家标准《建筑工程绿色施工规范》GB 50905、《建筑工程绿色施工评价标准》GB/T 50640 和《绿色施工导则》（建质 [2007] 223 号）有关规定，结合地方标准制定采用工具式定型模板施工方案和措施，以提高模板的周转次数。

【评价方法】本条审查重点应查阅施工方案中模板使用是否有工具式定型模板使用计划；施工过程中是否实施工具式定型模板。施工单位统计计算的定型模板使用率是否真实完整准确。评价时应使用定型模板使用率，定型模板使用率按下列方法计算。工程变更按照实际变更后的使用面积进行计算。

$$定型模板使用率 = \frac{定型模板使用面积}{模板工程总使用面积} \times 100\%$$

查阅模板工程施工方案，定型模板进货单或租赁合同；查阅模板工程量清单以及施工单位统计计算的工具式定型模板使用率；审查定型模板进货单或租赁合同的合理性；查阅现场影像资料。

9.2.10 提高一次装修的排版设计及工厂化加工比例，评价总分值为 8 分，按下列规则分别评分并累计：

1 施工前对块材、板材和卷材进行排版设计，得 3 分；

2 根据门窗、幕墙、块材、板材的工厂化加工比例按表 9.2.10 的规则评分，最高得 5 分。

表 9.2.10 门窗、幕墙、块材、板材的工厂化加工比例评分规则

门窗、幕墙、块材、板材的工厂化加工比例 R_{pf}	得分
$50\% \leqslant R_{\text{pf}} < 70\%$	3
$70\% \leqslant R_{\text{pf}} < 85\%$	4
$R_{\text{pf}} \geqslant 85\%$	5

【参评范围】本条适用于运行评价。

【条文释义】块材、板材、卷材类材料包括地砖、石材、石膏板、壁纸、地毯以及木质、金属、塑料类等材料。施工中应按照国家标准《建筑工程绿色施工规范》GB 50905、《建筑工程绿色施工评价标准》GB/T 50640 和《绿色施工导则》（建质〔2007〕223 号）有关规定，结合地方标准制定块材、板材、卷材施工方案，施工前应进行合理排版，减少切割和因此产生的噪声及废料等。块材、板材、卷材的排版设计应在制定施工方案时进行优化选择、应提高门窗、幕墙、块材、板材、工厂化加工比例。提高块材、板材、卷材的使用率，评价时应采用块材、板材、卷材的使用率和门窗、幕墙、块材、板材的工厂化加工比例进行评价。

【评价方法】重点审查施工中是否结合地方标准制定块材、板材、卷材施工方案，施工前是否对块材、板材、卷材进行排版设计和优化选择，门窗、幕墙、块材、板材、工厂化加工比例是否满足要求。施工单位统计计算的块材、板材、卷材的使用率和门窗、幕墙、块材、板材的工厂化加工比例是否真实完整准确。块材、板材、卷材的使用率和门窗、幕墙、块材、板材的工厂化加工比例可按下列方法计算。工程变更，按照实际变更后的使用面积进行计算。

$$块材、板材、卷材使用率 = \frac{块材、板材、卷材设计面积}{块材、板材、卷材总使用面积} \times 100\%$$

$$门窗、幕墙、块材、板材工厂化加工的比例 = \frac{门窗、幕墙、块材、板材工厂加工面积}{门窗、幕墙、块材、板材设计面积} \times 100\%$$

查阅有监理签字的施工方案，块材、板材、卷材的排版设计方案，门窗、幕墙、块材、板材的工厂化加工合同，付款凭证等，施工单位统计门窗、幕墙、块材、板材的工厂化加工比例计算书。

Ⅲ 过 程 管 理

9.2.11 实施设计文件中绿色商店建筑重点内容，评价总分值为 4 分，按下列规则分别评分并累计：

    1 参建各方进行绿色商店建筑重点内容的专项交底，得 2 分；

    2 施工过程中以施工日志记录绿色商店建筑重点内容的实施情况，得 2 分。

【参评范围】本条适用于运行评价。

【条文释义】施工是把绿色建筑由设计转化为实体的重要过程，施工中应按照国家标准《建筑工程绿色施工规范》GB 50905、《建筑工程绿色施工评价标准》GB/T 50640 和《绿色施工导则》（建质〔2007〕223 号）有关规定，在设计文件会审时对绿色商店建筑的重点内容进行专项交底，施工过程中以施工日志记录绿色商店建筑重点内容的实施情况，各方责任主体的专业技术人员都应该认真理解设计文件，以保证绿色建筑的设计通过施工得以实现。

【评价方法】查阅施工单位绿色建筑内容的专项交底记录、施工日志，审查专项交底记录中是否明确了绿色施工的重点内容以及施工日志体现的实施情况；查阅专项交底记录和现场影像资料。

9.2.12　严格控制设计文件变更，避免出现降低绿色建筑性能的重大变更，评价分值为 6 分。

【参评范围】本条适用于运行评价。

【条文释义】绿色建筑设计文件经审查后，在建造过程中往往可能需要进行变更，这样有可能使绿色建筑的相关指标发生变化。本条旨在强调在建造过程中严格执行审批后的设计文件，若在施工过程中出于整体建筑功能要求，对绿色建筑设计文件进行变更，但不显著影响该建筑绿色性能，其变更可按照正常的程序进行。涉及设计变更的，应由设计人提供变更后的图纸和说明。如变更超过原设计标准或批准的建设规模时，发包人应及时办理规划、设计变更等审批手续。设计变更应存留完整的资料档案，作为最终评审时的依据。

【评价方法】本条重点评价施工过程中的设计变更，应重点核查设计变更的内容是否影响到绿色商店建筑内容的实施，是否出现降低建筑绿色性能的重大变更，设计变更的图纸是否经有关部门审查和批准，施工日志记录的实施内容是否和设计变更一致。

查阅绿色商店重点内容设计文件变更记录、洽商记录、会议纪要、设计变更申请表、设计变更通知单、施工日志记录和涉及严重影响建筑绿色性能的工程竣工图等工程资料或档案，审查设计变更是否造成对建筑绿色性能的重大影响；查阅相关影像资料。

9.2.13　工程竣工验收前，由建设单位组织有关责任单位，进行机电系统的综合调试和联合试运转，结果符合设计要求，评价分值为 8 分。

【参评范围】本条适用于运行评价。

【条文释义】随着技术的发展，现代建筑的机电系统越来越复杂。在工程竣工验收前，应由建设单位组织，施工单位负责、监理单位监督，设计单位参与，组成调试小组进行机电系统的综合调试和联合运转，这对于检验建筑机电系统的设计是否正确、施工安装是否可靠、设备性能及运行是否达到设计目标，保证绿色建筑的运行效果至关重要。

本条强调系统综合调试和联合试运转的目的，就是让建筑机电系统的设计、安装和运行达到设计目标，保证绿色建筑的运行效果。主要内容包括制定完整的机电系统综合调试和联合试运转方案，对通风空调系统、空调水系统、给排水系统、热水系统、电气照明系统、动力系统的综合调试过程以及联合试运转过程。建设单位是机电系统综合调试和联合试运转的组织者，根据工程类别、承包形式，建设单位也可以委托代建公司和施工总承包单位组织机电系统综合调试和联合试运转。

【评价方法】本条重点查阅施工日志、调试运转记录。需要调试的系统包括空调通风系统、采暖和空调水系统、给排水管道系统、电气与控制系统，主要记录内容有调试步骤、方法，调试要求，检测要求，调试报告（包括调试记录，调试数据整理与分析结果）。此外，还应重点包括综合调试和联合试运行的相关材料，并审查综合调试和联合试运转结果与设计要求的一致性。

运行评价核查综合调试和联合试运转的方案和技术要点，调试结果是否符合设计要求，是否有完整调试记录和评价结果。

设计评价预审查阅以上各机电系统设计图纸及说明、综合调试和联合试运转方案和技术要求。

10 运 营 管 理

10.1 控 制 项

10.1.1 应制定并实施节能、节水、节材、绿化管理制度。

【参评范围】本条适用于运行评价。

【条文释义】节能管理制度主要包括节能管理模式、收费模式和节能方案等内容。应制定节能目标，完善能源计量措施，明确各方责任，建立约束和激励机制。

节水管理制度主要包括梯级用水原则和节水方案。

节材管理制度主要包括建筑、设备、系统的维护制度和耗材管理制度。

绿化管理制度主要包括绿化用水计量，建立并完善节水型灌溉系统，规范杀虫剂、除草剂、化肥、农药等化学品的使用等规定。

【评价方法】本条重点评价是否采取有效的管理措施降低能源资源消耗，实现绿色运营目标。

管理制度及其实施的评价主要包括：（1）节能管理模式、收费模式等的合理性、可行性及落实程度；（2）梯级用水原则和节水方案等的合理性，各类用水计量的规范性，以及节水效果；（3）建筑、设备、系统的维护制度和耗材管理制度的合理性及实施情况；（4）各种杀虫剂、除草剂、化肥、农药等化学品管理制度的合理性及使用的规范性。

日常管理记录（连续一年）主要包括：（1）节能管理记录应记录各项主要用能系统和设备的运行情况、能源计量情况；（2）节水管理记录应记录各级水表计量的逐月数据；（3）节材管理记录应记录建筑、设备和系统的维护情况和材料使用台账；（4）绿化管理记录应记录绿化灌溉及用水情况，化学品使用情况。

查阅物业管理公司的管理制度（包括节能、节水、节材与绿化方面）、物业管理公司的日常管理记录。节能管理记录应体现节能目标落实情况、能源计量情况，节水管理记录中应记录各级水表计量的全年数据，并根据记录核算实际节水率、非传统水源利用率等指标。另外，需要结合日常管理记录、现场考察和用户抽样调查的实际情况中确认各项制度是否实施。

10.1.2 应制定垃圾管理制度，合理规划垃圾物流，对废弃物进行分类收集，垃圾容器设置规范。

【参评范围】本条适用于运行评价。

【条文释义】生活垃圾的管理，应根据相关现行标准，以及当地城市环境卫生专业规划要求，结合本地区垃圾的特性和处理方式选择垃圾分类方法。确定垃圾分类方法后，制定相应的垃圾管理制度，严格控制垃圾分类收集、清运、处理等一系列环节。垃圾管理制度应当包括：分类垃圾容器（投放箱、投放点等）设置，分类垃圾收集点设置，采用的运输工具和器具，垃圾物流措施，不同类别垃圾的处理设施等。

生活垃圾管理应符合以下要求：

（1）垃圾收集站（收集点）的规划、设计、建设、验收、运营及维护应符合《生活垃圾收集站技术规程》CJJ 179 的规定。

（2）垃圾收集站（收集点）配套容器应符合《城市环境卫生专用设备 清扫 收集 运输》CJ/T 16、《塑料垃圾桶通用技术条件》CJ/T 280、《废物箱通用技术条件》CJ/T 377、《城镇环境卫生设施设置标准》CJJ 27 的规定。

（3）垃圾收集点、容器和机具应具有明显的标识，标识文字和图案应符合《城市生活垃圾分类标志》GB/T 19095、《环境卫生图形符号标准》CJJ/T 125 的规定。

垃圾容器应置于避风处。垃圾容器的密闭性能及其规格应符合相关标准的要求，其设放位置、数量、外观色彩及标志应满足垃圾分类收集的要求。对生活垃圾，应根据垃圾来源、可否回用、处理难易度等进行分类，对其中可再利用或可再生的材料进行回收处理。设置小型有机厨余垃圾处理设施时，应具有有机厨余垃圾的收集保障措施，合理配置处理设施。

当建筑物具有规模化的餐饮业时，应对隔油池加强管理，及时清运，避免影响环境。

【评价方法】本条重点关注生活垃圾管理制度是否完善、合理，容器是否设置规范并符合要求。主要评价内容包括：（1）垃圾管理制度应明确垃圾分类方式，如对可回收垃圾、厨余垃圾、有害垃圾进行分类收集；（2）场地内应设置分类容器，且具有便于识别的标志；（3）垃圾收集和运输过程符合相关规定，垃圾物流合理；（4）垃圾分类收集后不得随意混合，不得在专门处理设施外处置垃圾。

运行评价查阅垃圾收集处理的竣工图纸及设施清单、物业管理机构制定的垃圾管理制度，并现场核实垃圾收集、清运的效果。

设计评价预审查阅垃圾收集及运输的规划，以及垃圾容器设置计划。

10.1.3 运行过程中产生的废气、污水等污染物应达标排放。

【参评范围】本条适用于运行评价。

【条文释义】本条的目的是杜绝建筑运营过程中废气、污水等的不达标排放。建筑在运营过程中，除产生垃圾外，还会产生废气、污水等，可能造成多种有机和无机的化学污染、放射性等物理污染以及病原体等生物污染。对商店建筑，主要有生活污水、餐饮污水、油烟气体等的排放。为此，需要设置相应设施，通过合理技术措施和排放管理，进行无害化处理，杜绝建筑运行过程中相关污染物的不达标排放。

相关污染物的排放应符合现行标准《大气污染物综合排放标准》GB 16297、《锅炉大气污染物排放标准》GB 13271、《饮食业油烟排放标准》GB 18483、《污水综合排放标准》GB 8978、《医疗机构水污染物排放标准》GB 18466、《污水排入城镇下水道水质标准》CJ 343、《社会生活环境噪声排放标准》GB 22337、《制冷空调设备和系统 减少卤代制冷剂排放规范》GB/T 26205 等的规定。当建筑所在地区对污染物排放有特定要求时，还应符合其要求。

【评价方法】本条重点关注场地内的污染源种类及排放情况。物业管理机构需要根据建筑物的功能，制定污染物排放管理制度，并定期委托第三方进行各类污染物的检测。评价中还需现场考察污水和废气处理设施的运行情况。

评价时应由项目方提供具有资质的第三方污染物排放检测机构出具的相关检测报告，如废气污染物排放检测报告，废水污染物排放检测报告等。核查报告时，应针对国家相关规范中对污染物排放的要求仔细比对，并进行抽查检验，现场核查。

运行评价查阅污染物排放管理制度文件，以及具有 CMA 国家计量认证的第三方检测机构出具的项目运营期废气、污水等污染物的排放检测报告，并现场核查废气、污水等处理设施的运行、维护情况。污染物排放检测报告出具日期应在最近一年内，检测报告中应包含测点数量、测点位置、测试工况、测试项目、检测结果等内容。

10.1.4 节能、节水设施应工作正常，且符合设计要求。

【参评范围】本条适用于运行评价。

【条文释义】本条侧重评价绿色建筑设置的节能、节水设施，如热能回收设备、地源/水源热泵、太阳能热水设备、雨水收集处理设备等的实际运行情况和效果。节能、节水设施的运行管理存在着一定的技术难度，并需要一定的运行成本，故需要物业管理机构格外重视维护与管理。

【评价方法】本条通过查阅节能、节水设施的设计文件，现场检查设备系统的工作情况，核查节能、节水设施的运行记录和能源系统运行数据，以确定达到设计的功能与技术指标。

在实际工程中，节能、节水设施的运行数据是一个动态值，往往与气象参数、建筑负荷及设备调试状况等相关。评价时，需要进行科学分析，给出合理的意见。

对于不能正常运行的节能、节水设施或未能按设计要求设置的节能、节水设施，必须提交相应说明。

查阅节能节水设施的竣工图纸、运行记录、运行分析报告，并现场核查设备系统的工作情况。节能、节水设施的运行记录应至少包含提供一年的数据；节能、节水设施的运行分析报告（月报与年报）应能反映各项设施的运行情况及节能、节水的效果，如总能耗、可再生能源供能量、传统水源的总用水量、非传统水源的供水量等。

10.1.5 供暖、通风、空调、照明等设备的自动监控系统应工作正常，且运行记录完整。

【参评范围】本条适用于运行评价。

【条文释义】商店建筑的供暖、空调、通风和照明系统是建筑物的主要用能设备，一般占建筑能耗总量的 70% 左右。为有效降低建筑的能耗，对空调通风系统的冷热源、风机、水泵等设备必须进行有效监测，对用能数据和运行状态进行实时采集并记录；对上述设备系统按照设计的工艺要求进行自动控制，常用的控制策略有定值控制、最优控制、逻辑控制、时序控制和反馈控制等；对照明系统可采用人体感应、照度或延时等自动控制方式等。工程实践证明，只有设备自动监控系统处于正常工作状态下，商店才能实现高效管理和有效节能，而且如果针对各类设备的监控措施比较完善的话，综合节能的效果可达 20% 以上。

当商店建筑的面积小于 2 万 m^2 时，可以不设建筑设备自动监控系统，但应设置简易的节能控制措施，如对风机水泵的变频控制、不联网的就地控制器、简单的单回路反馈控制等，都能取得良好的效果。

【评价方法】本条文目的是确保建筑物的高效管理和有效节能，重点关注系统和设备的控制策略及运行效果。在建筑设备自控系统的中央控制站上，检查系统的实时工作情况，审查设备自动监控系统的运行记录，以确定记录数据的真实性和完整性。系统的运行记录和检测数据应保持一年以上，以供分析和检查，其中允许有不超过一个月的自动记录中断，但是主要能耗数据应在系统故障期提供人工记录。

对于小于 2 万 m^2 的商店建筑，本条重点审查各项主要用能设施的节能控制措施、运行记录。

运行评价查阅建筑设备自控系统的竣工图纸（设计说明、系统图、监控点位表、平面图、原理图等）、运行记录和运行分析报告，并现场核查设备与系统的工作情况，尤其要核对监控点位表的内容是否与现场设备系统的设置一致，以及节能控制策略是否得到实施。

设计评价预审主要查阅建筑设备自动监控系统的监控点数。

10.1.6 应制定并实施二次装修管理制度。

【参评范围】本条适用于运行评价。建筑面积小于5000m²的项目或只有一个用户的项目，本条不参评。

【条文释义】一般来说，商店建筑会涉及很多用户，而且会因为经营问题常导致用户更换、使用功能变化等情况。为了维护正常营业秩序与安全，保障商店的正常运行以及其他用户的正常经营，应制定二次装修管理手册或规定，以规范约束各个用户的二次装修过程。

【评价方法】本条重点评价二次装修管理手册或管理规定的合理性、可行性。

二次装修管理手册或管理规定应重点考核以下内容：

1）总则（明确目的和适用范围）。

2）二次装修程序（明确二次装修流程、二次装修申请与承建商选择、装修承建商进场资料清单、二次装修设计图纸提报、审核与审批、二次装修消防报审与备案、二次装修监理与保险、二次装修施工进场、收费、施工安排与控制、装修竣工退场、竣工资料提交等内容）。

3）二次装修设计指引（项目的建筑结构、机电系统、通信网络系统、监控系统等设计指标及要求）。

4）施工过程管理（不同工种的施工时间、材料、垃圾处理等规定）

5）竣工验收管理等内容。

10.2 评 分 项

Ⅰ 管 理 制 度

10.2.1 物业管理机构获得有关管理体系认证，评价总分值为8分，按下列规则评分并累计：

1 具有ISO 14001环境管理体系认证，得2分；

2 具有ISO 9001质量管理体系认证，得2分；

3 具有现行国家标准《能源管理体系要求》GB/T 23331规定的能源管理体系认证，得4分。

【参评范围】本条适用于运行评价。

【条文释义】本条的目的是确保物业管理机构具备良好的环境管理、质量管理以及能源管理水平。

ISO 14000环境管理体系系列标准由国际标准化组织ISO发布。ISO 14001是系列标准中的主体标准，适用于任何类型和规模的组织，内容涵盖环境管理体系、环境审核、环境标志、全寿命周期分析等方面。ISO 14001 环境管理体系认证是为了提高环境管理水平，达到节约能源，降低消耗，减少环保支出，降低成本的目的，可以减少由于污染事故或违反法律、法规所造成的环境风险。物业管理机构在按照 ISO 14001 体系执行企业环境质量管理时，应制定系统、完善的程序管理文件，包括环境方针文件、规划文件、实施与运行文件、检查与纠正措施文件、管理评审文件等，确保管理体系过程的有效策划、运行和控制。

ISO 9001 质量管理体系要求是认证机构审核的依据标准。质量管理体系是组织内部建立的、为实现质量目标所必需的、系统的质量管理模式，是组织的一项战略决策。它将资源与过程结合，以过程管理方法进行系统管理，根据企业特点选用若干体系要素加以组合，一般包括与管理活动、资源提供、产品实现以及测量、分析与改进活动相关的过程组成，通常以文件化的方式，成为组织内部质量管理工作的要求。物业管理机构依据 ISO 9001 进行质量管理，应编制相关工作程序文件，包括质量手册、程序文件、作业指导书，用以收集、传递资讯、控制作业流程或证明作业流程执行记录表单等。

《能源管理体系要求》GB/T 23331 是用于规范组织能源管理，旨在降低组织能源消耗、提高能源利用效率的管理标准，适用于所有类型和规模的组织。在组织内建立起完整有效的、形成文件的能源管理体系，注重建立和实施过程的控制，使组织的活动、过程及其要素不断优化，通过例行节能监测、能效对标、内部审核、组织能耗计量与测试、组织能量平衡统计、管理评审、自我评价、节能技改、节能考核等措施，不断提高能源管理体系持续改进的有效性，实现能源管理方针和预期的能源消耗或使用目标。物业管理机构应根据《能源管理体系要求》GB/T 23331 要求，在建筑能源管理过程中形成相关工作文件体系，包括能源管理方案、管理节能文件、技术节能文件、检查与纠正措施文件等，不断优化能源管理，提高用能效率。目前获得能源管理体系认证的物业管理机构数量不多。强化能源管理工作是今后建筑物运行管理中的必然趋势，需要加以引导和推进。

【评价方法】本条评价重点关注物业管理公司通过的认证体系，并现场审核体系在日常管理中的有效性。

查阅物业管理机构的 ISO 14001 环境管理体系认证、ISO 9001 质量管理体系认证和现行国家标准《能源管理体系要求》GB/T 23331 的能源管理体系认证证书以及相关的工作文件。

10.2.2 节能、节水、节材、绿化操作规程、应急预案完善，且有效实施，评价总分值为 4 分，按下列规则评分并累计：

1 相关设施的操作规程在现场明示，操作人员严格遵守规定，得 2 分；

2 节能、节水设施运行具有完善的应急预案，且有演练记录，得2分。

【参评范围】本条适用于运行评价。

【条文释义】操作规程是指为保证各项设施、设备能够安全、稳定、有效运行而制定的，相关人员在操作时必须遵循的程序或步骤。

应急预案是指面对突发事件，如重特大事故、环境公害及人为破坏时的应急管理、指挥、救援计划等。由于一些节能、节水设施（如太阳能光热、雨水回用等）的运行可能受到一些灾害性天气的影响，为保证安全有序，必须制定相应的应急预案。

节能、节水、节材等资源节约与绿化的操作规程、应急预案不能仅摆在文件柜里，还应成为操作人员遵守的规则。在各个操作岗位现场的墙上应明示制度、操作流程和应急措施，操作人员应严格遵守规定，熟悉工作要求，以有效保证工作的质量。

【评价方法】本条重点关注各类设施的运行是否有章可依，应急预案是否完善并有效执行。检查项目内各类设施的操作规程以及应急预案，主要包括以下内容：

（1）各类设施机房（如制冷机房、空调机房、锅炉房、电梯机房、配电间、泵房等）操作规程的合理性及落实情况。在机房中应明示机房管理制度、操作规程、交接班制度、岗位职责和应急预案。操作规程应明确规定开机、关机的准备工作及具体程序。现场核查操作规程上墙情况和设备运行情况。

（2）节能、节水设施设备应具有巡回检查制度，并有完善的运行记录。现场核查节能、节水设施设备的运行情况。

（3）核查应急预案的有效性和安全保障。应急预案中对各种突发事故的处理要有明确的处理流程，明确的人员分工，严格的上报和记录程序，并且对专业维修人员的安全有严格的保障措施。

（4）检查各项应急预案的应急情况报告和应急处置报告的完整性和及时性，以及应急预案的演练记录。

查阅相关管理制度、操作规程、应急预案、操作人员的专业证书、节能节水设施的运行记录，并现场核查。

10.2.3 实施能源资源管理激励机制，管理业绩与节约能源资源、提高经济效益挂钩，评价总分值为6分，按下列规则分别评分并累计：

1 物业管理机构的工作考核体系中包含能源资源管理激励机制，得3分；

2 与租用者的合同中包含节能、节水要求，得1分；

3 采用合同能源管理模式，得2分。

【参评范围】本条适用于运行评价。当被评价项目不存在租用情况时，第2款不参评。

【条文释义】采用合适的管理机制可有效促进运行节能。在运行管理中，采取有效的激励措施，将节约能源资源、提高经济效益作为管理业绩的重要内容，促进提升管理水平和效益。

物业管理机构的工作考核体系，可通过能源资源节约奖惩细则，建立激励和约束机制。

聘用能源管理公司进行能源管理时，可在合同中引入鼓励性管理费等措施，激励管理公司加强能源系统的高效管理，进一步降低能源消耗。

【评价方法】本条重点关注物业管理机构工作考核体系中的能源资源管理激励机制、与租用者签订的合同中是否包含节能条款以及是否采用合同能源管理模式。

评价时应由项目方提供相关物业管理方案，核查是否包括节能、节水、节材等能源资源管理激励机制。要求其对环保节能激励制度的评价范围、评估标准及激励方式作出明确说明。

查阅物业管理机构的工作考核体系、业主和租用者以及管理企业之间的合同，合同中应含有节能、节水条款，说明节能、节水措施的要求及物业管理办法等。若被评项目采用合同能源管理公司进行能源管理，能源合同管理模式应符合被评项目的实际情况。如新建建筑尚未实行合同能源管理，需要提供运营后的节能改进投入以及节能效益分配的实施情况。

10.2.4 建立绿色教育宣传机制，形成良好的绿色氛围，评价总分值为8分，按下列规则评分并累计：

 1 有绿色教育宣传工作记录，得4分；

 2 公示室内环境和用能数据，得4分。

【参评范围】本条适用于运行评价。

【条文释义】在建筑物长期的运行过程中，用户和物业管理人员的意识与行为，直接影响绿色建筑的目标实现，因此需要坚持绿色理念与绿色生活方式的教育宣传制度，培训各类人员正确使用绿色设施，形成良好的绿色风气与行为。

建立绿色教育宣传机制，可以促进普及绿色建筑知识，让更多的人了解绿色建筑的运营理念和有关要求。尤其是通过媒体报道和公开有关数据，更能营造出关注绿色理念、践行绿色行为的良好氛围。绿色教育宣传可从以下几个方面入手：

（1）开展绿色建筑新技术新产品展示、技术交流和教育培训，宣传绿色建筑的基础知识、设计理念和技术策略，宣传引导节约意识和行为，促进绿色建筑的推广应用。

（2）在公共场所显示绿色建筑的节能、节水、减排成果和环境数据。

（3）对于绿色行为（如垃圾分类收集等）给予奖励。

【评价方法】本条重点审核绿色教育宣传机制、绿色展示内容，并核查相关报道记录。

评价时注意核查教育宣传工作记录，包括宣传内容和方式、参与人员等；是否获得媒体报道，报道的媒体单位、报道时间和栏目；室内环境和用能数据是否在公共位置区域公开展示，展示数据是否定期更新，展示方式的效果是否达到能让公众知晓。

查阅绿色教育宣传记录，包括宣传内容和方式，参与人员数量等，以及公示出来的室内环境和用能数据。

Ⅱ 技 术 管 理

10.2.5 对不同用途和不同使用单位的用能、用水进行计量收费，评价总分值为8分，按下列规则分别评分并累计：

1 分项计量数据记录完整，得3分；
2 对不同使用单位的用能、用水进行计量收费，得5分。

【参评范围】本条适用于运行评价。

【条文释义】商店建筑往往涉及众多用户，以往在公共建筑中按面积收取水、电、热等的费用，容易导致用户不注意节能，长明灯、长流水现象处处可见，是浪费能源、资源的主要缺口之一。在大力推广节能减排的阶段，要达到最快、最明显的节能效果，不单是应用安装节能灯具、电机变频、节水卫浴等设备节能手段，更需要有一套完善的能源综合计量管理系统来管理能源、量化能耗数据、掌握能耗动态信息、找出节能降耗着手点、对比节能效果差异、建立起一套完整的能源管理节能措施，加强能源管理水平，提高管理工作效率；利用能耗量化指标及能源按量收费等经济指标杠杆效应，促进用户的节能意识，达到整体节能的目的。

根据商业建筑用能类别不同，分类能耗数据采集指标可包括电量、水耗量、燃气量（天然气量或煤气量）、集中供热耗热量、集中供冷耗冷量及其他能源应用量（如集中热水供应量、煤、油、可再生能源等）。其中，电量应分为4个分项，包括照明插座用电、空调用电、动力用电和特殊用电。各分项可根据建筑用能系统的实际情况灵活细分为一级子项和二级子项，不做强制要求。分项计量系统建设的相关规定，可见《国家机关办公建筑和大型公共建筑能耗监测系统建设相关技术导则》。

此外，基于"用者付费"的原则，本标准鼓励对不同使用单位的用能及用水进行计量收费，即对商店建筑的各个用户安装计量电表及水表，根据计量结果收取相关费用，以实现"谁用能谁付费，用得多付得多"，从而实现行为节能节水。

【评价方法】本标准中第5.1.4条、第5.2.16条、第6.2.3条已分别对商店建筑空调与动力用电，电气照明用电及耗水量的分项计量作出了详细规定，因此本条重点考察分项计量数据记录及分项计量收费的执行情况。

项目的能耗分项计量记录应包括基本信息和能耗信息两部分。基本信息为使用单位的建筑规模和建筑功能等基本情况数据，能耗信息为根据使用单位用能类别所采集的分类能耗数据。

评价时除按上述内容核查分项记录计量数据完整性外，还应重点核查该项目是否对不同使用单位的用能用水根据计量结果进行收费。

审查运行能耗分析报告、分项计量数据原始记录、不同使用单位的计量收费记录，并现场检查。

10.2.6 结合建筑能源管理系统定期进行能耗统计和能源审计，并合理制定年度运营能耗、水耗指标和环境目标，评价总分值为8分，按下列规则分别评分并累计：

 1 定期进行能耗统计和能源审计，得4分；

 2 合理制定年度能耗、水耗指标，得2分；

 3 根据本条第1、2款，对各项设施进行运行优化，得2分。

【参评范围】本条适用于运行评价。

【条文释义】定期能耗统计应包括建筑逐月、全年能耗统计数据，并应结合建筑能源管理系统按照用能类别进行能耗分类统计，可能包括耗电量、耗水量、燃气耗量（天然气耗量或煤气耗量）、集中供热耗热量、集中供冷耗冷量、其他能源应用量（如集中热水量、煤、油、可再生能源等）。

建筑能源审计是指由专业机构或具备资格的能源审计人员受政府主管部门或业主的委托，对建筑的部分或全部能源活动进行检查、诊断、审核，对能源利用的合理性作出评价、并提出改进措施的建议，以增强政府对建筑用能活动的监控能力和提高建筑能源利用效率。

建立科学、完整、统一的商店建筑能源资源消耗统计体系，合理制定年度运营能耗指标和环境目标，是促进商店建筑加强能源使用管理、提高能源利用效率的重要基础，是各级机关事务管理部门依法实施节能监督管理、开展节能评价考核的重要依据，是强化责任、确保实现节能减排目标的重要保障。一般来说，通过能耗统计和能源审计工作可以找出一些低成本或无成本的节能措施，这些措施可为业主实现5%～15%的节能潜力。

由于商店建筑种类比较多，故很难用一个定额数据对其能耗进行限定和约束。但从整体节能的角度，项目有必要做好能源统计工作，合理设定目标，并基于目标对机电系统提出一系列优化运行策略，不断提升设备系统的性能，提高建筑物的能效管理水平，真正落实节能。

【评价方法】本条重点审核项目是否定期开展相关的能耗统计和能源审计工作，以及根据统计和审计工作对各项设施的优化运行情况。

本条重点评价内容包括：

（1）项目的能耗统计工作开展情况，应每年进行能耗统计工作，并应包括建筑逐月、全年能耗统计数据。

（2）项目的能源审计工开展情况，建议3～5年开展一次能源审计工作，能源审计应由专业机构或具备资格的能源审计部门严格按照《企业能源审计技术通则》GB/T 17166—1997及《政府办公建筑和大型公共建筑能源审计技术导则》（建科［2007］249号）执行。

（3）项目的年度能耗目标，应根据建筑以往年度能耗统计数据、能源审计报告，充分了解建筑能源使用效率、消耗水平和能源利用的经济效果的基础上，合理确定项目年度用能、用水指标。

（4）根据如上内容对建筑各项设施进行优化，对空调系统、通风系统、采暖系统等机电系统运行及控制策略进行优化，评价具体的优化运行方案、策略及实施效果等。

对于小于2万 m² 的商店建筑，可以只开展能耗统计的工作，基于统计分析工作对各项设施进行优化。

查阅能耗统计记录和能源审计方案及报告，公共设施系统优化运行方案及运行记录，并现场核实。

10.2.7 定期检查、调试公共设施设备，并根据运行检测数据进行设备系统的运行优化，评价总分值为8分，按下列规则分别评分并累计：

1 定期对公共设施设备进行检查和调试，记录完整，得4分；

2 根据调试记录对设备系统进行运行优化，得4分。

【参评范围】本条适用于运行评价。

【条文释义】设备系统的调试和优化运行，对商店建筑运行的能源资源消耗、建筑环境等非常重要。公共设施设备检查、调试的目的是确保建筑设备及其相关系统达到设计要求。这并不仅是新建建筑的试运行和竣工验收所需工作，也是一项在运行期间要持续开展的工作。物业管理机构有责任定期检查、调试设备系统，标定各类检测装置的准确度，根据运行数据（或第三方检测数据）不断提升设备系统的性能，提高建筑的能效管理水平。

【评价方法】本条重点关注建筑运行管理人员对主要用能、用水设备系统的巡检、调试工作，对主要计量仪器和检测装置的定期标定以及对设备能效的持续改进工作。

查阅物业管理机构的设备设施检查、调试记录，审查设备能效改造方案、施工文档和改造后的运行记录。调试与运行记录应完整。由于评价时建筑投入使用时间可能不长，尚不需要作规模化改造，此时可根据运行期间反映出来的问题，进行有针对性的局部改进。

10.2.8 对空调通风系统、照明系统进行定期检查和清洗，评价总分值为6分，按下列规则分别评分并累计：

1 制定空调设备和风管的清洗计划，并具有清洗维护记录，得3分；

2 制定光源、灯具的清洁计划，并具有清洁维护记录，得3分。

【参评范围】本条适用于运行评价。对于不设集中空调通风系统的建筑，本条第2款不参评。

【条文释义】物业管理机构应定期组织对空调系统进行检查，如检查结果表明达到清洗条件，应严格按照《空调通风系统清洗规范》GB 19210—2003的规定进行清洗和效果评估。如检查结果表明未达到必须清洗的程度，则可暂不进行清洗。

根据《空调通风系统清洗规范》GB 19210—2003的规定，应定期对通风系统清洁程度进行检查。检查范围包括空气处理机组、管道系统部件与管道系统的典型区域。通风系统中含有多个空气处理机组时，应对一个典型的机组进行检查。空气处理机组的检查间隔不得少于1年一次，送风管和回风管的检查间隔不得少于2年一次。对于高湿地区或污染严重地区的检查周期要相应缩短或提前检查。

当出现下面任何一种情况时，应对通风系统进行清洗。

（1）通风系统存在污染：系统中各种污染物或碎屑已累积到可以明显看到的程度，或经过检测报告证实送风中有明显微生物（微生物检查的采样方法应按照《公共场所卫生检验方法第3部分：空气微生物》GB/T 18204.3的有关规定进行）；通风系统有可见尘粒进入室内，或经过检测污染物超过《室内空气中可吸入颗粒物卫生标准》GB/T 17095的规定。

（2）系统性能下降：换热器盘管、制冷盘管、气流控制装置、过滤装置以及空气处理机组已确认有限制、堵塞、污物沉积而严重影响通风系统的性能。

（3）室内空气品质出现特殊状况：人群受到伤害，疾病发生率明显增高，免疫系统受损。

清洗通风空调系统前，应制定通风系统清洗计划。具体清洗方法及要求按照《空调通风系统清洗规范》GB 19210执行。

物业管理单位应对重点场所定期巡视、测试或检查照度，定期清扫光源和灯具，以确保照度水平，一般每年不少于2次。

【评价方法】本条关注物业管理公司提交的对空调通风系统和照明光源灯具的管理措施和维护记录，并现场进行核实。评价主要内容应包括：空调通风系统长期运行后对室内环境造成污染的情况；空调运行中是否做到定期清洗和消毒，长期未开的空调设备开启前能做好清洁工作。照明光源和灯具是否做到定期清洁维护，并维护记录完整。

查阅物业管理机构制定的空调通风系统及灯具光源的检查、清洗计划，清洗记录，清洗效果评估报告。清洗计划应体现清洗对象、清洗频率、清洗内容等。清洗记录包括清洗过程中的影像资料。清洗效果评估报告应体现量化效果。由于空调通风系统的清洗检查一般在系统投入使用两年后进行，因此在运行评价时，如果检查结果表明未达到清洗条件，则可只提供清洗计划，而无需清洗记录和清洗效果评估报告。

10.2.9 定期对运营管理人员进行系统运行和维护相关专业技术和节能新技术的培训及考核，评价总分值为 6 分，按下列规则分别评分并累计：

   1 制定运行和维护培训计划，得 2 分；

   2 执行培训计划，得 2 分；

   3 实施培训考核，得 2 分。

【参评范围】本条适用于运行评价。

【条文释义】由于绿色商店建筑的系统运行维护涉及技术较多也较复杂，需要制定详细的培训计划定期培训并进行考核，以保证日常运营的顺利进行。

【评价方法】本条重点评价运行管理人员的培训计划及实际执行情况。

评价时注意核查系统运行维护人员的培训计划、培训记录及考核结果。培训应保证每季度至少一次，每次培训有人员签到记录，以及培训之后的考核记录。培训次数要求每年不少于 2 次内部培训和 1 次外部培训。

查阅培训记录、相关专业证书和上岗证，审核培训内容是否与节能管理相关。

10.2.10 智能化系统的运行效果满足商店建筑运行与管理的需要，评价总分值为 8 分，按下列规则分别评分并累计：

   1 智能化系统满足现行国家标准《智能建筑设计标准》GB/T 50314 的基础配置要求，得 2 分；

   2 智能化系统工作正常，符合设计要求，得 6 分。

【参评范围】本条适用于运行评价。

【条文释义】为保证商店建筑的安全、高效运营，要求根据现行标准《智能建筑设计标准》GB/T 50314，设置合理、完善的安全防范系统、设备监控管理系统和信息网络系统，智能化系统工程经验收，工程质量符合《智能建筑工程质量验收规范》GB 50339 的有关规定，运行安全可靠。

由于建筑智能化系统的子系统很多，在绿色建筑评价时，主要审查与生态和节能相关的安全防范系统、设备监控管理系统和信息网络系统。

安全防范系统（SAS）是根据建筑安全防范管理的需要，综合运用电子信息技术、计算机网络技术、视频安防监控技术和各种现代安全防范技术构成的用于维护公共安全、预防刑事犯罪及灾害事故为目的的，具有报警、视频安防监控、出入口控制、安全检查、停车场（库）管理的安全技术防范体系。

建筑设备监控管理系统是对建筑物或建筑群内的暖通空调、变配电、公共照明、给排水、电梯和自动扶梯、能耗检测等设施实行监控和管理的综合系统。

信息网络系统（INS）是应用计算机技术、通信技术、多媒体技术、信息安全技术和行为科学等先进技术和设备构成的信息网络平台。借助于这一平台实现信息共享、资源共享和信息的传递与处理，并在此基础上开展各种应用业务。

【评价方法】本条重点审核智能化系统的配置方案及运行可靠性。

运行评价查阅智能化系统工程专项深化设计竣工图纸（非建筑设计院提供的电气施工图）、设计变更文件、验收报告及运行记录；现场核对智能化系统的配置情况，检查安全防范系统、建筑设备监控管理系统和信息网络系统的工程质量和运行情况；在控制中心巡视各系统的工作状态，不应有长期故障停运的情况。

设计评价预审查阅安全技术防范系统、建筑设备监控管理系统、信息网络系统、监控中心等设计文件。

10.2.11 对商店建筑的二次装修进行严格的过程管理，确保二次装修管理制度实施和落实，评价分值为 3 分。

【参评范围】本条适用于运行评价。建筑面积小于 $5000m^2$ 的项目或只有一个用户的项目，本条不参评。

【条文释义】详见第 10.1.6 条。

【评价方法】本条重点评价二次装修管理制度文件或管理规定的落实情况。

查阅二次装修管理规定或手册以及实际的二次装修记录和影像资料等。

10.2.12 应用信息化手段进行物业管理，建筑工程、设施、设备、部品、能耗等档案及记录齐全，评价总分值为 6 分，按下列规则分别评分并累计：

    1 设置物业信息管理系统，得 2 分；

    2 物业信息管理系统功能完备，得 2 分；

    3 记录数据完整，得 2 分。

【参评范围】本条适用于运行评价。

【条文释义】实行信息化管理可以提高绿色建筑的运营效率，降低成本，并且系统化的数据记录与存储有利于定期进行统计分析和设施工况优化。因此，完备的信息系统和完整的数据档案是维持绿色运营的重要手段。

近年来，虽然绝大部分物业管理机构已基本实现了物业管理信息化，但信息化覆盖和使用程度不一，仍存在以下问题：

（1）尽管 ERP 和物业管理软件得到广泛选用，在提升管理效率的同时，常出现"信息孤岛"现象，造成重要资源无法共享。

（2）信息化系统在制定开发需求时，未与业主、建筑使用者充分沟通服务需求，导致开发成果与实际需求存在差距。

（3）信息化系统运行不正常。由于物业管理人员运用信息化系统的能力不强，或建筑使用者对功能、品质要求懈怠，导致信息化系统在物业管理中不能充分发挥作用，逐渐停用部分物业信息管理系统功能。

建筑物的工程图纸资料、设备、设施、配件等档案资料不全，对运营管理、维护、改造等带来不便。部分设备、设施、配件需要更换时，往往因缺少原有型号规格、生产厂家等资料，或替代品不适配而造成困难，被迫提前进行改造。

建筑物及其设备系统的能源资源消耗数据和室内外的环境监测数据，直接反映了建筑的运行效果，无论是为评价工作，还是为日常运行分析，都应长期保存。

【评价方法】本条重点关注物业信息管理系统的功能、系统的设置情况和运行情况，物业信息管理系统应在日常管理工作中发挥作用。

评价时还应注意核查物业信息管理系统是否全面记录数据，包括建筑工程、设备设施、能耗、室内环境等。进行评价时，应提供至少 1 年的用水量、用电量、用气量、用冷热量的数据，作为评价依据。

查阅物业信息管理系统的方案，建筑工程及设备、配件档案和维修的信息记录，能源资源消耗和环境的运行监测数据；现场操作物业信息管理系统，以核查系统功能完整性及记录数据的有效性。

Ⅲ 环 境 管 理

10.2.13 优化管理新风系统，确保良好的室内空气品质，评价总分值为 6 分，按下列规则分别评分并累计：

1 制定新风调节管理制度，新风系统满足不同工况运行的需求，得 2 分；

2 室内环境参数运行记录完善，得 2 分；

3 室内环境参数运行记录中，主要功能空间的室内空气品质均符合相关标准要求，得 2 分。

【参评范围】本条适用于运行评价。

【条文释义】新风系统虽然能为稀释室内 CO_2 以及其他污染物的浓度、确保良好的室内空气品质提供条件，但也由于在夏季空调供冷期与冬季供暖期，引入的新风与室内空气存在较大的焓差，导致新风系统空调耗能较大，大多数情况下停运新风系统，新风系统的作用没有得到应有的发挥。

商店建筑客流密度大、建筑空间相对封闭，为了确保良好的室内空气品质，必须对新风系统的运行管理给予足够的重视。并在确保室内空气品质量良好的前提下，注重不同室外气候条件下以及不同空调与供暖运行工况条件下的新风系统优化节能运行与管理。

【评价方法】本条重点审查以下内容：

（1）新风系统的运行策略是否合理，能否满足不同工况的需求。

（2）室内环境参数（如温度、相对湿度、CO_2浓度等）是否纳入自控系统中。

（3）室内环境参数是否符合空调系统运行的国家相关标准要求。

查阅暖通图纸中的相关新风系统设计说明和图纸，物业管理公司提供的新风系统全年运行控制策略、系统运行记录，包括商店主要客流区域的CO_2浓度检测报告，并对使用情况进行现场核实。

10.2.14 采用无公害病虫害防治技术，规范杀虫剂、除草剂、化肥、农药等化学品的使用，评价总分值为 6 分，按下列规则分别评分并累计：

1 建立和实施化学品管理责任制，得 2 分；

2 病虫害防治用品使用记录完整，得 2 分；

3 采用生物制剂、仿生制剂等无公害防治技术，得 2 分。

【参评范围】本条适用于运行评价。

【条文释义】病虫害的发生和蔓延，将直接导致树木生长质量下降，破坏生态环境和生物多样性，应严格控制病虫害的传播和蔓延。无公害病虫害防治是降低城市环境污染、维护城市生态平衡的一项重要举措，对于病虫害坚持以物理防治、生物防治为主，化学防治为辅，并加强预测预报。增强病虫害防治工作的科学性，要坚持生物防治和化学防治相结合的方法，科学合理使用化学农药，大力推行信息素防治、阻截法、光诱、生物制剂、仿生制剂等无公害防治技术，提高生物防治和无公害防治比例，保证人畜安全，保护有益生物，防止环境污染，促进生态可持续发展。

增强病虫害防治工作的科学性，要坚持"预防为主、综合防治"的方针，减少农药用量及使用次数。对杀虫剂、除草剂、化肥、农药等化学品的使用，应建立并实施管理制度。

由于中国的地域辽阔，气候各异，各地政府主管部门制定的城市园林绿化养护管理标准应作为评价的主要依据。

【评价方法】本条应检查物业的绿化管理制度和病虫害防治用品的进货清单与使用记录，并现场核查。

评价时主要包括：

（1）绿化管理制度中是否有无公害防治的具体规定和目标；

（2）是否结合场地内绿化植物种类制定科学合理的病虫害防治措施；

（3）化学药品管理责任是否明确，管理人、领用人和监督人是否明确职责；

（4）检查化学药品的使用记录，确保运营管理记录的完整性和及时性。

当整个用地范围内部分建筑参评时，本条的评价范围仍为整个用地范围。

当评价项目的绿化工程委托专业机构实施养护时，应由养护机构提交本条要求的该项目的相关资料。

查阅绿化用化学品管理制度，虫害防治记录文件（包含使用的防治技术、采用的防治用品、防治时间、操作人员记录等内容），杀虫剂、除草剂、化肥、农药等化学品进货清单与使用记录。

10.2.15 实行垃圾分类收集和处理，评价总分值为 9 分，按下列规则分别评分并累计：

1 垃圾分类收集率达到 90%，得 3 分；

2 可回收垃圾的回收比例达到 90%，得 2 分；

3 对可生物降解垃圾进行单独收集和合理处置，得 2 分；

4 对有害垃圾进行单独收集和合理处置，得 2 分。

【参评范围】本条适用于运行评价。

【条文释义】垃圾分类收集是在源头将垃圾分类投放，并通过分类的清运和回收，使之分类处理或重新变成资源。垃圾分类收集有利于资源回收利用，便于处理有毒有害的物质，减少垃圾的处理量，减少运输和处理的成本。

可回收垃圾指可直接进入废旧物资回收利用系统的废弃物，也叫可回收物。可回收垃圾主要包含纸类、塑料、金属、玻璃、织物等。可回收垃圾的回收比例是已经回收的废物质量占可回收物总质量的比例。

在生活垃圾中，厨余垃圾是最主要的可生物降解垃圾种类之一。对以厨余垃圾为主的可生物降解垃圾，应单独收集并进行合理处置，但其前提条件是实行垃圾分类，以提高垃圾中有机物的含量。

有害垃圾指包含对人体健康或自然环境造成直接或潜在危险的物质的垃圾，应单独收集处理。有害垃圾包括废旧小电子产品、废油漆、废灯管、非日用化学用品等。根据《城镇环境卫生设施设置标准》CJJ 27 的规定，有害垃圾必须单独收集、单独运输、单独处理。这是强制性要求，必须执行。

【评价方法】本条重点评价垃圾的分类收集和处理情况，应根据垃圾分类、收集、运输的有关数据，计算垃圾分类收集率、可回收垃圾的回收比例。

（1）垃圾分类收集

垃圾分类收集率的计算公式为：

$$\gamma_s = \frac{\omega_s}{W} \times 100\%$$

式中：γ_s——垃圾分类收集率（%）；

ω_s——分类收集的垃圾质量（t）；

W——垃圾排放总质量（t）。

（2）可回收垃圾的回收比例

可回收垃圾的回收比例的计算公式为：

$$\gamma_r = \frac{\omega_1}{W_r} \times 100\%$$

式中：γ_r——可回收垃圾的回收比例（%）；

ω_1——已回收的可回收物质量（t）；

W_r——可回收物总质量（t）。

采用上述公式计算时，应选择同一时间段，保证各参数取值在时间段上的一致性。评价时间段宜大于一年。

（3）可生物降解垃圾

对厨余垃圾，应单独收集，并进行合理处置。

（4）有害垃圾

对有害垃圾，应单独收集，并进行合理处置。目前，对有害垃圾的收集、处置尚存在一定困难。对实行有害垃圾单独收集并合理处置的行为应给予鼓励和肯定。

运行评价查阅垃圾管理制度文件、垃圾分类收集管理制度文件、垃圾分类收集和处理记录，并进行现场核查。垃圾分类收集管理制度应明确对可回收垃圾、厨余垃圾、有害垃圾分类收集。垃圾分类收集和处理记录应包括总的垃圾处理记录、可回收垃圾的回收量记录。现场核查垃圾分类收集情况、垃圾容器的设置数量及识别性、工作记录，必要时进行用户抽样调查。

11　提　高　与　创　新

11.1　一　般　规　定

11.1.1　绿色商店建筑评价时，应按本章规定对加分项进行评价。加分项包括性能提高和创新两部分。

【条文释义】由于受气候条件、人文、地域、经济发展水平差异影响，不同业态商店建筑建筑全寿命期内各环节和阶段，都有可能在技术、产品选用和管理方式上进行性能提高和创新。本标准增设的加分项包括性能提高与创新两部分内容。性能提升是针对已有评价条文指标性能的进一步提升，以期最大限度提升绿色建筑性能，例如采用高性能的空调设备、建筑材料、室内空气品质等，鼓励采用高性能的技术、设备或材料等。创新旨在鼓励在建筑寿命期各环节和阶段因地制宜采用先进、适用、经济的技术、产品和管理方式，突出强调绿色建筑技术应用的创新性、适宜性和科学性，例如建筑信息模型（BIM）、碳排放分析计算、技术集成应用等应用与创新。

11.1.2　加分项的附加得分为各加分项得分之和。当附加得分大于 10 分时，应以 10 分计。

【条文释义】加分项的评定结果为某项得分值或不得分。考虑到与绿色建筑总得分要求的平衡，以及加分项对建筑"四节一环保"性能的贡献，本标准对加分项总分作了不大于 10 分的限制。附加分与加权得分相加得到绿色建筑评价总得分，作为确定绿色建筑等级的最终依据。

　　某些加分项是对前面章节中评分项的提高，加分项得分时，不影响相应评分项的得分，具体计算方法见第 3.2.7 条。

11.2　加　分　项

Ⅰ　性　能　提　高

11.2.1　围护结构热工性能比国家现行有关建筑节能设计标准的规定高 20%，或者供暖空调全年计算负荷降低幅度达到 15%，评价分值为 2 分。

【参评范围】本条适用于设计、运行评价。

【条文释义】本条为第 5.2.3 条的更高层次要求。释义同第 5.2.3 条。

【评价方法】同第 5.2.3 条。

11.2.2　供暖空调系统的冷、热源机组能效均优于现行国家标准《公共建筑节能设计标准》GB 50189 的规定以及现行有关国家标准能效节能评价值的要求，评价分值为 2 分。对电机驱动的蒸气压缩循环冷水（热泵）机组，直燃型和蒸汽型溴化锂吸收式冷（温）水机组，单元式空气调节机、风管送风式和屋顶式空调机组，多联式空调（热泵）机组，燃煤、燃油和燃气锅炉，其能效指标比现行国家标准《公共建筑节能设计标准》GB 50189 规定值的提高或降低幅度满足表 11.2.2 的要求；对房间空气调节器和家用燃气热水炉，其能效等级满足现行有关国家标准规定的 1 级要求。

表 11.2.2 冷、热源机组能效指标比现行国家标准
《公共建筑节能设计标准》GB 50189 的提高或降低幅度

机组类型		能效指标	提高或降低幅度
电机驱动的蒸气压缩循环冷水（热泵）机组		制冷性能系数（COP）	提高 12%
溴化锂吸收式冷水机组	直燃型	制冷、供热性能系数（COP）	提高 12%
	蒸汽型	单位制冷量蒸汽耗量	降低 12%
单元式空气调节机、风管送风式和屋顶式空调机组		能效比（EER）	提高 12%
多联式空调（热泵）机组		制冷综合性能系数［IPLV（C）］	提高 16%
锅炉	燃煤	热效率	提高 6 个百分点
	燃油燃气	热效率	提高 4 个百分点

【参评范围】本条适用于设计、运行评价。

【条文释义】本条文为第 5.2.6 条的更高层次要求。释义同第 5.2.6 条。

【评价方法】同第 5.2.6 条。

11.2.3 合理采用蓄冷蓄热系统，且蓄能设备提供的设计日冷量或热量达到 30%，评价分值为 1 分。

【参评范围】本条适用于供暖或空调的商店建筑的设计、运行评价；如若当地峰谷电价差低于 2.5 倍或没有峰谷电价的，本条不参评。

【条文释义】蓄冷蓄热系统适用于执行分时电价、峰谷电价差较大的地区，且建筑用电负荷具有以下特点：1）使用时间内空调负荷大，空调负荷高峰段与电网负荷高峰段相重合，且在电网低谷段时空调负荷较小的场所；2）建筑物的冷（热）负荷具有显著的不均衡性，有条件利用闲置设备制冷，如周期性使用或间歇性使用、使用时间有限且使用时间内空调负荷大的场所；3）空调逐时负荷峰谷差悬殊，使用常规空调会导致装机容量过大，且经常处于部分负荷运行的场所。蓄冷蓄热系统节省费用，但不节电。

本条提供了释冷/热、蓄冷/热两种可选的达标途径。

1. 以释能阶段作为评价要点时，蓄能装置提供的冷量不低于设计日空调冷量的30%；特别地，对于电蓄热，则蓄能装置提供的热量应保证电价峰值时段内的供暖空调热量（且应符合本标准控制项第5.1.4条的要求）；

2. 以蓄能阶段作为评价要点时，蓄能装置蓄存的冷量不低于用于蓄冷的电驱动制冷机组在电价谷值时段全时满负荷运行所生产冷量的80%，且均被充分利用（不含电蓄热）。

【评价方法】当地峰谷电价差不低于2.5倍时可采用电蓄冷蓄热系统。

设计评价审查暖通空调设计说明、计算书、蓄冷蓄热系统图，施工图等。

运行评价查阅系统竣工图纸、主要产品型式检验报告、运行记录、第三方检测报告、专项计算分析报告等，并现场检查。

11.2.4 采用资源消耗少和环境影响小的建筑结构体系，评价分值为1分。

【参评范围】本条适用于设计、运行评价。

【条文释义】本条强调了应基于当地特点以及建筑自身特点，重点鼓励因地制宜的选用资源消耗低和环境影响小的建筑结构体系，主要包括钢结构体系、砌体结构体系及木结构、预制混凝土结构体系，并提供文件说明对结构体系进行了优化。

【评价方法】其他类型结构体系，尚需经充分论证后方可申请本条评价。

设计评价查阅结构专业设计图纸以及专项计算分析报告。

运行评价在设计评价方法之外还应查阅竣工图纸，并现场检查。

11.2.5 采用有利于改善商店建筑室内环境的功能性建筑装修新材料或新技术，评价分值为1分。

【参评范围】本条适用于设计、运行评价。

【条文释义】商店建筑人员密集且流动性大，室内环境不易保证，采用有利于改善商店建筑室内环境的功能性建筑装修新材料或新技术，有利于商店从业人员和顾客身体健康。

目前我国市场上已经有很多相关产品：例如无毒涂料、抗菌涂料、调节湿度的建材、抗菌陶瓷砖、纳米空气净化涂膜等利于改善商店建筑室内环境的功能性建筑装修新材料或新技术。例如纳米空气净化涂膜，其遇光后发生反应产生的物质能将甲醛分解成为水和二氧化碳，同时还能持久释放大量负离子，杀菌、消毒、除臭、降解异味，适合在商店建筑中使用。

我国也已经颁布实施了一系列涉及改善室内环境的相关标准规范，这些标准规范为改善室内环境的功能性绿色建材提供了良好的技术依据和质量保证。

【评价方法】本条重点审查"新材料或新技术"需提交相应材料，经评审专家评审后才可得分。

设计评价查阅施工图及说明，以及产品检测报告等证明文件。

运行评价查阅竣工图及说明，以及主要产品型式检测报告等。

11.2.6 对营业厅等主要功能房间采取有效的空气处理措施，评价分值为1分。

【**参评范围**】本条适用于设计、运行评价。

【**条文释义**】民用建筑空调系统的空气处理主要包括对空气的温度（加热、冷却）、湿度（加湿、除湿）、洁净度（过滤、净化）等的处理。其中，温度、湿度存在较强耦合关系，一定条件下可一并考虑。

在空气温、湿度处理方面，国家标准《民用建筑供暖通风与空气调节设计规范》GB 50736—2012第7.5.3、7.5.4条对空气冷却装置的选择作了具体规定；第7.5.5、7.5.6则对制冷剂直接膨胀式空气冷却器的蒸发温度等作了规定，并强制性要求不采用氨作制冷剂的直接膨胀式空气冷却器；第7.5.7条对空气加热器的选择作了具体规定；第7.5.12条对加湿装置作了具体规定。

在空气洁净度处理方面，国家标准《民用建筑供暖通风与空气调节设计规范》GB 50736—2012第7.5.9条要求空调系统的新风和回风经过滤处理，并对空调过滤器的设置作了具体规定；第7.5.10条要求人员密集空调区或空气质量要求较高场所的全空气空调系统设置空气净化装置，并对空气净化装置的类型（高压静电、光催化、吸附反应等）提出了根据人员密度、初投资、运行费用、空调区环境要求、污染物性质等经技术经济比较确定等具体要求；第7.5.11条对空气净化装置的设置作了具体规定，包括：

1) 空气净化装置在空气净化处理过程中不应产生新的污染；

2) 空气净化装置宜设置在空气热湿处理设备的进风口处，净化要求高时可在出风口处设置二级净化装置；

3) 应设置检查口；

4) 宜具备净化失效报警功能；

5) 高压静电空气净化装置应设置与风机有效联动的措施。

此外，还有现行国家标准《空气冷却器与空气加热器》GB/T 14296、《空气过滤器》GB/T 14295、《高效空气过滤器》GB/T 13554等产品标准对空气处理设备或装置的技术要求、试验方法等作了具体规定。

【**评价方法**】在满足以上标准规定的基础上或之外，如对空气的冷却、加热、加湿、过滤、净化等处理措施及相关设备装置（如空气冷却器、加热器、加湿器、过滤器）较常规技术作了收效明显的改良或创新，或其效率（换热效率、过滤效率等）等技术性能指标较相关标准规定有显著提升，且同样能够保障或进一步改善室内热湿环境和空气品质（前提是符合相关标准规定），可认定为满足本条要求。

设计评价：查阅暖通空调专业施工图、空气处理措施专项报告，审查空气处理措施的有效性。

运行评价：查阅暖通空调专业竣工图、主要产品型式检验报告、室内空气处理设备或装置的运行记录（及其检查、清洗和更换记录）、室内空气品质检测报告，审查空气处理措施的有效性，并现场核查。

11.2.7 室内空气中的氨、甲醛、苯、总挥发性有机物、氡、可吸入颗粒物等污染物浓度不高于现行国家标准《室内空气质量标准》GB/T 18883 规定限值的 70%，评价分值为 1 分。

【参评范围】本条适用于运行评价。

【条文释义】本条在第 8.1.6 条基础上，提出了更高的室内空气质量要求，增加了可吸入颗粒物浓度要求。

除具体指标外，评价内容同第 8.1.6 条。

国家标准《室内空气质量标准》GB/T 18883—2002 中的有关规定值的 70% 详见下表。

表 11.2.7 室内空气质量更高标准

污染物	更高标准值	备注
氨 NH_3	$0.14mg/m^3$	1 小时均值
甲醛 $HCHO$	$0.07mg/m^3$	1 小时均值
苯 C_6H_6	$0.08mg/m^3$	1 小时均值
总挥发性有机物 TVOC	$0.42mg/m^3$	8 小时均值
氡 ^{222}Rn	$320Bq/m^3$	年平均值
可吸入颗粒物 PM_{10}	$0.11mg/m^3$	日平均值

【评价方法】运行评价审查室内污染物检测报告。

Ⅱ 创 新

11.2.8 建筑方案充分考虑建筑所在地域的气候、环境、资源，结合场地特征和建筑功能，进行技术经济分析，显著提高能源资源利用效率和建筑性能，评价分值为 2 分。

【参评范围】本条适用于设计、运行评价。

【条文释义】近些年来，我国绿色建筑设计出现了"被动优先、主动优化"的理念。本条主要考察建筑方案在"被动优先"方面的理念和措施，所涉及的措施包括但不限于以下内容：

（1）改善场地微环境微气候的措施，例如：通过架空部分建筑促进区域自然通风；可绿化屋顶全部做屋顶绿化；不低于 30% 的外墙面积做垂直绿化；场地内设置挡风板或导风板优化场地风环境；优化建筑形体控制迎风面积比；设置区域通风廊道等。

（2）改善建筑自然通风效果的措施，例如：在建筑形体中设置通风开口；利用中庭（上部应有可开启外窗或天窗）加强自然通风；设置太阳能拔风道；设置有组织自然通风风道或设施；设置自然通风器或小窗扇通风；设置无动力风帽；主要空间设置吊扇促进通风；外窗开启与室外温度感应联动；采用地道风等。

（3）改善建筑天然采光效果的措施，例如：设置反光板加强内区的天然采光；建筑顶层全部采用导光管；设置有天然采光通风的便于使用的楼梯间等。

（4）提升建筑保温隔热效果的措施，例如：建筑形体形成有效的自遮阳；屋面采用遮阳措施或全部设置通风屋面；建筑设置双层通风外墙；建筑有阳光直射的透明围护结构全部采用可调节外遮阳；可调节外遮阳与太阳角度感应联动；选用新型高效的保温隔热材料（如真空保温材料）；屋面或墙面面层采用高效隔热反射材料（如陶瓷隔热涂料或 TPO 防水层）；设置被动式太阳能房等。

（5）合理运用其他被动措施，例如：利用连廊、平台、架空层、屋面等向外部公众提供开放的运动、休闲、交流空间；有效利用建筑中较难利用的空间（如锐角的三角形空间、坡屋顶内空间、人防空间）提高建筑使用效率；促进行为节能的措施；收集和利用场地表层土；充分利用本地乡土材料；采用空心楼盖；再利用拆除下来的旧建筑材料等。

【评价方法】通过建筑方案分析、设计说明或专项分析说明建筑可提高资源利用效率、提高建筑性能质量和环境友好性等证明材料，即可获得 2 分。

设计评价查阅建筑等相关专业施工图及设计说明、专项分析论证报告，审查提高能源资源利用效率和建筑性能的情况。

运行评价查阅建筑等相关专业竣工图及设计说明、专项分析论证报告，审查提高能源资源利用效率和建筑性能的情况，并现场核查。

11.2.9 合理选用废弃场地进行建设，或充分利用尚可使用的旧建筑，评价分值为 1 分。

【参评范围】本条适用于设计、运行评价。

【条文释义】我国城市建设用地日趋紧缺，对废弃场地进行改造并加以利用是节约集约利用土地的重要途径之一。利用废弃场地进行绿色建筑建设，在技术、成本方面都需要付出更多努力和代价。因此，本条对选用废弃场地的建设理念和行为进行鼓励。

本条所指的"利用尚可使用的旧建筑"系指建筑质量能保证使用安全的旧建筑，或通过少量改造加固后能保证使用安全的旧建筑。对于从技术经济分析角度不合适、但出于保护文物或体现风貌而留存的历史建筑，由于有相关政策或财政资金支持，不在本条中得分。

本条中"合理选用废弃场地进行建设"、"充分利用尚可使用的旧建筑"两个条件，符合其一即可得分。

【评价方法】

设计评价查阅相关设计文件、环评报告、旧建筑利用专项报告，审核其合理性。

运行评价查阅相关竣工图、环评报告、旧建筑利用专项报告、检测报告，审核其合理性，并现场核查。

11.2.10 应用建筑信息模型（BIM）技术，评价总分值为 2 分。在建筑的规划设计、施工建造和运行维护阶段中的任意一个阶段应用，得 1 分；在两个或两个以上阶段应用，得 2 分。

【参评范围】本条适用于设计、运行评价。

【条文释义】建筑信息模型 BIM（Building Information Model）是建筑及其设施的物理和功能特性的数字化表达，在建筑全生命期内提供共享的信息资源，并为各种决策提供基础信息。建筑信息模型应用包括了建筑信息模型在项目中的各种应用及项目业务流程中的信息管理。

BIM 是第三次科技革命（即信息革命）为建筑行业乃至整个工程建设领域所带来的变革之一。在当前的信息时代下，行业主管部门先后制定实施了《2003—2008 年全国建筑业信息化发展规划纲要》、《2011—2015 年建筑业信息化发展纲要》等政策。可以预计，BIM 将是进一步推动建筑业信息化的重要推手，同时也将是绿色建筑实践的重要工具。

信息只有充分共享、避免"信息孤岛"，方能发挥其最大价值，即实现项目各参与方之间的协同互用（Interoperability）。在 BIM 的应用逐渐成熟之后，还可实现各类信息的大集成（Integration），所有信息能够在一个平台上得到各方的充分互用。

【评价方法】本条对于 BIM 技术应用的评价强调的是评价应用软件所实现的信息共享、协同工作，而不是评价是否应用了所谓的 BIM 软件。为了实现 BIM 信息应用的共享、协同、集成的宗旨，要求在 BIM 应用报告中说明项目中某一方（或专业）建立和使用的 BIM 信息，如何向其他方（或专业）交付，如何为其他方（或专业）所用，如何与其他方（或专业）协同工作以及信息在传递和共享过程中的正确性、完整性、协调一致性，及应用所产生的效果、效率和效益。

设计评价查阅规划设计阶段的 BIM 技术应用报告，审查其实现信息共享、协同工作的能力和绩效。

运行评价查阅规划设计、施工建造、运行维护阶段的 BIM 技术应用报告，审查其实现信息共享、协同工作的能力和绩效。

11.2.11 进行建筑碳排放计算分析，采取措施降低单位建筑面积碳排放强度，评价分值为 1 分。

【参评范围】 本条适用于设计、运行评价。

【条文释义】 国际和国外的碳排放计算标准主要包括：

（1）国际标准化组织 ISO 的温室气体、产品碳足迹系列标准。包括 ISO 14064-1～3（组织、项目的温室气体减排及其认定）、ISO/CD14067-1～2（产品碳足迹的计算、标示）等。

（2）英国标准学会 BSI 的《商品和服务在生命周期内的温室气体排放评价规范》PAS 2050 和《碳中和承诺标准》PAS 2060。

（3）联合国政府间气候变化问题小组 IPCC 的《国家温室气体清单指南》。

（4）世界可持续发展工商理事会 WBCSD 和世界资源研究所 WRI 联合推出的温室气体议定书（The GHG Protocol）。包括企业核算与报告标准、项目核算等。

（5）联合国环境规划署可持续建筑和气候倡议项目 UNEP－SBCI 的《建筑运行用能计量和温室气体排放报告通用碳量度》。

近年来，我国开展和完成的碳排放方法研究包括：住房城乡建设部科技项目"中国建筑物碳排放通用计算方法研究"（编制完成《中国建筑碳排放通用计算方法导则》）、国家科技支撑计划课题"建筑节能项目碳排放和碳减排量化评价技术研究与应用"、中国工程建设协会标准《建筑碳排放计量标准》CECS 374—2014、工程建设国家标准《建筑碳排放计算标准》（在编）等。

【评价方法】 要求提交碳排放计算分析报告，其中须说明所采用的计算标准、方法和依据（但暂不指定某一特定标准或方法），以及所采取的具体减排措施和效果（仅要求对碳排放强度进行采取措施前后的对比）。

设计评价查阅设计阶段的碳排放计算分析报告，以及相应措施，审查其合理性。

运行评价查阅设计、运行阶段的碳排放计算分析报告，以及相应措施的运行情况，审查其合理性及效果。

11.2.12 采取节约能源资源、保护生态环境、保障安全健康的其他创新，并有明显效益，评价总分值为 2 分。采取一项，得 1 分；采取两项及以上，得 2 分。

【参评范围】 本条适用于设计、运行评价。

【条文释义】 本条主要是对前面未提及的其他技术和管理创新予以鼓励。对于不在前面绿色建筑评价指标范围内，但在保护自然资源和生态环境、节能、节材、节水、节地、减少环境污染与智能化系统建设等方面实现良好性能的项目进行引导，通过各类创新以提高绿色建筑性能和效益。

本条未具体列出创新内容，只要申请方能够提供分析论证报告及相关证明，并通过专家组的评审即可认为满足要求。

【评价方法】分析论证报告应包括以下内容：

（1）创新内容及创新程度（例如新技术、新工艺、新装置、新材料等超越现有技术的程度，在关键技术、技术集成和系统管理等方面取得重大突破或集成创新的程度）；

（2）应用规模，难易复杂程度，及技术先进性（应有对国内外现状的综述与对比）；

（3）经济、社会、环境效益，发展前景与推广价值（如对推动行业技术进步、引导绿色建筑发展的作用）。

设计评价查阅相关设计文件、分析论证报告及相关证明，审查其合理性。

运行评价查阅相关竣工图、分析论证报告及相关证明，审查其合理性及效果，并现场核查。

第三篇　专题论述

专题 1　绿色商店建筑评价方法和权重体系的研究

绿色建筑是二十一世纪应对能源危机的重大战略。自《绿色建筑评价标准》GB/T 50378—2006 颁布截至 2015 年 12 月 31 日，全国共评出 3979 项绿色建筑评价标识项目，总建筑面积达到 4.6 亿 m²。然而，不同的建筑类型在功能、建筑规模、平面布局、室内外环境的要求、能源和资源利用以及运行管理等方面存在着更显著的差异性，如商店建筑集销售、饮食、办公、娱乐等功能于一体，通常具有建筑进深大、人流密度高、物品繁多、室内热源众多、集中空调系统使用率高等特点，更应注重室内环境质量、系统能耗和管理方面的性能。研究商店类绿色建筑的商业性能需求，编制适用于绿色商店建筑评价标准，建立合理的权重体系对于推动绿色商店建筑发展，完善我国绿色建筑评价标准体系具有重要意义。

1　结合权重体系的评价方法

世界上主流的 LEED、BREEAM、CASBEE 等绿色建筑评价体系均发展了针对社区、办公、商场、医院、校园、住宅、工业等不同建筑类型的评价标准。

BREEAM、LEED、CASBEE 三类体系的评价方法各具特色。LEED 为每个指标设置了不同的分数，以项目所获的总分来评价绿色建筑等级；BREEAM 将分数与权重系数相结合，为每个指标设置了不同分数，为每类一级指标设置了权重系数，以一级指标得分除以该一级指标总分求出该一级指标的得分率，将各项得分率乘以权重并求和；CASBEE 将指标分成 Q（建筑性能）和 LR（建筑环境负荷）两部分，Q 和 LR 下面分别包含了三个一级指标，每个一级指标下面又分别设置了三层指标，而 CASBEE 为各层指标设置了相应的权重和总分为"5"的分值，其计算过程就是由下层逐渐往上计算，最后求得 Q 和 LR 的得分，再根据计算公式求出 BEE 值用以评价结果。这三类体系的评价方法表达式分别如表 1 所示。

表 1　各指标体系得分计算表达式

体系	表达式	公式说明
BREEAM	$得分 = \sum_i \left[W_i \times \left(\frac{\sum Q_i}{Tot_i} \right) \right]$	$\sum Q_i$ 是第 i 类一级指标的得分之和； Tot_i 是该类指标总分； W_i 是一级指标权重
LEED	$得分 = \sum_i Q_i$	Q_i 是第 i 个指标的得分

续表1

体系	表达式	公式说明
CASBBE	$$SQ = \sum_i W_i \times \left(\sum_j W_j \times \left(\sum_k W_k \times \left(\sum_u W_u \times Q_u \right) \right) \right)$$ $$SLR = \sum_i W_i \times \left(\sum_j W_j \times \left(\sum_k W_k \times \left(\sum_u W_u \times Q_u \right) \right) \right)$$ $$BEE = \frac{Q}{L} = \frac{25 \times (SQ-1)}{25 \times (5-SLR)}$$	SQ、SLR 分别是 Q 和 L 的得分 W_u 是第 u 个指标的权重; Q_u 是第 u 个指标的得分(总分为 5 分) W_k、W_j、W_i 是各级指标的权重 BEE 表示建筑的性能 Q 与环境负荷 LR 的比值
国标	各类指标得分 $= \sum$ 达标项数	要求各类指标均达标项数均能满足各等级要求

以上四类体系有着各自的优缺点,LEED 通过直接对各指标得分求和的方法体现各指标之间的相对重要性,且保证这种计算方法简单明了,然而,这种方法可能使建筑的性能出现"偏科"现象,即获得了较高的总分,但在其中某一类指标的性能表现却较差,已有研究表明某些获得 LEED 评级的建筑并不节能。BREEAM 通过最终的得分率来评价等级与 LEED 有着相似的评价方法,不同的是 BREEAM 指标数量减少,可以在一定程度上缓和"偏科"现象。CASBEE 评价方法原理上比较合理,即考虑了建筑的性能,又考虑了获得这些性能所付出的代价,但其层层加权求和的计算方法相对复杂。国标 GB/T50378 要求所有控制项、各类一级指标一般项的达标项数、一般项和优选项达标总项数均须满足达标项数要求,且绿色建筑等级越高,要求达标的项数的越多,这样的评价要求防止了"偏科"现象的发生,但是未能区分出各类指标对绿色建筑综合性能的相对重要程度。各类指标体系评价方法的特点如表 2 所示。

表2 绿色建筑指标体系的评价方法特点

指标体系	控制项	评分项	权重设置	达标判定
GB/T 50378—2006	较多	以达标项数记,无分数或权重	无	满足控制项以及各一级指标的达标项数要求
LEED	少量	每个评分项均有分值	通过各个指标的分数体现	满足控制项,按项目获得的总分评价
BREEAM	少量	每个指标均有分值	一级指标权重	满足控制项,按一级指标加权后的总得分率评价
CASBEE	无	每个指标或指标层分值为 5	各层指标均有总和为 1 的权重体系	由下到上计算每层指标层的加权得分,再计算 BEE 值

综上分析，可以国标 GB/T 50378 对各类指标的要求和国外体系的权重方法相结合，既避免"偏科现象"的发生，又区别地体现出各类指标对绿色建筑综合性能的相对重要程度。

$$\Sigma Q = W_1 Q_1 + W_2 Q_2 + W_3 Q_3 + W_4 Q_4 + W_5 Q_5 + W_6 Q_6 + W_7 Q_7 \qquad (1)$$

式中：W——各类一级指标的权重；

　　　Q——所有指标的得分之和（不含创新项）。

因此，在绿色商店建筑中，首先，在权重方面，每类一级指标均设有权重，每个指标均设有分数，且每类一级指标的总分为 100 分，这样即体现了指标对于所属一级指标类的权重，又体现了一级指标对建筑综合性能的权重，如式（1）所示；其次，在绿色建筑等级的评价要求上，要求满足所有控制项，且各类一级指标得分不得少于 40 分，用于保障建筑基本性能，在以上两个条件的基础上，再根据加权后的总分 Q 要求不同划分绿色商店建筑的等级，如表 3 所示。

表 3　各绿色建筑等级的达标要求

绿色商店建筑等级	一星级	二星级	三星级
总分 Q 的达标要求	50 分	60 分	80 分

2　指标权重的群体决策层次分析法研究

在绿色商店建筑的评价方法中采用了权重系数来体现一级指标对于建筑综合性能的相对重要性，确定指标权重的方法大致可以分为两类，一类是客观赋权法，主要包括因子分析法、熵值法、秩和比法，另一类则是主观赋权法，主要包括德尔菲法和层次分析法。

杨玉兰等人对两类方法的优缺点进行了分析比较，表明在确定权重的过程中主要考虑四个方面对结果的影响：权威专家对其他专家发表个人观点的影响、时间成本、经济成本、结果的一致性程度。群体决策层次分析法即综合了群体决策利用专家群体智慧和层次分析法将复杂问题细分化的逻辑特点。群体决策层次分析法主要包括以下五个主要步骤：

步骤一：设计调查问卷。

绿色商店建筑评价指标体系由节地与室外环境、节能与能源利用、节水与水资源利用、节材与材料资源利用、室内环境质量、施工管理、运行管理七类指标组成。问卷根据层次分析法两两对比的原理，将 7 个一级指标分成 21 个问题，这些问题包含了每两类指标的对比，每个问题采用 Satty 推荐的 9 点法来比较两两之间的相对重要性。共收回 37 份有效问卷，调研的专家均在 3 年以上的工作时间，48% 的调研对象具有 20 年以上的工作经验，如图 1 和图 2 所示。

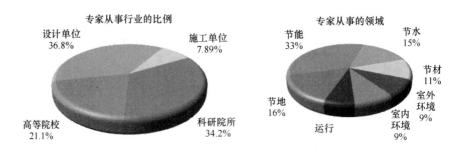

图 1 专家所从事的行业　　　　图 2 专家所涉及的领域

步骤二：通过问卷调查获得各专家对绿色商店建筑一级指标重要性的个人判断。

表 4 编号 1 专家的判断矩阵

指标	节地与室外环境	节能与能源利用	节水与水资源利用	节材与材料资源利用	室内环境质量	施工管理	运营管理
节地	1.00	0.33	3.00	0.50	0.50	3.00	0.33
节能	3.03	1.00	3.00	3.00	2.00	3.00	0.50
节水	0.33	0.33	1.00	0.50	0.50	3.00	0.33
节材	2.00	0.33	2.00	1.00	2.00	3.00	0.50
室内环境	2.00	0.50	2.00	0.50	1.00	3.00	0.33
施工管理	0.33	0.33	0.33	0.33	0.33	1.00	0.33
运营管理	3.03	2.00	3.03	2.00	3.03	3.03	1.00

问卷调查对象是 7 类一级指标所涉及的领域专家，并将每位专家的问卷构造出判断矩阵。表 4 是编号为 1 的专家判断矩阵。

步骤三：数据的一致性检验。

由于每个问题均为专家针对两个因素之间作出的相对重要性判断，就可能造成不同指标之间相对重要性的传递错误，如可能出现指标 1 比指标 2 重要，不如 3 重要，而指标 2 与指标 3 的比较中可能作出指标 2 比指标 3 更重要的判断。因此，需通过对每位专家的判断矩阵求出最大特征根、对应的特征向量和归一化权重，根据结果计算一致性指标和一致性比率，如式（2）、式（3）所示。

$$一致性指标：C1 = \frac{\lambda_{max} - n}{n - 1} \tag{2}$$

式中：λ_{max}——判断矩阵最大特征值；

n——一级指标数量。

$$一致性比率：CR = \frac{CI}{RI} \tag{3}$$

式中：RI——平均一致性指标，当 $n=7$ 时，$RI=1.32$，$n=5$ 时，$RI=1.12$

层次分析法中认为判断矩阵的一致性率 $CR<0.10$ 是可接受的。38 位专家判断矩阵的一致性结果如图 3 所示，其中 31 位专家的判断矩阵一致性比率满足要求。

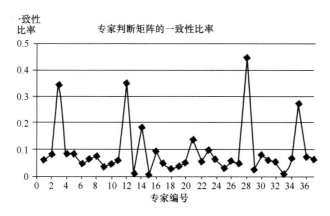

图 3　专家判断矩阵的一致性比率

表 5　群体决策的指标权重

一级指标 参评阶段	节地与室外 环境 $W1$	节能与能源 利用 $W2$	节水与水资 源利用 $W3$	节材与材料 资源利用 $W4$	室内环境 质量 $W5$	施工管理 $W6$	运营管理 $W7$
设计评价	0.1	0.38	0.09	0.12	0.31	—	—
运行评价	0.08	0.28	0.08	0.10	0.25	0.04	0.17

步骤四：构造专家群体决策判断矩阵。

通过对筛选出的 31 位专家的判断矩阵求几何平均，利用几何平均的方法将所有专家的判断矩阵构造出专家群体的判断矩阵，并求出该矩阵的最大特征值对应的特征向量一级归一化权重，计算的设计和运行阶段的权重结果如表 5 所示。

步骤五：专家群体判断矩阵一致性检验。

分别对群体决策判断矩阵进行一致性检验，设计评价阶段和运行评价阶段的判断矩阵的一致性比率分别为 0.0076 和 0.0089，满足层次分析法的一致性要求。

3　绿色商店建筑评价指标权重的建立

从表 5 中可以看出商店建筑中比重最大的为节能、室内环境和运营管理三大项，正与商店建筑人流密度大、物品繁多、室内热源众多、集中空调使用率高的特点相关，故控制好室内空气质量，设计高效的能源系统和运营管理系统显得尤为重要。

根据上述对比和商店建筑特点分析，在编制组专家会议上最终确定了绿色商店评价指标的权重体系，如表 6 所示，主要对节地、节材的比重作了适当提高。

表 6 绿色商店建筑分项指标权重

一级指标 参评阶段	节地与室外 环境 $W1$	节能与能源 利用 $W2$	节水与水资 源利用 $W3$	节材与材料 资源利用 $W4$	室内环境 质量 $W5$	施工管理 $W6$	运营管理 $W7$
设计评价	0.15	0.35	0.10	0.15	0.25	—	—
运行评价	0.12	0.28	0.08	0.12	0.20	0.05	0.15

4 小结

通过对国内外绿色建筑体系中评价方法的优缺点进行讨论分析，绿色商店建筑选择将国标的评价方法与权重体系相结合。采用专家群体决策层次分析法得到绿色商店建筑的权重体系，权重体系突出了绿色商店建筑在室内环境质量、能源利用、运营管理方面的重要性。不同类型的建筑因功能的差异而在建筑的平面布局、使用特点等方面存在不同的特点，发展适用于不同建筑类型的绿色建筑评价标准对于完善我国绿色建筑评价体系具有重要意义。

执笔人：重庆大学 喻伟 杨心诚 李百战

中国建筑科学研究院 王清勤

专题 2　环境模拟软件在商店建筑中的应用

《绿色商店建筑评价标准》中有多项条文需要模拟仿真软件的支持，本文按照风环境、日照及采光、声环境的顺序分析了《绿色商店建筑评价标准》中与模拟相关的条文以及所需要的仿真模拟文件，然后介绍了适用于绿色商店建筑评价标准的各种模拟仿真软件的特点，进而针对条文标准以及软件特点分别分析了风环境、日照及采光、声环境在绿色商店建筑中的应用方式。

1　标准中与模拟相关的内容

目前，计算机仿真模拟已经深入到建筑相关行业的各个方面，绿色建筑项目作为未来建筑的主要发展方向，对计算机仿真模拟的要求向来比较高。绿色商店建筑是绿色建筑的重要组成部分，在其相关评价标准条文中对计算机仿真模拟也有着明确的规定。

表 1 中简单列举了《绿色商店建筑评价标准》中与仿真模拟有关的条文及所需材料，以下为具体条文内容。

表 1　《绿色商店建筑评价标准》中与仿真模拟相关的条文

室外风环境及气流组织部分	4.2.5	最高 6 分	室外风环境模拟计算报告
	8.2.9	最高 10 分	自然通风模拟分析报告
	8.2.10	最高 8 分	气流组织模拟分析报告
日照及自然采光部分	4.1.5	控制项	日照模拟分析报告
	8.2.5	最高 10 分	建筑天然采光模拟分析报告
声环境部分	8.1.1	控制项	室内背景噪声计算书
	8.2.1	最高 6 分	
	8.2.2	最高 6 分	建筑构件隔声计算书

1.1　室内外风环境及气流组织相关条文

【第 4.2.5 条】场地内风环境有利于室外行走、活动舒适和建筑的自然通风，评价总分值为 6 分，按下列规则分别评分并累计：

1　冬季典型风速和风向条件下，建筑物周围人行区风速小于 5m/s，且室外风速放大系数小于 2，得 3 分；

2　过渡季、夏季典型风速和风向条件下，场地内人活动区不出现涡旋或无风区，且主入口与广场空气流动状况良好，得 3 分。

评价时所需仿真模拟文件为：风环境模拟计算报告。

【第 8.2.9 条】优化建筑空间、平面布局和构造设计，改善自然通风效果。

评价分值为 10 分。

评价时所需仿真模拟文件为：自然通风模拟分析报告。

【第8.2.10条】室内气流组织合理，评价总分值为 8 分，按下列规则分别评价并累计：

1 重要功能区域供暖、通风与空调工况下的气流组织满足热环境参数设计要求，得 4 分；

2 避免卫生间、餐厅、厨房、地下车库等区域的空气和污染物串通到室内其他空间或室外活动场所，得 4 分。

评价时所需仿真模拟文件为：气流组织模拟分析报告。

1.2 日照及天然采光相关条文

【第4.1.5条】 不得降低周边有日照要求建筑的日照标准。

评价时所需仿真模拟文件为：日照模拟分析报告。

【第8.2.5条】 改善建筑室内天然采光效果，评价总分值为 10 分，按下列规则评分：

1 入口大厅、中庭等大空间的平均采光系数不小于 2％ 的面积比例达到 50％，且有合理的控制眩光和改善天然采光均匀性措施，得 5 分；面积比例达到 75％，且有合理的控制眩光和改善天然采光均匀性措施，得 10 分。

2 根据地下空间平均采光系数不小于 0.5％ 的面积与首层地下室面积的比例，按表 8.2.5 的规则评分，最高得 10 分。

表 8.2.5 地下空间平均采光系数不小于 0.5％ 的面积与
首层地下室面积的比例评分规则

面积比例 R_A	得分
$5\% \leqslant R_A < 10\%$	2
$10\% \leqslant R_A < 15\%$	4
$15\% \leqslant R_A < 20\%$	6
$20\% \leqslant R_A < 25\%$	8
$R_A \geqslant 25\%$	10

评价时所需仿真模拟文件为：天然采光模拟分析报告。

1.3 声环境相关条文

【第8.1.1条】主要功能房间的室内噪声级应满足现行国家标准《民用建筑隔声设计规范》GB 50118 中的低限要求。

评价时所需仿真模拟文件为：室内背景噪声计算分析报告。

【第8.2.1条】主要功能房间室内噪声级，评价总分值为 6 分。噪声级达到现行国家标准《民用建筑隔声设计规范》GB 50118 中的低限标准限值和高要求标准限值的平均值，得 3 分；达到高要求标准限值，得 6 分。

评价时所需仿真模拟文件为：室内背景噪声计算分析报告。

【第 8.2.2 条】主要功能房间的隔声性能良好，评价总分值为 6 分，按下列规则分别评分并累计：

1　构件及相邻房间之间的空气声隔声性能达到现行国家标准《民用建筑隔声设计规范》GB 50118 中的低限标准限制和高要求标准限值的平均值，得 3 分；达到高要求标准限值，得 4 分；

2　楼板的撞击声隔声性能达到现行国家标准《民用建筑隔声设计规范》GB 50118 中的低限标准限值和高要求标准限值的平均值，得 1 分；达到高要求标准限值，得 2 分。

评价时所需仿真模拟文件为：建筑构件隔声计算分析报告。

2　软件的分类与特点

我国绿色商店建筑发展起步较晚，当前相关软件主要应用在绿色商店建筑的规划设计阶段，包括计算流体力学软件、采光分析软件、日照分析软件、声环境分析软件、综合性分析工具等几大类，下面对各类别的代表性软件及应用情况进行简要介绍。

2.1　计算流体力学软件

CFD 技术在汽车、航天等很多工程领域已经得到了广泛的应用和认可，在建筑领域其应用前景也非常好。绿色建筑理念中将自然通风、室内空气品质等内容作为重要评价方向，而 CFD 软件是将这些内容量化的最佳工具。目前在我国建筑行业中使用的 CFD 软件主要有 PKPM-CFD、Stream、Fluent、Airpark 等，其中 PKPM-CFD 由中国建筑科学研究院研发，其余几类均是国外软件。

通过使用这些软件，可以比较不同方案风环境的优劣，并对其风速、温度场进行评价。如室外风环境模拟，可以将性能模拟与规划、设计相结合，形成建筑的围合阻隔，退台消解等多种防风手法，降低冬季人行区域的风速。PKPM-CFD 风环境模拟软件作为国产软件，其操作性良好，且与我国各个绿建标准的结合非常紧密，并且可以自动生成风环境模拟报告。

2.2　采光日照分析软件

采光和日照是建筑环境的基本要素之一，在方案阶段对其进行对比分析将直接影响建筑建成后的使用效果。绿色建筑理念中也特别重视天然采光及日照对室内环境的影响，《绿色商店建筑评价标准》中有专门的条文评价采光、日照水平。目前在我国建筑行业中使用的建筑采光和日照软件主要有建筑采光模拟分析软件 PKPM-Daylight、建筑日照分析软件 PKPM-Sunlight、TAS、Ecotect、Radiance 等。

使用这些软件可以分析室内光环境质量，包括采光系数、眩光指数等，并可视室内采光环境视觉效果，将性能评估与设计优化手段相结合，形成开窗洞口大小、空间布局、隔断形式、中庭、天窗、导光筒、外窗材料透光系数、反光板、采光井等措施来强化室内天然采光效果。

2.3　综合性分析工具

除上述专业模拟分析软件外，国内也出现了综合性的绿色建筑分析工具，其中以中国建筑科学研究院开发的绿色建筑方案软件 PKPM-GBS 最为知名。目前国内绿色建筑从业人员面临的主要问题是对于标准条文把握不够准确，对于各项模拟的边界条件设定认识不足，如何选用价格合适又满足设计需要的产品以及对项目采用合理的优化手段，也是大部分设计人员面临的问题之一。PKPM-GBS可以很好地解决上述问题，并为其提供直观的量化数据与依据。

3　模拟软件在商店建筑中的应用

一般来说，仿真模拟软件在商场建筑中应用的时候需要以下步骤：

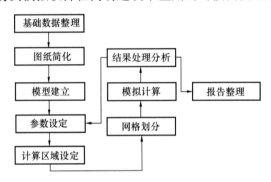

图1　仿真模拟的一般步骤

3.1　建筑室外风环境与室内自然通风模拟

3.1.1　风环境模拟建模要求

1. 室外风环境模拟

1）建筑模型的建立

根据建筑总平面图和相关图纸建立三维模型，并在真实反映建筑实际设计情况的前提下可做相应简化。简化的合理性可通过比较局部模型简化前后的计算结果进行判断。

2）设置各类边界条件

主要包括室外风来流边界条件、出口边界条件、地面边界条件等。

3）湍流模型选择

在计算精度不高且只关注 1.5m 高度流场可采用标准 $k-\varepsilon$ 模型。计算建筑物表面风压系数避免采用标准 $k-\varepsilon$ 模型，最好能用各向异性湍流模型，如改进 $k-\varepsilon$ 模型等。

4）网格划分

根据建筑模型设置相应的网格，并可进行局部加密，兼顾计算精度及速度的要求。

2．室内自然通风模拟

1）建筑模型的建立

根据建筑平面图和相关图纸建立室内空间三维模型，并在真实反映建筑实际设计情况的前提下可做相应简化。

2）设置各类边界条件

主要包括：所有进风口风速、温度、出风口压力、壁面边界、室内热源设置等。

3）湍流模型选择

可采用标准 $k-\varepsilon$ 模型或改进的 $k-\varepsilon$ 模型。

4）网格划分

根据建筑模型设置相应的网格，进行局部加密，兼顾计算精度及速度的要求。

3.1.2 风环境模拟评价方法

1．室外风环境模拟

1）冬季典型风速和风向条件下：

① 建筑物周围人行区风速低于 5m/s；

② 室外风速放大系数小于 2。

2）过渡季、夏季典型风速和风向条件下：

场地内人活动区不出现涡旋或无风区。

2．室内自然通风模拟

绿色商店建筑在过渡季节典型工况下，主要功能房间的平均换气次数应满足规范要求。

3.1.3 风环境模拟流程

1．室外风环境模拟

1）模型建立：根据建筑总平面图和相关图纸建立三维模型，建筑可用三维实体表示。同时需建立待评绿色建筑周边建筑的模型，综合考虑其对待评建筑风场的影响情况。

2）计算区域设置：一般设为长方体形式，计算区域四个侧面边界应距离设计建筑物或有关建筑物有一定的距离，建筑覆盖区域小于整个计算域面积 3%；

以目标建筑为中心，半径 $5H$ 范围内为水平计算域。建筑上方计算区域要大于 $3H$（H 为建筑主体高度）。

3）边界条件

① 入口边界条件

设置为速度入口，根据各地的气象参数设置，建议采用《中国建筑热环境分析专用气象数据集》中的气象数据。一般需要模拟夏季、过渡季和冬季几种典型工况下的室外风场。考虑入口处地面（包括已有建筑物分布）实际情况，入口风速的分布 V（梯度风）满足以下公式要求：

$$V(Z) = V_0 \left(\frac{Z}{Z_0} \right)^{\partial}$$

式中：V_0——气象站的风速，m/s；

Z_0——气象站测点的高度，m；

Z——高度，m；

∂——风速高度指数，该值与建筑周边地貌有关。

② 出口边界条件

一般设为自由出流边界，将其压力设为 0Pa。

③ 地面边界条件

除待评建筑物以外，没有考虑计算领域内待评建筑物周围的具体地面（草地，树木，建筑物分布）等实际情况时，可利用粗糙度模型，采用指数关系式实施地面实际建筑等的几何再现；对于光滑壁面应采用对数定律。

④ 顶部边界条件

一般设为滑移边界条件。

⑤ 湍流模型设置

在计算精度不高且只关注 1.5m 高度流场可采用标准 $k-\varepsilon$ 模型。计算建筑物表面风压系数避免采用标准 $k-\varepsilon$ 模型，最好能用各向异性湍流模型，如改进 $k-\varepsilon$ 模型等。

⑥ 计算收敛性

计算要在求解充分收敛的情况下停止；具体可以确定指定观察点的压力等参数值不再变化或均方根残差小于 10^{-4}。

⑦ 网格划分

网格应准确反映模型的实际情况，可进行局部加密，兼顾计算精度和计算速度。另重点观测区域要在地面以上第 3 个网格和更高的网格以内。风速、温度等梯度较大处，网格需加密划分。

2. 室内自然通风模拟

　　1）模型建立：根据建筑平面图和相关图纸建立三维模型，需详细准确建立门窗等通风口的位置和大小。

　　2）边界条件

　　① 门窗等通风口

　　选取代表性的室外气象条件进行室外风环境模拟，可将模拟的通风口压力数据作为室内自然通风模拟的边界条件。

　　② 墙体、屋顶和地面等固定壁面

　　可设置为定热流量、对流换热系数或者温度等热边界条件中的一种。在仅考虑风压自然通风时可设为绝热。

　　③ 人员、设备等热源

　　可选择人体等模型或设置一定的散热量。在仅考虑风压自然通风时，可设为绝热。

　　3）湍流模型设置：可采用标准 $k-\varepsilon$ 模型或改进的 $k-\varepsilon$ 模型。

　　4）计算收敛性：计算要在求解充分收敛的情况下停止；确定指定观察点的值不再变化或均方根残差小于 10^{-4}。

3.1.4　风环境模拟输出要求

　　1. 室外风环境模拟

　　1）模型输出

　　2）报告输出（格式、内容）

　　① 说明模拟所采用的软件与方法；

　　② 说明模拟所采用的基础数据确定的方法与依据；

　　③ 各边界条件的参数设置情况；

　　④ 网格划分参数；

　　⑤ 计算结果残差图；

　　⑥ 室外 1.5m 高度处流场分布截图；

　　⑦ 室外 1.5m 高度处风速分布截图；

　　⑧ 室外 1.5m 高度处压力分布截图；

　　⑨ 建筑迎风面、背风面压力截图；

　　⑩ 风速放大系数；

　　⑪ 模拟结果是否达标判定。

　　2. 室内自然通风模拟

　　1）模型输出

　　2）报告输出（格式、内容）

　　① 说明模拟所采用的软件与方法；

② 说明模拟所采用的基础数据确定的方法与依据；

③ 各边界条件的参数设置情况；

④ 网格划分参数；

⑤ 计算结果残差图；

⑥ 室内 1.2m 高度处流场分布截图；

⑦ 室内 1.2m 高度处风速分布截图；

⑧ 室内 1.2m 高度处空气龄分布截图；

⑨ 室内通风换气次数；

⑩ 模拟结果是否达标判定。

3.2 建筑天然采光模拟

3.2.1 建筑天然采光评价方法

1. 采光设计时可依据《建筑采光设计标准》GB 50033—2013 第 6 章第 6.0.2 条进行采光计算，典型条件下的采光系数平均值可按《建筑采光设计标准》GB 50033—2013 附录 C 取值。

2. 采光形式复杂的建筑，应利用计算机模拟软件或缩尺模型进行采光计算分析。

3.2.2 采光模型建模内容

1. 单体建筑建模步骤

第一步：根据建筑设计成果，形成各标准层的三维模型。注意需检查构成三维模型的墙体、门窗、阳台、屋顶、遮挡构建等三维数据是否准确。形成建筑各标准层的三维模型是建立采光模拟模型最重要的步骤，也是工作量最大的步骤，该过程最好能直接利用已有的建筑设计成果，这样可减少建模的工作量。

第二步：根据建筑各标准层模型快速形成单体的三维计算模型。

2. 总图建筑建模步骤

采光模拟模型的总图模型是指建设项目除了需建立某一需要进行采光模拟的单体建筑的模型外，还需在总图基础上建立分析单体周边遮挡建筑的模型。这一步骤相对简单，可以对周边遮挡建筑的轮廓线赋予高度形成总图模型。

3.2.3 绿色建筑光环境模拟流程

1. 模型建立：根据建筑平面图和相关图纸建立详细模型，需详细准确建立门窗、天窗等透明构件的位置和大小，另外还需考虑周边既有遮挡物对采光的影响。

2. 边界条件

1) 室外天然光设计照度

室外天然光设计照度的数值由建筑所在的光气候区决定，光气候区的划分可按照《建筑采光设计标准》GB 50033—2013 附录 A 确定。各光气候区的室外天然光设计照度值应按《建筑采光设计标准》GB 50033—2013 中表 3.0.4 采用。

　2）透明构件的参数设定

透明构件的参数对天然采光的模拟结果影响非常大，具体参数以设计值为准，若无相关参数，可参考《建筑采光设计标准》GB 50033—2013 中第 6.0.2 条。

　3. 参考平面的确定：商店建筑取距地面 0.75m。

3.2.4　绿色建筑光环境模拟要求

　1. 模拟范围的确定：参评建筑物的特征层各功能房间。

　2. 参考平面的确定：商店建筑取距地面 0.75m。

　3. 模拟需要的基础资料确定：通过收集和查阅资料，取得影响光环境的各类参量如下：

　1）建设项目所处区域的光气候参数；

　2）建设项目的几何结构与尺寸等数据；

　3）建筑材料的采光计算参数值（如玻璃的可见光透射比、饰面材料的反射比等）；

　4）改善措施的计算参数值（如导光筒的光通量等）。

3.2.5　光环境模拟输出要求

　1. 报告输出（格式、内容）应包含以下内容：

　1）说明模拟所采用的软件与方法；

　2）说明模拟所采用的基础数据确定的方法与依据；

　3）根据现行的《建筑采光设计标准》GB 50033 判断当前项目的光环境模拟结果是否达标。

　2. 结果输出应包含以下内容：

　1）主要功能房间参考平面采光系数等值线图；

　2）主要功能房间的采光系数范围分布情况；

　3）主要功能房间的平均采光系数。

4　结论

《绿色商店建筑评价标准》中对于围护结构及风环境、采光、声环境等均有相应的条文规定，而计算机数值模拟分析技术对于绿色商店建筑的评价认证有着重要的意义和价值。

通过采用计算机模拟软件对商店建筑进行模拟分析计算，能够有效地对商店建筑的风环境、采光、声环境等被动式设计进行有效评价，并能够对于不足之处进行合理的优化。

目前市面上存在多种计算机模拟分析软件，各种主流软件均有其不同的特点、建模要求以及与输出形式等。不过，大多数国外软件目前与中国本土标准的结合方面仍需进一步研究与落实。

执笔人：中国建筑科学研究院上海分院　刘剑涛　张永炜　孙大明

专题3　商店建筑能耗模拟计算方法

随着我国国民经济的发展，城市化进程的加快，建筑用能需求持续增高。商店建筑在运行过程中，具有以下特点：一是客流密度、各种照明、电器密度高，导致室内发热量大；二是商店建筑多采用全空气系统进行温度、湿度控制，由于其体量大导致中央空调系统能量传输距离长；三是运行时间长，一般每天运行12个小时以上、不分工作日、休息日。基于以上特点，导致商店建筑单位面积耗电密度高，全年总耗电量大，节能潜力巨大。

建筑能耗模拟是建筑节能设计和制定节能运行策略的重要手段之一。商店建筑能耗模拟时，应综合考虑围护结构和设备系统等因素，进行建筑物单位建筑面积供暖空调、照明全年能耗计算，供暖空调能耗应包括冷水（热泵）机组及循环泵等设备能耗，本文将详细介绍商店建筑的能耗模拟方法。

1　能耗模拟软件介绍

据统计，目前全世界建筑能耗模拟软件超过一百种，目前在我国使用的建筑能耗模拟软件主要有 DOE-2、eQUEST、EnergyPlus、TRNSYS 和 DeST 等。

DOE-2 是公认的最权威、最经典的建筑能耗模拟软件之一，被很多能耗模拟软件如 eQUEST、EnergyPlus 等借鉴和引用，其采用顺序模拟法，由 LSPE 结构组成。采用传递函数法模拟计算建筑围护结构对室外天气的时变响应和内部负荷。可以很精确地处理各种功能和结构复杂的建筑，但是对系统的处理能力很有限，只能处理有限的几种暖通空调系统。eQUEST 是基于 DOE-2 基础上开发的建筑能耗分析软件，其主要特点是为 DOE-2 输入档的写入提供了向导。同时，其向用户提供了建筑物能耗经济分析、日照和照明系统的控制以及通过从列表中选择合适的测定方法自动完成能源利用效率。

EnergyPlus 整合了 DOE-2 和 BLAST 的优点，采用集成同步的负荷/系统/设备的模拟方法，在上层管理模块的监督下，模块之间彼此有反馈，而不是单纯的顺序结构，计算结果更为精确。

TRNSYS 采用了模块化的思想。每个模块代表一个小的系统、设备或者一个热湿处理过程，相关联的模块之间有完全的反馈，可以十分精确地模拟各种控制方式。用户可自己建立数学模型加入程序，具有非常大的灵活性。

DeST 采用的是现代控制理论中状态空间法，求解时空间上离散、时间上保持连续，其求解的稳定性以及误差与时间步长的大小没有关系，步长的选取上较为灵活。考虑了邻室房间的热影响，可求解比较复杂的建筑。另外嵌入在 AU-

TOCAD 中，界面友好。

以上介绍了目前常用软件的特点，在具体的商店建筑能耗模拟应用过程中，根据实际建筑情况合理选择能耗模拟软件。

2 绿色商店建筑能耗模拟要求

在《绿色商店建筑评价标准》中节能与能源利用部分，有如下条款涉及能耗模拟软件的应用：

第 5.2.5 条 围护结构热工性能指标优于国家标准或行业建筑行业节能设计标准规定。评分规则如下：

1 围护结构热工性能指标比国家或行业有关建筑节能设计标准规定高 5%，得 3 分；高 10%，得 5 分。

2 供暖空调全年计算负荷降低幅度达到 5%，得 3 分；达到 10%，得 5 分。

第 5.2.8 条 合理选择和优化供暖、通风与空调系统。暖通空调系统能耗降低幅度不小于 5%，但小于 10%，得 3 分；不小于 10%，但小于 15%，得 7 分；不小于 15%，得 11 分。

从以上条文设置可知，把供暖空调全年计算负荷和暖通空调系统能耗作为两个独立的考察点，均涉及实际建筑与比对建筑，其中比对建筑为一个假象的建筑。

3 能耗模拟基础数据

3.1 气象参数选择

在能耗模拟计算时，使用典型气象年（Typical Meteorological Year）数据进行模拟计算，气象参数选取参照《建筑节能气象参数标准》JGJ/T 346—2014。若无法取得计算城市气象数据文件，可采用相近城市数据代替。

3.2 材料热物性数据

在目前使用的各种软件中，缺乏我国广泛使用的建筑材料的完整热物性数据库。对于非透明围护结构通常通过分层设置，校核其传热系数；对于透明围护结构关注玻璃本身的传热系数 U 值、太阳辐射得热系数（SHGC）或遮阳系数（SC）及可见光透过率（Tvis）。若数据库中未包含项目的实际材料做法，手动输入相关参数或者采取相近的材料替代。

4 负荷模拟方法及过程

第 5.2.5 条指的是选择优良的围护结构性能指标，使建筑全年计算负荷降低，不考虑采暖空调、照明设备的选择及采取相关节能措施导致能耗降低。

4.1　设计建筑设定

4.1.1　基础数据及围护结构性能参数

建筑物构造尺寸及围护结构构造做法应按施工图纸确定。首先需要在模型中对建筑层数、层高、面积（平面、外墙、外窗、天窗）等进行描述，搭建出模拟建筑的基本模型，此部分需要结合建筑使用功能特点进行模拟分区，分为采暖空调区域和非采暖空调区域。采暖空调区域根据建筑朝向、区域使用功能、室内不同参数要求、建筑内外区和空调系统形式等再次进行详细分区。一个分区可以包含一个或多个房间（room）或空间（space），与建筑中实际的几何分隔并不一定相同。分区的主要原则是：在不影响模型完整性的情况下，定义尽可能少的区域。

分区完成后，即进行围护结构具体参数的设定。根据建筑施工图纸，围护结构相关参数设置如下：

1. 非透明围护结构构件（外墙、屋面、隔墙、楼板、地面）做法进行分层设置，按从室外到室内的顺序输入各层导热系数、密度、比热和厚度等参数，以及围护结构外表面的粗糙度、太阳辐射反射率或吸收率，由软件自行计算围护结构的传热系数 K 值，校核与建筑设计图纸中传热系数是否一致。

2. 透明围护结构构件（外窗、玻璃幕墙、天窗）设置时关注玻璃本身的传热系数 U 值（不包括窗框）、太阳辐射得热系数（SHGC）或遮阳系数（SC）及可见光透过率（Tvis），其中 SC 与 SHGC 有对应关系：SC＝1.15SHGC。

3. 设计建筑中若有外遮阳设施（固定或可调），需考虑其综合遮阳系数；对于内遮阳设施，设计模型中考虑与否均可，但须与参照模型一致。

4. 设计建筑中方位角相差小于 45°或相同角度的外表面可以作为同一外表面。

5. 部分透明门的计算规则：

● 当门面积透明部分大于 50％时，计算窗墙比时，应统计整扇门的面积，同时传热系数取值应参照相关设计标准，如现行国家标准《公共建筑节能设计标准》GB 50189。

● 当门面积透明部分小于 50％时，计算窗墙面积比时，应只统计透明部分面积。

4.1.2　建筑室内参数设置

建筑运行时间、室内温度、照明功率密度及开关时间、房间人均占有的使用面积及在室率、人员新风量及新风机组运行时间表，电气设备功率密度及使用率应按照现行国家标准《公共建筑节能设计标准》GB 50189 确定，如表 1～表 9 所示。

表1 商店建筑采暖空调系统的日运行时间表

建筑类别	系统工作时间	
商店建筑	全年	8：00～21：00

表2 供暖空调区室内温度（℃）

建筑类别			下列计算时刻（h）供暖空调区室内设定温度（℃）											
			1	2	3	4	5	6	7	8	9	10	11	12
商店建筑	全年	空调	37	37	37	37	37	37	37	28	25	25	25	25
		供暖	5	5	5	5	5	5	12	16	18	18	18	18

建筑类别			时　间											
商店建筑	全年	空调	25	25	25	25	25	25	25	25	37	37	37	37
		供暖	18	18	18	18	18	18	18	18	12	5	5	5

表3 照明功率密度值（W/m²）

建筑类别	照明功率密度值
商场建筑	10

表4 照明开关时间表（%）

建筑类别		时　间											
		1	2	3	4	5	6	7	8	9	10	11	12
商店建筑	全年	10	10	10	10	10	10	10	50	60	60	60	60

建筑类别		时　间											
		13	14	15	16	17	18	19	20	21	22	23	24
商店建筑	全年	60	60	60	60	80	90	100	100	100	10	10	10

表5 人均占有的建筑面积（m²/p）

区域	商店建筑
人员密度	8

表6 人员逐时在室率表（%）

建筑类别		时　间											
		1	2	3	4	5	6	7	8	9	10	11	12
商店建筑	全年	0	0	0	0	0	0	0	20	50	80	80	80

建筑类别		时　间											
		13	14	15	16	17	18	19	20	21	22	23	24
商店建筑	全年	80	80	80	80	80	80	80	70	50	0	0	0

表7　人均新风量[m³/(h·p)]

区域	商店建筑
新风量	30

表8　电器设备功率密度值（W/m²）

区域	商店建筑
电器设备功率密度	13

表9　电器设备逐时使用率（%）

建筑类别		时间											
		1	2	3	4	5	6	7	8	9	10	11	12
商店建筑	全年	0	0	0	0	0	0	0	30	50	80	80	80

建筑类别		时间											
		13	14	15	16	17	18	19	20	21	22	23	24
商店建筑	全年	80	80	80	80	80	80	80	70	50	0	0	0

4.1.3　采暖空调系统

采暖空调系统末端采用全年运行的两管制风机盘管系统；冷源采用电驱动冷水机组，严寒地区、寒冷地区热源采用燃煤锅炉，夏热冬冷、夏热冬暖地区、温和地区热源采用燃气锅炉。

4.2　参照建筑设定

在设计建筑模型建立的基础上进行修改。参照建筑的气象参数、形状、大小、朝向、内部的空间划分、使用功能、建筑分区与所设计建筑完全一致。

（1）参照现行国家标准《公共建筑节能设计标准》GB 50189，根据模拟建筑所属气候分区，确定参照建筑围护结构（屋顶、外墙、地板、不透明门和楼板）具体的传热系数、遮阳系数的取值，均按照规范限值进行设定。其中不透明门的传热系数须与设计建筑模型一致，并保持在限值之内。当设计建筑的体形系数大于《公共建筑节能设计标准》GB 50189 中的规定值时，参照建筑的每面外墙均应按照比例缩小，使参照建筑的体形系数符合标准要求。

（2）各朝向窗墙比选取设计模型窗墙比与40%中的较小值，开窗位置须与设计模型一致，传热系数 U 值（不包括窗框）、太阳辐射得热系数（SHGC）或遮阳系数（SC）应根据建筑所在气候区不同设定不同的限值。

（3）模型中不考虑手动调节遮阳装置。

（4）外部屋顶选用使用 3 年后表面日光反射比（solar reflectance）至少为 0.55 和热发射率（thermal emissivity）至少为 0.75，其他屋顶或不满足上述要求的则日光反射比取 0.3，热发射率取 0.9。所有屋顶表面反射率均设为 0.3。

参照建筑的室内参数设置及采暖空调系统与设计建筑完全一致。

191

4.3 负荷模拟评价方法

比较设计模型和参照模型的全年供暖和空调总耗电量计算结果，计算其降低幅度，评价设计建筑的热工性能。

相对节能率＝100％×（参照建筑模型全年供暖和空调总耗电量－设计建筑模型全年供暖和空调总耗电量计）/参照建筑模型全年供暖和空调总耗电量

其中全年供暖和空调总耗电量包括全年空调耗电量、全年供暖耗电量，由能耗模拟软件计算得到的累计耗冷量、累计耗热量除以相关的系数静态进行计算。

5 能耗模拟方法及过程

第5.2.8条主要评价的是暖通空调系统的节能贡献率，不考虑围护结构热工性能对建筑能耗的影响。采用以建筑供暖空调系统节能率 φ 为评价指标，参照建筑的围护结构相关参数与实际建筑参数一致，均为实际建筑参数。

5.1 设计建筑设定

5.1.1 基础数据及围护结构性能参数

基础数据及围护结构性能参数的设定同第4.1.1条部分一致。

（1）采用建筑所在城市的典型气象年气象参数。

（2）建筑基本信息依据相关设计文件、图纸进行设定，包括建筑层数、层高、面积（屋面、外墙、外窗、天窗）。

（3）根据建筑朝向、空调系统形式、功能特点、室内设定参数要求对建筑进行分区。同时为了提高计算速度，在不影响模型完整性的情况下，应尽可能少的采用分区区域。设计模型和基准模型应具有相同的建筑分区。

（4）输入建筑围护结构热工参数（外墙、屋面、隔墙、楼板、地面、外窗、玻璃幕墙、天窗）。

5.1.2 建筑室内参数设置

建筑运行时间、室内温度、照明功率密度及开关时间、房间人均占有的使用面积及在室率、人员新风量及新风机组运行时间表，电气设备功率密度及使用率，以上参数当设计文件有具体的取值，依据设计文件进行。若没有明确规定时，可按国家标准《公共建筑节能设计标准》GB 50189—2015 附录 B 执行。

（1）建筑运行时间包括营业时间、空调系统运行时间、照明开关时间表、人员逐时在室率及电器设备逐时使用率，应涵盖每日、每周、每月和每年的时间，其中照明开关时间表、人员逐时在室率及电器设备逐时使用率取值范围为 0～1，分别为逐时照明、人员和设备负荷与峰值负荷的比值。

（2）室内空气计算参数为暖通设计说明中功能区域设定温度及新风量，包括室内供热、供冷设定温度（逐时控制量：温度）和新风量（逐时控制量：风机

on/off)。新风量输入方式有以下 3 种：

- 人均新风量 m^3/人；
- 每平方米面积新风量 m^3/m^2；
- 总新风量 m^3。

需按照不同区域使用功能根据设计值或相关规范设置。

（3）照明功率密度按照电气设计说明中各功能区域实际配灯情况计算出的照明功率密度值进行设定，人员密度按照暖通设计说明中计算新风量时给出的相关参数进行设定，电气设备功率按照电气变配电设计相关文件进行设定。

建筑运行时间在参照模型与设计模型中应保持一致，只有当实际设计建筑中采取了某些控制类节能措施（如照明系统智能控制、自然通风自动控制）需要使用不同的时间表，经模拟结果审核方批准后方可有所不同。但手动控制的时间表必须保持一致，如灯具手动开关时间表、手动开关窗时间表等。

5.1.3   采暖空调系统

实际采暖空调系统的末端形式、设备形式（机组、冷却塔）、容量和效率应根据设备表进行设置，若能取得实际机组的性能曲线则采用实际数据，否则采用默认值；水泵、风机的功率、扬程、风量、控制方式等根据设备表及设计说明进行设置。

若实际建筑采暖空调系统采用变风量空调系统，系统最小风量比是重要的建模参数，应根据系统设计进行设定。

5.2   参照建筑设定

在设计建筑模型建立的基础上进行修改。参照建筑的气象参数、形状、大小、朝向、内部的空间划分、使用功能、建筑分区、围护结构参数、运行时间、室内空气计算参数、人员密度、建筑照明功率密度、电器设备功率与设计建筑一致，即参照建筑与设计建筑的采暖、空调负荷一致，仅采暖空调系统设置不同。参照建筑具体设置情况如表 10 所示。

表 10   参照建筑设置情况

设定内容		设计系统	参照系统
采暖、空调负荷		相同	
暖通空调系统设定	冷源系统（对应不同的实际设计方案，参照系统选择如右）	实际设计方案（设计采用水冷冷水机组系统，或水源或地源热泵系统，或蓄能系统）性能系数	采用电制冷的离心机或螺杆机，其能效值（或 IPLV 值）应按照国家标准《公共建筑节能设计标准》GB 50189 规定取值。若地标能效规定高于国标，仍应采用国标作为参照值

续表 10

设定内容		设计系统	参照系统
暖通空调系统设定	冷源系统（对应不同的实际设计方案，参照系统选择如右）	实际设计方案（设计采用风冷、蒸发冷却冷水机组或吸收制冷机组或系统）	采用风冷、蒸发冷却螺杆机或吸收式制冷机组，其能效值参考国家标准《公共建筑节能设计标准》GB 50189 规定取值
		实际设计方案（设计采用直接膨胀式系统）	系统与实际设计系统相同，其效率满足相应国家和行业标准的单元式空调机组、多联式空调（热泵）机组或风管送风式空调（热泵）机组的空调系统的要求
	热源系统	实际设计方案，包括采用地源热泵系统	热源采用燃气锅炉，锅炉效率满足相应的标准的要求
	输配系统	实际设计方案	水泵按定频泵，风机按定频风机；冷机和水泵采用台数控制
	末端	实际设计方案	末端与实际设计方案相同；设计系统末端为 VAV 变风量系统时，参照系统送风参数应满足《公共建筑节能设计标准》GB 50189 的一般规定；设计方案末端采用了大温差送风、温度/湿度分控（如干式风机盘管、地板辐射）等新式节能末端时，参照系统不需与设计系统完全一致

注：集中空调系统：参照系统的设计新风量、冷热源、输配系统设备能效比等均应严格按照节能标准选取，不应盲目提高新风量设计标准，不考虑风机、水泵变频、新风热回收、冷却塔免费供冷等节能措施。即便设计方案的新风量标准高于国家、行业或地方标准，参考建筑的新风量设计标准也不得高于国家、行业或地方标准。参照系统不考虑新风比增加等措施。

5.3 能耗模拟评价方法

比较设计模型和参照模型的能耗结果，计算相对节能率，评价设计建筑的整体性能。

相对节能率＝100％×（参照建筑模型能耗－设计建筑模型能耗）/参照建筑模型能耗

6 商店建筑能耗模拟注意的问题

1. 照明负荷

照明电耗在商店建筑能耗中占有很大比重。照明负荷不仅与其使用功率相关，还与光源、灯具类型及其安装方式直接相关。常用的照明电光源，按照发光原理分，可分为以白炽灯为代表的热辐射光源和以荧光灯为代表的气体放电光源两大类，不同种类灯具散热方式不同，白炽灯是利用电流经过灯丝时电能转化为热能与光能，转化为光能的较少。日光灯则是利用电流产生的辐射刺激荧光粉发光，转化率较高。另外，灯具安装方式对灯具散热量有很大影响，如图 1 所示，灯具 1、2 产生的热量完全散到室内，传热的主要方式为辐射换热；灯具 3～5 所发出热量部分传导回风静压箱内。尤其是灯具 4 和 5，所散出的热量很大一部分被空调风带走，并没有散到室内。所以，灯光内热计算时不能简单设置为灯具运行功率。

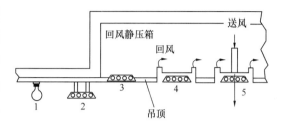

图 1　灯具及其安装方式

灯具的辐射因为大部分为长波辐射，所以与其他辐射得热相比应做特殊处理。灯光的辐射散热应被分为可见光部分和热流部分。对于一般的白炽灯，输入的电功率约有 10% 转变为可见光，80% 转变成热辐射，另有 10% 的对流换热；相比之下，荧光灯的输入功率大约有 20% 转变为可见光，20% 的热辐射和 60% 的对流换热。灯具的内热计算时应该在原有输入功率的基础上乘以相应的热量转换比例系数。对于 LED 光源，无紫外、红外辐射，产生较少热量，所以只耗电能，对空调负荷不产生影响。

2. 新风量的控制

由于新风负荷占商店建筑总负荷的 20%～30%，控制和正确使用新风量是商店建筑空调系统最有效的节能措施之一。

商店建筑一般按照人员密度、每人所需最小新风量进行选择，但是商店建筑的人流量变化幅度大，出现高峰人流的持续时间短，受作息日、节假日、季节、气候等因素的影响明显。对新风量设定时需要有一定的控制措施：固定新风量控制方式；基于室内 CO_2 浓度控制方式；室内焓值控制方式。

执笔人：中国建筑科学研究院　阳春　杨春华　孟冲

专题4　绿色商店建筑照明节能设计及技术评价要点

商店建筑照明能耗很高，有的商店建筑的照明能耗在建筑总能耗的比例高达50%（大连万达数据）。因此，照明系统的节能是商店建筑节能的重要部分（关键）。分析目前商店建筑照明能耗过高的原因，例如国家标准规定照度标准值为500lx，而调查测试结果表明实测值高达1000lx。因此在进行照明设计时应遵循以下原则：正确选择照明标准值（照度/亮度），推广使用高效照明产品，严格执行照明功率密度限值，采用合理的照明控制方式。

1　商店建筑照明节能设计

1.1　正确选择照明标准值（照度/亮度）

室内：建筑照度标准应贯彻该高则高，该低则低的原则，不宜追求或攀比高照度水平，否则对照明节能十分不利。目前国际及我国的照度标准，可以根据照明要求的档次高低选择照度标准值，一般的房间选择照度标准值，档次要求高的可提高一级，档次要求低的可降低一级。这样选择照度标准值，区别对待，对于照明节能十分有利。

符合下列一项或多项条件时，作业面或参考平面的照度标准值，可按GB 50034照度标准值的分级提高一级。

（1）视觉要求高的精细作业场所，眼睛至识别对象的距离大于500mm；

（2）连续长时间紧张的视觉作业，对视觉器官有不良影响；

（3）识别移动对象，要求识别时间短促而辨认困难；

（4）视觉作业对操作安全有重要影响；

（5）识别对象与背景辨认困难；

（6）作业精度要求高，且产生差错会造成很大损失；

（7）视觉能力显著低于正常能力；

（8）建筑等级和功能要求高。

符合下列一项或多项条件时，作业面或参考平面的照度标准值，可按《建筑照明设计标准》GB 50034—2013照度标准值的分级降低一级。

（1）进行很短时间的作业；

（2）作用精度或速度无关紧要；

（3）建筑等级和功能要求较低。

根据视觉条件等要求列出了需要提高照度的条件，但不论符合几个条件，只能提高一级/降低一级。

室外夜景照明：也应根据照明场所的功能、性质、环境区域亮度、表面装饰材料及所在城市的规模等，确定照度或亮度标准值，避免照度或亮度过高，造成电能浪费。例如，不同城市规模及环境区域建筑物、构筑物和特殊景观元素的泛光照明的照度和亮度标准值应符合行业标准《城市夜景照明设计规范》JGJ/T 163—2008 的第 5.1.2 条的规定。本标准第 5.2.17 条规定了商店建筑室外广告与标识照明平均亮度的最大允许值，目的也是限制由于亮度太高带来的能耗浪费。

1.2　采用高效的照明产品

（1）采用高光效照明光源

当选择光源时，应满足显色性、启动时间等要求，并应根据光源、灯具及镇流器等的效率或效能、寿命等在进行综合技术经济分析比较后确定；应根据使用场所、建筑性质、视觉要求、照明的数量和质量要求来选择光源。在照明设计时，主要考虑光源的光效、光色、寿命、启动性能、工作的可靠性、稳定性及价格因素。

限制使用白炽灯。国家发展和改革委员会等五部门 2011 年发布了"中国逐步淘汰白炽灯路线图"，要求：2011 年 11 月 1 日至 2012 年 9 月 30 日为过渡期；2012 年 10 月 1 日起禁止进口和销售 100W 及以上普通照明白炽灯；2014 年 10 月 1 日起禁止进口和销售 60W 及以上普通照明白炽灯；2015 年 10 月 1 日至 2016 年 9 月 30 日为中期评估期；2016 年 10 月 1 日起禁止进口和销售 15W 及以上普通照明白炽灯，或视中期评估结果进行调整。通过实施路线图，将有力促进中国照明电器行业健康发展，取得良好的节能减排效果。故建筑室内照明一般场所不应采用普通照明白炽灯，但在特殊情况下，其他光源无法满足要求需采用时，应采用 60W 以下的白炽灯。因此，现行国家标准《建筑照明设计标准》GB 50034 严格地限制了白炽灯的使用范围。照明设计不应采用普通照明白炽灯，对电磁干扰有严格要求，且其他光源无法满足的特殊场所除外。

一般照明不应采用荧光高压汞灯。荧光高压汞灯（包括自镇流荧光高压汞灯）和其他高强气体放电灯相比，光效较低，寿命也不长，显色指数也不高，故不应采用。

推广使用细管径荧光灯和紧凑型荧光灯。荧光灯光效较高，寿命长，节约电能。目前除应重点推广细管径（26mm）T8 荧光灯和各种形状的紧凑型荧光灯以代替粗管径（38mm）荧光灯和白炽灯，更应采用更节约电能的 T5（16mm）的荧光灯。商店营业厅的一般照明宜采用细管直管形三基色荧光灯，灯具安装高度较高的场所，应按照使用要求，采用高频大功率细管直管荧光灯。商店建筑一般照明宜选用 T8、T5 型高显色性直管荧光灯或高显色紧凑型荧光灯，较高的空间宜选用陶瓷金属卤化物灯等高效光源。

积极推广高压钠灯和金属卤化物灯。钠灯的光效可达 120lm/W 以上，寿命 12000h 以上甚至高达 24000h，而金属卤化物灯光效可达 90lm/W，寿命达 10000h 以上。在有显色要求的场所可采用金属卤化物灯。特别适用于高度较高的大型公共建筑照明。

合理使用发光二极管灯。商店营业厅的重点照明宜采用发光二极管灯，因为发光二极管灯具有光线集中，光束角小的特点，更适合用于重点照明；商店建筑的走廊、楼梯间、厕所等场所，地下车库的行车道、停车位，无人长时间逗留，这类只进行短时操作的场所宜选用配用感应式自动控制的发光二极管灯，因为这些场所有相当大的一部分时间无人通过或工作，而经常点亮全部或大部分照明灯，因此规定按人体感应调光，当无人时，可调至 10%～30% 左右的照度，有很大的节能效果；采用背光照明的商店标牌或店内广告在资金条件允许时宜采用 LED 作为背光源。

（2）采用节能镇流器

普通电感镇流器的功耗大于节能型电感镇流器和电子镇流器。普通电感镇流器的自身功耗大，系统的功率因数低，以及启动电流大等缺点，同时又有温度高和频闪效应，但其价格较低，寿命较长。

关于高强度气体放电灯用交流电子镇流器和节能电感镇流器的比较说明：从交流电子镇流器、普通电感镇流器以及节能型电感镇流器与高强度气体放电灯配套工作时，镇流器自身损耗占灯功率的百分数可知：当灯功率小于 150W 时，采用电子镇流器可节能，但当功率大于 250W 时，使用电子镇流器并不一定节能。其原因在于：1）电子镇流器经过了交—直—交的逆变过程，从理论分析可知这种电路的最大效率只能达到 95%，一般情况下，只有 90%，即有 5%～10% 的能量要消耗在电子镇流器中；2）荧光灯在高频下工作，其自身光效可以提高 20%，而高强度气体放电灯在高频下工作光效只能提高约 3%。

节能型电感镇流器和电子镇流器的自身功耗均比普通电感镇流器小，价格上普通电感型比节能型电感和电子型均便宜，寿命相差不多，节能型电感有很大的优越性。目前节能型电感镇流器，由于其价格稍高，但寿命长和可靠性好，适合于目前中国经济技术水平，但是目前产量不大，应用不多，现今应大力推广节能型电感镇流器，同时有条件也采用更节能的电子镇流器。

（3）采用高效率/高效能灯具

一般情况，不同灯具类型、不同灯具出光口形式的灯具效率是不同的。一般在满足眩光限制要求的条件下，应优先选用开敞式直接型照明灯具，不宜采用带漫射透光罩的包合式灯具和装有格栅的灯具，前者的效率比后者的效率高20%～

40%。尽可能选用不带光学附件的灯具。灯具的附件常用的包合式的玻璃罩、格栅、有机玻璃板和棱镜等，这些附件对灯具起改变配光、减少眩光以及免受外部的损伤等。这些部件使灯具的光输出下降，降低灯具效率，在同样的照度水平条件下比无附件灯具的光输出下降多，从而使用电量增加。

由于商店建筑对眩光的要求不像学校及办公建筑要求的那样严格，因而一般照明可多选用直接型配光灯具以提高光效，但应注意防止产生明显的阴影。重点照明可采用嵌入式筒灯、小型轨道式投光灯等易于控制光束角的灯具。光源宜采用显色指数高的紧凑型荧光灯或小型陶瓷金卤灯，也可选用LED灯具，有特殊要求时可考虑适当补充少数低压卤钨灯、PAR灯等高显色光源。大型超市通常采用宽配光直管荧光灯或金卤灯均布，以适应货架的灵活摆放。大型超市的促销区可考虑增设轨道式移动灯架，该区域照度应高于周边区域平均照度20%以上。小型自选超市建议采用蝙蝠翼式配光荧光灯具沿货架间通道布设，并应保证货架最底部的垂直照度不低于100lx，便于顾客对商品及标签的浏览。

1.3 严格执行照明功率密度值

依据照度标准值调整LPD限值。当房间或场所的照度标准值提高或降低一级时，其照明功率密度限值应按比例提高或折减。当一些特定的场所按照标准规定提高了或降低了一级照度标准值，在这种情况下，相应的LPD限值也应进行相应调整。但调整照明功率密度值的前提是"按照《建筑照明设计标准》第4.1.3条、第4.1.4条的规定"对照度标准值进行调整，而不是按照设计照度值随意的提高或降低。

依据室形指数修正LPD限值。当房间或场所的室形指数值等于或小于1时，其照明功率密度限值应允许增加，但增加值不应超过限制的20%。灯具的利用系数与房间的室形指数密切相关，不同室形指数的房间，满足LPD要求的难易度也不相同。在实践中发现，当各类房间或场所的面积很小，或灯具安装高度大，而导致利用系数过低时，LPD限值的要求确实不易达到。因此，当室形指数RI低于一定值时，应考虑根据其室形指数对LPD限值进行修正。为此，编制组从LPD的基本公式出发，结合大量的计算分析，对LPD限值的修正方法进行了研究。该条文与2004版标准基本一致。考虑到在实际工作中，为了便于审图机构和设计院进行统一和协调，因此当房间或场所的室形指数值等于或小于1时，其照明功率密度限值应允许增加，但增加值不应超过限制的20%。

包含重点照明的LPD限值调整。一般商店营业厅、高档商店营业厅、专卖店营业厅需要装设重点照明时，该营业厅的照明功率密度现行值应允许增加5W/m²。

此外，在照明设计时，不应使用照明功率密度限值作为设计计算照度的依据。设计中应采用平均照度、点照度等计算方法，先计算照度，在满足照度标准值的前提下计算所用的灯具数量及照明负荷（包括光源、镇流器或变压器等灯的附属用电设备），再用 LPD 值作校验和评价。

1.4 采用合理的照明控制方式

照明控制的主要功能是控制、调节、稳定和监测。其中，控制分手动控制和自动控制，自控有时钟控制、光控、红外线控制、动静（声）控等，还有智能照明控制系统；调节是通过调节照明的电压，调节光源功率、调节频率等方式，以调节灯的光通输出；稳定的是灯的输入电压，以达到稳定光的目的；监测的是监视照明系统的运行状态，测量各种参数。

设置照明控制的主要目的之一就是合理节约能源。除了节能外，照明控制还可提高照明的视觉质量：保持有一个稳定的光照度，降低光的闪烁、波动；延长灯泡及电器附件的使用寿命；建立在不同时间、不同条件下的光环境和气氛，以满足人们对照明的舒适度和情趣的欲望；提高照明系统的可靠性；提高管理水平，节省运行管理人力。

2 商店建筑照明节能评价

商店建筑实现照明节能，只有通过对产品、设计和运行管理这三环节的把握来实现。国家标准《绿色商店建筑评价标准》GB/T 51100—2015 中"节能与能源利用"一章对照明节能的评价全面地从商店建筑的室内照明和室外夜景照明两方面进行了规定，且诸条文均体现了设计节能、产品节能、运行管理节能。

与照明产品节能相关的条款包括：控制项第 5.1.5 条和第 5.1.7 条，评分项中的第 5.2.12 条和第 5.2.14 条。这些条款分别规定了光源及其配套镇流器的能效水平要求，灯具效率或效能的要求，此外还规定了现阶段限制使用和推广使用的光源灯具类型；条款的依据主要引自工程建设国家标准《建筑照明设计标准》GB 50034 以及相关的产品能效标准；设置该条的目的是促进商店建筑在照明产品选用时推广使用高光效的光源、节能的电气附件以及高效率的灯具。

与设计节能相关的条款包括：控制项第 5.1.5 条，评分项第 5.2.11 条、第 5.2.17 条。这些条款分别规定了商店建筑中的营业厅及超市的照明功率密度，室外广告语标识照明的平均亮度。条款的依据主要引自工程建设国家标准《建筑照明设计标准》GB 50034 及行业标准《城市夜景照明设计规范》JGJ/T 163—2008。目的是促进商店建筑在照明设计时正确选择照明标准值，并严格执行照明功率密度限值。

与运行管理节能相关的条款包括：控制项第 5.1.8 条、评分项第 5.2.13 条和第 5.2.14 条。这些条款主要规定了照明控制的一系列节能措施。条款的依据主要引自工程建设国家标准《建筑照明设计标准》GB 50034 及行业标准《城市夜景照明设计规范》JGJ/T 163—2008。目的是促进商店建筑在运行管理阶段通过合理的照明控制实现节能。

2.1　定量指标——光源的初始光效

绿色建筑鼓励使用高光效的光源。光源的光效是灯的光通量除以灯消耗电功率之商，单位为 lm/W（流明每瓦特）。光效可以理解为某种光源发出一定量的光所需电力功耗，光效越高，表明光源将电能转化为光能的能力越强，即在提供同等光通量的情况下，该光源所耗功率较少；而在同等功率下，该光源发出的光通量较大。在建筑照明常用电光源里，金属卤化物灯光效最高，室内外均可应用，一般低功率用于室内层高不太高的房间，而大功率应用于体育场馆；其次为荧光灯，在荧光灯中尤以三基色荧光灯光效最高；高压汞灯光效较低；而卤钨灯和白炽灯的光效更低。

目前用光源的初始光效评价光源的能效水平（能效值）。初始光效是光源初始光通量与实测功率的比值。光源的能效标准规定的能效等级用于评价光源的节能水平，能效等级分为 3 级（详情参见第 5.1.7 条内容释义的表），控制项第 5.1.7 条要求光源的能效值不应低于能效等级 2 级，即选用光源的初始光效不应低于该节能评价值。评分项第 5.2.12 条规定光源的能效值不低于能效等级 1 级。

2.2　定量指标——镇流器效率/能效因数 BEF

《管型荧光灯镇流器能效限定值及能效等级》GB 17896 新版标准改用镇流器效率。镇流器效率为灯参数表中的额定/典型功率与在标准规定测试条件下经修正后镇流器-灯线路输入总功率的比值。该指标是评价镇流器能效的指标，也是评定镇流器和灯的组合体能效水平的参数。镇流器的节能评价值是节能镇流器的镇流器效率允许最低限值。

《金属卤化物灯用镇流器能效限定值及能效等级》GB 20053 和《高压钠灯用镇流器能效限定值及节能评价值》GB 19574 现行版本仍使用镇流器的能效因数（BEF）评价其能效水平。镇流器能效因数（BEF）是镇流器流明系数与线路功率的比值。其中，镇流器的流明系数是基准灯和待测镇流器配套工作时发出的光通量，与同一只灯和其基准镇流器配套工作时发出的光通量之比；（灯的）线路功率是气体放电灯的功率与其镇流器消耗功率之和，单位为 W。镇流器的能效标准规定的节能评价值即为能效等级 2 级，选用镇流器的 BEF 不应低于该节能评价值。

2.3　定量指标——灯具效率/效能

灯具效率是指在相同的使用条件下，灯具发出的总光通量与灯具内所有光源发出的总光通量之比。灯具效能是指在规定的使用条件下，灯具发出的总光通量与其所输入的功率之比，单位为流明每瓦特（lm/W）。传统的荧光灯灯具、高强度气体放电灯能够单独检测出光源和整个灯具所发出的总光通量，这样可以计算出灯具的效率；但发光二极管灯不能单独检测出发光体发出的光通量，只能计算出整个灯具所发出的总光通量，因此总光通量除以系统消耗的功率就得到了效能。为了利于节能，现行国家标准《建筑照明设计标准》GB 50034 根据我国现有灯具效率或效能水平，规定了荧光灯灯具、高强度气体放电灯和发光二极管灯灯具的最低效率或效能值（详情参见第 5.1.5 条内容释义的表）。

2.4　定量指标——照明功率密度

对商店建筑进行照明设计的节能评价应在设计满足规定的照度和照明质量要求的前提下进行。因此，《节能建筑评价标准》GB/T 50668—2011 将照明数量质量作为前提放进室内环境部分的控制项（第 4.6.2 条和第 5.6.5 条）中。照明节能采用一般照明的照明功率密度值（简称 LPD）作为评价指标。照明功率密度是指单位面积上一般照明的安装功率（包括光源、镇流器或变压器等附属用电器件），单位为瓦特每平方米（W/m^2）。

相关的现行国家标准规定各类建筑的房间或场所的照明功率密度不宜/不应大于照明功率密度限值，限值分两种，即现行值和目标值。现行值是根据对国内各类建筑的照明能耗现状调研结果、我国建筑照明设计标准以及光源、灯具等照明产品的现有水平并参考国内外有关照明节能标准，经综合分析研究后制订的，其在标准实施时执行；而目标值则是预测到几年后随着照明科学技术的进步、光源灯具等照明产品能效水平的提高，从而照明能耗会有一定程度的下降而制订的。目标值比现行值降低约为 10%～20%。目标值执行日期由标准主管部门决定。目标值的实施，可以由相关标准（如节能建筑、绿色建筑评价标准）规定，也可由全国或行业，或地方主管部门作出相关规定。

现行国家标准《建筑照明设计标准》GB 50034 对商店建筑 LPD 限值的规定为强条，因此将"满足现行值的要求"放进《绿色商店建筑评价标准》的控制项，"满足目标值的要求"放进评分项。LPD 限值的规定将为有关主管部门、节能监督部门、设计图纸审查部门提供了明确的、容易检查、实施的标准，对照明设计、安装、运行维护进行有效的监督和管理。

2.5　定量指标——平均亮度

商店建筑室外广告与标识照明有外投光和内透光两种照明方式，采用亮度计量。平均亮度是指规定表面上各点的亮度平均值。行业标准《城市夜景照明设计规范》JGJ/T 163—2008 规定了不同环境区域、不同面积的广告与标识照明的平均亮度最大允许值，目的是限制由于亮度太高带来的能耗浪费。各环境区域内的广告标识照明的平均亮度不允许超过规定的最大值，否则将会破坏广告标识的艺术效果、形成光污染而且浪费能源。

　　执笔人：中国建筑科学研究院　赵建平　李　媛　罗　涛

专题5　商店建筑过渡季节冷却塔免费供冷方式的适应条件分析

冷却塔免费供冷技术主要针对过渡季节或者冬季仍需要供冷的建筑物内区，或内部发热量大的计算机机房、工厂等。商店建筑由于建筑空间相对封闭，客流密度大且内部灯光等发热负荷大，供冷负荷大、供冷期长，甚至在过渡季节也需要供冷。为了充分利用自然能源，近年来冷却塔免费供冷系统也越来越多的应用于商店建筑中。然而，冷却塔的热湿交换能力直接受室外气象参数、特别是湿球温度变化的影响，即使在过渡季节，我国有的地区由于室外湿球温度仍然比较高，致使冷却塔的供冷效果达不到预期，而这一点往往被人们忽视。

国内外学者对于冷却塔免费供冷系统的应用开展了大量的相关基础研究工作。1990年，ASHRAE提出了的"Water-Side Free cooling"的概念，国外的专家学者也将这一技术称作"Tower Cooling"，即冷却塔供冷。1994年的ASHRAE Transaction中，收录了多篇关于冷却塔供冷技术的文章，文章利用理论分析及数值模拟等方法对冷却塔供冷技术进行了研究。马最良等介绍了冷却塔供冷的原理、系统形式和国外应用实例，建立了冷却塔供冷系统在我国典型城市的运行能耗模型，根据大量的模拟结果，详细分析了不同的系统形式、室外气象条件、建筑冷负荷特点及供冷温度等对冷却塔供冷系统的影响。张璐璐以实际工程为例，针对冬季冷却塔直接供冷做了闭式冷却塔的初步设计，并进行了经济性分析。林泽等基于某洁净工厂的冷却塔供冷系统，详细介绍了该技术的设计方案、使用条件和注意事项。

冷却塔作为该系统的核心设备，其热湿交换能力直接受室外气象参数变化的影响，对于不同气候条件的地区，冷却塔免费供冷系统的适用条件也是不相同的。本研究结合冷却塔的基本热湿交换原理，以冷却塔额定工况热湿交换能力为比较基准，分析了冷却塔过渡季节按免费供冷模式运行的适宜条件；进一步结合项目团队关于北京地区某商店建筑冷热源系统全年运行数据的实测调查结果以及DeST动态能耗模拟软件，重点分析并讨论了6个位于寒冷和夏热冬冷地区的商店建筑，过渡季节采用冷却塔免费供冷的适应条件，以期为冷却塔利用自然能源供冷模式的合理选用及其系统的优化设计与高效节能运行，提供设计方法参考。

1　冷却塔免费供冷系统的原理

按照冷却水是否直接进入空调末端设备来划分，冷却塔免费供冷系统可分为两大类：冷却塔直接供冷系统和间接供冷系统。冷却塔直接供冷系统［图1(a)］

是通过旁通管道将冷冻水环路和冷却水环路连在一起为建筑物供冷的系统，这种系统形式简单且效率高，但由于系统冷却水与大气直接接触易被污染，水质的纯净度不易保证，容易造成表冷器盘管被污物阻塞，故很少使用；为防止水质污染，冷却塔间接供冷系统图［图1（b）］在冷却塔与空调末端系统之间增设了板式换热器，由于冷却水循环与冷冻水循环相互独立、不直接接触，从而避免了冷冻水管路被污染、腐蚀和堵塞问题。

在过渡季节或者冬季，随着室外湿球温度的不断降低，冷却塔出口水温也会随之降低。当室外湿球温度低于某值时，直接利用冷却塔系统即可获得与制冷机组等同的供冷效果，即可为建筑提供免费的制冷量。此时的室外空气湿球温度人们通常称为"切换温度"，该值体现了室外气象参数对冷却塔免费供冷系统的限制条件。

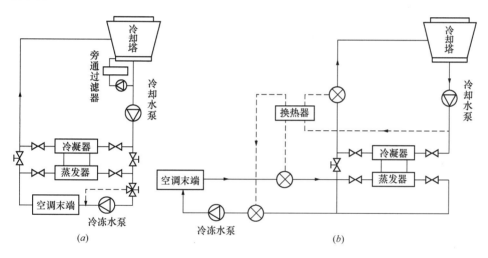

图1 冷却塔免费供冷系统原理图

（a）冷却塔直接供冷；（b）冷却塔间接供冷

2 冷却塔免费供冷系统的影响因素及评价指标

2.1 影响因素

冷却塔免费供冷系统的供冷效果通常会受到很多因素的影响和制约，其中主要有室外湿球温度、空调末端系统需要的供冷温度、建筑空调负荷特性以及冷却塔设备的热工性能。

以空调工程中常用的横流湿式冷却塔（图2）为基本分析对象，图3为反映了其热湿交换过程的空气-水状态变化 h-d 图。冷却塔的热湿传递性能不但与其几何结构尺寸、填料特性有关，同时还受进口空气湿球温度 $t_{\text{S}1}$、进口水温 $t_{\text{w}1}$、水气比（$\mu = W/G$）等参数的影响。根据冷却塔热湿交换原理，冷却水的出口水

温 t_{W2} 越接近进口空气湿球 t_{S1}，说明冷却塔的热湿交换越充分、冷却效果越好（图3）。

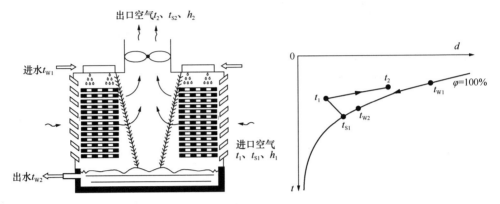

图2 横流湿式冷却塔 　图3 冷却塔空气-水状态变化过程 h-d 图

2.2 评价指标

由于冷却塔生产厂家通常给出的是夏季额定工况条件下的性能参数，而实际工程中，由于季节和室外气象参数的变化，冷却塔的实际运行工况大多是偏离其额定设计工况的，致使其实际冷量 Q、能效系数 EER 等也不同于额定冷量 Q_0、额定能效系数 EER_0（经常有人忽略了这点）。特别是对于冷却塔免费供冷系统，通常在过渡季节运行，其运行工况与额定工况偏离较大。显然，在确保出口水温 $\leqslant 14℃$ 的前提下，确立并评价冷却塔在非额定工况下高效运行的条件是关键。

通常，冷却塔的冷却效率 ε 定义为冷却塔实际制冷量与理论最大制冷量之比见式（1）。显然，ε 越大，冷却塔出口水温 t_{W2} 越接近理论极限温度 t_{S1}，冷却塔的热湿交换效率越高。

$$\varepsilon = \frac{Q}{Q_{max}} = \frac{t_{W1} - t_{W2}}{t_{W1} - t_{S1}} \times 100\% \tag{1}$$

式中，Q 为冷却塔实际制冷量，kW；Q_{max} 为冷却塔理论最大制冷量，kW；t_{W1} 为冷却塔进口水温，℃；t_{W2} 为冷却塔出口水温，℃；t_{S1} 为进口空气湿球温度，℃。

为了客观评价冷却塔非额定工况条件下的热湿交换性能，本研究提出用冷却塔的相对冷量 β（实际冷量与额定冷量的比值 Q/Q_0）评价冷却塔实际冷却能力接近额定工况的程度，用相对能效系数 ω（实际综合能效系数与额定综合能效系数的比值 EER/EER_0）比较并评估非额定工况条件下冷却塔综合能效系数接近额定工况的程度，见式(2)~(3)。

$$\beta = \frac{Q}{Q_0} = \frac{c_{p \cdot w} W (t_{W1} - t_{W2})}{c_{p \cdot w} W_0 (t_{W1,0} - t_{W2,0})} \tag{2}$$

$$\omega = \frac{EER}{EER_0} = \frac{\dfrac{Q}{P_f + P_P}}{\dfrac{Q_0}{P_{f0} + P_{P0}}} \qquad (3)$$

式中，β 为冷却塔的相对冷量，%；$c_{p.w}$ 为水的定压比热，kJ/kg·℃；Q_0、W_0、$t_{W1.0}$、$t_{W2.0}$ 分别为额定工况条件下冷却塔的冷量（kW）、水流量（kg/s）、进口水温（℃）、出口水温（℃）；Q、W、t_{W1}、t_{W2} 则为实际工况条件下的各对应参数；ω 为冷却塔的相对能效系数，%；EER_0、P_{f0}、P_{P0} 分别为额定工况条件下，冷却塔的综合能效系数、风机输入功率（W）、水泵输入功率（W）；EER、P_f、P_p 则为非额定工况条件下的各对应参数。

显然，欲利用式（1）～式（3）比较评价冷却塔非额定工况条件下的热湿交换性能，求解冷却塔出口水温 t_{W2} 是关键。为此，本研究采用苏联学者提出的冷却塔热湿传递模型——四变量模型，并利用有限差分方法的向前差分对模型方程离散，通过 Matlab2006 编程方法计算求解冷却塔出口水温 t_{W2}。

3　冷却塔免费供冷系统的适宜条件分析

3.1　计算条件

为便于分析，本研究以北京地区为例进行分析，表1为分析冷却塔的主要技术参数。图4为根据北京地区标准气象年室外空气湿球温度变化规律，由图4可知，北京地区过渡季节、冬季室外湿球温度相对夏季低很多，为冷却塔过渡季节免费供冷提供了有利条件。

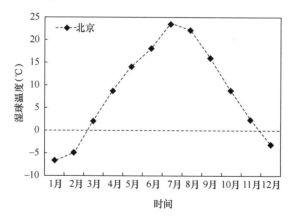

图4　北京地区室外湿球温度的变化

表1　冷却塔参数说明

G_0 (m³/min)	W_0 (m³/h)	$t_{W1.0}/t_{W2.0}$ (℃)	t_{S1} (℃)	Q_0 (kW)	EER_0	μ_0
3560×2	390	37/32	28	2275	43.75	0.76

为了把握季节与室外气象参数（特别是湿球温度 t_{S1}）、进口水温 t_{w1}、水气比（$\mu=W/G$）等因素变化，对冷却塔全年运行热湿交换性能以及冷却塔冷却能力偏离额定工况的影响，同时考虑到冷却塔变水量较变风量运行更利于提高系统能源利用效率，本研究以间接式冷却塔供冷系统为例，重点分析过渡季节（3、4、5、10、11 月）冷却塔变水量工况运行条件下的运行规律。计算条件如表 2 所示。

表 2 计 算 条 件

t_{S1}（℃）	t_{w1}（℃）	G（m³/min）	W（m³/h）	μ
0,2,4,6/7,9,11,13	12/18	7120(G_0)	130～780(0.33W_0～2.0W_0)	0.25～1.5

3.2 计算结果与分析

图 5 反映了过渡季节室外湿球温度变化条件下，改变冷却塔水流量 W，对冷却塔的相对冷量 β、相对能效系数 ω、冷却效率 ε、出口水温 t_{w2} 的影响规律。

由图 5（a）可知：1）随着水气比 μ 从 0.25 增大到 1.5（$\mu=W/G_0$，$W=0.33W_0$～2.0W_0），冷却塔的相对冷量 β 也不断增大、其增加率很缓，说明此时增大冷却水流量、提高水气比 μ，对提高冷却塔冷却能力的作用非常有限，相反加速了综合能效系数的下降；2）当进口水温一定时，随着室外湿球温度的增大，相对冷量 β 呈减小趋缓，这是因为进口湿球温度的增加、热湿传递的动力差减小了，直接影响了冷却塔的热湿交换能力；3）随着水气比 μ 增大，冷却塔的相对能效系数 ω 迅速减小，分析结果表明，过量增大冷却水量，虽增强了冷却塔的热湿交换能力，但同时也增大了水泵能耗、致使系统能效系数降低。

另外，由图 5（b）可知，1）当水气比 μ 从 0.25 增大到 1.5，冷却塔的冷却效率 ε 呈不断下降趋势，且这种变化趋势基本不受室外湿球温度变化的影响。这是因为，根据式（1），单边增加冷却水流量而风量不变，将使冷却水出水温度 t_{w2} 逐渐上升、式（1）的分子不断减小，而室外湿球温度变化对式（1）分母的影响不大所致。2）当室外湿球温度 $t_{S1}\leqslant9$℃时，冷却塔的出口水温 t_{w2} 可低于 14℃。

综合图 5 的计算结果，过渡季节冷却塔水气比为 $\mu=0.5\sim0.76$（$\mu=W/G_0$，$W=0.67W_0\sim W_0$），对应条件下的相对冷量 $\beta=0.3\sim0.7$、相对能效系数 $\omega=0.3\sim1.3$，进出口水温差 $\Delta t=1.7\sim4.5$℃，$t_{w2}-t_{S1}=2.7\sim8.7$℃，此时冷却塔热湿交换性能处于相对比较高的水平。

由于冷却塔出口水温 $t_{w2}\leqslant14$℃时的室外湿球温度通常 $t_{S1}\leqslant9$℃。因此，可将室外湿球温度 9℃作为冷却塔间接供冷系统可适宜运行的基本判断条件。据

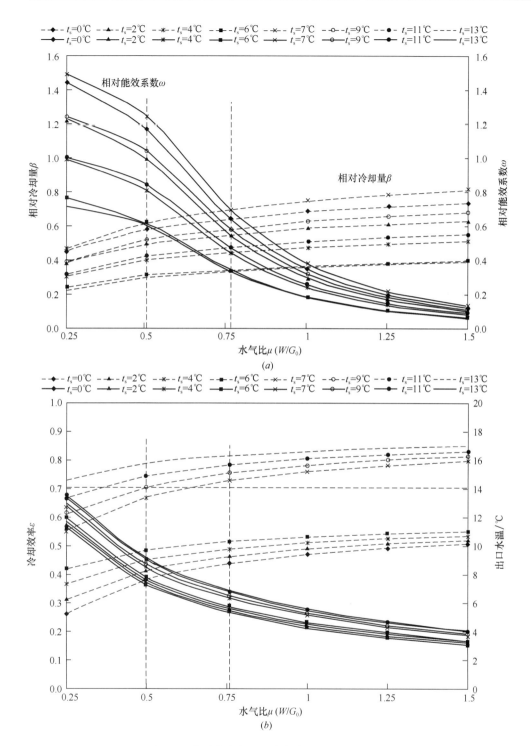

图 5　过渡季节变水量对冷却塔热湿性能的影响

（a）水气比 μ 对相对冷量 β、相对能效系数 ω 的影响；

（b）水气比 μ 对冷却效率 ε、出口水温 t_{w2} 的影响

此，在确保出口水温≤14℃的前提下，本文认为冷却塔相对冷量 $\beta \geqslant 0.5$、相对能效系数 $\omega \geqslant 0.5$ 为冷却塔免费供冷运行的适宜条件。北京地区满足该条件的月份为3月、4月、10月、11月。同理，上海、南京、武汉、重庆和西安地区适宜月份的分析结果如表3所示。即，上海、南京、武汉和西安地区适宜的月份为3月、11月，重庆地区整个过渡季节因室外空气湿球温度偏高，利用冷却塔免费供冷运行效果不好。

表3   各城市冷却塔全年运行适宜条件分析

	3月	4月	5月	10月	11月
北京	0.5~0.76	0.5~0.6	不适宜	0.5~0.6	0.5~0.76
上海	0.5~0.76	不适宜	不适宜	不适宜	0.4
南京	0.5~0.76	不适宜	不适宜	不适宜	0.5~0.6
武汉	0.5~0.6	不适宜	不适宜	不适宜	0.4
重庆	不适宜	不适宜	不适宜	不适宜	不适宜
西安	0.5~0.76	不适宜	不适宜	不适宜	0.5~0.76

4 案例分析

如前所述，商店建筑由于建筑空间相对封闭、客流密度大且内部灯光等发热负荷大，供冷负荷大，甚至过渡季节仍有供冷需求。基于第3节的研究结果，本节以北京地区运营中的某大型商店建筑为典型分析对象，结合该商店建筑全年空调动态负荷实测结果以及北京地区全年气象变化特点，分析该商店建筑过渡季节冷却塔免费供冷运行的适应条件；并以此为分析基础，进一步根据利用DeST动态能耗模拟软件对该建筑在上海、南京、武汉、重庆和西安地区的全年空调动态负荷分析结果，分析该商店建筑在这些地区利用冷却塔过渡季免费供冷运行的适应条件。

4.1 商店建筑概况

该商店建筑地上五层、地下两层（含地下一层夹层），建筑总面积64500m²，其中，地上建筑面积34500m²、地下建筑面积30000m²；地下为车库和设备用房（非空调区域），冷热源机房设置在地下一层；地上一层为商铺，二、三层为大型超市（单独的空调系统，面积约8000m²），四、五层为室内滑冰场（共享空间）及餐饮等配套。建筑室内设计参数如表4所示。

表 4　建筑室内设计参数

		夏季		冬季	
	房间名称	温度	相对湿度	温度	相对湿度
室内设计参数	入口大厅	28℃	≤65%	18℃	
	商铺	26℃	≤65%	20℃	
	餐厅	25℃	≤65%	20℃	
	办公	25℃	≤65%	20℃	
	公共区	25℃	≤65%	20℃	

该商店建筑冷源由 3 台离心式冷水机组提供；冷冻水系统采用二次泵变水量的系统形式，一次冷冻水泵和二次冷冻水泵均为 3 用 1 备，其中二次冷冻水泵为变频水泵，供、回水温度为 7℃/12℃；冷却水泵为定流量泵，3 用 1 备；过渡季节利用冷却塔免费供冷系统（冷却塔通过板式换热器与冷冻水系统间接连接）向建筑供冷。图 6 为该冷源系统原理图，系统每天运行时间为 10：00—21：00。

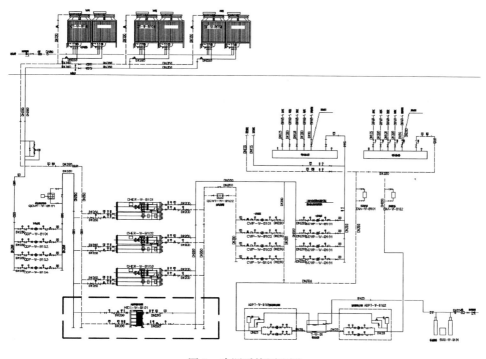

图 6　冷源系统原理图

4.2　冷却塔免费供冷系统运行条件分析

4.2.1　北京地区商店建筑

由于在实测期间，过渡季节商店未开启空调系统，所以实测数据无过渡季节负荷。为了研究该商店建筑在过渡季节的负荷需求，并进一步评价冷却塔免费供冷系统在该建筑的适宜性，笔者应用 DeST 动态能耗模拟软件对该商店建筑的全年负荷特性进行了模拟分析，其中室内空调参数采取设计参数。

图 7 中蓝色部分为该商店建筑的 2013 年 1 月～12 月的全年空调负荷实测结果。由于该商店建筑新开店时间不长、客流密度不太大，还受四、五层室内滑冰场（全年运行）的影响，加之北京地区过渡季节室外温度已明显下降，过渡季节空调负荷比较小，无需运行冷却塔免费供冷系统。图 8 中红色部分为 DeST 动态能耗模拟软件计算结果，与实测结果吻合性较好。

由图可见，该商店建筑夏季供冷负荷峰值时间主要集中在 7 月和 8 月，月平均冷负荷约为 49W/m²，6 月和 9 月为冷负荷平谷期、月平均冷负荷约为 30W/m²，过渡季节的冷负荷已很小且波动比较大，月平均值仅为 2.3W/m² 左右，基本无供冷需求。

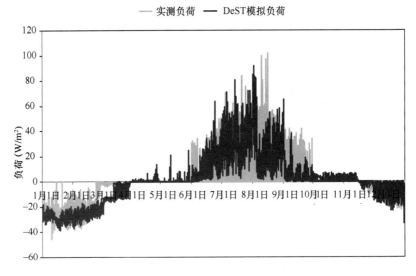

图 7　北京地区商店建筑全年空调动态负荷计算结果与实测结果比较

考虑到内设滑冰场的商店建筑并不典型，将第 4.1 节商店建筑的四、五层都改为一般店铺及餐饮等配套区，利用 DeST 模拟软件对其全年空调负荷进行了再计算，计算结果如图 8 所示。

根据表 3 的分析结果以及改变建筑条件后的建筑全年空调负荷计算结果（图 8），4 月和 10 月该商店建筑的月平均冷负荷约为 11W/m²，此时北京地区具有利用冷却塔免费供冷运行的较好条件；3 月和 11 月由于供冷需求很小，无需供冷；5 月虽供冷需求比较大，但已不适宜冷却塔免费供冷运行。

4.2.2　五地区商店建筑

利用 DeST 动态能耗模拟软件可计算得到第 4.1 节中改变建筑条件后的商店建筑位于上海、南京、武汉、重庆以及西安地区的过渡季节空调动态负荷（图 9）。受当地气候条件的影响，五地区中重庆地区过渡季节的供冷需求最大，但表

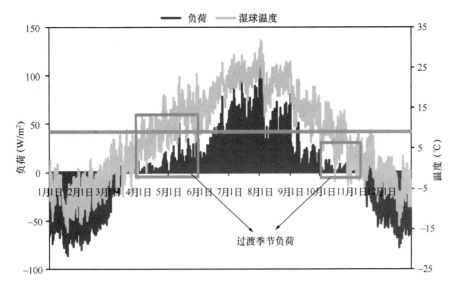

图 8　北京地区典型商店建筑全年空调动态负荷（改变建筑条件）

3 的分析结果表明整个过渡季节该地区没有利用冷却塔免费供冷的条件；同理，上海、南京和武汉地区 3 月、11 月供冷需求均可通过冷却塔免费供冷系统提供，但过渡季节其他月份的供冷负荷已无法利用自然冷源，需要由人工冷源提供。

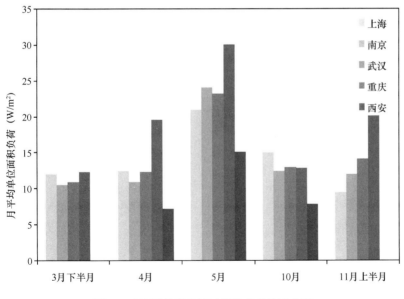

图 9　五地区商店建筑过渡季节月均冷负荷

5　结论

本研究以横流湿式冷却塔为分析对象，分析了位于北京、上海、南京、武汉、重庆和西安地区大型商店建筑过渡季节利用冷却塔免费供冷的运行条件，得出以下结论：

1）本研究以冷却塔额定工况性能参数为比较基准，提出了非额定工况运行条件下冷却塔热湿交换性能评价指标：冷却效率 ε、相对冷量 β、相对能效系数 ω。

2）基于所提出的非额定工况运行条件下冷却塔热湿交换性能评价指标，进一步提出了冷却塔过渡季节免费供冷运行的适宜条件：当室外湿球温度 $t_{s1} \leqslant 9℃$ 且控制冷却塔水气比 $\mu = 0.5 \sim 0.76$（$\mu = W/G_0, W = 0.67W_0 \sim W_0$）时，冷却塔可利用自然冷源为建筑提供低于 $14℃$ 的冷水。

3）分析结果表明，位于北京、上海、南京、武汉、重庆和西安地区大型商店建筑过渡季节均有不同程度的供冷需求，但受室外空气湿球温度的影响，重庆地区整个过渡季节都无法利用自然冷源供冷；上海、南京、武汉和西安地区的商店建筑 3 月和 11 月具有利用冷却塔免费供冷的条件，余下的月份都需要由人工冷源供冷；北京地区的商店建筑除了 5 月份以外，其他月份均可利用冷却塔获得免费冷源。

执笔人：北京工业大学　陈超　胡桂霞　过旸

专题6　商店建筑暖通能耗现状概述

商店建筑具有人员流动性强、密度高、连续使用时间长、大面积使用玻璃幕墙等特点，是公共建筑中能耗较高的建筑类型之一。有数据显示，我国商店建筑全年平均能耗是日本等发达国家同类建筑的 1.5～2 倍，约是普通住宅的 10～20 倍，具有较大的节能潜力。"十二五"时期，我国节能减排形势严峻，任务艰巨。商场建筑是社会经济发展的纽带，我国既有商场建筑存量大，对其实施绿色改造是实现建筑节能减排目标有重要的作用。商场作为商店建筑的典型功能代表，本文对不同气候区商场建筑能耗现状开展调查，旨在为商场建筑绿色化改造提供参考。

1　寒冷地区建筑能源消耗调研

1.1　建筑基本信息

寒冷地区调研对象为北京市 6 栋建筑面积超过 1.5 万 m^2 的大型商场建筑，收集了 6 栋既有大型商场的建筑能源消耗总量、用能结构、建筑构造、冷热源形式等基本情况，详见表1。

表1　北京市6栋建筑基本信息

	商场 A	商场 B	商场 C	商场 D	商场 E	商场 F
建造年代	—	1995 年	1991 年	2003 年	2003 年	2003 年
账单时间	2007 年	2007 年	2007 年	2007 年	2007 年	2007 年
能源种类	电力、自来水	电力、自来水、天然气	电力、自来水、热力、天然气	电力、自来水	电力、自来水	电力、自来水
建筑性质	办公及商场	商场	商场及办公	商场	商场	商场
建筑类型	高层	高层	小高层	多层	多层	多层
建筑朝向	东南	西向	南北	坐西朝东	坐西朝东	坐西朝东
建筑面积	5.1 万 m^2	6.1 万 m^2	3.3 万 m^2	7.0 万 m^2	1.5 万 m^2	2.1 万 m^2
空调面积	4.0 万 m^2	3.5 万 m^2	1.65 万 m^2	7 万 m^2	1.5 万 m^2	2.1 万 m^2
采暖面积	4.0 万 m^2	0.65 万 m^2	3.13 万 m^2	7 万 m^2	1.5 万 m^2	2.1 万 m^2
冷源形式	离心式冷水机组	离心式冷水机组	离心式冷水机组	水源热泵机组	水源热泵机组	水源热泵机组
热源形式	—	2 台燃气热水锅炉	市政热水	水源热泵机组	水源热泵机组	水源热泵机组
末端形式	全空气系统、风机盘管+新风系统、散热器	风机盘管+新风系统	全空气系统	全空气系统	全空气系统	全空气系统

续表 1

	商场 A	商场 B	商场 C	商场 D	商场 E	商场 F
建筑结构形式	—	混凝土剪力墙	框架式结构	钢结构	钢结构	钢结构
外墙材料	—	加气混凝土砌块	加气混凝土砌块	—	—	—
外墙保温类型	—	无	—	KD 保温板	KD 保温板	KD 保温板
玻璃类型	—	镀膜玻璃	—	Low-E 玻璃	Low-E 玻璃	Low-E 玻璃
遮阳形式	—	无	—	内遮阳	内遮阳	内遮阳

1.2　建筑总能源消耗统计

商场 A、商场 B、商场 C 的建筑用能区域包括常规区域和特殊区域（餐饮用能），商场 D、商场 E、商场 F 仅有常规区域，为便于分析，本文仅分析 6 栋建筑的常规用能情况，建筑能源消耗量来源于各栋大厦能源系统用能账单。

为便于对统计结果进行分析，将不同能耗均折算成标准煤形式，电力、天然气、市政热水和自来水的折标煤系数分别为 0.122 9kgce/(kW·h)、1.33kgce/m³、0.0341kgce/MJ、0.086kgce/t，6 栋建筑 2007 年各类能源消耗及消费情况见图 1～图 6。由调研结果可知，6 栋商场建筑的能源消耗和消费集中在电能，分别超过总能耗和总费用的 65％和 85％，具有较大的节能潜力，因此，本文以电耗衡量各商场建筑的总能耗，并对分项能耗进行对比。此外，考虑到商场 B 和商场

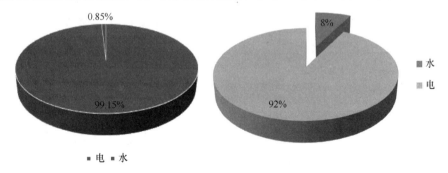

图 1　商场 A 建筑能源消耗量及费用分布

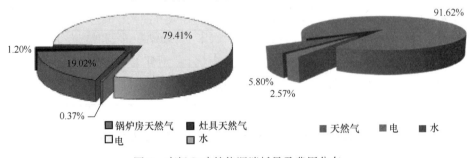

图 2　商场 B 建筑能源消耗量及费用分布

216

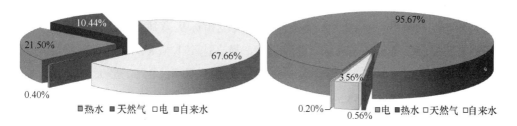

图 3 商场 C 建筑能源消耗量及费用分布

图 4 商场 D 建筑能源消耗量及费用分布

图 5 商场 E 建筑能源消耗量及费用分布

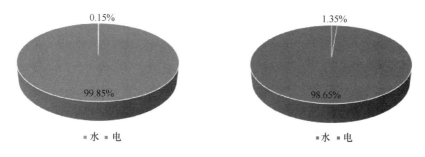

图 6 商场 F 建筑能源消耗量及费用分布

C 分别利用天然气和市政热水作为热源进行采暖，且北京地区冬季必须进行供暖，所以在进行能耗分析比对时，将这两个商场的采暖用天然气耗量和热耗量数值进行折算后加入总电耗中。

1.3　建筑分项能耗分析

由图 7 可看出，6 栋商场单位面积总耗电指标从高到低依次为商场 B、商场 C、商场 D、商场 A、商场 F、商场 E，最高达 491.53kWh/m²，平均能耗指标为 269.76 kWh/m²。最小能耗指标是平均指标的 60.8%，最大电耗指标是平均值的 1.82 倍，约为最小能耗指标的 3 倍，相互之间相差较大，节能潜力大。

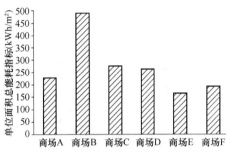

图 7　6 栋商场建筑单位面积年耗电指标

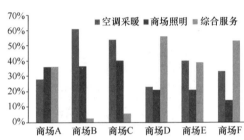

图 8　6 栋商场建筑分项年耗电指标

从图 8 可以看出，空调采暖能耗是商场建筑的最大能耗部分，由于人流密度大，采暖需求较制冷需求小很多；商场 B 的单位面积空调采暖能耗非常的大，属非典型性商场建筑，其次为商场 C，其余 4 个商场的单位面积空调采暖能耗较为接近。造成商场 B 和商场 C 空调采暖能耗较高的主要原因有以下几方面：① 商场 B 的冷源为 4 台特灵离心式冷水机组（2 用 2 备），设备相对老化（1993 年的产品），虽然基本能满足商场夏季的供冷需求，但使用年限较长、效率相对较低；② 商场 B 天然气消耗量没有独立计量，根据商场采暖系统各设备天然气消耗量与运行时间估算商场采暖系统耗能量；③ 商场 C 采暖系统用热没有设子表进行分类计量，因此根据采暖用热定额 0.35GJ/(m²·a)[即 97.2kWh/(m²·a)]；④ 商场 B 和商场 C 建设年代较早，外墙和外窗的保温措施较差，且无遮阳设施，一定程度上增加了建筑的冬季热负荷和夏季冷负荷。

针对商场照明和综合服务能耗而言，总体呈现以下特点：① 20 世纪 90 年代的建筑多采用不节能的灯具，能耗非常大，如商场 A～商场 C；2000 年后的建筑由于采用了相对节能的灯管，如细管型荧光灯，照明能耗降低较为明显；与商场 D～商场 F 相比，档次较高的商场，如商场 B 和商场 C，照明能耗也要高出很多。② 本文所述综合服务能耗主要是指给水排水系统和消防系统的水泵、电梯、排烟系统和排风系统的风机能耗。由调研结果发现，90 年代的电梯非常节能，能耗很小；而 2000 年后的电梯能耗非常大，这部分有很大的节能潜力。

此外，调研中还发现，一些商场在过渡季低负荷阶段，水泵的开启与冷机的开启不相匹配，造成系统效率偏低；冷机冷凝器清洗不及时，结垢严重；商场区域普遍存冷热不均的问题，除去人员密度的因素，水利失调是主要因素之一。

2　夏热冬冷地区建筑能源消耗调研

夏热冬冷地区调研对象为上海市的9栋建筑面积超过1.5万 m^2 的大型商场建筑，收集了9栋既有大型商场的建筑能源消耗总量、用能结构、建筑构造、冷热源形式等基本情况，详见表2。

表2　上海市9栋商场建筑基本信息

	商场1	商场2	商场3	商场4	商场5	商场6	商场7	商场8	商场9
建造年代	2004年	2008年	2004年	1998年	2007年	2007年	2005年	2009年	2007年
账单时间	2010年	2010年	2010年	2010年	2010年	2010年	2010年	2010年	2010年
能源种类	电力	电力	电力	电力	电力	电力	电力	电力	电力
建筑面积	17868m²	42813.99m²	17868m²	25467m²	47237m²	18704m²	18365m²	19327m²	7092m²
冷源形式	螺杆式冷水机组	离心式冷水机组，空气源热泵机组	螺杆式冷水机组	离心式冷水机组	风冷螺杆式热泵机组	直燃型溴化锂吸收式机组	风冷螺杆式热泵机组	离心式冷水机组	螺杆式冷水机组
照明	节能型T8荧光灯、无极灯	节能型T8荧光灯、无极灯	节能型T8荧光灯、无极灯	节能型T8荧光灯、无极灯	节能型T5荧光灯、无极灯	节能型T8荧光灯、LED灯、金属卤化灯	节能型T5荧光灯、无极灯	节能型T5荧光灯、无极灯	节能型T5荧光灯、无极灯
照明控制	1/3灯具停止营业后关闭	1/3灯具停止营业后关闭	营业时间全开，营业结束后留30%的灯用于盘点加货	营业时间全开，营业结束后留30%的灯用于盘点加货	卖场2/3的灯常年开启，1/3灯具停止营业后关闭	卖场1/3的灯常年关闭，1/3的灯常年开启，1/3灯具开启11个小时	卖场2/3的灯常年开启，1/3灯具停止营业后关闭	卖场2/3的灯常年开启，1/3灯具停止营业后关闭	卖场2/3的灯常年开启，1/3灯具停止营业后关闭
建筑结构形式	钢筋混凝土框架结构	钢筋混凝土框架结构	钢筋混凝土框架结构	—	混凝土框架-剪力墙结构	混凝土框架-剪力墙结构	混凝土框架-剪力墙结构	混凝土框架结构	玻璃幕墙结构
外墙材料	—	—	—	—	混凝土墙体，加气混凝土砌块	混凝土墙体，加气混凝土砌块	混凝土墙体，空心黏土砖，并加外保温	混凝土墙体，加气混凝土砌块	混凝土墙体，加气混凝土砌块
玻璃类型	单层普通玻璃	断热铝合金单层普通玻璃	单层普通玻璃	单层普通玻璃	双层中空玻璃	中空双层Low-E玻璃窗	—	中空双层玻璃窗	中空双层Low-E玻璃窗
遮阳形式	—	—	—	—	内遮阳	内遮阳	内遮阳	—	—

图9、图10是上海市9栋商场建筑能耗分布。由图可看出，调研的9栋建

筑中，插座和水泵产生的能耗最低；商场类建筑由于空调和采暖及生鲜食品、水果类保鲜需求，同一建筑中暖通系统能耗和冷冻冷藏设备产生的能耗在公共建筑中所占比例较大，分别介于 17.04％～34.58％ 和 15.98％～47.83％。其次是照明能耗，部分超市采用的照明策略为营业时间全部开启，使得照明能耗所占比例高达 10.61％～21.95％，若根据实际情况适当关闭部分灯具，可降低照明能耗。由图 10 还可发现，生活热水能耗所占比例波动较大，最小比例为 0.44％，最大比例高达 19.96％，相差 45 倍，可能主要是由于一些超市内部使用电热水器作为备用生活热水源，但电热水器经常为 24h 无人管理运转。

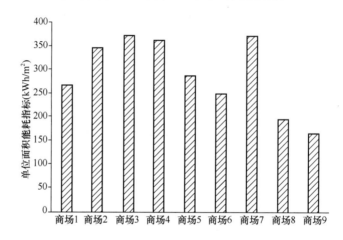

图 9　上海市 9 栋商场建筑单位面积年能耗指标分布

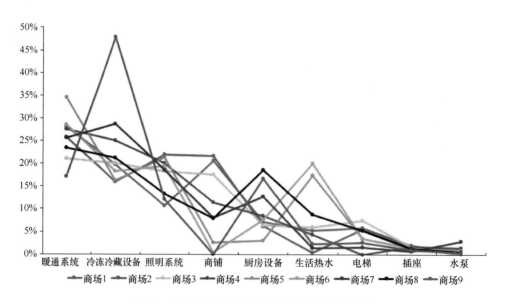

图 10　上海市 9 栋商场建筑分项能耗分布比例

3 夏热冬暖地区建筑能源消耗调研

夏热冬暖地区调研对象为广州市的 48 栋大型商业建筑，总面积达 227.6 万 m²，调研的账单周期内总耗电量为 41390 万 kWh，约占全市"商业、住宅和餐饮业"耗电量的 17.2%。通过对单位面积年耗电量概率的数据趋势可知，受商场经营内容的影响，广州市商业建筑单位面积年耗电量不符合状态分布趋势。为进一步了解广州市商业建筑能耗的具体情况，选取其中的 3 栋大型商业建筑进行详细的调研，建筑基本信息见表 3。

表 3 广州市 3 栋商场建筑基本信息

	商场 A	商场 B	商场 C
建造年代	1997 年	2007 年	2001 年
账单时间	2010 年	2010 年	2010 年
能源种类	电力	电力	电力
建筑性质	商场、超市	商场	商场、超市、休闲娱乐、商业餐饮、健身中心
建筑类型	地上 3 层	地上 6 层，地下 3 层	地上 7 层，地下 2 层
建筑面积	3.8 万 m²	7.3 万 m²	5.4 万 m²
空调面积	1.0068 万 m²	5.7 万 m²	4.4148 万 m²
冷源形式	水冷冷水机组	离心式水冷冷水机组和螺杆式水冷冷水机组	中央空调冷水机组和变频驱动水冷离心式制冷机组
末端形式	风机盘管	风机盘管＋新风系统	全空气系统
建筑全年运行时间	5292.5h	4032h	4032h
建筑结构形式	钢筋混凝土	—	钢筋混凝土剪力墙结构
外墙材料	空心黏土砖	—	混凝土小型空心砌块
外墙保温类型	无	—	—
玻璃类型	普通单层玻璃	—	单层 Low-E 玻璃塑钢窗
遮阳形式	内遮阳	—	—

图 11 展示了广州市 3 栋大型商场 2010 年总能耗情况。调研发现，3 栋建筑

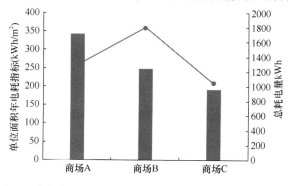

图 11 广州市 3 栋商场建筑年能耗和单位面积年能耗指标

中商场 B 体量最大，其年总耗电量最高，约是商场 C 的 1.7 倍。就单位面积年能耗指标而言，商场 A≥商场 B≥商场 C，分析其原因，商场 A 建设年代较早，各朝向窗户均采用的是普通单层玻璃，保温隔热效果较差，且全年都运行时间最长（每天早 8:00～晚 10:30）；商场 C 外窗玻璃采用 Low-E 玻璃，制冷冷源采用变频技术，其单位面积能耗和年耗电量均为最低。

4 商场建筑绿色化改造建议

通过对寒冷地区、夏热冬冷地区和夏热冬暖地区大型商场建筑能耗调研发现，商场建筑能耗总体存在以下问题：

（1）商场建筑单位面积能耗较高，且不同建设年代建筑之间的差距比较明显，具有较大的绿色化改造潜力。

（2）用电分项计量不明确。调研过程中发现，部分商场用电设备（系统）比较繁杂，各系统能耗情况不清晰。

（3）设备低效运行时间长，浪费冷量。商场建筑具有人流量大，室内冷负荷受人员习惯、购物需求等影响较明显。尤其是夏热冬暖地区，一些商场冬季都需要提供空调制冷，且商场大门通常为打开状态，使得冷量流失较为严重。

（4）商场照明无有效的控制策略，部分超市照明策略为营业时间内不论是否需要开灯，灯具都全部开启，提高了照明能耗。

（5）排风能量浪费。

根据此次调研结果，针对既有商场建筑的绿色化改造提出以下几方面建议：

（1）照明系统具有两面性，不仅自身需要消耗电能，而且它还是室内热源的一种，其产生热量散发到空气中后会增加夏季冷负荷，无形中会影响夏季空调系统的能耗。因此，照明能耗较高的商场建筑，在进行绿色化改造时，应对照明系统进行优化，采用高效节能灯具和控制措施，根据实际需求有效控制建筑内部不同区域照度在合理范围之内。

（2）设置 CO_2 浓度监控器，实现根据商场内人流密度变化自动控制新风。

（3）针对集中空调系统，应进行定期清洗，当机组容量与系统负荷不能匹配时，可对原有冷水机组或热泵机组增设变频调速装置，提高机组实际运行效率。

（4）对于分项计量不完善的商场建筑，在进行绿色化改造时，应对不同功能区域和各种用能设备增设分项计量，实现能耗的分类分项统计、分析和考核，准确把握高能耗设备和区域，制定合理的用能方案。

（5）商场建筑体量大，营业时间长，制定节能措施和运行控制策略非常重要，通过定期对商场管理人员和用户进行节约用能培训，提高节能意识。

（6）对于兼顾办公和商场等不同使用功能的商场类建筑，应根据办公和商场对冷热需求和工作时间的差异，对空调采暖系统和照明系统采取合理的分时分区控制措施。

执笔人：中国建筑科学研究院 赵乃妮 阳 春 孟 冲

专题7 商店建筑中庭采光顶采光、遮阳、通风问题探讨

1 前言

国家标准《零售业态分类》GB/T 18106—2004 将零售业划分为 18 类，其中超市的规模一般被定义在 6000m² 上下，百货店的规模一般在 6000～20000m² 左右，而购物中心则规模一般要达到 50000m² 或 100000m² 以上。这样的划分反映了这类商店建筑的体量还是很可观的。

近两年，住宅地产调控政策逐步收紧，房地产开发商纷纷从住宅地产开发转向尚未受到严格调控的城市综合体开发。城市综合体将城市中的商业、办公、居住、旅店、展览、餐饮、会议、文娱和交通等城市生活空间的三项以上进行组合，并在各部分间建立一种相互依存、相互助益的能动关系，从而形成一个多功能、高效率的综合体。粗略统计广州知名的 8 大综合体面积已达 160 万 m²。商业功能是此类建筑的一个不可或缺的部分，并且通常被安排在裙楼。在较大的单层面积，建筑设计和采光需求条件下，中庭的设计手段被广泛采用，采光顶成了建筑围护结构的重要内容。部分建筑的采光顶如图 1 所示。可以说，社会的发展催生大型商店建筑，被广泛采用的采光顶带来的相关问题不容忽视。

图 1 大型商店建筑采用采光顶

《建筑玻璃采光顶》JG/T 231—2007 及《屋面工程技术规范》GB 50345—2012 定义玻璃采光顶为：由玻璃透光面板与支承体系组成的屋顶。根据工程实际情况，我们把玻璃采光顶的外延扩大，将有机玻璃等玻璃材料或者聚碳酸酯片等有机透明材料构成的屋顶也纳入到玻璃采光顶范围。正如上述分析，采光顶兼有采光和装饰功能，在建筑上的应用越来越广泛，并且有使用面积增大，形状复杂的趋势。

采光顶作为屋面围护结构，应考虑以下几项主要的性能指标：抗风雪变形、抗冲击能力、抗雨水渗漏、抗空气渗透、平面内变形能力、隔声、保温隔热以及消防安全等，这些性能是相辅相成的。本次研究仅对隔热保温性能及其对节能和舒适性的影响进行探讨。

2　采光顶的热工性能

采光顶的热工性能在标准《建筑玻璃采光顶》JG/T 231—2007 进行了分级，传热系数和遮阳系数分别划分为 5 个级别和 6 个级别，如表 1 和表 2 所示，级别越高对应的保温（隔热）和遮阳效果越佳。

表 1　采光顶的保温性能分级 $[W/(m^2 \cdot K)]$

分级代号	1	2	3	4	5
K	$K>4.0$	$4.0 \geqslant K>3.0$	$3.0 \geqslant K>2.0$	$2.0 \geqslant K>1.5$	$K \leqslant 1.5$

表 2　采光顶的遮阳系数分级

分级代号	1	2	3	4	5	6
SC	$0.9 \geqslant SC>0.7$	$0.7 \geqslant SC>0.6$	$0.6 \geqslant SC>0.5$	$0.5 \geqslant SC>0.4$	$0.4 \geqslant SC>0.3$	$0.3 \geqslant SC>0.2$

《公共建筑节能标准》GB 50189—2015 给出了满足节能规定性指标时采光顶的热工性能限值，如表 3 所示。对于那些需要视觉、采光效果而加大屋顶透明面积的建筑，如果所设计的建筑满足不了规定性指标限值要求，则必须进行权衡判断。不难看出，有采暖需求的气候区更加看重透明材料的保温性能，而南方地区则需要关注透明材料的遮阳性能。

表 3　采光顶热工性能限值

气候分区	传热系数限值 $K [W/(m^2 \cdot K)]$	遮阳系数限值 SC	典型城市
严寒 A 区	$\leqslant 2.5$	—	哈尔滨
严寒 B 区	$\leqslant 2.6$	—	沈阳
寒冷地区	$\leqslant 2.7$	$\leqslant 0.5$	北京
夏热冬冷地区	$\leqslant 3.0$	$\leqslant 0.4$	上海
夏热冬暖地区	$\leqslant 3.5$	$\leqslant 0.35$	广州

3 采光顶与室内环境

采光顶的透明构件对建筑能耗的影响主要体现在两个方面，由于室内外温差引起的传热得热和因太阳辐射引起的辐射得热，两者分别与透明材料的传热性能和太阳能透射性能有关，也就是取决于传热系数和遮阳系数。文献 5 使用同一模型、同种构造针对不同气候区进行模拟，结果显示，如表 4 所示，由于采光顶的存在，各地冷负荷和热负荷均有所增加。冷负荷增加要普遍大于热负荷增加量。从而也验证了采光顶对冷负荷的影响与辐射得热的关系密切。

表 4   加设采光顶对负荷的影响

城市	7月单位面积冷负荷增加量（kW·h）	1月单位面积热负荷增加量（kW·h）
沈阳	16	22
北京	23	16
济南	25	11
上海	28	8

中庭顶部被设计成能够透过自然光线的采光顶后，营造了建筑艺术效果，通过"自然感"缓解建筑内人员的压抑，并减少白天室内人工照明。但如上文分析，玻璃构件的引入会造成建筑能耗的增长。当设计师优化采光顶使用面积，选取保温和遮阳效果更优的材料后，这种能耗增长得到了一定的降低。但在实际运营时，仍不能避免出现问题。因为中庭存在两个效应，一是烟囱效应，它是由于室内外温差造成热压差，从而形成中庭内气流的流动。中庭往往高度较高，由于空气浮力的作用，底部热空气上升，聚集在中庭顶部，而在中庭底部的人员活动区域，温度则会相对较低，在整个中庭空间形成明显的垂直温度梯度。室内外气温差越大，进出风口高度差越大，热压作用越强。二是温室效应，它是由采光顶透明的光学特性引起的，太阳的短波热辐射透过玻璃加热室内，而室内较长波长的二次辐射则不能穿过玻璃透射出去，室内便因此积蓄了能量，促使室内温度升高。

采取遮阳实施，如内遮阳帘，可以起到遮挡部分阳光，减少辐射得热的作用。但通常情况下，打开遮阳帘会遮住采光顶的大部分采光面积，降低天然采光效果，因此，非固定的遮阳帘一般仅在太阳照射强烈时打开，平时收起。

4 采光顶通风分析

如上文，设计师应考虑通风设计，作为中庭建筑夏季防热另一手段。采光顶的设计应尽量采用"可开启"的形式，利用"烟囱效应"，排出热空气，实现中庭的被动式降温，减缓"温室效应"导致的室温升高，改善室内热环境，降低空

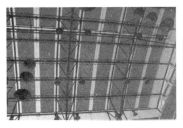

图 2　采光顶遮阳

调负荷。在温度较高的夏季，通过遮阳系统阻挡太阳的照射，同时利用中庭的烟囱效应通风换气。在气温比较温和的春秋季节，可以不采取任何措施，打开窗户获得自然通风和降温的效果。冬季，接受阳光的照射，利用中庭温室效应，减少建筑的能耗。

4.1　某项目概况

选取某商业广场项目进行采光顶通风分析，该项目地上 5 层，地下 2 层，其中地上面积 13 万 m²。效果图和平面图如图 3 和图 4 所示。为了加强天然采光，设计师设计了约 3000m² 采光顶，透光材料为 Low-E 中空夹胶钢化玻璃，但未进行遮阳及可开启设计。

图 3　项目效果图

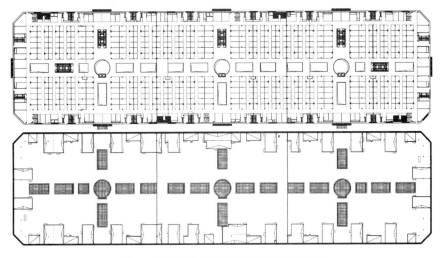

图 4　项目标准层平面图和屋面层平面图

4.2 热工情况分析

本项目所处地区夏季太阳辐射强烈，在没有遮阳也没有通风的情况下，中庭上空的采光顶下部易形成局部高温（夏季温室效应），导致较差的热环境，同时增加空调负荷造成极大浪费。其次，由于幕墙立面只在首层的大门处有可开启位置，且可开启面积较小，导致新风补充量严重不足，污浊空气不能逸散出去，通风状况恶劣。

本项目采用了四向中庭设计的一大特点是，各层的公共走廊环绕中庭而设。根据这一特点，在过渡季可充分利用中庭的热压拔风作用，诱导走廊等公共区域内温暖的污浊气流在浮力作用下通过中庭到达天窗，流出室外。同时，室外新鲜空气通过门洞口和幕墙开口进入室内对走廊进行补风。从而可实现良好的室内自然通风效果。

因此，原有建筑设计方案基础上提出的自然通风优化建议：在二～五层各主干公共通道连接室外的尽头位置增开外立面洞口；其次，在现有采光天棚的顶部侧面四周设置通风开口，使之形成一个高约4.4m的拔风烟囱。如此一来，可以发挥本项目各层公共走廊通过中庭相互连接的建筑特点，从而诱导室内气流垂直流动，达到改善室内自然通风的目的。并且在过渡季节，中庭和走廊等公共空间采取自然通风措施。

建立其三维计算模型，模拟其在过渡季及夏季东南风条件下的室内自然通风情况。

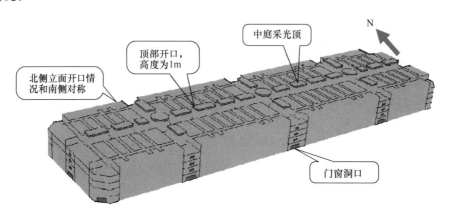

图5 室内自然通风计算三维模型

4.3 采光顶通风模拟分析

项目所在地地区夏季风向以东南风、南风为主，冬季风向以东北风，西北风为主。模拟该项目在过渡季及夏季在东南风条件下的室内自然通风情况。因建筑室外通风状况受到周围建筑的遮挡比较严重，建筑的迎风面和背风面的风压差较小，风压通风受限。然而，由于本项目设有多个28m的中庭，且其顶部为玻璃

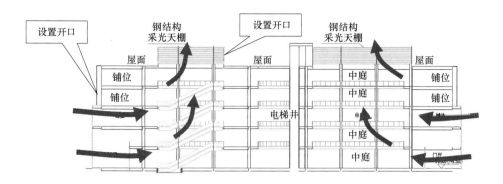

图 6　采光顶通风策略示意图

采光顶，这就为利用室内外的温差进行热压通风，诱导气流垂直流动创造了条件。

从图 7 垂直方向风速图可见，由于在底层存在多个门窗洞口，在风压和热压的驱动下，气流以超过 2m/s 的速度进入室内，且气流的流向主要为水平方向流动，而在 2~5 层，无论是中庭还是走廊，气流都有强烈的向上流动的趋势。1层室内中部公共区域中庭的竖向风速较大，大部分区域在 0.7~1.9m/s 之间。2~5 层室内中部公共区域中庭的竖向风速较小，大部分区域在 0.4~0.8m/s 之间，而受热压影响较小的走廊风速明显低。这说明在中庭采光顶开口诱导中庭的气流向上流动，热空气逸出室外的策略是有效的。从节能的角度，这大大降低了商铺内空调区域和商铺外非空调区域之间相互掺混的空气量，更有效的外排高温空气，同时降低了中庭对空调内区负荷的影响。

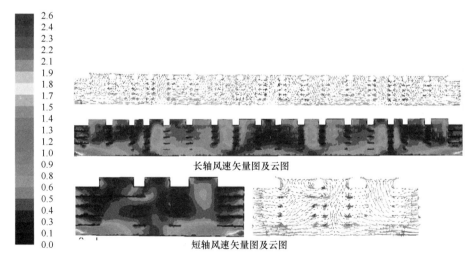

图 7　垂直风速分析图

从图 8 可以看出，室内各层水平方向的通风形态是，气流从东、西、南、北侧的门口进入，向中部公共区域的中庭流动，然后通过中庭向上流动，到达室外。走廊的风速多在 0.1～0.3m/s 之间，主干公共区域及中庭区域的风速可以达到 0.6～1.4m/s 之间。风流线清晰，风速适宜。

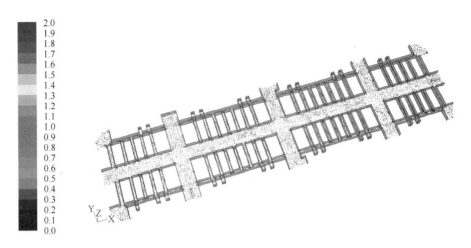

图 8　水平方向风速矢量图

从对温度场分析得知，见图 9，室内公共走廊和中庭温度呈现明显分层现象，即在东西向中心轴线切面上，1～3 层温度较低，大部分区域在（15～18）℃之间，而 4～5 层大部分区域处于（19～22）℃，且接近进风口的位置温度较低。南北向中心轴线切面上，5 层室内空气温度在（21～26）℃之间，而 1～4 层大部分区域的空气温度都在 20℃以下，这意味着公共区域的自然通风对商铺区域的空气调节系统不造成额外的制冷负荷，且在更高的室外温度下，本项目在过渡季节依然可以进行自然通风，这样就扩展了过渡季节进行自然通风周期。

图 9　垂直方向温度场

5　结论

综上分析，随着经济的发展，商店建筑的体量越来越大，为了改善室内光环境，建筑上采用采光顶中庭的设计也颇为普遍。带有采光顶的中庭有效的改善了光环境，但同时也带来了热环境的问题。从以上论述可知，采光顶采用遮阳和通风的综合措施可以有效改善室内的热环境，采用计算机辅助手段可以进一步细化、优化采光顶中庭的设计。建筑师应秉承节能、生态、绿色的建筑理念，进行被动式设计，减少建筑能耗的同时，营造更加舒适的室内环境，提升商店建筑的品质。

执笔人：广东省建筑科学研究院　周　荃　杨士超

专题 8 商店建筑水资源利用调研分析

商店建筑包含多种形式，按规模大小基本可分为：①超市；②专卖店；③百货商店；④购物中心；⑤超大型购物中心（亦称商业综合体）等。其中超市和专卖店的业态单一，用户以购物为主；百货商店和购物中心则包含购物、餐饮、娱乐休闲等多种业态；超大型购物中心业态呈多样化特征，如万达中心、上海新天地等。无论是商业办公、文化娱乐、教育运动、商务招待、健体美容、选货购物，都可以在商业综合体中完成。超大型购物中心已逐步发展成为城市某个区域的聚集地和表达具有城市特征的生活方式的标志区。从资源节约、污染减排及对周边环境影响方面来看，本文研究以购物中心以上的大型综合性商店建筑为主。

对于购物中心和超大型购物中心，业态的分类和设置复杂，可分为：百货零售、餐饮、文化娱乐及生活服务等四类。不同功能类型的建筑的水资源利用情况不同。文章针对不同商店的用水情况开展了相关调研分析。

1 用水状况调研

1.1 用水点分布

基于案例应具有一定的典型性和代表性，以某地万达广场购物中心为例，见图1~图7，反映了有用水需求楼层的用水点分布情况。

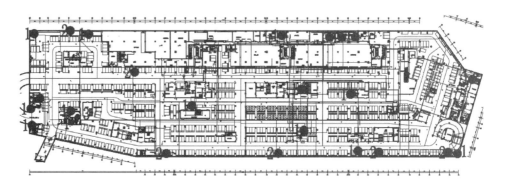

图 1 地下二层用水点分布

地下二层主要为车库、设备间、配套服务用房、生活消防水池等。用水点布置如图1所示，图中1为污水间用水点，2为车库用水点，3为卫生间用水点。

地下一层业态主要为车库、超市、设备间、配套服务用房等。用水点布置如图2所示，图中1为车库冲洗用水点，2为卫生间用水点，3为设备房用水点，4为超市预留用水点。

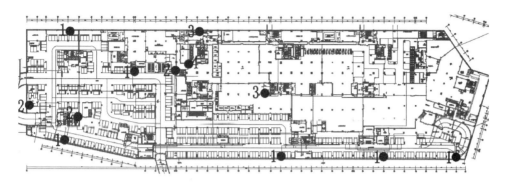

图 2　地下一层用水点布置

　　地上一层主要为万千百货、次主力店、国美电器、餐饮，零售、外铺等。用水点布置如图 3 所示，图中 1 为机房、服务用房用水点，2 为卫生间用水点。

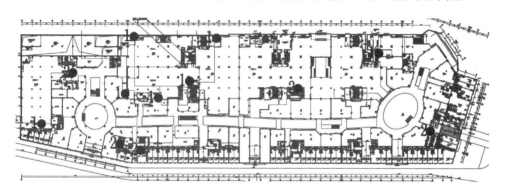

图 3　地上一层用水点布置

　　地上二层主要为万千百货、次主力店、餐饮、零售、商铺服务用房等。用水点如图 4 所示，图中 1 为机房用水点，2 为卫生间用水点，3 为餐饮用水点，4 为万千百货预留用水点。

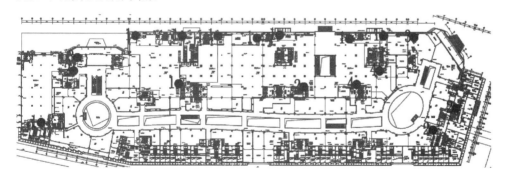

图 4　地上二层用水点布置

　　地上三层主要为万千百货、餐饮、KTV、设备机房等。用水点如图 5 所示，图中 1 为机房用水点，2 为卫生间用水点，3 为餐饮用水点（每个餐饮店铺预留一个），4 为万千百货预留用水点，5 为 KTV 预留用水点。

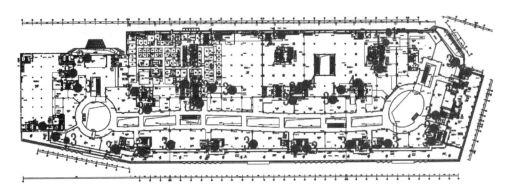

图 5　地上三层用水点布置

地上四层主要为万千百货、电影院、溜冰场、电玩、设备机房等。用水点布置如图 6 所示，图中 1 为机房用水点，2 为卫生间用水点，3 为万千百货、电玩预留用水点。

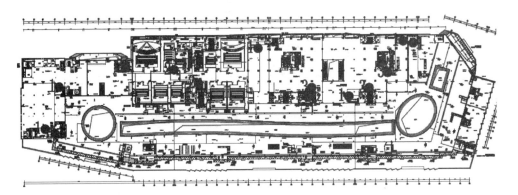

图 6　地上四层用水点布置

地上五层主要为万千百货、设备机房等。用水点布置如图 7 所示，图中 1 为机房用水点，2 为卫生间用水点，3 为万千百货预留用水点。顶层没有用水点。

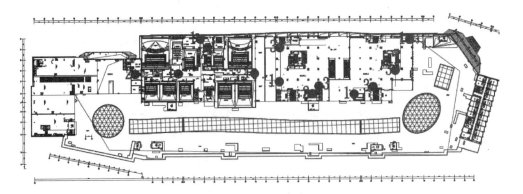

图 7　地上五层用水点布置

从以上案例可以看出，大型和超大型购物中心用水点设置与业态分类分布相关，基本可分为：卫生间、餐饮厨房、设备用房、超市生鲜类和配套服务类用房等四类。

1.2 用水器具或设备类型

商店建筑主要用水器具类型表见表1。

表1 商店建筑用水器具类型

序号	卫生器具	洗手盆	便器	洗涤盆	拖布池	设备用水	洒水栓
1	卫生间	✓	✓		✓		
2	餐饮厨房			✓		✓	
3	设备用房			✓		✓	
4	超市生鲜柜台			✓		✓	
5	配套服务用房			✓		✓	
6	空调冷却系统					✓	
7	绿化与浇洒						✓

1.3 给水方式

小型超市或专卖店一类的商店建筑供水系统由城市管网直供即能满足使用要求；大型商店建筑由于楼层较多，层高较高，市政自来水往往无法满足其供水水压要求，有时也需要建设蓄水池来调蓄高峰水量。如果建筑使用功能复杂，还可能需要按使用功能分区，因此，建筑给水可能会由多个供水系统组成，以南京市珠江路1号商城为例，该商店建筑由4个供水系统组成：其中4层以下由市政给水管网压力直供；5～7层由低区变频加压设备供水；8～23层由中区变频加压设备供水；24～51层由高区变频加压设备供水，详见表2南京珠江路1号商城给水系统分区。

表2 南京珠江路1号商城给水系统分区

分区	楼层	减压阀位置	设备	水泵主要参数 数量（台）
直供区	-4F～4F		市政管网直供	
低区	5F～7F		变频恒压供水泵、气压罐	96
中区	8F～15F		变频恒压供水泵、气压罐	57
	16F～23F	15F		
高区	24F～32F	32F	水先被提升至23F生活水箱，再由变频恒压转输设备，将水提升至各配水点	24
	33F～41F	40F		
	42F～51F			

1.4 室外给排水管道

商店建筑的室外部分包括：自来水接入、生活污水排出、化粪池以及屋面和场地雨水排水等，也有少数项目含有绿化用水、景观用水和污水处理设施等。设计成果仅限于给排水总图，景观绿化和地表铺装图等。不论是生活污水还是场地雨水，除了有特殊要求的项目之外，多数项目以排至市政管道为设计目标；有餐饮功能的项目在室外排水管道起端设置地埋式隔油池；当地规划部门要求进行污水处理后排放的项目，在场地内设置污水处理装置，以小型地埋式为主，较少设置在建筑内部。

2 案例分析

根据调查情况对案例中存在的典型问题，依据国家相关标准要求对卫生间设置、卫生设施配置进行了调研分析。

2.1 标准依据

商店建筑卫生间用水占建筑内生活用水量的比重在 $10\%\sim20\%$，卫生间数量影响商店建筑用水总量。项目组通过对 27 个商店建筑的调查，对照《城市公共厕所设计标准》CJJ 14—2005，可以看出，实际卫生器具数量与《城市公共厕所设计标准公》CJJ 14—2005 的要求存在差异。

《城市公共厕所设计标准公》CJJ 14—2005 关于卫生间设置要求如下所示：

按照《城市公共厕所设计标准公》CJJ 14—2005 中第 3.2.2 条规定，商场、超市和商业街公共厕所卫生设施数量应满足表 3 的规定。

表 3 商场、超市和商业街为顾客服务的卫生设施

购物面积（m²）	设施	男	女	备注
1000～2000	大便器	1	2	1 该表推荐顾客使用的卫生设施是对净购物面积 1000m² 以上的商场；
	小便器	1	—	
	洗手盆	1	1	
	无障碍卫生间	1		2 该表假设男、女顾客各为 50%，当接纳性别比例不同时应进行调整；
2001～4000	大便器	1	4	
	小便器	2	—	
	洗手盆	2	4	3 商业街应按各商店的面积合并计算后，按上表比例配置
	无障碍卫生间	1		
≥4000	按照购物场所面积成比例增加			

2.2 卫生间位置设置

卫生间的位置应方便使用，不影响沿街商业面，同时在总体密度上要求尽量平均，有较大的服务范围，提高服务效率；在个别位置上，要求与内部中庭设计的端部相结合，对人流量特别大的地方要适当增设卫生设施；在垂直位置上，要求尽量上下对位设计。

对调查的商店建筑案例中一部分商业卫生间平面位置进行标出、分析：

江阴万达标准层营业面积 3.6 万 m²，设四个洗手间，位置见图 8，卫生间结合中心庭院均匀分布，但需要通过通廊进入。

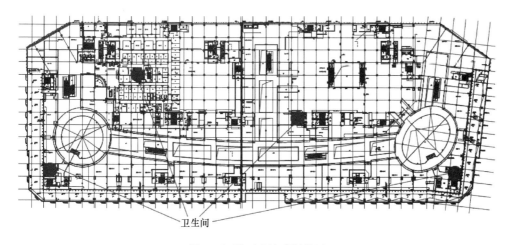

图 8 江阴万达洗手间位置

长白山商业中心标准层营业面积 1.9 万 m²，设三个卫生间，位置如图 9 所示，卫生间靠近楼梯，较为隐蔽。

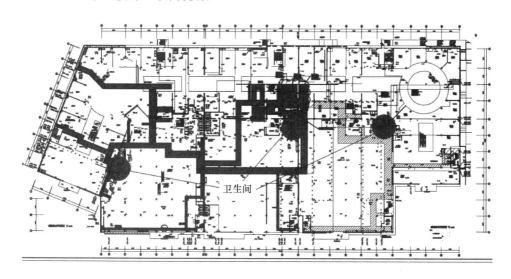

图 9 长白山商业中心洗手间位置

莆田万达商业标准层营业面积 3.2 万 m²，设五个卫生间，位置如图 10 所示，卫生间围绕中庭均匀布置，但需要通过通廊进入。

规范中仅对商店建筑卫生器具设置的个数提出要求，对卫生间个数并没有明确的规定，使得卫生间的设置在使用方便程度、人性化和功能化设计等方面存在差异，有必要满足按功能分区设置卫生间的基本要求，并且要考虑指引系统；每层卫生间位置最好垂直对应，以方便施工和维护。

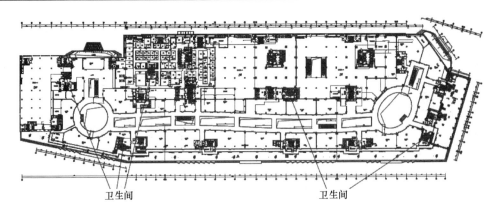

图 10 莆田万达商业洗手间位置平面

2.3 卫生间卫生设施设置

卫生间应按照相关标准，设置合理卫生设施，保证服务质量，满足公众服务需求。以某市万达广场为例，根据表 3 的规定，将标准配置的商店建筑应设大便器蹲位数和实际蹲位数、应设小便器数和实际小便器数、应设洗手盆数和实际洗手盆数进行比较，见图 11～图 13。

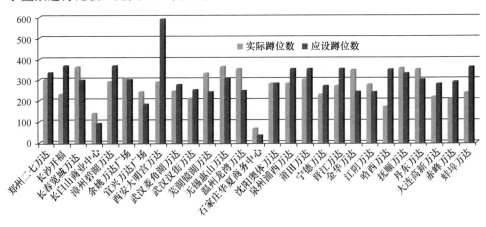

图 11 应设大便器蹲位数和实际蹲位数

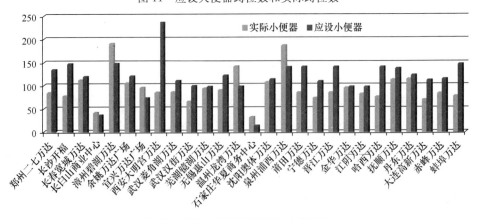

图 12 应设小便器数和实际小便器数

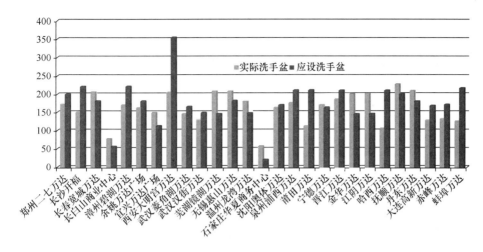

图 13　应设洗手盆数和实际洗手盆数

通过对比分析，所调查的商店建筑卫生间卫生器具配置与设计标准相比存在较大差异：大便器设置单位数仅占应设置单位数的 55.6%；小便器单位数占 77.8%；洗手盆单位数占 55.6%；平均减少配置 37%。

3　结果分析

（1）能充分利用城市自来水管网压力，缺乏对节水与水资源综合利用的总体考虑

给水系统设置是否合理直接关系到商店建筑的耗水量，给水系统设计应合理、完善，充分利用城市自来水管网压力，同时应采取有效措施避免超压出流。在所调研的 27 个商业项目中，低区和地下室给水均由市政自来水管网直接供给，在充分利用管网水压方面达到了 100%；所有调研案例均采用分区供水方式，高区为变频加压供水。在给排水系统设计中，生活给排水系统设计内容主要是流量、管道、管材与设备选择，缺少对节水与水资源综合利用的总体考虑，未要求提交"水资源综合利用方案"，在设计成果中较少体现对本地水资源现状的分析和适宜节水技术的方案比选等。

（2）使用对象具有流动性，未能重视末端压力控制，存在超压出流现象

商店建筑使用对象为不固定人群，较容易出现卫生器具的无效用水问题。商店建筑主体生活用水主要用于卫生间。给水系统管网多为立管直接与卫生设备连接，垂直方向管线较长，同一管道系统下层动水压力大，易于产生末端超压。超压出流量未产生正常的使用效益，而是在人们的使用过程中流失，造成的浪费不易被人察觉，因此被称为"隐形"水量浪费。另外，发生超压时，由于水压过大，易产生噪声，水击及管道振动，缩短给水管道及管件的使用寿命。水压过大

在龙头开启时会形成射流喷溅，影响用户的正常使用。使用功能较复杂的商店建筑往往位于高层建筑的裙楼，易于产生末端超压出流，应采取末端压力控制措施，减少无效耗水量。在大多数案例中，较少针对同一分区内较低楼层的引入管设置减压阀或减压孔板等末端压力控制措施。

（3）未重视节水和高效率节水等级的卫生器具选择

据 1980 年～2003 年全国用水统计显示，生活用水在城市总供水量中所占比率呈逐年增长趋势，而配水装置和卫生设备是水的最终使用单元，它们节水性能的好坏，直接影响着建筑节水工作的成效，因此，选择节水和高用水效率等级的卫生器具是实现绿色建筑节水的重要手段和途径。在实际调研中，仅在材料表中给出各种卫生器具规格和数量，未标明是否节水器具，以及要求选用的卫生器具节水等级。

（4）空调冷却水补水使用自来水

处于夏热冬冷地区的商店建筑冷却水耗量约占总用水量的 20% 左右。目前，在设计阶段，冷却水属于工艺用水，介于暖通和给排水两个专业之间，节水问题易于被忽略。

（5）忽视室外绿色雨水基础设施设计

红线之内的室外给排水设计较少关注是否需采用绿色雨水基础设施技术。当商店建筑达到一定规模时，建筑自身的大屋面、周边的停车场、广场以及进出口通道可能占据较大的建设用地，这部分如果均以不透水铺装下垫面覆盖，将给周边环境的微气候带来不利影响，见图 14（右图为 2013 年 8 月 10 日南京燕子矶苏果大型超市远红外成像图、左图为可见光照片），表 4 为图 14 属性表。

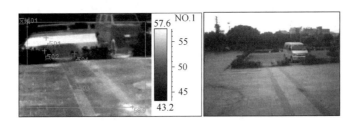

图 14 南京燕子矶苏果大型超市（左图为可见光照片、右图为远红外成像图）

表 4 属 性 表

目标参数	数 值
比辐射率	0.96
距离	2.00m
环境温度	29.3℃
点分析	数值

续表4

目标参数	数　值
点 01 温度	57.6℃
点 02 温度	43.3℃
点 03 温度	52.2℃
点 04 温度	45.9℃
区域分析	数值
区域 01 最高温度	58.9℃

（6）存在餐饮用水计量和排水隔油问题

有餐饮业态的综合型商店建筑越来越普及，其供水的计量和餐饮排水的隔油是运营阶段较棘手的问题，设计不当投入使用后易于存在收费矛盾和排水管道堵塞等弊端。

（7）不重视非传统水源利用的规模效益

多业态大型商店建筑年耗水量大，已属于用水大户，图 15 给出南京珠江路 1 号商城 2011 年逐月用水量，全年用水总量达 32263m³。如果使用非传统水源替代自来水，应能产生规模效益。尤其是在水资源紧缺、已建或待建市政再生水的城市，或者是降雨量较大的地区，应大力推广商店建筑使用再生水或回用的雨水。其一，在公共卫生间的背景下，非传统水源冲厕易于被使用者所接受；其二，当满足空调冷却水水质要求时，非传统水源可被连续大量使用；其三，获得一定的经济效益。

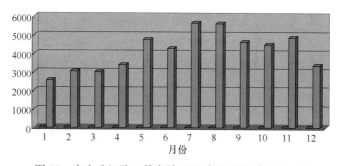

图 15　南京珠江路一号商城 2011 年逐月用水量（m³）

以南京为例：南京自来水工商服务业单价为 3.6 元/m³，见表5，再生水单价为 1.0 元/m³（参考北京市和天津市市政再生水价格），每节约 1m³ 水可产生 2.6 元的毛利，可获得较好的经济效益，同时，还可以减排约 0.5m³ 的污水，获得较好的环境效益。

表5 南京市自来水（含自备水）价格表

类 别		供水价格	城市附加	污水处理费	水资源费	到户价
生活	第一阶梯	1.42	0.06	1.42	0.20	3.10
	第二阶梯	2.13	0.06	1.42	0.20	3.81
	第三阶梯	2.84	0.06	1.42	0.20	4.52
机关团体及事业单位		1.52	0.08	1.60	0.20	3.40
工商服务业		1.67	0.08	1.65	0.20	3.60
特种行业		2.65	0.10	1.65	0.20	4.60

4 总结

通过调研分析可知，目前我国商店建筑节水与水资源利用典型问题可以概括为三大类，如表6所示。

表6 商店建筑节水与水资源利用典型问题分类

分类	典型问题
建筑给排水设计	能充分利用城市自来水管网压力，缺乏对节水与水资源综合利用的总体考虑
	使用对象具有流动性，未能重视末端压力控制，存在超压出流现象
	未重视节水和高效率节水等级的卫生器具选择
	空调冷却水补水使用自来水
	存在餐饮用水计量和排水隔油问题
绿色雨水基础设施	忽视室外绿色雨水基础设施设计
非传统水源利用	不重视非传统水源利用的规模效益

解决商店建筑节水与水资源综合利用典型问题的途径：

① 在建筑给排水设计中强化节水意识，在精细设计和细节上下功夫，提高设计效能。具体体现在给水方式选择、末端压力控制、卫生器具选用、与空调专业配合等方面。

② 在传统的建筑给排水设计中，雨水排水以尽快将雨水排出场地为设计目标，并不包括室外场地绿色雨水基础设施设计，因此，应建立"低影响开发"设计理念，通过末端源头处置解决雨水排水问题，积极开展绿色雨水基础设施设计。

③ 再生水回用虽然是开源节流的重要方面，但是，在建筑给排水设计中并没有得到应有的重视，建议列入设计体系之中，防止被"边缘化"。

执笔人：南京工业大学 吕伟娅

专题9　绿色商店建筑运行管理评价要点

1　绿色商店对运行管理的标准要求

根据《绿色商店建筑评价标准》GB/T 51100—2015，绿色商店建筑评价划分为"设计评价"和"运行评价"。运行评价则不仅要评价"绿色措施"，而且要评价这些"绿色措施"所产生的实际效果。除此之外，运行评价还关注绿色商店建筑在施工过程中留下的"绿色足迹"，以及绿色商店建筑正常运行后的科学管理。

1.1　控制项要求

1）制定并实施的管理制度

主要内容：

节能、节水、节材、绿化管理制度；垃圾管理制度，合理规划垃圾物流，对废弃物进行分类收集，垃圾容器设置规范；二次装修管理制度。

评价要点：

管理制度及其实施的评价主要包括下列内容：

① 考察节能管理模式等的合理性、可行性及落实程度；

② 考察节水方案等的合理性，各类用水计量的规范性，以及节水效果；

③ 考察建筑、设备、系统的维护制度和耗材管理制度的合理性及实施情况；

④ 考察各种杀虫剂、除草剂、化肥、农药等化学品管理制度的合理性及使用的规范性；

⑤ 考察垃圾管理制度、垃圾分类收集处理、垃圾容器设置的规范性；

⑥ 考察二次装修管理制度对装修施工资格、装修施工流程、建材采购、施工现场管理等进行约束，确保实现绿色装修。

2）运行监控

主要内容：

运行过程中产生的废气、污水等污染物应达标排放；节能、节水设施应工作正常，且符合设计要求；供暖、通风、空调、照明等设备的自动监控系统应工作正常，且运行记录完整。

评价要点：

① 污染物的监控。考察运行过程中是否通过合理的技术措施和排放管理手段，杜绝商店建筑运行过程中相关污染物（废水、废气、噪声等）的不达标排放。

② 节能、节水设施应工作正常。考察绿色商店建筑设置的节能、节水设施，如热能回收设备、地源/水源热泵、太阳能光伏发电设备、太阳能光热水设备、遮阳设备、雨水收集处理设备是否运行正常。

③ 供暖、通风、空调、照明系统是商店建筑的主要用能设备，应主要考察其实际工作正常，及其运行数据。查看主要系统及设备是否进行有效的监测，对主要运行数据进行实时采集并记录；并对上述设备系统按照设计要求进行自动控制，通过在各种不同运行工况下的自动调节来降低能耗。

1.2　评分项要求

1) 管理制度

主要内容：

包括物业管理部门的资质要求、能源资源管理激励机制、绿色教育宣传机制等。

评价要点：

① 物业单位资质要求。考察物业管理单位是否通过 ISO 14001 环境管理体系认证、ISO 9001 质量管理体系认证，确认项目源管理方针是否符合《能源管理体系　要求》GB/T 23331 能源管理体系的要求。

② 能源资源管理激励机制。考察业主与物业管理单位存在能源资源管理激励的相关制度，在保证建筑的使用性能要求、投诉率低于规定值的前提下，实现其经济效益与建筑用能系统的耗能状况、水资源和各类耗材等的使用情况直接挂钩。

③ 绿色教育宣传机制。查阅绿色教育宣传的工作记录与报道记录，并向建筑使用者核实。

2) 技术管理

主要内容：

包括分项计量、设施定期检查维护、运行维护培训、定期进行能耗统计和能源审计等。

评价要点：

① 分项计量。考察能源计量体系是否健全，包括按不同的用能系统分装总表、分表，以及对不同的使用单位分装子表，审查分项计量数据记录、各个小业主的计量收费记录，并现场检查。

② 设施定期检查维护。机电设备系统的调试不仅限于新建建筑的试运行和竣工验收，而是一项持续性、长期性的工作。因此，物业管理单位有责任定期检查、调试设备系统，标定各类检测器的准确度，根据运行数据，或第三方检测的数据，不断提升设备系统的性能，提高商店建筑的能效管理水平。评价时，需查阅调试、运行记录。

③ 运行维护培训。节能技术的有效运用是具体管理措施实施的最好体现。因此，应持续对运营管理人员、运行操作人员进行专业技术和节能知识培训，使之掌握正确的节能理念和有效的节能技术。评价时，查阅运营管理人员的培训计划，培训及考核记录，上岗证书。

④ 定期进行能耗统计和能源审计。从整体节能的角度，项目有必要做好能源统计工作，合理设定目标，并基于目标对机电系统提出一系列优化运行策略，不断提升设备系统的性能，提高建筑物的能效管理水平。评价时，查阅能耗统计和能源审计方案及报告，公共设施系统优化运行方案及运行记录，并现场核实。

3）环境管理

主要内容：

包括优化新风系统管理、采用无公害病虫害防治技术、实行垃圾分类收集和处理等。

评价要点：

① 优化新风系统管理。商店建筑的特点是人流量大，室内热湿负荷变化大，室内空气质量较差，因此必须合理开启新风系统，而且新风系统应根据不同的运行工况实现合理的调节，如分时段、分节假日、分季节等，通过新风量合理调节来保证各时段室内空气品质。运行评价审核新风系统的运行记录，室内空气质量参数的检测报告等，并现场核实。

② 无公害病虫害防治技术。无公害病虫害防治是降低城市环境污染、维护城市生态平衡的一项重要举措，对于病虫害坚持以物理防治、生物防治为主，化学防治为辅，并加强预测预报。因此，一方面提倡采用生物制剂、仿生制剂等无公害防治技术，另一方面规范杀虫剂、除草剂、化肥、农药等化学药品的使用，防止环境污染，促进生态可持续发展。运行评价查阅病虫害防治用品的进货清单与使用记录，并现场核查。

③ 实行垃圾分类收集和处理。垃圾分类收集就是在源头将垃圾分类投放，并通过分类清运和回收使之分类处理或重新变成资源，减少垃圾处理量，降低运输和处理过程中的成本；可生物降解垃圾是指垃圾在微生物的代谢作用下，将垃圾中的有机物破坏或产生矿化作用，使垃圾稳定化和达到无害化降解的垃圾；有毒有害垃圾是指存有对人体健康有害的重金属、有毒的物质或者对环境造成现实危害或者潜在危害的废弃物。包括电池、荧光灯管、灯泡、水银温度计、油漆桶、家电类、过期药品、过期化妆品等。运行评价查阅垃圾管理制度文件、各类垃圾收集和处理的工作记录，并进行现场核查和用户抽样调查。

2　运行管理策略

2.1　建立合格高效的管理平台

1）物业管理单位要求的监质：通过 ISO 14001 环境管理体系认证；通过 ISO 9001 质量管理体系认证；通过现行国家标准《能源管理体系　要求》GB/T 23331 规定的能源管理体系认证。

物业管理单位通过 ISO 14001 环境管理体系认证，是提高环境管理水平的需要，可达到节约能源、降低消耗、减少环保支出、降低成本的目的，减少由于污染事故或违反法律、法规所造成的环境风险（图 1）。

ISO 9001 质量管理体系认证可以促进物业管理单位质量管理体系的改进和完善，提高其管理水平和工作质量（图 2）。

图 1　ISO 14001 环境管理体系认证证书示例　　图 2　ISO 9001 质量管理体系认证证书示例

现行国家标准《能源管理体系　要求》GB/T 23331 是在组织内建立起完整有效的、形成文件的能源管理体系，注重过程的控制，优化组织的活动、过程及其要素，通过管理措施，不断提高能源管理体系持续改进的有效性，实现能源管理方针和预期的能源消耗或使用目标（图 3）。

2）物业管理具有完善的管理措施，定期进行物业管理人员的培训

定期对运营管理人员进行系统运行和维护相关专业技术和节能新技术的培训及考核。节能技术的有效运用是具体管理措施实施的最好体现。因此，应持续对

运营管理人员、运行操作人员进行专业技术和节能知识培训，使之掌握正确的节能理念和有效的节能技术。具有系统运行和维护的培训计划，执行培训计划，实施培训考核（图4）。

3）能源资源管理激励机制

实施能源资源管理激励机制，管理业绩与节约能源资源、提高经济效益挂钩。管理是运行节约能源、资源的重要手段，必须在管理业绩上与节能、节约资源情况挂钩。因此要求物业管理单位在保证建筑的使用性能要求、投诉率低于规定值的前提下，实现其经济效益与建筑用能系统的耗能状况、水资源和各类耗材等的使用情况直接挂钩。采用合同能源管理模式更是节能的有效方式（图5）。

图3 能源管理体系认证证书示例

图4 物业管理培训

4）绿色教育宣传机制

建立绿色教育宣传机制，形成良好的绿色氛围。

有绿色教育宣传工作记录，在商店建筑的运行过程中，各小业主和物业管理人员的意识与行为，直接影响绿色建筑的目标实现，因此需要坚持倡导绿色理念与绿色生活方式的教育宣传制度，形成良好的绿色行为与风气（图6）。

公示室内环境和用能数据的场所，应选择在中庭、大堂、出入口、收银台等公众可达、可视的场所。需要提醒的是，设置上述公示装置另一方面也要结合考

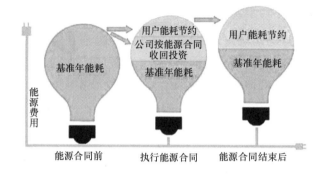

图 5 合同能源管理

图 6 绿色教育宣传

虑流线设计和人流聚散，避免因此造成人为拥堵和混乱。

5）应用信息化手段进行物业管理

应用信息化手段进行物业管理，建筑工程、设施、设备、部品、能耗等档案及记录齐全。信息化管理是实现绿色商店建筑物业管理定量化、精细化的重要手段，对保障建筑的安全、舒适、高效及节能环保的运行效果，提高物业管理水平和效率，具有重要作用。采用信息化手段建立完善的建筑工程及设备、能耗监管、配件档案及维修记录是极为重要的。如条件许可，相关的运行记录数据均为智能化系统输出的电子文件。应提供至少1年的用水量、用电量、用气量、用冷热量的数据，作为评价的依据（图7）。

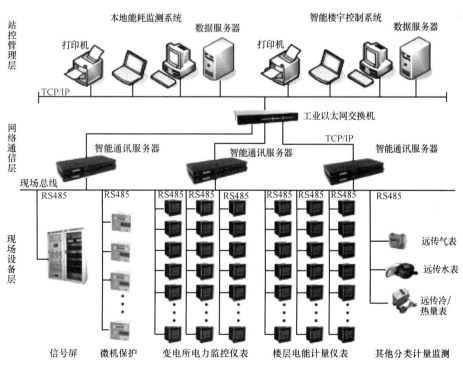

图7 信息化管理

2.2 制定管理制度和操作规程

1）节能、节水、节材、绿化管理制度

物业管理单位应提交节能、节水、节材、绿化等管理制度细则，并说明实施效果。节能管理制度主要包括节能方案、节能管理模式和机制、分户分项计量收费等。节水管理制度主要包括节水方案、分户分类计量收费、节水管理机制等。耗材管理制度主要包括维护和物业耗材管理。绿化管理制度主要包括苗木养护、用水计量和化学药品的使用制度等。

2）垃圾管理制度

商店建筑运行过程中产生的生活垃圾可能包括纸张、塑料、玻璃、金属、布料等可回收利用垃圾，有剩菜剩饭、骨头、菜根菜叶、果皮等厨余垃圾，有含有重金属的电池、废弃灯管等有害垃圾，还有装修或维护过程中产生的渣土、砖石和混凝土碎块、金属、竹木材等废料。首先，根据垃圾的来源、可否回用、处理要求等确立分类管理制度和必要的收集设施，并对垃圾的收集、运输等进行整体的合理规划，如果设置小型有机厨余垃圾处理设施，应考虑其合理性。其次，制定包括垃圾管理运行操作手册、管理设施、管理经费、人员配备及机构分工、监督机制、定期的岗位业务培训和突发事件的应急处理系统等内容的垃圾管理制度。最后，垃圾容器应具有密闭性能，其规格和位置应符合国家有关标准的规定，其数量、外观色彩及标志应符合垃圾分类收集的要求，并置于隐蔽、避风处，与周围景观相协调，坚固耐用，不易倾倒，防止垃圾无序倾倒和二次污染。

3）污染物排放管理制度

建筑运行过程中还会产生各类废气和污水，可能造成多种有机和无机的化学污染，噪声、电磁辐射和放射性等物理污染，病原体等生物污染。为此需要通过合理的技术措施和排放管理手段，杜绝商店建筑运行过程中相关污染物的不达标排放。相关污染物的排放应符合现行标准《大气污染物综合排放标准》GB 16297、《锅炉大气污染物排放标准》GB 13271、《饮食业油烟排放标准》GB 18483、《污水综合排放标准》GB 8978、《污水排入城镇下水道水质标准》CJ 343、《社会生活环境噪声排放标准》GB 22337、《制冷空调设备和系统减少卤代制冷剂排放规范》GB/T 26205 等的规定。

4）二次装修管理制度

商店建筑后期运行过程中，涉及很多店铺及小业主，而且经常涉及二次装修问题。商店建筑正常营业过程中，某个店铺的二次装修往往会对周边其他店铺产生影响，包括噪声、扬尘等，因此加强商店建筑的二次装修管理非常重要。二次装修管理制度应对装修施工资格、装修施工流程、建材采购、施工现场管理等进行约束，确保实现绿色装修，尽量减少对其他店铺正常营业及顾客购物的影响。

此外，二次装修还应注意防火等安全要求，采取有效措施确保安全。

5）节能、节水、节材、绿化操作规程

相关设施的操作规程在现场明示，操作人员严格遵守规定。

绿色商店建筑能耗较高，尤其是空调系统和照明系统，故应加强此类用能系统的运营管理。为了保证商店建筑低能耗、稳定、安全运营，操作人员应严格遵守相关设施的现场操作规程，无论是自行运维还是购买专业服务，都需要建立完善的操作规程。

2.3 设施运行记录和监控

1）供暖、通风、空调、照明等设备的自动监控系统

供暖、通风、空调、照明系统是商店建筑的主要用能设备，本条主要考察其实际工作正常，及其运行数据。因此，需对绿色商店建筑的上述系统及主要设备进行有效的监测，对主要运行数据进行实时采集并记录；并对上述设备系统按照设计要求进行自动控制，通过在各种不同运行工况下的自动调节来降低能耗。对于建筑面积 15000m^2 以下的商店建筑应设简易有效的控制措施。

2）分项计量

大型商店建筑（建筑面积不低于 15000m^2），对不同用途和不同使用单位的用能、用水进行计量收费。大型商店建筑往往涉及众多用户，为了激励其节能节水，应建立健全完善的能源计量体系，包括按不同的用能系统分装总表、分表，以及对不同的使用单位分装子表，以实现"谁用能谁付费，用得多付得多"，从而实现行为节能。

3）能耗统计和能源审计

结合建筑能源管理系统定期进行能耗统计和能源审计，并合理制定年度运营能耗、水耗指标和环境目标。

商店建筑运行能耗较高，因此有必要对其加强能源监管。一般来说，通过能耗统计和能源审计工作可以找出一些低成本或无成本的节能措施，这些措施可为业主实现 5%～15% 的节能潜力。

由于商店建筑种类比较多，故很难用一个定额数据对其能耗进行限定和约束。但从整体节能的角度，项目有必要做好能源统计工作，合理设定目标，并基于目标对机电系统提出一系列优化运行策略，不断提升设备系统的性能，提高建筑物的能效管理水平，真正落实节能。

4）定期检查、调试公共设施设备，并根据运行检测数据进行设备系统的运行优化

机电设备系统的调试不仅限于新建建筑的试运行和竣工验收，而是一项持续性、长期性的工作。因此，物业管理单位有责任定期检查、调试设备系统，标定

各类检测器的准确度，根据运行数据，或第三方检测的数据，不断提升设备系统的性能，提高商店建筑的能效管理水平。

5）对空调通风系统、照明系统进行定期检查和清洗

中央空调与通风系统是商店建筑中的一项重要设施，但目前运行过程中普遍存在室内空气质量差的现象，因此除了科学开启商店建筑的通风系统外，运行过程中还应加强该系统的清洗维护。

物业管理单位应对重点场所定期巡视、测试或检查照度，按照标准规定清扫光源和灯具，以确保照度水平，一般每年不少于2次。

6）智能化系统的运行

信息设施系统、信息化应用系统、建筑设备管理系统、公共安全系统、机房工程等满足现行国家标准《智能建筑设计标准》GB 50314的基础配置要求。智能化系统的运行效果满足商店建筑运行与管理的需要。通过智能化技术与绿色商店建筑其他方面技术的有机结合，可望有效提升商店建筑综合性能，因此智能化系统设计上均要求达到基本配置。此外，对系统工作运行情况也提出了要求。智能化系统运行时应确保所有系统均正常运行。

7）优化管理新风系统，确保良好的室内空气品质

商店建筑的特点是人流量大，室内热湿负荷变化大，室内空气质量较差，因此必须合理开启新风系统，而且新风系统应根据不同的运行工况实现合理的调节，如分时段、分节假日、分季节等，通过新风量合理调节来保证各时段室内空气品质。

制定新风调节管理制度，新风系统满足不同工况运行的需求。室内环境参数运行记录完善。室内环境参数运行记录中，所有空间的室内空气品质均符合相关标准要求。

8）采用无公害病虫害防治技术

规范杀虫剂、除草剂、化肥、农药等化学药品的使用。建立和实施化学药品管理责任制，病虫害防治用品使用记录完整，采用生物制剂、仿生制剂等无公害防治技术。

无公害病虫害防治是降低城市环境污染、维护城市生态平衡的一项重要举措，对于病虫害坚持以物理防治、生物防治为主，化学防治为辅，并加强预测预报。因此，一方面提倡采用生物制剂、仿生制剂等无公害防治技术，另一方面规范杀虫剂、除草剂、化肥、农药等化学药品的使用，防止环境污染，促进生态可持续发展。

9）实行垃圾分类收集和处理

垃圾分类收集就是在源头将垃圾分类投放，并通过分类清运和回收使之分类

处理或重新变成资源，减少垃圾处理量，降低运输和处理过程中的成本。

可生物降解垃圾是指垃圾在微生物的代谢作用下，将垃圾中的有机物破坏或产生矿化作用，使垃圾稳定化和达到无害化降解的垃圾。

有毒有害垃圾是指存有对人体健康有害的重金属、有毒的物质或者对环境造成现实危害或者潜在危害的废弃物。包括电池、荧光灯管、灯泡、水银温度计、油漆桶、家电类、过期药品，过期化妆品等。

垃圾分类收集率达到 90％。

2.4　应急机制

节能、节水设施运行具有完善的应急预案，且有演练记录。应急预案是应对商店建筑突发事件的重要保障，应具有完善应急措施，并有演练记录。

执笔人：中国建筑科学研究院上海分院　张雪　樊瑛　马素贞

第四篇　案例介绍

案例1　内蒙古通辽新城·欢乐河岸商业中心

1　工程概况

通辽新城·欢乐河岸商业中心项目地处胜利北路西侧,南至西辽河,北接孝庄河,占地约为24万m²,地块交通便利;西侧为居住用地,东边地块多为政府办公及市政府,该项目和居住地块之间规划有6m的车行道。该项目地块势平坦,人工开渠连接西辽河和孝庄河,该项目地块主要为开放型景观区域,为新区重要景观步行道和河畔公园。

项目申报地块为地块二,规划建设用地面积7717.87m²,规划总建筑面积16036.80m²,其中,地上建筑面积11565.24m²,地下建筑面积4471.56m²,建筑基底总面积4138.15m²,建筑密度53.62%,容积率1.50。

图1　通辽新城·欢乐河岸景观建筑规划总平面

图2　项目效果图

2　设计思路

通辽市位于中国内蒙古自治区,属典型的半干旱大陆性季风气候,春季干旱多风,夏季炎热,雨热同季。年平均气温(0～6)℃,年平均日照时数3000小时

257

左右，≥10℃积温（3000～3200）℃，无霜期140～160天，年平均降水量350～400cm，年平均风速3～4.4m/s，全年8级以上大风日数20～30天。

该项目层次分明、尺度宜人的开放空间，运用城市景观设计原理，将建筑融入景观氛围之中，设计时提取胜利河沿畔景观要素，如树叶、草原绿坡、飘带等，将其抽象化处理后形成建筑体块造型元素，使建筑成为公园的配景小品、雕塑。地块划分满足统一主题和功能的条件下提倡景观要求的细分多样性，建筑方面有不同的风格和形式。

项目充分利用景观设计带来的地形局部高差，景观设计中有部分坡起的微地形，设计的时可将局部建筑屋顶造型做成斜面，屋顶和地面形成一体。将建筑隐于绿地之中，这既保证了容积率又丰富了河岸线和城市立面。

3　建筑特征

3.1　节地与室外环境

（1）选址

项目地势平坦，人工开渠连接西辽河和孝庄河，本项目地块主要为开放型景观区域，为新区重要景观步行道和河畔公园。场地内无重点保护文物，区内植物主要以次生植被为主，建设区域绿地覆盖率现状较低，无自然水系、基本农田和其他保护区等。

（2）室外环境（声、光、热）

本项目关于室外环境方面的设计主要体现下在以下几方面：

声：根据《环境评价报告》内容，对建设区域的噪声进行现场监测，环境噪声符合现行国家标准《声环境质量标准》GB 3096的规定。

风：本项目建筑层数：地上三层（局部二层），地下一层。建筑密度：55.41％。建筑高度：14.85m（至女儿墙结构顶）室外风环境良好，满足行人舒适性要求。

光：本项目沿街建筑玻璃幕墙可见光反射比小于0.3，满足现行国家标准《玻璃幕墙光热性能》GB/T 18091中规定的要求，并且注意对窗的分割和玻璃面积的限制使用，以减少玻璃反射光对环境的干扰。

热：本项目采用综合绿化体系，即室外景观绿化、屋顶绿化与透水地面三部分，起到美化环境和缓解城市热岛效应的作用。

（3）出入口与公共交通

本项目区域交通流线组织便捷、道路分级明确，布局合理；出入口到达公共交通站点的步行距离不超过500m。便利的交通体现了绿色商店标准要求。

（4）景观绿化

本项目地块主要为开放型景观区域，建筑规划结合新区重要景观步行道和河畔公园，景观植物配植以乡土植物为主，并采用包含乔、灌木、草相结合的复层绿化。

（5）透水地面

商店标准中要求合理衔接和引导屋面雨水、道路雨水进入地面生态设施，并设置相应的径流污染控制措施及建筑屋顶或墙面合理采用屋顶绿化及垂直绿化，并合理配置绿化植物。项目合理规划排水系统道路雨水进入河畔公园。

（6）地下空间利用

商店标准中要求合理开发利用地下空间。本项目充分考虑了这一点，合理开发地下空间，地下建筑面积 3095.84m²，用地面积：5563.40m²，地下空间利用率为 55％，主要功能为车库、超市、库房、配电室、排风机房等。

3.2　节能与能源利用

（1）建筑节能设计

①本建筑的体形系数（0.22）、窗墙比和围护结构的传热系数等热工性能参数均满足现行国家标准《公共建筑节能设计标准》GB 50189 和内蒙古省地方标准《公共建筑节能设计标准》DBJ 03—27 的规定要求；

②热工设计符合《公共建筑节能设计标准》GB 50189 规定，除钢筋混凝土墙外，外墙均为 200 厚加气混凝土砌块外贴 90 厚聚苯板保温；内墙为 200 厚加气混凝土砌块或 100 厚 AC 轻质隔板墙；分隔楼梯间地上地下的墙为 100/300 厚加气混凝土砌块墙，耐火极限不低于 2h。外门窗均采用断桥铝合金中空玻璃（6Low_E＋12A＋6）门窗，传热系数 $K＝2.4$。外窗水密性不低于 3 级，气密性不低于 6 级。

本项目各部分围护结构均做了节能设计，且建筑的体型系数、窗墙面积比、围护结构的传热系数均小于规范限值，满足现行国家标准《公共建筑节能设计标准》GB 50189 相关条文的规定。

（2）环保节能

建筑物围扩结构的热工性能满足内蒙古省地方标准《公共建筑节能设计标准》DBJ 03—27—2007 的要求。建筑围护结构各部分的节能措施与热工性能见表1。

表1　建筑围护结构做法

建筑围护结构	采用的节能措施与构造	传热系数 W/(m²·K)	备注
屋面	主体层：钢筋混凝土（120.00mm） 保温层：挤塑聚苯板（70.00mm）	0.43	—

续表1

建筑围护结构		采用的节能措施与构造		传热系数 W/(m²·K)		备注
外墙		主体层：加气混凝土砌块（200.00mm） 保温层：聚苯板（90.00mm）		0.41		—
底面接触室外空气的 架空层或外挑楼板		主体层：钢筋混凝土（120.00mm） 保温层：聚苯板（20.00+70.00mm）		0.48		20mm聚苯板为 地暖做法
非采暖房间与采暖房间 的隔墙		加气混凝土砌块（200.00mm）		1.00		—
非采暖房间与采暖 房间的楼板		主体层：钢筋混凝土（120.00mm） 保温层：聚苯板（20.00mm）		1.28		20mm聚苯板为 地暖做法
单一朝向 外窗 （包括透明 幕墙）	南	断桥铝合金中空 6Low_E+12A+6	窗墙 面积比	0.67	2.40	气密性	窗：6 玻璃幕墙：4
	东	断桥铝合金中空 6Low_E+12A+6		0.56	2.40		窗：6 玻璃幕墙：4
	西	断桥铝合金中空 6Low_E+12A+6		0.48	2.40		窗：6 玻璃幕墙：4
	北	断桥铝合金中空 6Low_E+12A+6		0.57	2.40		窗：6 玻璃幕墙：4
屋顶透明部分		—	所占比例	—	—	气密性	—
地面	周边	主体层：钢筋混凝土（120.00mm） 保温层：聚苯板（20.00mm）		0.53		热阻值
	非周边	主体层：钢筋混凝土（120.00mm） 保温层：聚苯板（20.00mm）		0.53		热阻值
采暖地下室外墙		—		—		热阻值

本项目采用符合国家要求的设备与材料，所有运转设备均做减振和消声。楼栋采暖热力入口设置热计量表，实行分户热计量和室温控制。分、集水器每个环路均配置恒温阀。采暖保温管的保温厚度满足节能规范的要求。

（3）节能高效照明

本项目有装修要求的场所视装修要求并结合现行标准及规范确定，各房间或场所的照明功率密度值不高于现行国家标准《建筑照明设计标准》GB 50034 规定的现行值。光源选用 T8 三基色高效荧光灯具，显色指数不小于 80，并应自带节能型电子镇流器，单灯功率因数达 0.9 以上；本项目所选用的荧光灯具所配30W 灯管单灯光通量不应小于 2400lm，18W 灯管单灯光通量不应小于 1300lm。本项目照明按建筑使用条件和天然采光状况采取分区、分组控制措施。不经常使用的场所，如部分走道、楼梯间等区域采用带声、光控感应的节能自熄开关。应急照明灯具有应急时自动点亮的措施。

本项目充分体现了商店标准中关于照明质量、照明控制系统的要求。

（4）节能高效设备

电气设备选用国家认证机构确认的低能耗、高效率的节能型设备，减少设备本身的能源消耗，提高系统整体效率。

（5）围护结构保温隔热设计

3.3 节水与水资源利用

（1）水系统规划设计

本项目的建筑给水排水系统的规划设计要符合《建筑给水排水设计规范》GB 50015 等的规定；采用分类计量水表，建筑用水与景观浇灌等用水点均设置水表分别计量。

（2）节水措施

商店标准中相关的节水措施主要有：使用较高用水效率等级的卫生器具、节水的绿化灌溉及采取避免管网漏损的措施。本项目的具体节水措施如下：

景观灌溉采用喷灌的节水灌溉形式。

本项目卫生间安装洁具均采用节水型器具，采用器具经"中国质量认证中心"检验，并获得中国节水产品认证证书。

采取合适的材料和管道连接方式，有效减少管网漏损。

（3）非传统水源利用

项目对部分路面及绿地雨水进行回收利用，用于绿化灌溉、景观水体、道路浇洒与广场冲洗。

3.4 节材与材料利用

（1）建筑结构体系节材设计

本项目中建筑选用的是钢筋混凝土框架结构形式；建筑造型要素简约，女儿墙高度为 0.9m。

（2）预拌混凝土使用

通辽市现禁止现场搅拌混凝土，本项目全部采用预拌混凝土。符合绿色商店标准要求。

（3）可再循环材料的使用

商店标准中要求合理采用可再利用材料和可再循环材料。

本项目可再循环材料包括钢材、木材、铝合金型材、石膏制品、玻璃，建筑材料总重量为 15350t，可再循环材料重量为 1705t，可再循环材料使用重量占所用建筑材料总重量的 11.1%。

3.5 室内环境质量

（1）自然采光

商店标准中要求合理采用天然采光措施。

本项目采用 Ecotect 建模结合 Radiance 计算的方式对项目的室内光环境进行模拟，并分析判断其采光效果。采光系数达到了《建筑采光设计标准》GB 50033 中相关房间的最小采光系数要求。

（2）自然通风

项目设计中充分考虑自然通风，可开启面积与外窗面积的比例不小于 0.5。

（3）室内照明

建筑室内照度、统一眩光值、一般显色指数等指标满足现行国家标准《建筑照明设计标准》GB 50034 中的有关要求。

3.6 运营管理

（1）物化管理系统

本项目中的物化管理系统为：

①建立节能、节水管理、耗材管理、绿化管理制度。

②实施资源管理激励机制，管理业绩与节约资源、提高经济效益挂钩：采用绩效考核方式，使得物业的经济效益与建筑用能效率、耗水量等情况直接挂钩。

（2）系统的高效运营、维护、保养

商店标准中第 10.2.7 条定期检查、调试公共设施设备，并根据运行检测数据进行设备系统的运行优化。本项目管井设置在公共部位方便清洗、维修、改造、更换。

（3）分项计量

对建筑耗电、冷热量等实行独立分项计量收费。

4 建筑等级评定

根据《绿色商店建筑评价标准》GB/T 51100—2015 对本项目进行了自评估。如表 2 所示，设计标识与运营标识总分均满足绿色建筑一星标准。

表 2 项目自评价结果

评价内容	节地	节能	节水	节材	室内环境	施工管理	运行管理	创新项
实际得分	67	42	53	59	64	50	73	0
总得分	57.37				星级评定	一星运行标识		

5 结束语

本项目定位为绿色一星级建筑，合理运用了绿色生态技术，项目设计具有如下创新点：

（1）尊重原有的地形地貌，最大程度地利用现有的自然景观的特点，包括现有的河道、树木等。

（2）充分利用胜利河西侧的城市绿化带和河道景观，使每一栋建筑的周围都能形成大面积的游人休闲场所。

（3）在建筑屋顶设置太阳能光伏为绿化环境夜景照明供电，并在室内采用节水器具，以达到环保、节能的要求。

依据《绿色商店建筑评价标准》GB/T 51100－2015，通辽新城·欢乐河岸商业中心项目设计阶段满足一星级评定要求。该项目根据商业类建筑的特点结合项目场地条件，采用切合实际的绿色建筑设计方案，运用较实际的绿色技术，对于当地绿色建筑推广具有一定现实意义。

执笔人：中国中建设计集团有限公司　李婷　薛峰

案例2　西宁新华联广场1号地大型商业楼

1　工程概况

西宁新华联广场位于青海省西宁市海湖新区，东起文华路、西至文汇路、北起五四西路、南至文华路，地块编号F04、F05，总用地面积约21.3534万 m^2，共包括一、二、三号地块。该项目位于1号地块，总建筑面积为154783m^2，地上建筑面积86558 m^2。建筑地下三层，地上五层，总高36.8m，地下三层为车库，地下二层为车库、设备用房，地下一层为超市、商铺、办公室、收货大厅、设备用房、消防控制室；一到三层为主力店、商铺、设备用房，四层为KTV、主力店、商铺、设备用房，五层为电影院、酒楼、商铺、设备用房（图1）。

图1　西宁新华联广场鸟瞰图

2　设计思路

本项目从以下四个方面进行绿色设计：

（1）保护环境，减少二氧化碳排放、减少环境污染；

（2）节约资源，节地、节能、节材、节水，减少浪费各种资源；

（3）满足用户的使用要求，为用户提供更加实用、舒适、健康、高效的使用空间；

（4）循环利用可再生资源、能源，达到既保护环境又生态节能的要求。

3　建筑特征

3.1　节地与室外环境

（1）选址

西宁新华联广场位干青海省西宁市海湖新区，东起文华路、西至文汇路、北起五四西路、南至文华路。本项目建设用地原址空地，非自然水系、湿地、基本农田、森林和其他保护区、无污染源。场地抗震设防烈度为 7 度，根据场地等效剪力波速测定结果，场地类别为Ⅱ类。拟建场地内无影响工程建设的不良地质现象，为抗震有利地段。土壤氡浓度含量满足规范要求。

（2）室外环境（声、光、热）

建筑物周围人行区风速低于 5m/s，过渡季、夏季建筑物前后压差大于 1.5Pa，有利于自然通风。冬季小于 5Pa，有利于减少能耗。各季风速放大系数均小于 2。

（3）出入口与公共交通

本项目 500 以内有三个公交站点，共计 15 条公交线路（图 2）。

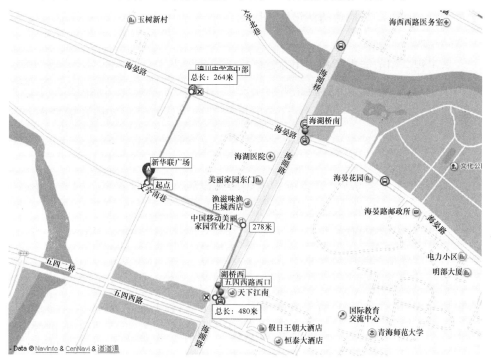

图 2　所在交通图

（4）景观绿化

本项目主要绿化物种包括：核桃、山桃、山杏、五角枫、榆树、国槐、梨、山楂、丁香、榆叶梅、紫叶李等，均为适宜青海西宁气候和土壤的植物。

（5）透水地面

一号地室外透水地面面积13294m²，室外透水地面面积比为46.3%。

（6）地下空间利用

本项目地上建筑面积86558m²，地下建筑面积68225m²，建筑占地面积25660m²，地下建筑面积与建筑占地面积之比为265.88%。地下空间主要功能为超市、商铺、办公室、收货大厅、车库（战时人防）、设备用房等。

3.2 节能与能源利用

（1）围护结构

本项目位于西宁，所处的建筑气候分区为严寒B区，执行《公共建筑节能设计标准青海省实施细则》DB 63/617，围护结构热工性能指标均满足限定值要求。

（2）高效能设备和系统

本工程夏季采用集中空调电制冷，设离心式及螺杆式冷水机组。冷机能效比符合现行《公共建筑节能设计标准青海省实施细则》DB 63/617中的相关规定。冬季热源未采用电热锅炉、电热水器作为空调系统热源，由市政热力提供一次热水经设置在地下三层换热站换热后供给。

（3）照明系统

本工程采用节能光源和采用高效灯具；镇流器采用电子镇流器，要求功率因数不小于0.9。各场所对应的照明功率密度LPD均严格按照现行国家标准《建筑照明设计标准》GB 50034的目标值进行设计。公共照明采用智能照明控制系统。

（4）能量回收系统

本项目92.1%的新风设置板式全热回收设施，热回收效率>64%。还有6台空调机组采用了热管式热回收，热回收效率>60%。

3.3 节水与水资源利用

（1）给排水系统规划

本项目用水定额参照《城市居民生活用水量标准》GB 50331、《民用建筑节水设计标准》GB 50555、青海省地方用水标准，结合本地经济状况、气候条件、用水习惯和区域水专项规划等，根据实际情况科学合理地确定。大商业最高日用水量为968m³/d，1号地块统一进行雨水回收利用，用于绿地灌溉和室外道路场地的冲洗。大商业的雨水回用量约12.1 m³/d。非传统水源利用率为0.88%。

（2）节水器具及设备

本项目采用节水设备和器具，其中坐便器配容积为3/6L的水箱，洁具及五金配件采用节水型产品，公共卫生间采用感应式冲洗阀和感应龙头。

（3）非传统水源利用

建筑屋面上的雨水经雨水管、散水、绿地和雨水篦子，绿地、道路上的雨水经雨水篦子统一汇集于雨水主干管，在主干管末端，将初期较脏的雨水排至小区污水管道。经初期弃流后的雨水送至贮水池收集，然后经泵提升至压力滤池，在进入压力滤池之前通过混凝加药装置投加混凝剂。出水经过消毒进入清水池，用于小区绿化和路面冲洗。超过设计处理流量的雨水由溢流管排入市政雨水管道，不足部分由市政水源补充。

（4）项目用水量分析（表1）

全年合计 253162 m³/d

表 1 全年用水量

月份	使用天数	商场 (m³/d)	餐饮 (m³/d)	冷却塔 (m³/d)	车库 (m³/d)	不可预见水量 (m³/d)	道路 (m³/d)	浇洒绿地 (m³/d)	小计 (m³/d)
1 月	31	14967	2325	0	1922	2015	0	0	21229
2 月	28	12006	2100	0	1736	1820	0	0	17662
3 月	31	12846	2250	0	1922	2015	0	0	19033
4 月	30	12846	2250	0	1860	1950	266	60	19232
5 月	31	14967	2325	0	1922	2015	260	60	21549
6 月	30	12846	2250	3735	1860	1950	260	60	22961
7 月	31	14967	2325	3735	1922	2015	266	60	25290
8 月	31	14967	2325	3735	1922	2015	266	60	25290
9 月	30	12846	2250	0	1860	1950	260	60	19226
10 月	31	14967	2325	0	1922	2015	266	60	21555
11 月	30	12846	2250	0	1860	1950	0	0	18906
12 月	31	14967	2325	0	1922	2015	0	0	21229

3.4 节材与材料资源利用

（1）建筑结构体系节材设计

建筑造型要素简约，装饰性构件造价占工程总造价的比例为 0.47%，女儿墙高度 1.2m。未使用国家和青海省淘汰或限制使用的材料和产品。

（2）预拌混凝土和预拌砂浆的使用

本项目全部采用预拌混凝土，采用 BM 轻集料混凝土小型空心砌块等新型材料用于墙体。

（3）可循环材料的使用

建筑可再循环材料使用重量 27568.21t，占所有建筑材料总重量的 12.83%。

（4）土建与装修一体化

建筑公共区域土建和装修一体化设计和施工。店铺招商后将进行二次装修。

（5）采用灵活隔断

除固有的楼梯间、卫生间和功能区域分隔墙、防火隔墙采用固定隔墙，其他内部空间较少采取固定分隔，可根据业主需求的变化对其内部空间加以灵活布置和分隔。所有隔断和其他二次结构在不影响安全和验收的前提下，均在招商后完成施工。

3.5　室内环境质量

（1）室内声环境

在工程噪声敏感房间（商铺、餐厅、走廊等）与产生噪声房间（KTV、电影院）之间设置了隔声围护结构，室内背景噪声能满足现行国家标准《民用建筑隔声设计规范》GB 50118 的要求。冷冻站、换热站、消防水泵房、生活水泵房等主要机房站点均设置于地下室，且主要设备均选用低噪声设备。机组有良好的隔声减噪的措施，设计要求地下机房二次设计时应有完整的机组隔声减噪的专项措施。地下机房顶棚为机房隔声的重点单位，设计采用了岩棉板兼做保温层的方式，能兼顾地下室的保温和吸声的作用。

（2）室内光环境与视野

建筑坐北朝南（偏西约 15°），商场主要出入口都设有门斗、两道门设计，冬季可有效地减少冷风侵入并获得足够的日照。购物中心顶部设有采光天窗，可电动开启，以利于过渡季的自然通风。北侧设下沉式街道，标高为 $-5.85m$，使得地下一层街道两侧的商铺（$-5.70m$）立面处均可以天然采光。

（3）室内热湿环境

本项目采用集中空调的建筑，房间内的温度、湿度、风速、新风量等参数符合现行地方标准《公共建筑节能设计标准青海省实施细则》DB 63/617 中的设计计算要求。建筑室内照度、统一眩光值、一般显色指数等指标满足现行国家标准《建筑照明设计标准》GB 50034 中的有关要求。本商场主力店、商铺、办公室等均采用风机盘管加新风系统，风盘设温控器和二通阀进行室温调节。超市和电影院采用全空气系统，风机安装变频器，在负荷变化时，首先通过改变送风量来维持室内所需温度、湿度，降低风机的电耗。

（4）室内空气质量

本项目在主力店、商铺、超市、电影院等设置了 CO_2 浓度传感器，以监测室内的空气质量，保证室内健康舒适的环境。

（5）无障碍设计

本工程建筑出入口设有无障碍入口。公共区域设有残疾人专用厕所。在地下车库位置预留 2% 无障碍车位。公众使用的一部主要楼梯为无障碍楼梯。

3.6　运行管理

（1）智能化系统

智能化系统定位合理，信息网络系统功能完善。主要包括：综合布线系统、安全技术防范系统、建筑设备监控系统、有线电视系统、背景音乐广播系统、无障碍求助呼叫系统等。

（2）楼宇设备自动控制系统

本工程建筑设备监控系统采用集散式控制系统，对楼内的公共照明、空调通风系统、给排水系统、电梯、变配电等设备进行测量、记录、监视及控制，建筑设备监控系统由分散于现场的直接数字控制器（DDC）和监控中心的中央设备组成。BAS系统具备设备的手/自动状态监视，启停控制，运行状态显示，故障报警及实现相关的各种逻辑控制关系等功能。

4　建筑等级评定

本项目依据《绿色商店建筑评价标准》GB/T/51100—2015可得61.3，获得二星级设计标识（表2）。

表2　绿色建筑等级自评估评定表

评价内容	节地	节能	节水	节材	室内环境	施工管理	运行管理	创新项
实际得分	67	51	67	73	59	0	0	0
总得分	60.3				星级评定		二星级设计标识	

5　成本增量分析

绿色建筑技术措施增量成本为808.52万元，折合单位建筑面积增量成本为52.24元，绿色建筑增量成本占基准建筑建安成本的比例为4.94%，详见表3。

表3　成本增量分析表

绿色建筑技术	单位造价/元	单位	数量	增量成本/元
土壤氡检测	200	点	297	59400
铺设透水地面	60	m²	3000	75000
能耗分项计量	300000	项	1	300000
空调、供暖 输配系统	400000	项	1	400000
排风热回收系统	2675000	项	1	2675000
节能灯具	55	支	20000	800000
节能照明控制系统	400000	项	1	400000
节水器具	2000	套	600	720000
雨水系统	291800	项	1	291800

续表 3

绿色建筑技术	单位造价/元	单位	数量	增量成本/元
中水回用系统及管网	150000	项	1	150000
节水灌溉系统	25	m^2	3000	75000
分用途分项计量水表	100	套	30	3000
室内空气质量监控系统	120	点	300	36000
室内隔声降噪措施	1500000	项	1	1500000
设备自动监控系统	600000	项	1	600000

6　结束语

本项目合理开发利用地下空间，容积率高于 1.5，达到了节约土地的目的，公共绿地对外开放，为城市绿化贡献一份力量。建筑布局合理，不会对周边环境产生光污染且建筑周边室外风环境利于行人出行，商场周围有多条公交路线，交通发达。

本项目围护结构满足国家规定要求，中庭设置采光顶及通风窗利于天然采光，减少照明能耗、利于自然通风。合理选择高性能的冷热源、新风机组、变频水泵，提高了空调系统的性能，且设置了排风热回收，节约了能耗。照明系统采用高效节能灯具，电梯采用变频节能电梯。各分项能耗分项计量。

建筑采用节水卫生器具，且采取了有效措施避免管网损漏。绿化灌溉采用喷灌微灌等节水装置。本项目对雨水进行回收利用，进行绿化灌溉、道路浇洒等。

建筑体型规则、地基基础、结构体系等都进行了优化设计，节约材料。土建与装修一体化设计，避免了不必要的浪费，建筑内部除了固定使用功能的房间外，大多使用灵活隔断。可循环材料使用率达到 10％以上，环保节能。现浇混凝土全部采用预拌混凝土，节约混凝土用量。

建筑内部天然采光、自然通风、隔声满足规定要求。室内温湿度、风速、新风量等满足人们对舒适度的要求。

执笔人：中国建筑科学研究院建筑环境与节能研究院　陆俊俊　李虹霞

案例3　天津仁恒海河广场商场

1　工程概况

天津仁恒海河广场商场位于天津市繁华中心区的海河地带，南靠通南路，北倚水阁大街，东临海河的张自忠路，西靠东马路。

建筑占地面积为 $9167m^2$，总面积为 $52224m^2$，其中地上 6 层，建筑面积为 $34230m^2$；地下 3 层，建筑面积为 $17994m^2$。建筑功能 1~4 层以商场为主，5~6 层设有办公、影厅、咖啡厅等商业辅助设施，其效果图如图1所示。

图1　仁恒海河广场商场效果图

2　设计思路

天津位于中纬度欧亚大陆东岸，主要受季风环流的支配，是东亚季风盛行的地区，属大陆性气候。主要气候特征是，四季分明，春季多风，干旱少雨；夏季炎热，雨水集中；秋季气爽，冷暖适中；冬季寒冷，干燥少雪。天津年平均降水量为 520~660mm，降水日数为 63~70d，天津日照时间较长，年日照时数为 2500~2900h。

项目定位于高档商业建筑，以"绿色建筑"、"健康舒适"、"生态中庭"的理念作为建筑环境设计的标准，融入围护结构保温体系、自然通风与自然采光设计、高效的空调设备的选用、市政中水可再水源利用、地下空间的充分利用、屋顶绿化与室外绿化、透水地面等绿色生态技术为一体，根据项目自身特点，结合区域的能源、植被、水环境、风环境、光环境及声环境等方面，因地制宜打造舒适健康的购物环境及休闲环境。

3 建筑特征

3.1 节地与室外环境

（1）选址

项目位于天津市南开区海河地带，建筑地块内无较高生态价值的树木、水塘、水系，无历史遗留环境问题，不存在泥石流、滑坡等自然灾害的威胁。同时，为防止对周边建筑文物（古文化街）造成破坏和影响，在施工过程中均采取相应的措施。

（2）用地指标

《绿色商店建筑评价标准》GB/T 51100—2015 中第 4.1.3 条建筑场地内不应有超标排放的污染源和第 4.2.1 条节约集约利用土地，对用地指标的要求。仁恒海河广场商业项目建筑面积 52224m²，容积率为 3.54，建筑密度为 23.1%，绿地率为 36%。场地内无排放超标的污染源，建筑废水经处理达标后排放，噪声采取隔墙等方式达到降低施工过程中噪声的目的，周围绿化种树等方式有效减少交通噪声的影响。

（3）室外环境

本项目关于室外环境方面的设计主要体现下在以下几方面：

风环境：运用计算流体力学（CFD）技术对建筑周围区域风速进行预测，考虑平均风速及不保证概率 10% 的大风情况下风速分布，室外人行区域的最大风速 4.20m/s，小于 5m/s，满足行人舒适性要求。

热环境：本项目采用综合绿化体系，即室外景观绿化、屋顶绿化与透水地面三部分，起到美化环境和缓解城市热岛效应的作用。

（4）出入口与公共交通

建筑区域交通流线组织便捷、道路分级明确，布局合理；出入口到达公共交通站点的步行距离不超过 500m，公交站点 2 个，公交线路 28 条，且商业地下层与地铁轨道站交通连接。

（5）景观绿化

本项目绿化率为 36%，高于当地主管部门绿地率指标要求 10% 以上，合理采用屋顶绿化与室外绿化相结合，绿化植物配植以适合天津地区气候的乡土植物为主。

（6）透水铺装

商店标准中要求除重载车行道外，室外场地硬质铺装地面中透水铺装面积的比例不小于 50%。本项目室外场地中硬质铺装中透水铺装的比例为 55.31%，透水铺装的类型为透水混凝土。

（7）地下空间利用

本项目合理开发利用地下空间，建筑地下 3 层，建筑面积为 17994m²，项目用地面积为 9167m²，地下建筑面积与总用地面积之比为 1.96。主要功能为商场、餐饮、停车场及设备房等。

3.2 节能与能源利用

（1）建筑节能设计

① 本建筑的体形系数、窗墙比和围护结构的传热系数等热工性能参数均满足《公共建筑节能设计标准》GB 50189 和《天津市公共建筑节能设计标准》DB 29—153 的规定要求。

② 热工设计符合《公共建筑节能设计标准》GB 50189 规定，建筑外墙墙材采用 250 厚（200 厚）轻集料混凝土砌块，250 厚钢筋混凝土墙，内墙采用轻集料混凝土及轻质抽空隔板。采用外墙外保温系统，外墙采用 50 厚挤塑聚苯板，屋面选用保温材料为 70 厚挤塑聚苯板。建筑外窗均选用铝合金断热型材中空（12a）玻璃窗，传热系数 3.0W/(m²·K)；建筑屋面设置屋顶花园，有效降低热岛效应，建筑节能率按照建筑节能率 50% 设计。

（2）高效能设备和系统

本项目不同功能分区均采用了高效能的设备及系统，具体如下：

建筑空调的冷源采用离心式冷水机组，机组性能系数（COP）5.931，部分负荷系数（IPLV）5.35 以上，为夏季空调系统提供 7℃/12℃ 的冷冻水；冬季采用市政热网供暖。本项目冷水循环水泵的输送能效比（EER）为 0.02，空调机组采用高效风机，单位风量耗功率为 0.166，均满足规范要求。

（3）节能高效照明

① 公共场所和部位照明采用高效光源、高效灯具，照明设计按照《建筑照明设计标准》GB 50034—2013 第 5.4.1 条规定的照明功率密度（LPD）的目标值进行设计，并采用智能灯光控制系统。

② 商场、办公、设备用房、汽车库等场所采用 T8 三基色荧光灯，走道采用节能型 PLC 等级及 T8 荧光灯；疏散指示灯、出入口标志灯选用 LED 灯，室外不采用强力探明灯、彩灯等高亮度、高能耗的灯具，而采用 LED 光源，有效地避免对周围建筑产生光污染。

（4）能量回收系统

本项目充分考虑了排风热回收系统，建筑空调系统采用带热热回收装置的全空调系统，空调机组采用转轮回收排风能量，转轮除湿热回收空调机组热回收效率在 65% 以上，可高效回收排风能量，有效减少新风处理能耗。

（5）分项计量

本项目按照用能特点，把电耗分为冷热源、输配系统、照明、办公设备分开，有利于进行能耗的计量。

3.3 节水与水资源利用

（1）水系统规划设计

① 根据建筑地区水资源的情况，充分利用天津市政中水管网发达的有利条件，项目非传统水源采用市政中水，市政中水作为建筑商场室内的冲厕用水，同时还作为项目室外内的绿化灌溉用水、道路浇洒用水；屋面雨水采用虹吸式雨水系统直接排入市政管道。建筑可再生水年使用水量为 $87472.06m^3/a$，总计建筑年用水量为 $131858.05m^3/a$，非传统水源利用率为 66.34%。

② 建筑用水定额严格按照标准执行，进行用水量估算，采用高效的水泵及阀门，提供水资源利用效率；项目的采用水用分类计量水表，建筑自来水、中水进行分类计量，并在建筑给水、景观用水等用水点均设置水表。

③ 公共建筑给水排水系统的规划设计符合《建筑给水排水设计规范》GB 50015 等的规定。

（2）节水措施

① 选用节水型卫生洁具及配件，所有器具满足《节水型生活用水器具》CJ 164 及《节水型产品技术条件与管理通则》GB/T 18870 的要求，蹲式大便器、小便器均采用延时自闭冲洗阀冲洗，坐便器采用节水型洗水箱。

② 管网防漏损措施，采用高性能阀门等。

（3）非传统水源利用

本项目未收集利用雨水，而是采用市政中水设计，市政中水直接用于建筑冲厕、室外景观绿化、道路喷洒，经计算本项目非传统水源利用率不低于66.34%。

3.4 节材与材料利用

（1）建筑结构体系节材设计

① 钢筋混凝土框架剪力墙结构。

② 建筑造型要素简约，无装饰性构件，建筑女儿墙高度为 1.8 m，不超过规范规定的两倍。

（2）预拌混凝土使用

本项目中现浇混凝土采用预拌混凝土，能够减少施工现场噪声和粉尘污染，并节约能源、资源，减少材料损耗。

（3）可再循环材料的使用

本项目大量使用钢材、木材、铝合金型材及玻璃等建筑可循环材料，可再循环材料占建筑总材料重量比例为 10.41%。

（4）灵活隔断

本项目主要功能区域为商场、办公室、影厅、空调机房等，其中商场部分为开敞式设计，内隔墙采用轻质抽空隔板，适宜结合室内装修设计设置灵活隔断，有利于节约建材，建筑灵活隔断面积占可变换功能面积的 77.39%。

3.5　室内环境质量

（1）自然采光

本商业的六层屋面设置玻璃采光顶，同时，在地下商场（生态中庭）上方设置采光天井。

① 因《建筑采光设计标准》GB 50033 的没有对商场提出采光系数要求，但其中的办公室需要进行自然采光，达到最小采光系数 2.2% 的办公室面积为 463.2m²。

② 天然采光可有效地减少照明，降低开灯时间，减少用电量。本商业的六层屋面设置玻璃采光顶，同时，在地下商场（生态中庭）上方设置采光天井，有效地进行室内自然采光，通过玻璃自然采光顶和通高中庭的结合，总共可以为建筑 5.05% 的空间在不需人工照明的情况下提供室内人员活动所需照度。

（2）自然通风

被动式自然通风技术作为建筑节能的有效方式，本项目在设计中充分考虑自然通风设计，商场内设置了大量的中庭，充分利用购物人员多的特点，采用热压、室外风压等方式进行自然通风；同时，在过渡季节还可打开屋顶采光天窗进行通风，达到降温的目的，通风换气次数均能达到 2 次以上。

（3）围护结构保温隔热设计

本项目建筑外墙采用 50mm、屋面为 70mm 挤塑聚苯板外保温系统，冷、热桥部位加强处理，避免结露现象产生。

（4）室温控制

建筑商场部分的空调方式采用带热回收装置的全空气系统，每层设空调机房，气流组织形式为上送上回，并能保证过渡季节全新风运行；本项目美食广场、生态中厅空调方式采用吊顶式空调机加独立新风系统。通过现场 DDC 系统检验回风温、湿度来控制盘管回水管电动阀的开度及加湿器给水管电动两通阀的开闭来调节内温湿湿度。

3.6　运营管理

（1）物化管理系统

而本项目中的物化管理系统为：

① 建立节能、节水管理、耗材管理、绿化管理制度。

② 实施资源管理激励机制，具有并实施资源管理激励机制，管理业绩与节约资源、提高经济效益挂钩：采用合同能源管理、绩效考核等方式，使得物业的

经济效益与建筑用能效率、耗水量等情况直接挂钩。

（2）智能化系统应用

本项目合理智能化布置建筑信息网络系统，并对建筑各运行系统进行智能监测，保证系统正常运行。建筑通风、空调、照明等设备自动监控系统技术合理，系统高效运营。智能系统采用独立的管理平台，将楼控系统、火灾报警系统、安防系统、灯控系统、公共广播等集成，便于系统的信息交换和综合管理。

（3）建筑设备

本建筑 BA 系统的主控室设置于制冷机房，分控室设置于地下一层的弱电中央控制室。建筑 BA 系统主要监控的设备包括冷热源系统、空调系统、送排风系统、给排水系统、照明系统，并通过通信网关的方式与其他系统进行联网，在集成系统上达到统一管理的目的。

4　建筑等级评定

依据《绿色商店建筑评价标准》GB/T 51100—2015，对项目进行自评估，结果如表 1 所示。

表 1　天津仁恒海河广场商场项目评价结果

评价内容	节地与室外环境	节能与能源利用	节水与水资源利用	节材与材料资源利用	室内环境质量	施工管理	运营管理	提高与创新
实际得分	78	61	64	47	58	0	0	1
总得分	62				星级评定	二星级设计标识		

从表 1 可看出，天津仁恒海河广场商场项目的自评估结果为：

（1）分项得分：各章节的评分项得分均达到了 40 分的最低分值要求，其中节地与室外环境得分较高，节材与材料资源利用得分较低。

（2）总得分：62 分，达到二星级要求。

5　结束语

本项目的创新点主要有以下几点：

（1）被动式通风与天然采光应用

根据建筑的功能用途、建筑外形等，设计室内中庭和采光天井，运用计算机模拟手段对通风与采光进行性能化设计，通风换气次数达 2 次/h 以上，具备很好的通风与采光效果，实现节能降耗的目的。

（2）地下生态中庭

生态中庭采光玻璃顶棚上有大面积玻璃水池、树池、草池和人行木走道等多种景观元素，与周围绿化景观相融合，同时能为地下空间提供足够的采光和日照。

（3）非传统水源的充分应用

市政中水用于建筑的室内冲厕、室外绿化灌溉，同时应用高效节水的灌溉技术，室内节水器具使用率100%，非传统水源使用率为66.34%以上。

（4）综合绿化系统

项目采用屋顶绿化与室外绿化的综合绿化系统，全部采用乡土植物，植物的成活率95%以上，屋顶绿化率30%以上，室外透水地面比例40%以上。

本项目在设计中，根据商业类建筑的特点，采用最切合实际的绿色建筑设计方案，运用较为成熟的绿色技术，而非新材料、新技术不合理的堆砌。同时，本项目所采用的绿色生态技术对天津地区绿色建筑技术的应用具有探索性，商业类绿色建筑技术的应用具有可借鉴性。

执笔人：中国建筑科学研究院上海分院　张雪　樊瑛　马素贞　孙大明

案例 4　天津生态城某商业项目

1　工程概况

项目包括商业 A 和商业 B 以及办公楼底商。办公楼共 9 层，一层二层部分为底商，商业 A 和商业 B 分别为 2 层。建筑总用地面积 32412m²，绿地率 25%，容积率 1.85。总建筑面积 79444.36m²，其中地上建筑面积 59988.09m²，地下建筑面积 19456.27m²，商业 A 建筑面积 2916.22m²，商业 B 建筑面积 3992.66m²。机动车停车全部位于地下，总停车位 417 个。建筑效果图如图 1 所示。

图 1　商业项目建筑效果图

2　设计思路

本项目位于天津生态城内，为办公楼项目底商，采用切合实际的绿色建筑设计方案，运用较为成熟的绿色技术，从节地、节能、节水、节材、室内环境质量、运营管理六方面考虑绿色建筑技术的实施，融入围护结构保温体及外遮阳系设计、高效的地源热泵空调系统与设备选用、太阳能热水系统、绿色照明与导光技术、市政中水利用、屋顶绿化与室外绿化、透水地面等绿色生态技术为一体，结合区域的能源、风环境、光环境及声环境等分布，实现建筑技术的本土化。

3　建筑特征

3.1　节地与室外环境

（1）选址

本项目位于天津生态城南部片区第一细胞商业街，场地原为晒盐用地，填垫至现地坪，地貌形成较晚，地势坦荡低平，河渠洼淀众多，场地内无文物、自然水系、湿地、基本农田、森林等保护区。

（2）室外环境（声、光、热、风）

声环境：根据环境噪声检测报告，2012 年 8 月对项目现场的区域噪声进行监测，在项目 4 周分别布置一个测点进行监测，监测结果如下所示：

表 1　场地东北面、东南面测量结果

环境噪声	标准值（dB）	测试值（dB）
昼间	70	62.6
夜间	55	41

表 2　场地西南面、西北面测量结果

环境噪声	标准值（dB）	测试值（dB）
昼间	60	55.5
夜间	50	47

表 1、表 2 显示项目东北面、东南面昼夜间噪声监测值均满足《声环境质量标准》GB 3096 中 4a 类标准，西南面、西北面满足 2 类标准。施工过程中的噪声通过采取隔声与隔振措施等方式到达降噪的目的，通过对监测施工过程中噪声进行检测，满足施工期噪声执行标准的要求。

光环境：本项目办公楼部分存在幕墙，幕墙的设计与选材，符合现行国家标准《玻璃幕墙光学性能》GB/T 18091 的要求，反射比小于 0.3。项目商业部分无幕墙。夜景照明不采用大功率投射灯光，草坪灯 40W，LED 灯 6W，合理利用建筑内部透射光和局部装点的氛围灯光及商业街室外环境照明，避免眩光。

热环境：通过绿地、植草砖和雨水花园设计，增加场地的透水地面，有效降低项目的热岛效应。

室外风环境：运用计算流体力学（CFD）Airpark 软件对建筑周围区域风速进行预测，考虑平均风速及不保证概率 10% 的大风情况下流场分布，室外人行区域的最大风速 4.8 m/s，小于 5m/s，满足行人舒适性要求，同时夏季与过渡季节建筑前后压差均大于 1.5Pa，有利于室内进行自然通风，降低建筑运行能耗。

（3）出入口与公共交通

本项目分别设置人行入口和车行入口，实现人车分流。停车全部位于地下车库，小汽车进入场地后随即直接进入地下车库，对场地人流和活动形成的干扰达到最小。主入口位于和旭路，公共交通便捷。在出入口 500m 范围内，有中新生态城站（距本项目 450m），包括 7 条公交线路。另外商业街 2 号楼前新设置商业街公交站，便民线由此经过，交通非常便捷。

（4）景观绿化

本项目在第九层屋面及屋顶部分进行屋顶绿化设计，主要采用的植物为爬山虎、黄瓜、荷兰菊。地上部分景观绿化实现乔木、灌木、草结合的复合绿化。主要乔木包括国槐、千头椿、北京桧、白蜡等；灌木包括千头柏、金叶女贞、迎春、红端木等；地被有大叶黄杨、草坪等。

（5）透水地面

商业街室外绿化整体设计，透水地面主要有绿地、植草砖、雨水花园水面。经计算，总透水地面面积为 8500.95m²，室外地面面积为 21190.86m²，室外透水地面面积比为 40.22%。

（6）地下空间利用

项目为了节约用地，起到合理开发利用地下空间的目的，建筑地下 1 层，地下建筑面积为 19456.27m²，建筑用地面积 32412m²，地下建筑面积与建筑用地面积之比为 0.6，地下空间的主要功能为停车场和设备房等。

3.2 节能与能源利用

（1）围护结构

在建筑的设计方面，本项目按照《天津市公共建筑节能设计标准》DB 29—153 的要求，严格控制建筑的体型系数、窗墙比等参数。项目 1 号楼商铺围护结构最不利，外墙采用 350mm 厚钢筋混凝土剪力墙，采用外贴 70mm 厚模塑聚苯板外墙外保温系统，局部填充粉煤灰加气混凝土砌块，外墙平均传热系数为 0.544W/(m²·K)；屋面采用 60mm 厚挤塑聚苯板，传热系数为 0.533W/(m²·K)；外檐门窗采用断桥铝合金窗 6+12A+6Low-E 中空玻璃，传热系数为 2.3W/(m²·K)。

（2）高效能设备和系统

本项目空调冷热源采用商业街能源站集中供给，能源站由地源热泵和直燃机组成。地源系统选用 1 台 30HXC300A-HP1 型热泵机组，地热机组额定制冷量为 1014kW，供热量为 1161kW，额定耗功率分别为 168kW、257kW，机组额定 COP 为 6.03，经现场检测，机组夏季运行时的 COP 为 5.84，满足《公共建筑节能设计标准》GB 50189—2015 的要求。直燃机采用溴化锂一体化直燃机，供冷量 2326kW，供热量 1791kW，制冷 COP 为 1.36，制热 COP 为 0.93，比《公共建筑节能设计标准》GB 50189 中的要求高一个等级。

空调系统水管路采用二管制，机组夏季提供 7/12℃ 的冷冻水，冬季提供 40/45℃ 的热水。空调末端采用风机盘管加新风系统。机械通风风机效率、空调冷水管道的输送能效比为 0.0176，比《公共建筑节能设计标准》GB 50189—2015 中的要求 0.0241 降低了 27%。

（3）照明系统

建筑供电电源由电力部门提供两路 10kV 独立电源，地下室安装两台 1600kVA 干式变压器，配电系统采用 TN-C-S 系统。建筑照明节能设计照明功率密度（LPD）的目标值进行设计。

照明灯具采用一类灯具，光源均采用高效节能的 T8、T5 型光源，并采用电子镇流器或节能型电感镇流器（要求 cosφ＞0.9）。楼梯间、走道照明分别采用 18W 高效率吸顶灯；疏散指示灯、出入口标志灯选用 LED 灯。照明控制系统大面积场所灯具控制采用配电箱集中控制，公共场所照明采用楼控系统集中控制，其余为现场分散控制。

（4）可再生能源利用

本项目空调冷热源采用商业街能源站集中供给，能源站由地源热泵和直燃机组成。地源热泵机组采用埋管深度为 120m 的双 U 型的垂直耦合埋管，埋管管材选用型号 HDPE-100，打井口数为 164 口。夏季提供 7/12℃的冷冻水，冬季提供 40/45℃的热水。地源热泵机组额定供冷量为 1014kW，额定供热量为 1161kW；两台直燃机额定供冷量为 4652kW，额定供热量为 3582kW，因此，地源热泵提供的冷量占总冷量的 18%，地源热泵提供的热量占总热量的 24%。

（5）项目能耗分析

本项目 2013 年能耗数据统计如表 3 所示。

表3　2013 年能耗统计表

月份	1	2	3	4	5	6	7	8	9	10	11	12	合计
商铺自用电	55893	52163	51097	73265	76928	71536	78689	78394	80592	56207	57379	56452	788594
公共部位照明	6883	8305	7564	8478	8320	9152	9610	10532	8736	8245	7475	7848	101149
公共部位动力	8413	8888	8275	12662	12915	12413	13332	11585	9777	10732	8444	9288	126723
车库照明	3853	3361	3426	3288	3872	3679	3575	3615	3598	3489	3769	3462	42987
车库动力	5220	6302	6425	6528	6593	6554	6491	6125	6743	6786	6922	5236	75925
电梯用电	16200	16800	16750	20800	18720	20592	21416	17808	16848	18090	18144	17808	219976
能源站用电	92228	94325	91565	0	73252	164817	183934	182094	72990	0	89734	95917	1140856

由表 3 可见，商业自用电量为 788594kWh/a，商业部分面积约为 10746m²，单位面积用电量为 73.38kWh/(m²·a)。其余的公共部位照明和动力、车库照明和动力、电梯用电以及能源站用电均为针对商业街整体的用电量，非商铺独立的用电量，在此不详细分析。

3.3　节水与水资源利用

（1）给排水系统规划

根据地区水资源的情况，本项目采用中新生态城营城再生水厂提供的市政中水作为水源，主要为建筑室内的冲厕用水、室外绿化灌溉用水、道路浇洒之用。

建筑由市政自来水引入两条 DN200 给水管，市政供水压力 0.22MPa，在室外连成环网作为消防及生活水源。市政中水由市政引入一条 DN100 的中水管，在室外成枝状布置，提供灌溉绿地及冲厕用水。建筑进行分区供水，地下一层至地上二层为低区，采用直接供水；高区为三层至九层，采用加压设备供给办公楼用水。生活污水排出室外后经化粪池处理后排入市政排水管道；地下一层排水采用集水坑、排污泵机械排水；厨房污水排出室外后经隔油池处理后排入市政排水管道。屋面雨水采用压力流入排水系统，超过设计重现期的雨水自然溢流到室外。室外人行道、广场、庭院等地面铺装采用透水路面，绿地雨水就地入渗，并设置雨水花园和植草砖铺装，增加雨水的入渗，降低地表径流。

项目采用用水分类计量水表，对建筑自来水、中水进行分类计量，采用高效的水泵及阀门，以提供水资源利用效率。中水管道外壁有明显的"中水"浅绿色标识，防止误饮误用，可有效避免对周围环境和人体健康的不良影响。

（2）节水器具及设备

选用节水型卫生洁具及配件，所有器具满足《节水型生活用水器具》CJ/T 164及《节水型产品技术条件与管理通则》GB/T 18870的要求。主要有节水型坐便器，感应式水龙和延时自闭冲洗小便器，其中坐便器采用节水型双排档冲洗水箱，最大冲水量为4.8L和6L。延时自闭冲洗小便器平均出水流量为2.6L，节水率最低为13.3%。

（3）非传统水源利用

中水利用：采用市政中水，用于室内冲厕、室外绿化灌溉和道路浇洒。

雨水利用：本项目结合景观水池，设置雨水处理系统，将雨水进行处理后送至雨水花园，处理流程为：雨水花园—原水泵—全自动清洗过滤器—超滤装置—消毒装置—紫外灭藻器—出水至雨水花园。该雨水处理系统为雨水花园的水质净化系统，系统在5～10月，每半月开启一次，对雨水花园水质进行处理，保证了雨水花园的水质安全，同时，物业单位对雨水花园的水质进行定期自检，检测水中pH值和余氯量满足水质要求。可见该雨水处理系统具有良好的环境效益和社会效益。

（4）节水灌溉

本项目室外内街绿化采用景观种植池形式，并使用市政中水，不宜采用喷灌形式。因此采用滴灌方式，种植槽内铺设滴灌管，有效节约绿化用水。

（5）项目用水量分析

表4 2013年用水统计表

用水类型	1月	2月	3月	4月	5月	6月	7月	8月	9月	10月	11月	12月	合计
室外绿化用水量	0	0	202	555	679	808	863	818	865	411	0	0	5200
室内公共部位自来水用量	545	585	512	599	614	666	644	654	600	666	638	591	7314
室内公共部位中水用量	818	878	768	898	922	998	966	982	900	998	957	887	10971
商铺用水	637	515	612	417	673	689	614	695	712	559	674	592	7389

根据表4统计可以看出，项目室外绿化用水量为5200m³/a，室内公共部位中水用量为10971m³/a，中水总用水量为16171m³/a，总用水量为30874m³/a，非传统水源利用率为52.38%（雨水处理系统专为处理雨水花园雨水，保证其水质，因此非传统水源利用率中未计算该水量）。

3.4 节材与材料资源利用

（1）建筑结构体系节材设计

本项目为钢筋混凝土框架结构，建筑及结构设计充分体现绿色建筑节材的特点，建筑的外型比较简约，装饰性构件比例为4.67‰，女儿墙高度为1.5m，满足要求。

（2）预拌混凝土和预拌砂浆的使用

本工程全部采用预拌混凝土及商品砂浆，减少施工现场噪声和粉尘污染，保护生态环境。

（3）本地建材控制

建筑材料本地化控制在于减少材料运输过程的资源，降低对环境的污染。本项目主要建材采用河北、山东、天津等地区的建筑材料，施工现场500km以内生产的建筑材料使用重量为106335吨，所有建筑材料总重量为106766吨，占建筑总材料比例的99.6%。

（4）高性能混凝土和高强度钢的使用

本项目采用高强度钢筋，钢筋混凝土结构中的受力钢筋使用HRB400级（或以上）钢筋占受力钢筋总量的比例为87%。

整个项目竖向承重结构中混凝土总量为15137吨，混凝土竖向承重结构采用强度等级在C50（或以上）混凝土用量为3857吨，混凝土竖向承重结构采用强度等级在C50（或以上）混凝土用量占竖向承重结构中混凝土总量的比例为25.48%。

（5）可循环材料的使用

本项目可再循环材料主要有钢材、木材、玻璃等，可再循环材料的总量为1917.5吨，建筑材料总重量为18024.7吨，可再循环材料占建筑材料总重量比例为10.64%。

（6）土建与装修一体化

本项目采用土建装修一体化设计。装修工程包括内装修、外装修，室内装修设计做到和土建设计、机电设备设计、建筑施工同步且匹配，最大限度地减少由于装修造成的材料浪费。

（7）采用灵活隔断

本项目底商部分主要以小卖部、餐饮、银行为主，主要灵活隔断的区域为银行、餐饮等部分，采用轻质成品隔断墙和玻璃隔断。可灵活隔断的比例约为35%。

（8）以废弃物为原料生产的建材

本项目采用以废渣-石粉为原料生产的蒸压加气混凝土砌块，其中废渣含量为70%。蒸压加气混凝土砌块的比例为85%。

（9）废弃物回收利用

本项目施工期间共计收集和拆除废弃物约 1139.72t，其中回收利用重量为1133.76t，废弃物回收利用比例达到 99.48%。

3.5 室内环境质量

（1）室内声环境

根据建筑外墙、建筑外窗的隔声做法，计算外墙和外窗在对低频、中频、高频的噪声隔声量与外墙组合的有效隔声量。经计算，本项目室内噪声值在关窗状态下为 37.03 /21.43dB（A），办公室的允许噪声级在关窗状态下不大于 45dB（A）。同时，项目通过选用低噪声设备、对有振动噪声源的设备房间做隔振构造、吸声构造等措施来降低室内背景噪声。

（2）室内光环境与视野

本项目为商业类建筑，建筑周边区域比较空旷，不存在自身日照时间的问题，也不影响周边其他建筑的日照。建筑地上部分采光主要通过侧窗进行，屋顶设置 2个导光筒改善了屋顶楼梯间的采光，地下 1 层的车库设有 3 个直径 900mm 的导光筒和 2500mm×2500mm 的采光天井。通过模拟分析，建筑主要功能房间达到最小采光系数要求的空间比例为 86.09%。屋顶楼梯间位置设置 2 个导光筒，地下车库采用采光天窗与导光筒相结合的方式促进室内天然采光，地下室车库约有 5.92 %的空间达到了要求，有效改善地下室车库的采光效果。

（3）室内热湿环境

本项目采用商业街集中能源站提供冷热源，空调末端采用风机盘管，室内末端设置温控面板。另外，项目采用高压微雾加湿系统，自来水经软水机软化后进入主机，水经过高压雾化，通过管道送至各层新风换气机，且空调末端风机盘管均设湿膜加湿器，满足加湿量要求。因此，可进行室内温度控制，以满足舒适性要求。

（4）室内空气质量

本项目商业部分未安装空气质量监控系统，室内空气质量主要通过自然通风调节。通过合理的建筑功能布局，卫生间设置在楼梯间出，停车集中设置在地下，有效防止了污染物串通到其他活动空间。

（5）无障碍设计

建筑按照《无障碍设计规范》GB 50763—2012 进行无障碍设计，入口设置无障碍坡道，每层卫生间设置无障碍卫生坐便器，设置无障碍电梯，地下车库设置无障碍车位 10 个，方便出行。

3.6 施工管理

（1）环境保护

本项目编写了绿色施工声明和绿色施工组织设计文件，制定了防止扬尘、水污染、噪声、土壤污染、光污染等控制措施，具体措施如下：

1）防止扬尘污染措施

施工现场设置围挡，外挂绿色密目网；施工现场主要道路根据用途进行硬化处理，土方集中堆放。裸露的场地和集中堆放的土方采取覆盖、固化或绿化等措施；现及时清扫、洒水压尘；设立密闭式垃圾站等。

2）防止水污染措施

混凝土输送泵及运输车辆清洗处设置沉淀池；施工现场存放的油料和化学溶剂等物品设有专门的库房，地面做防渗漏处理；保护地下水环境，采用隔水性能好的边坡支护技术，基坑降水尽可能少的抽取地下水，当基坑开挖抽水量大于 50 万 m^3 时，进行地下水回灌。

3）噪声控制措施

材料运输车辆进入现场严禁鸣笛，装卸材料轻拿轻放；使用低噪声、低振动的机具，施工场地的强噪声设备设置在远离生活区的一侧，采取隔声与隔振措施；施工作业时间为 6：00～22：00，建筑企业确因工艺需要夜间施工的，按照生态城规定办理有关夜间施工手续。

4）土壤污染控制

因施工造成的裸土及时覆盖或种植速生草，减少对土壤的侵蚀、流失；沉淀池、隔油池、化肥池等不发生堵塞、渗漏、溢出等现象，并具备相应应急预案，避免因堵塞等导致对土壤的污染。对于有害废弃物，回收后交有资质的单位处理，不能作为建筑垃圾外运，避免污染土壤和地下水。

5）光污染控制措施

电焊作业采取遮挡措施，避免电焊弧光外泄；夜间施工，要合理布置现场照明，合理调整灯光照射方向，照明灯有定型灯罩，能有效控制灯光方向和范围，避免施工过程中的光污染。

同时进行现场实时监测，满足绿色施工要求。

（2）资源节约

施工过程中制定施工节能用能方案及节水用水方案，并记录了施工区和生活的逐月用电、用水数据。过程中进行废弃物回收再利用，降低损耗。

（3）过程管理

施工过程中，严格控制设计文件变更，竣工验收前，进行机电系统的综合调试和联合试运转，保证施工质量。

3.7 运行管理

（1）智能化系统

本项目合理布置建筑智能化系统，并对建筑各运行系统进行智能监测，保证系统正常运行。建筑智能化系统主要分为火灾自动报警系统、有线电视系统、综合布线系统、闭路电视系统、停车场管理系统。

建筑火灾自动报警系统的消防中心设在建筑地下一层，配备火灾报警控制器、消防联动控制设、火灾应急广播、消防专用电话、彩色CRT、打印机等设备。

有线电视系统的终端信号出线座在会议室和带休息的办公室设置，信号干线沿弱电竖井敷设。

综合布线系统对电话和计算机网络系统进行管理，办公部分按 10m² 设 1 组信息点、商业营业厅按 50m² 设 1 组信息点。

闭路监控电视系统设于地下一层，设置中央处理机、长时间录像机、彩色监视器、视频自动切换器、打印机等设备。

停车场管理系统采用出入口分离型，由出入口读卡控制器、自动道闸、车辆检测线圈、摄像机、操作台、系统主机及打印机等组成。建筑设备监控系统由中央操作站、网络控制器、现场控制器（DDC）、现场的仪表、阀门、传感器。

（2）系统运营、维护、保养方案

物业部门对空调系统设备进行了有效的维护，建立空调运行管理制度和安全操作规程。地源热泵机组采用半年保养制度，每 4 月和 10 月分别保养一次，保证空调系统安全运行和正常使用。并对空调系统进行定期清洗，保证空调送风风质符合《室内空气中细菌总数卫生标准》GB 17093 的要求。

4 建筑等级评定

基于《绿色商店建筑评价标准》GB/T 51100—2015，对项目进行绿色建筑星级评价进行自评估，结果如表 5 所示。

表 5 绿色商店建筑自评估结果

评价内容	节地	节能	节水	节材	室内环境	施工管理	运行管理	创新项
实际得分	69	41	64	76	40	51	41	0
总得分	57.61				星级评定	一星级运行		

本项目评定范围为整个商业街的底商，自评估结果满足一星级要求。

各章节情况如下：

节地：此部分得分较高，因为主要考察的场地规划的内容，能够达到绿建二星的要求。

节能：此部分得分较少，仅达到绿建一星的要求，主要是由于部分楼栋的围护结构设计较差，按照最不利楼栋进行评价，所以得分较少。

节水：此部分得分较高，主要是由于有市政中水，且项目采用了市政中水用于绿化灌溉和道路浇洒，室外也采用了节水灌溉方式，能够达到绿建二星的要求。

节材：此部分得分也较高，主要是由于商业街整体材料使用相似，如高强度钢和可再循环材料的使用，所以商业部分达到了绿建二星的要求。

室内环境：此部分得分较少，主要是由于商业部分室内未采用空气质量监控，且商业内环境噪声不易控制。

施工管理和运行管理：均达到了一星级要求，主要是由于施工与运营与原申报绿建的办公楼同步进行，在管理上差别不大，且能源站为共用，在设备维护等方面比较完善。

5 成本增量分析

绿色建筑技术措施增量成本为 576.79 万元，折合单位建筑面积增量成本为 72.6 元，详见表 6。

表 6 绿色建筑技术成本增量统计表

实现绿建采取的措施	单价	标准建筑采用的常规技术和产品	单价	应用量		应用面积 (m²)	增量成本 (万元)
外墙保温优化	225 元/m²	满足当地最低节能要求	200 元/m²	18024.25	m²	8024.25	45.06
地源热泵系统	352 万元/套	无	—	1	套	14702.07	352
太阳能热水系统	2000 元/m²	电热水器	2500 元/个	33.6	m²	33.6/4 个	5.72
节水灌溉	15 元/m²	漫灌	5 元/m²	8110	m²	390	8.11
绿色照明	15 元/m²	一般照明	10 元/m²	79444.36	m²	14702.07	39.72
排风热回收系统	8 元/(m²/h)	无	—	83000	m²/h	14702.07	66.4
屋顶绿化	300 元/m²	无	—	32.72	m²	32.72	0.98
垂直绿化	100 元/m²	无	—	30	m²	30	0.3
透水铺装	80 元/m²	常规铺装	60 元/m²	3852.45	m²	3852.45	7.70
导光筒	6000 元/个	无	—	5	个	14702.07	3
CO_2 监控系统	7000 元/个	无	—	4	个	14702.07	2.8
雨水处理系统	35 万/套	无	—	1	套	—	35
检测费用(包括空气质量、水质、噪声、土壤氡含量等)	10 万元	无	—	—		14702.07	10
总计	576.79 万元			建筑面积		79444.36	
单位面积增量成本				72.6 元/m²			

由于项目商业部分主要为办公楼的底商，建筑面积和技术不能独立出来，因此增量成本按照整个地块内建筑进行估算，如表6所示。由于原申报绿建的办公楼三星级建筑，主要技术增量集中在该楼栋，因此总体增量为72.6元/m²，增量较大。

6 结束语

本项目商业部分采用的主要技术有废弃场地的利用、商业街集中能源站的地源热泵、排风热回收、节水灌溉、市政中水、雨水收集、导光筒、节能灯具等。

项目采用的技术为较成熟的绿色建筑技术，在商业建筑中具有一定的推广价值。

通过本项目的评价可见，一般的商店建筑在前期设计时若未按照绿色建筑评价标准进行设计，在后期运营时很难达到绿色商店评价标准的要求。

执笔人：天津生态城投资开发有限公司　祁振峰

天津生态城建设投资有限公司　陈　华　杜　涛

案例 5　德州红星国际广场家具城和商业街

1　工程概况

德州红星国际广场项目位于德州市东风路以北，东方红路以南，广川大道以西地块。红星国际广场是城市综合体项目，总建筑面积将达 180 万 m²，家居城、购物中心、主题商业街、星级酒店、城市地标写字楼、高品质住宅社区、精品公寓等全业态复合产品于一体，整个项目将打造"商业中心、居住中心、商务中心、美食中心、市民中心、展览展示中心"六个"都会级"中心项目效果图如图 1 所示。

项目一期南地块用地面积 40931m²，南地块（地上＋地下）总建筑面积 213785m²。地上面积 146314m²，地下面积 67471m²。一期包括红星美凯龙家居城、办公塔楼 A，B 和沿街商铺（红星美凯龙家居城与沿街商铺最小间距 12.5m），红星美凯龙家居城功能为家居商场，主营高端大件家具、建材陶瓷、灯具灯饰等。红星美凯龙家居城地上 5 层，地下 2 层，地上建筑面积 61903.32m²，地下建筑面积 17146.36m²，建筑总高度 26.3m。商业街地上 4 层，地下 2 层，地上建筑面积 25423.37m²，地下建筑面积 12382.51m²，建筑总高度 17.4m。

图 1　德州红星国际广场项目效果图

2　设计思路

德州市基本气候特点是季风影响显著，四季分明、冷热干湿界限明显，春季干旱多风回暖快，夏季炎热多雨，秋季凉爽多晴天，冬季寒冷少雪多干燥，具有显著的温带季风气候特征。年平均日照时数 2724.8h；年平均日照百分率 61%；年辐射总量 126.5kcal/cm²。

根据最新的《德州市城市总体规划（2011 年—2020 年）》，德州市城市空间结构规划采用"中心极化、双向拉动、轴向发展、带动两翼"的城镇发展策略，重点发展中心城市，加强与济南、京津城市的协调互动，强化核心轴向骨架生长，构建两翼指状城镇空间，最终形成"一带两翼"协调发展的城镇空间格局。规划确定近期重点开发河东新城，新区将围绕长河公园形成，届时将成为河东新区最高价值的代表，真正的城市核心区，是德州行政中心、文体中心、教育中心、医疗中心、金融中心、商务中心、展览展示中心的总部所在地。红星国际广场项目位于河东新城内，北靠长河公园，东临行政中心、德州体育馆、大剧院、博物馆、教育中心、商务中心、医疗中心等，星凯国际广场所在地块是德州城市核心的最后一块拼图，其极高的区域价值已使项目成为城市建设中最高价值的代表，肩负着中心区城市服务功能配套的职责。项目周围社会情况如图2所示。

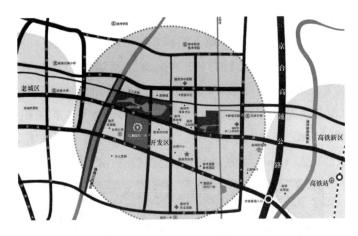

图2 项目周围社会情况图

为了充分节约用地，建设单位对废弃场地进行修复利用，对原农药厂厂址内受污染的土壤进行修复，最终使得该地块的土壤无毒无害，满足国家相关环保要求。本项目内设计有10万 m² 中央公园，与附近1800亩的长河公园、10km锦绣川风景区构成了"双景公园"，成为德州新区的绿肺。针对德州地区水资源匮乏的特点，本项目采用了一系列节水措施：室外大量采用透水地面，面积比大于40%，可以有效渗透利用雨水；设置多个中水处理系统，并且采用污废合流的回收方式，最大程度地利用非传统水源，实现了年中水用量为 94677.1m³/a，非传统水源利用率达到55.25%。为了节能，本项目在满足《公共建筑节能设计标准》GB 50189 要求的基础上，进一步加强围护结构保温性能，并采用外遮阳和呼吸幕墙等技术，使得建筑设计总能耗低于国家批准或备案的节能标准规定值的80%。德州地区太阳能资源较丰富，本项目大量利用可再生的太阳能资源，生活热水全部由太阳能热水系统提供。另外，通过提高通风空调系统风机的单位风量耗功率、冷热水系统的输送能效比和冷水机组的COP。以上节能措施保证了本项目的运行能耗低于常规商店建筑。通过利用高强度钢和高性能混凝土，有效减少了普通钢材和混凝土的用量。另外，家居城和商业街都可以灵活隔断，家居城还采用了土建装修一体化，不仅节省投资30%，还能大大减少装修废料废物的产生。

3 建筑特征

3.1 节地与室外环境

本项目场地选址安全，符合当地规划要求。本项目位于德州河东新城核心地带，交通便利，有101、18、112、106、6、5、105等多条公交线路到达。建筑物内的人行通道均采用无障碍设计，且与建筑场地外人行通道无障碍连通。本项目建筑物地下两层，主要是店铺、辅助用房和车库，地下建筑面积与总用地面积之比达到1.65，充分利用了地下空间。

环评报告和土壤氡检测报告表明场地内无地质灾害、洪涝灾害、风灾及含氡土壤的危害。无电磁辐射危害和火、爆、有毒物质等危险源，满足标准要求。德州红星国际广场项目地块属于废弃场地再利用，充分实现了节地的目的。该地块曾是德州恒东农药厂原址、机动车交易市场和部分空地，地块的土壤受到不同程度的污染，厂址平面分布图见图3。通过对该场地的风险源进行识别，确定主要关注污染物质为：马拉硫磷、苯、甲苯、氯苯、苯胺。计算各污染物在各种传播途径的暴露量后，风险评估得出该区域关注污染物在各种暴露途径下均没有超出致癌风险限值，但为了严格要求，且该地块将用于房地产开发，所以针对性地展开场地修复。该地块的重点污染区域为马拉硫磷和甲胺磷车间，其土壤中的污染物含量较高。针对重污染区域和轻污染区域，分别采取不同治理方案。重污染区域土壤先经化学处理，把污染物稳定于土壤内或转化为无毒低毒物质，然后将处理后的土壤与轻污染区域土壤一起安全运输至修复场地，进而采用生物修复技术修复污染土壤，最终使得该地块的土壤无毒无害，满足国家相关环保要求。

图3 原农药厂平面分布图

本项目运行期废气主要为汽车尾气和家居建材废气。汽车尾气均符合排放标准，家居建材废气排放量小，废气污染物采取有效控制措施后，对环境影响很小。生活污水均接至中水机房，对周围环境基本没有影响。本项目运行期噪声源较少，主要为水泵、冷水机组、风机等设备运行噪声和汽车行驶产生的交通噪声。合理设计设备安装位置，并对设备和建筑进行隔声降噪处理措施，对汽车采取限制车速、禁止鸣笛等措施，可保证本项目园区噪声符合标准要求。本项目由专人对产生的固废进行日常管理，分类收集堆放，能够做到定时清理、按时清运；商品包装物作为废旧物资外售。因此本项目产生的固废对周围环境影响较小。本项目玻璃幕墙均采用反射比不大于0.30的玻璃，不会对周边建筑和行人带来光污染。

采用计算流体动力学（CFD）的方法对建筑物室外风环境进行了模拟，模拟结果如图4、图5所示。结果表明：在冬季主导风作用下，在距地面1.5m处，参评建筑周边最大风速4.9m/s，风力扩大系数1.2；在夏季主导风作用下，在距地面1.5m处，参评建筑周边最大风速3.8m/s，风力扩大系数1.26。参评区域内未出现明显的漩涡和死角。参评建筑室外周边区域整体上可以保持较好的通风。满足《绿色商店建筑评价标准》GB/T 51100—2015第4.2.5条风环境评价要求。

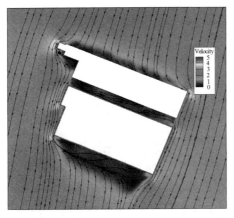 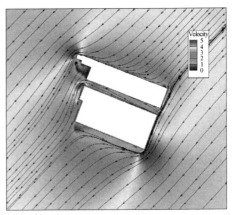

图4　夏季主导风向下参评建筑室外　　　　图5　冬季主导风向下参评建筑室外

　　　1.5m高处风速场图　　　　　　　　　　1.5m高处风速场图

3.2 节能与能源利用

本项目节能设计执行《山东省公共建筑节能设计标准》DBJ 14—36。商业街围护结构做法及保温如下：平屋顶为XPS成品板外墙保温系统（80.0mm）＋钢筋混凝土（120.0mm）；坡屋顶为XPS成品板外墙保温系统（80.0mm）＋钢筋混凝土（120.0mm）；外墙为XPS成品板外墙保温系统（60.0mm）＋加气混凝土砌块（B05级）（200.0mm）；非采暖空调房间与采暖空调房间的楼板为XPS成品板外墙保温系统（20.0mm）＋钢筋混凝土（120.0mm）；外窗采用隔热铝合金中空玻璃窗 6＋12A＋6 中空玻璃。各围护结构具体传热系数见表1。

表1　商业街围护结构传热系数表

围护结构		规范规定传热系数限值 [W/(m²·K)]	设计建筑实际传热系数 [W/(m²·K)]
屋顶		0.55	0.37
外墙		0.60	0.38
底层接触室外空气的 架空或外挑楼板		0.60	0.47
非采暖空调房间与采暖空调 房间的隔墙或楼板		1.50	1.05
外窗	东	3.0	2.70
	南	3.0	2.70
	西	3.0	2.70
	北	3.0	2.70

家居城围护结构做法及保温如下：屋顶为 XPS 成品板外墙保温系统（60.0mm）＋钢筋混凝土（120.0mm）；外墙为泡沫玻璃保温板（80.0mm）＋加气混凝土砌块（B05 级）（200.0mm）；非采暖空调房间与采暖空调房间的楼板为泡沫玻璃保温板（30.0mm）＋钢筋混凝土（120.0mm）；外窗采用隔热铝合金中空玻璃窗 6＋12A＋6 中空玻璃，建筑外窗的气密性不低于现行国家标准《建筑外门窗气密、水密、抗风压性能分级及检测方法》GB/T 7106 的 8 级要求；透明屋顶采用隔热铝合金低辐射玻璃窗（6＋12 空气＋6 双银 Low-E 中空玻璃），设置有织物卷帘外遮阳，并有可开启部分提供自然通风。各围护结构具体传热系数见表2。

表2　家居城围护结构传热系数表

围护结构		规范规定传热系数限值 [W/(m²·K)]	设计建筑实际传热系数 [W/(m²·K)]
屋顶		0.55	0.47
外墙		0.60	0.51
底层接触室外空气的 架空或外挑楼板		0.60	0.59
非采暖空调房间与采暖空调房间 的隔墙或楼板		1.50	1.32
屋顶透明部分		2.7	2.2
外窗	东	3.5	2.70
	南	3.5	2.70
	西	3.5	2.70
	北	3.5	2.70

本项目在地下二层制冷换热机房内设 2 台水冷离心机组供夏季空调使用，水冷离心机组的制冷量 3867kW，耗电量 689kW，制冷性能系数 5.61 满足《公共建筑节能设计标准》GB 50189—2015 的要求。

本项目分别设置 2 台空调冷冻水循环水泵和 2 台空调热水循环水泵，其耗电输冷（热）比详见表 3，计算表明空调循环水泵耗电输冷（热）比（EC（H）R）均小于国家标准《民用建筑供暖通风与空气调节设计规范》GB 50736 规定值 20% 以上。

表 3   家居城空调循环水泵耗电输冷（热）比表（EC（H）R）

	设计值 $0.003096\Sigma(G\cdot H/\eta b)/\Sigma Q$	标准值 $A(B+\alpha\Sigma L)/\Delta T$	设计值/标准值
空调冷冻水循环水泵耗电输冷比（ECR）	0.020	0.026	76.9%
空调热水循环水泵耗电输热比（EHR）	0.0065	0.0082	79.3%

本项目设置 40 台立式空调机组，风量为 30000m³/h，机外静压为 400Pa。立式空调机组风机的单位风量耗功率为 0.427，低于国家标准《公共建筑节能设计标准》GB 50189—2015 限值 0.573 的 20% 以上。另外，本项目的全空气空调系统可调节新风量，过渡季可实现全新风运行。

本项目的照明系统采用分区控制的方式，可以满足多种工况的要求。电气照明按功能区域或租户设置电能表，不仅有利于物业公司管理和收费，租户也能及时了解和分析电气照明耗电情况，从而加强管理，提高节能意识和节能的积极性。

采取多项节能措施后，本项目建筑能耗大大降低，并具备了优化节能运行的基础。为了分析对比本项目的整体节能效果，通过能耗模拟软件 eQuest 对家居城和参照建筑全年运行能耗进行逐时模拟，参照建筑围护结构设定参数参照《公共建筑节能设计标准》GB 50189 和《山东省公共建筑节能设计标准》DBJ 14—036 中限值的要求。模拟情况见图 6～图 8，结果表明本建筑在照明、制冷、制热、风机和水泵五方面节能效果明显。

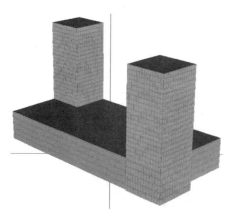

图 6   建筑模型图

为了便于进行能耗分析和比较，将所有能耗全部统一折算成电耗，分为照

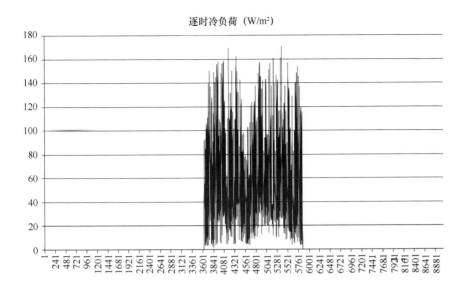

图 7 家居城逐时冷负荷变化图

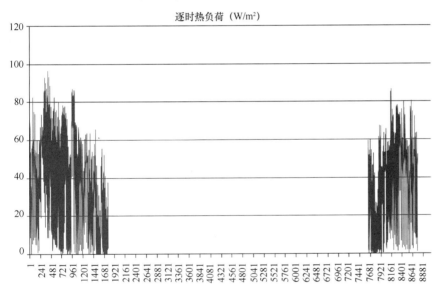

图 8 家居城逐时热负荷变化图

明能耗、制冷能耗、制热能耗、风机能耗、水泵能耗，经过统计分析得出如表 4 模拟结果：

表 4 家居城分项能耗模拟结果表

能耗分类	照明 （kWh）	制冷 （kWh）	制热 （kWh）	风机 （kWh）	水泵 （kWh）	总计 （kWh）	节能率
设计建筑能耗	1911853	1614372	1163157	388235	279681	5357298	21.4%
参照建筑能耗	2486949	2044714	1484653	465038	330837	6812191	—
百分比	76.9%	79.0%	78.3%	83.5%	84.5%	78.6%	—

从表 4 中可以看出，设计建筑节能率达到 21.4%。符合相关规范要求。

3.3　节水与水资源利用

本项目室内给水主干管及立管采用衬塑钢管，丝接。给水支管采用冷热水型的 PP-R 塑料给水管，热熔连接。室内生活污废水、通气管、冷凝水排水管均采用 UPVC 排水管，粘接；虹吸雨水管采用 HDPE 排水管，熔接；压力排水管采用镀锌钢管，丝接；室外明露的塑料排水管采用抗紫外线材料。生活给水干管采用闸阀或蝶阀，支管采用球阀；压力排水止回阀、闸阀等采用球墨铸铁材质。管道穿越沉降缝、伸缩缝时必须采用不锈钢金属波纹管或橡胶接头。可以有效防止管网漏损。给水压力大于 0.20MPa 的楼层，水表后安装 AD 式支管减压阀，阀后压力不大于 0.20MPa。所有卫生设备均为符合国家规定的节水型卫生设备，详见表 5。

表 5　节水器具清单

节水器具名称	节水器具主要特点	节水率
小卫生间马桶	采用瓷片密封水嘴，6L 水箱	>8%
公共卫生间蹲式大便器	延时自闭阀门	>8%
公共卫生间落地式小便器	非接触感应式冲洗阀	>8%
水龙头	非接触感应式冲洗阀	>8%

本项目为了最大程度地利用非传统水源，中水采用污废合流的回收方式。污水首先进入缺氧反应池，经缺氧反应后进入膜池，耗氧曝气，膜池内设内回流泵抽吸好氧池中混合液回流到缺氧反应池，保证系统对氮的去除。污水处理后水质达到《城市污水再生利用城市杂用水水质》GB/T 18920 中的冲厕用水和绿化用水标准要求。中水管道及设备和接口处应有明显标识，保证与其他生活用水管道严格区分，防止误接、误用（图 9、图 10）。

红星国际广场一期南地块冲厕、室外浇灌、浇洒、洗车等用水全部采用中水，年中水用量为 94677.1m³/a，非传统水源利用率为 55.25%。

3.4　节材与材料资源利用

本项目大量利用高强度钢和高性能混凝土，有效减少了普通钢材和混凝土的用量。另外，家居城和商业街都可以灵活隔断，家居城还采用了土建装修一体化，不仅节省投资 30%，还能大大减少装修废料废物的产生。由于现场拌制砂浆计量不准确、原材料质量不稳定等原因，施工后经常出现空鼓、龟裂等质量问题，工程返修率高。本项目全部采用预拌混凝土和预拌砂浆，从而避免产生大量材料浪费和损耗，污染环境。

3.5　室内环境

车库设置与排风设备联动的一氧化碳检测装置，一氧化碳的短时间接触容许

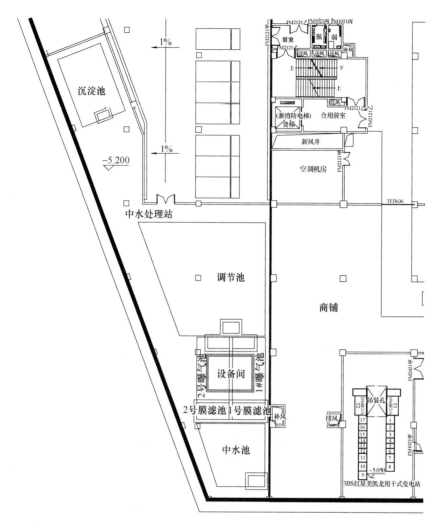

图9　中水处理站平面图

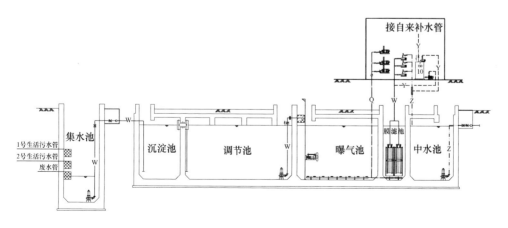

图10　中水处理系统高程流程图

浓度上限为30mg/m³，超过此值报警，然后立刻启动排风系统。本项目家居城大空间采用全空气一次回风空调系统，需要独立控制的小房间采用风机盘管＋新风的空调系统。商业街采用分体空调，可以进行独立调节。本项目家居城采用了通风幕墙，不仅有效降低夏季太阳辐射得热，还能通过自然对流降低外墙表面的室外空气温度。

本项目家居城顶层的中庭和大厅采用了玻璃采光顶，大大提高了内区的天然采光效果，详见图11。

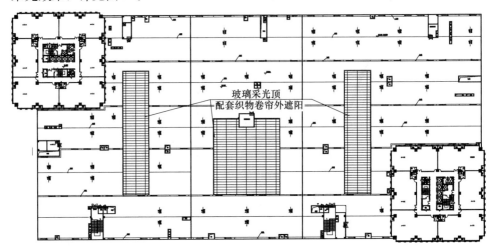

图11 家具城屋顶平面图

4 建筑等级评定

根据国家标准《绿色商店建筑评价标准》GB/T 51100－2015对商店建筑——德州红星国际广场家居城和商业街项目进行"绿色商店建筑设计标识"评价，详见表6。除"施工管理"和"运营管理"不参评外，其他控制项27项全部达标。评分项中，节地与室外环境参评总分为100分，实际得分82分；节能与能源利用参评总分100分，实际得分73分；节水与水资源利用参评总分100分，实际得分72分；节材与材料资源利用参评总分79分，实际得分65分；室内环境参评总分100分，实际得分79分；折算得分为77.14分。本项目提高与创新项实际得分4分。本项目最终总得分为81.14分，每类评分项实际得分均大于40分，符合《绿色商店建筑评价标准》GB/T 51100－2015第3.2.8条中要求的三星级最低总得分80分的要求。

表6 德州红星国际广场家具城和商业街项目自评估结果

评价内容	节地	节能	节水	节材	室内环境	施工管理	运行管理	创新项
实际得分	82	73	72	65	79	0	0	4
总得分	81.14				星级评定		设计三星级	

5 结束语

根据"主动优先、被动优化"的原则，本项目采用了多项绿色节能环保技术，不仅满足了绿色商店建筑设计标识三星级，还大大提高了建筑品质，并取得了良好的经济效益。

在节地与室外环境方面，本项目充分利用地下空间，积极进行废弃场地再利用，改善了该地块的生态环境，大大节约了建设用地指标。本项目玻璃幕墙均采用反射比不大于 0.30 的玻璃，不会对周边建筑和行人带来光污染。通过合理布置建筑物的朝向，使得本项目室外风环境满足规范要求，保证了本项目在各季节均有良好的自然通风效果。

在节能与能源利用方面，本项目大大降低围护结构传热系数，进一步提高玻璃幕墙和外窗的气密性，透明屋顶采用织物卷帘外遮阳，从而降低了建筑物的冷热负荷。另外，本项目使用了效率性能更高的冷水机组、水泵、风机等设备，照明系统实行分区控制，从而使得建筑设计总能耗低于国家批准或备案的节能标准规定值的 80%。

在节水与水资源利用方面，本项目充分利用中水，非传统水源利用率达到 55.25%。

在节材与材料资源利用方面，本项目通过利用高强度钢和高性能混凝土，有效减少了普通钢材和混凝土的用量。家居城采用了土建装修一体化，不仅节省投资 30%，还能大大减少装修废料废物的产生。

在室内环境方面，本项目家居城顶层的中庭和大厅采用了玻璃采光顶，大大提高了内区的天然采光效果。车库设置与排风设备联动的一氧化碳检测装置，有效保证了车库的空气品质。

本项目合理应用多项绿色节能技术措施，不仅提升了建筑品质和档次，还创造了可观的经济节能收益，相关经验值得借鉴推广。

执笔人：中国建筑科学研究院　阳春

案例 6 郑州二七万达广场购物中心

1 工程概况

郑州二七万达广场购物中心项目是由郑州二七万达广场有限公司开发建设的"一街带多楼"的商业规划模式，位于郑州市二七区，东临大学南路，北至航海中路，西至人和路（规划路），南至汉江路。

本项目建设用地面积为 52514m²，总建筑面积为 200403m²，其中地上建筑面积 120566.73m²，一至三层是被围有顶棚的商业步行街、百货、电玩、KTV、电器城等，四、五层为百货、餐饮、影视城放映厅等；地下建筑面积 79836.27m²，主要为超市、地下车库及设备用房。绿地率为 25.68%，其效果图如图 1 所示。

图 1　郑州二七万达广场购物中心效果图

2 设计思路

郑州地区属暖温带大陆性气候，四季分明，年平均气温 14.4℃。7 月最热，平均 27.3℃；1 月最冷，平均 0.2℃；年平均降雨量 640.9mm，无霜期 220d，全年日照时间约 2400h。

结合郑州当地气候、环境、经济、文化特点以及建筑功能及需求，本项目采用的绿色建筑技术遵循因地制宜、低成本有效的原则，坚持可持续发展的理念，将绿色建筑方案与各专业有机结合，使绿色建筑技术融入建筑本体。

本项目设计之初定位为绿色建筑，按照绿色建筑一星级标准设计，合理采用相关绿色生态节能技术，达到绿色建筑一星级指标要求。根据项目自身特点，因地制宜打造符合郑州地区发展和应用的绿色一星级建筑，融合围护结构保温隔热体系、全空气空调系统、雨水回收利用、节能照明、灵活隔断等绿色生态技术为一体。

3 建筑特征

3.1 节地与室外环境

（1）选址

场地内原有民宅由政府组织拆除工作，场地原始地势较平坦，不存在湿地、基本农田、森林等保护区。

建筑场地选址无洪灾、泥石流及含氡土壤的威胁，建筑场地安全范围内无电磁辐射危害和火、爆、有毒物质等危险源。

（2）室外环境

本项目关于室外环境方面的设计主要体现在以下几方面：

本项目景观照明可调投射角度，防眩目，无直射光射入空中，对周边项目无光污染干扰。综合考虑夜景泛光照明。

日照分析：本项目为六层商业项目，符合规划设计要求，与周围建筑有道路相隔，东面及西面为拟建建筑用地，通过日照模拟分析报告可知，不对周边建筑产生影响。

（3）出入口与公共交通

本项目机动车停车位均为地下室，车库出入口直接设置在周边道路上，地块出入口均为慢行交通出入口。交通流线组织便捷、人车分流设计；出入口到达公共交通站点的步行距离不超过500m，公交站点5个，公交线路20条。

（4）地下空间利用

本项目合理开发利用地下空间，地下建筑面积与建筑占地面积之比为2.39：1。地下空间主要功能为车库、排风机房、空调机房、泵房、冷冻站、消防水池、员工餐厅、变电所、超市等。

3.2 节能与能源利用

（1）建筑节能设计

本项目各部分围护结构均做了节能设计，且建筑的体型系数、窗墙面积比、围护结构的传热系数均小于规范限值，满足《公共建筑节能设计标准》GB 50189相关条文的规定。

（2）高效能设备和系统

301

百货、超市、步行街各设一套完全独立的中央空调系统。空调系统的冷热源机组能效比符合现行国家标准《公共建筑节能设计标准》GB 50189—2015 中第5.4.5、第5.4.8及第5.4.9条规定。

选用奥的斯节能电梯，节能率大于30%。

（3）节能高效照明

本项目照明功率密度值不高于现行国家标准《建筑照明设计标准》GB 50034规定的现行值。一般场所为细管径 T5 直管荧光灯、金属卤化物灯或其他节能型灯具。直管型荧光灯应配用电子镇流器或节能型电感镇流器。金属卤化物等应配用节能型电感镇流器。汽车库、室内步行街通道、楼梯间、百货楼的公共照明采用 i-bus 智能照明控制系统集中控制。

3.3　节水与水资源利用

（1）水系统规划设计

在方案、规划阶段制定水系统规划方案，统筹、综合利用各种水资源，包括用水定额的确定、用水量估算及水量平衡、给排水系统设计、节水器具、非传统水源利用等。

公共建筑给水排水系统的规划设计符合《建筑给水排水设计规范》GB 50015等的规定。

（2）节水器具

《绿色商店建筑评价标准》GB/T 51100—2015 中第 6.2.4 条对卫生器具提出了要求。

本项目中的卫生器具均采用了节水器具，洗脸盆采用感应式水龙头，小便器采用感应式冲水，自闭冲洗阀采用脚踏式，所有卫生器具的节水参数均符合《节水型生活用水器具》CJ/T 164 的规定。

（3）雨水收集与利用

本项目大商业部分屋面雨水经雨水斗收集后，由室内及室外雨水管道汇流至雨水处理装置。超出部分雨水经超越管直接排至市政雨水管网。初期雨水含污染物较多，经初期弃流井弃流后进入过滤井进行初步过滤，过滤井须定期维护。雨水经过滤后进入沉淀池内进行自由沉淀，沉淀后清水经设置在沉淀池上部的出水口流入清水池内，经潜水泵加压供至各用水点。本项目年收集雨水量2415.88m³/a，收集后的雨水经处理后用于绿化浇灌、车库冲洗及道路冲洗，非传统水源利用率为 2.63%。

3.4　节材与材料利用

（1）建筑结构体系节材设计

本项目建筑造型要素简约，女儿墙高度为 2.2m，未超过规范要求 2 倍。装饰性构件造价为总造价的 4.88‰，低于总造价的千分之五。

（2）预拌混凝土使用

本项目现浇混凝土 100% 采用预拌混凝土。

（3）充分利用灵活隔断

国美、万千百货等大空间商业室内采用灵活隔断，减少重新装修时的材料浪费和垃圾产生。采用灵活隔断的面积为 32701m²，其比例为 48.58%。

3.5　室内环境质量

（1）围护结构保温隔热设计

本项目本工程填充墙采用加气混凝土砌块，窗框为断热铝金属型窗框。经计算：商铺等区域室内热桥部位内表面温度均大于室内空气露点温度 10.13℃；楼梯间等室内热桥部位内表面温度均大于室内空气露点温度 8.26℃，满足要求。

（2）室温控制

商铺（室内步行街）采用新风加风机盘管的空调形式，新风机采用组合式空调箱；超市、万千百货等大开间场所都采用全空气系统，末端采用组合式空调箱，室温调节方便，是可提高人员舒适性的空调末端。房间内的温度等参数符合现行国家标准《公共建筑节能设计标准》GB 50189 中的设计计算要求。

（3）隔声降噪措施

该项目设计依据是商场类建筑，室内背景噪声水平满足现行国家标准《商场（店）、书店卫生标准》GB 9670 的相关要求，即对建筑围护结构采取有效的隔声、减噪措施，商场内背景噪声级不超过 60dB（A）。

（4）室内日照与采光

本项目 3 层屋顶采用玻璃顶，步行街充分利用了自然光，使得步行街实现日光补偿，同时 1～3 层步行街两侧功能空间将可以得到一定的日光补偿，改善其采光效果。屋顶没有天窗时，步行街的采光效果基本达不到要求，仅 7.32% 的空间采光系数大于 1.0%；屋顶采用玻璃顶时，步行街的采光效果有着明显的提高，约有 97.70% 的空间采光系数大于 1.0%。

3.6　运营管理

（1）智能化系统应用

项目智能化子系统包括：视频监控系统、入侵报警系统、可视对讲系统、电子巡更系统、综合布线系统、有线电视系统、停车场设备管理系统、程控电话交换机系统、UPS 不间断电源系统、建筑设备监控系统、门禁系统、背景音乐及紧急广播系统、防雷接地系统、机房装修系统、车位引导系统、无线对讲系统。

（2）系统的高效运营、维护、保养

本项目管井设置在公共部位（如楼梯间、空调机房、卫生间），具有公共使用功能的设备、管道等设置楼梯间、空调机房等公共部位，这样便于清洗、维修、改造、更换。

4 建筑等级评定

依据《绿色商店建筑评价标准》GB/T 51100—2015，对项目进行自评估，结果如表1所示。

表1 郑州二七万达广场购物中心项目评价结果

评价内容	节地与室外环境	节能与能源利用	节水与水资源利用	节材与材料资源利用	室内环境质量	施工管理	运营管理	提高与创新
实际得分	61	40	55	43	58	0	0	0
总得分	50.6				星级评定		一星级设计标识	

从表1可看出，郑州二七万达广场购物中心项目的自评估结果为：

(1) 分项得分：各章节的评分项得分均达到了40分的最低分值要求，其中节地与室外环境得分较高，节能与能源利用得分较低。

(2) 总得分：50.6分，达到一星级设计标识要求。

5 结束语

郑州二七万达广场购物中心定位为绿色一星级建筑，合理运用了绿色生态技术，项目设计具有如下创新点：

(1) 雨水收集与利用

对项目场地雨水进行综合收集，将雨水收集后用于本项目绿化浇洒、广场冲洗和车库冲洗。非传统水源利用率为2.33%。

(2) 室内日照与采光

三层屋顶采用玻璃顶，显著提高步行街的采光效果，约有90%以上的空间采光系数大于1.0%，且1~3层步行街两侧功能空间将可以得到一定的日光补偿，改善其采光效果。

郑州二七万达广场将节地、节能、节材、节水技术综合融入项目设计中，降低商业建筑能耗，为实现节能减排做出了积极贡献。其推广价值在于其合理选择和集成了适用的技术应用于商业建筑，可以为其他商业地产项目所借鉴。

执笔人：中国建筑科学研究院上海分院 张雪 樊瑛 马素贞 孙大明

案例 7　苏州国际广场综合体

1　工程概况

苏州国际广场综合体位于苏州金鸡湖南，东环路东。周围东为欧尚、百安居等商业中心；西隔东环路为百年高校苏州大学，文化氛围浓厚；北面有即将建成的沃尔玛与百润发超市。建筑规划用地面积为 2.79 万 m^2，总建筑面积为 8.57 万 m^2，其中地上建筑面积 5.45 万 m^2，地下建筑面积 3.12 万 m^2，绿化率为 10%。参评区域为建筑裙房及塔楼。

建筑裙房为 3 层，一至二层为商业零售，三层为商业主力店，二层、三层分别设连通的平台，沿金鸡湖路设层层后退的屋顶花园，主力店上方 5～28 层的塔楼为住宅楼，地下一层车库、游泳池、机房等。其效果图如图 1 所示。

图 1　苏州国际广场综合体效果图

2　设计思路

苏州位于北亚热带湿润季风气候区，温暖潮湿多雨，季风明显，四季分明，冬夏季长，春秋季短。无霜期年平均长达 233d。境内因地形、纬度等差异，形成各种独特的小气候。太阳辐射、日照及气温以太湖为高中心，沿江地区为低值区。降水量分布也具有同样规律。

本项目定位为绿色建筑，按照绿色建筑二星级标准设计，充分采用相关绿色生态节能技术，达到绿色建筑二星级指标要求。根据项目自身特点，因地制宜打造符合苏州地区发展和应用的绿色二星级建筑，融合围护结构保温隔热体系、运用地源热泵作为可再生能源利用、余热回收、雨水回用、屋顶绿化、导光筒、节水喷灌等绿色生态技术为一体。

3 建筑特征

3.1 节地与室外环境

（1）选址

项目所在地用地性质为商业用地，现状为空地，且本项目为新建项目，无原有污染情况。根据地块的原有功能，不存在遗留环境问题。场地建设不破坏当地文物、自然水系、湿地、基本农田、森林和其他保护区。建筑场地选址无洪灾、泥石流及含氡土壤的威胁，建筑场地安全范围内无电磁辐射危害和火、爆、有毒物质等危险源。

（2）出入口与公共交通

交通流线组织便捷、人车分流设计；出入口到达公共交通站点的步行距离不超过500m，公交站点2个，公交线路24条，公共交通十分便利。

（3）屋顶绿化

本项目四层合理采用屋顶绿化（绿化面积为4788m²），景观植物配植以苏州乡土植物为主，且采用包含乔、灌木的复层绿化。屋顶绿化面积占屋顶可绿化面积比例为57%。

图2 屋顶绿化效果图

（4）地下空间利用

合理开发利用地下空间，地下空间主要功能为自行车库、汽车库、生活、消防水泵房、排风机房、进风机房、变电所等。地下建筑面积31157.04m²，项目用地面积27877.26m²，地下建筑面积与建筑占地面积之比为1.12:1。

3.2 节能与能源利用

（1）建筑节能设计

本建筑朝向、窗墙比和体型系数满足《公共建筑节能设计标准》GB 50189—2015相关规定要求。

建筑外墙外保温体系（XPS保温）、外窗采用断桥隔热铝合金型材和Low-E

中空玻璃。围护结构热工性能指标全部符合现行国家和地方公共建筑节能标准的规定。

（2）高效能设备和系统

本项目空调采暖系统的冷热源机组能效比符合现行国家标准《公共建筑节能设计标准》GB 50189—2015 中第 5.4.5、第 5.4.8 及第 5.4.9 条规定。

通风空调系统风机的单位风量耗功率和冷热水系统的输送能效比符合现行国家标准《公共建筑节能设计标准》GB 50189—2015 中第 5.3.26、第 5.3.27 条的规定。

选用节能电梯，节能率大于 15％。

（3）节能高效照明

公共场所和部位照明采用高效光源、高效灯具。商铺、公共部位、走道、泵房、网络中心、公寓和办公等场所照明设计按照《建筑照明设计标准》GB 50034—2013 中第 5.4.1 条规定的照明功率密度（LPD）的目标值进行设计。公共部位、走道、泵房、网络中心采用人体感应自动控制方式。

（4）能量回收系统

本工程空调系统采用水冷热泵变频多联机空调系统＋新风系统，裙房新风系统采用全热热回收系统，全热回收效率≥65％。

生活热水和泳池热水回收空调系统余热。热水由热交换机房内的高温热水机组送至热水箱，冬季由地源侧取热，夏季则通过旁通管，使用公寓部分的多联机回水，直接吸收空调系统的排热，与空调系统形成热回收关系，提高各自系统的效率，该系统由楼宇智能控制。

（5）可再生能源利用

本项目充分利用地热能，采用地源热泵空调系统，空调系统冷热源从地源提取。空调系统采用水源热泵多联机，在地下二层设集中的分集水器间和热交换间，地源侧冷热量经过板换机组交换后，通过二次侧水系统分别送至裙房空调水系统和塔楼空调水系统。

3.3 节水与水资源利用

（1）用水计量

本项目按用途设置水表，且满足计费和管理的需求。本项目中，用水点均按用途分别设置水表计量，建筑生活用水、绿化道路浇洒、消防用水等各用水点均设置计量水表。用水的分项计量，为后期运行过程中计费和管理的提供了有力支持。

（2）节水措施

节水器具选用《当前国家鼓励发展的节水设备》（产品）目录中公布的设备、

器材和器具。所有器具应满足《节水型生活用水器具》CJ/T 164 及《节水型产品通用技术条件》GB/T 18870 的要求。厨房水槽、洗脸盆、淋浴器和浴缸龙头均采用加气型冷热水龙头，坐便器采用 3L/6L 两档节水型虹吸式排水坐便器。

景观灌溉采用喷灌的节水灌溉形式。灌溉给水管采用 PP-R 管材，埋深为 0.8～1.2m。

（3）非传统水源利用

本项目对雨水进行综合收集，收集区域主要有三部分：①路面及其公共区域汇集的雨水；②绿化区域汇集的雨水；③屋面汇集的雨水。将雨水收集后用于本项目绿化浇洒、道路冲洗和景观补水。雨水储存在办公楼地下室南侧的雨水收集池内，绿化浇洒及道路冲洗采用一套自动恒压变流量供水设备（变频机组），从雨水收集池取水供应。雨水处理工艺流程图如图 3 所示。

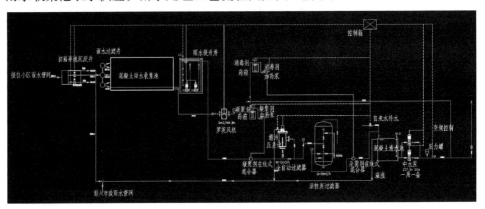

图 3　雨水处理工艺流程图

本项目年雨水利用量为 9170m³，本项目非传统水源利用率达到 10.84%。

3.4　节材与材料利用

（1）建筑结构体系节材设计

建筑造型要素简约，女儿墙高度为 1m、1.6m，未超过规范要求 2 倍。装饰性构件低于总造价的千分之五。

（2）预拌混凝土使用

现浇混凝土采用预拌混凝土。

（3）高性能钢材使用

本项目钢混主体结构 HRB400 级（或以上）钢筋作为主筋的用量 6123 吨；主筋用量 7788.45 吨；HRB400 级钢筋作为主筋的比例 78.61%。高强度钢材使用比例较高，达到节材目的。

（4）可循环材料的使用

本项目可再循环材料包括钢材、铜、木材、铝合金型材、石膏制品、玻璃，可再循环材料占建筑材料总重量的 12.71%。促使重新装修拆除的垃圾可以更多的实现循环利用，减少生产加工新材料带来的资源、能源消耗和环境污染，具有良好的经济、社会和环境效益。

3.5　室内环境质量

（1）室温控制

室内采用多联机＋新风系统，室温调节方便，是可提高人员舒适性的空调末端。房间内的温度等参数符合现行国家标准《公共建筑节能设计标准》GB 50189 中的设计计算要求。

（2）通风换气装置

本项目采用多联机＋新风系统，各空间新风量符合现行国家标准《公共建筑节能设计标准》GB 50189 的设计要求。

汽车库考虑到通风节能和卫生、健康的要求，采用室内空气质量监控系统，设计 CO 和 CO_2 浓度传感器控制风机。

每 $800m^2$ 设置一个空气质量传感器，用 RVVP 导线传送到系统主机，采集车库内 CO 和 CO_2 等废气浓度，并对其浓度进行控制低于标准值。

（3）隔声降噪措施

本项目宾馆建筑围护结构构件隔声性能满足现行国家标准《民用建筑隔声设计规范》GB 50118 中的一级要求。宾馆室内背景噪声符合现行国家标准《民用建筑隔声设计规范》GB 50118 中室内允许噪声标准中的二级要求。

建筑平面布局和空间功能安排合理，机房隔墙设计吸声材料，减少噪声干扰以及外界噪声对室内的影响。

3.6　运行管理

（1）智能化系统应用

本项目建筑智能化系统定位合理，信息网络系统功能完善。

楼宇设备自动控制系统、综合布线系统、信息网络系统、卫星及有线电视系统、公共广播系统、信息引导及发布系统、闭路电视监控系统、安防报警系统、保安巡更系统、车位引导系统、停车场管理系统。信息设施系统、信息化应用系统、建筑设备管理系统、公共安全系统、机房工程等满足现行国家标准《智能建筑设计标准》GB 50314 的基本配置要求。

（2）楼宇设备自动控制系统

本项目楼宇设备自动控制系统设计对空调系统、新风系统、送排风系统、给排水系统、变配电系统、电梯系统等进行监视、控制、测量及记录。

系统设计为集中管理、分散控制的网络结构，现场 DDC 具备各自独立的固件和硬件，可脱离中央控制主机独立运行，不受网络或其他控制器故障的影响。

4 建筑等级评定

依据《绿色商店建筑评价标准》GB/T 51100—2015，对苏州国际广场综合体项目进行自评估，结果如表1所示。

表1 苏州国际广场综合体项目自评估结果

评价内容	节地与室外环境	节能与能源利用	节水与水资源利用	节材与材料资源利用	室内环境质量	施工管理	运营管理	提高与创新
实际得分	71	64	81	41	62	0	0	3
总得分	65.8				星级评定	二星级设计标识		

从表1可看出，苏州国际广场综合体项目的自评估结果为：

（1）分项得分：各章节的评分项得分均达到了40分的最低分值要求，其中节水与水资源利用得分较高，节材与材料资源利用得分较低。

（2）总得分：65.8分，达到二星级设计标识要求。

5 结束语

苏州国际广场商业综合体定位为绿色二星级建筑，合理运用了绿色生态技术，项目设计具有如下创新点：

（1）本项目景观绿化设计合理，采用乔、灌、草结合的复层绿化。设计了屋顶绿化，屋顶绿化面积占屋顶可绿化面积比例为57.41%。

（2）本工程属裙房商铺与商务办公空间采用水冷热泵变频多联系统空调系统＋新风系统，新风系统采用全热热回收系统，全热回收效率≥65%。有效地实现了能量回收利用。

（3）选用余热利用的方式提供建筑所需生活热水。生活热水和泳池热水冬季由地源侧取热，夏季则通过旁通管，使用公寓部分的多联机回水，直接吸收空调系统的排热，与空调系统形成热回收关系，提高各自系统的效率，该系统由楼宇智能控制。

（4）本项目空调系统采用水源热泵多联机，是一种采用水作为冷/热源的多联机空调系统。在系统中，水经由水配管从地下冷/热源输送至多联机主机，经过水-冷媒热交换后，冷媒再由多联机主机送达各室内机。

（5）对项目场地雨水进行综合收集，将雨水收集后用于本项目绿化浇洒、道路冲洗和景观补水。非传统水源利用率达到10.84%。

（6）汽车库考虑到通风节能和卫生、健康的要求，采用室内空气质量监控系统，设计 CO 和 CO_2 浓度传感器控制风机，对其浓度进行控制低于标准值。

苏州国际广场通过应用地源热泵技术，减少苏州国际广场能源使用中二氧化碳的排放量，减少对周边住宅的影响。该广场对面的绿色公园最大限度地保证了绿化面积，从而推动苏州绿色、生态都市生活的进一步发展。

执笔人：中国建筑科学研究院上海分院　张雪　马素贞　孙大明

案例8 苏州复合式诚品书店文化商业综合体

1 工程概况

该项目位于江苏省苏州市工业园区，金鸡湖 CBD 特区。东侧紧邻圆融时代广场，西侧与苏州国际会展中心、苏州科技文化艺术中心相邻。

本项目共有两座塔楼，一栋为 24 层酒店式公寓，一栋为 26 层公寓式办公；1～4F 为裙房，主要为商业；地下室两层，主要用作停车及设备用房。建筑用地面积为 26903m²，总占地面积为 13480m²，总建筑面积 134558m²，其中地上 86003m²，地下 48469m²。主体结构采用部分框支抗震墙结构体系，绿地率为 13.4%。项目采用屋顶绿化、排风热回收系统、太阳能热水系统、地源热泵系统、雨水回用系统、节水灌溉以及室内空气质量监控系统等多项绿色建筑技术，节能率达 60.2%。

图 1 项目效果图

2 设计思路

苏州诚品文化商业综合体作为台湾诚品书店在大陆的第一家分店，坐落于苏州工业园区金鸡湖畔，毗邻工业园区最大城市综合体圆融时代广场，为单体建筑群。计划中的诚品苏州店这个空间主要分为三个板块，即人文书店、文创平台和诚品居所，在这里可以同时进行文化阅读、文创展演、创意设计，展示美食文化等。总配置延续基地基本外形，裙房基本呈三角形布局，对称稳重；商业裙房沿各边界展开，最大化利用裙房商业临湖侧层层退叠，形成自然的室外休闲平台。基地东北侧为区域最重要、最繁华的商业路段，为商业人流的主要方向，连接区域文化走廊，设有主要的商业广场。基地西南侧则为酒店会展区域，为主要的亲水景观走廊及步行休闲人流的往来方向，设有景观平台及河岸景观区，创造多层次的活动区域。裙楼商业业态上也有三大功能区，靠河岸展开餐饮功能区，沿雕塑大道及圆融时代广场处的一、二裙房层为精品商业区，而三层裙房则成为诚品特有的品牌书店、阅读视听区域以及中心艺廊，带动整个项目的业态气氛，最大程度地体现了诚品书店的核心价值"人文艺术创意生活"。

3　建筑特征

3.1　节地与室外环境

（1）选址

该项目位于江苏省苏州市工业园区，金鸡湖 CBD 特区。东侧紧邻圆融时代广场，西侧与苏州国际会展中心、苏州科技文化艺术中心相邻。基地内无文物水系等自然资源。不是抗震不利地段，远离电视发射塔、雷达站等，同时也远离油库、煤气站、有毒物质等危险源，没有发生洪灾的可能，选址合理。

（2）室外环境

场地周边较为安静，场地环境噪声符合 2 类要求；建筑周边没有住宅等有日照需求的建筑；建筑采用反射系数不超过 15％ 的玻璃幕墙，景观照明在保证功能效果的基础上，确保无直射光射入空中，限制溢出建筑物范围以外的光线，避免照明光污染；建筑布局合理，分别利用苏州国际博览中心和圆融时代广场对冬季西北风和夏季东南风形成阻挡，整个建筑群区域室外风速全部小于 5m/s，能够满足室外人体舒适度要求；本项目采用的天然采光措施对建筑内部区域进行改善，使建筑中主要功能空间约有 86％ 的区域的采光系数达到《建筑采光设计标准》GB 50033 的要求。

（3）出入口与公共交通

项目设置 5 个出入口，每个出入口出发步行 500m 内均有公交线路。基地为商业办公综合体，除酒店式公寓及公寓式办公有独立的物管管制人员出入外，商业裙房为开放式设计，人员可通过沿河通廊及各层级的步行广场通达商业主要入口。基地共有三组机动车坡道，依各功能分设地下车库的坡道，每个车库坡道宽为 7m 的双车道。坡道一主要服务于酒店式公寓，坡道二主要服务于商业，坡道三主要服务于公寓式办公。三条车道均至地下二层，各车道起止部均设有相应的缓坡截水处理。

（4）景观绿化

项目的景观绿化包括室外场地绿化和屋顶绿化。室外绿化以乔木植物为主，包括银杏、香樟、墨西哥落羽杉、马褂木、深山含笑、白玉兰、桂花、杜英、日本晚樱、国槐。屋顶绿化以灌木植物为主，包括银姬小蜡、山茶篱、黄金菊、春鹃、水果蓝、金叶石菖蒲、银边石菖蒲、常夏石竹、金森女贞、香桃木、千鸟花、红知风、荆芥、睡莲、千屈菜、细叶莎草、草皮。

（5）透水地面

本项目的室外地面面积为 13423m²，室外透水地面主要包括：消防植草砖、透水混凝土和绿化种植地面，其中室外绿化面积为 2725m²；透水混凝土地面的面积为 2142m²；消防植草砖的面积为 531m²，室外透水地面的比例为 40.2%。透水地面的设置能够有效改善室外场地微气候，降低热岛效应，减少雨水的尖峰径流量，改善排水状况。

（6）地下空间利用

本项目共有两层地下室，地下总建筑面积为 48468.66m²，其中，商业面积 9053.3m²，地下二层主要做停车及设备用房，地下一层为部分商业及停车用房。地下空间建筑面积与建筑占地面积之比为 3.45：1。

3.2 节能与能源利用

（1）围护结构

本项目位于夏热冬冷地区，需做好围护结构的保温隔热处理。本项目商业裙房部分的围护结构保温热处理为：外墙采用砂加气砌块，保温材料为 60mm 岩棉板，综合传热系数为 0.60W/（m²·K）；屋面采用 105mm 泡沫玻璃保温板作为保温材料，传热系数为 0.58W/（m²·K）；外窗采用隔热金属中空 Low-E 玻璃窗，传热系数为 2.10W/（m²·K），玻璃遮阳系数为 0.40。同时，在裙房部分的顶部、东侧立面、东南侧商业主入口和西北侧立面加装了固定遮阳构件，有效地阻挡了空调季节进入室内的太阳得热量。裙房部分的节能率为 65.34%，满足江苏省工程建设标准《公共建筑节能设计标准》DGJ 32/J96—2010 中对甲类建筑的相关要求。

（2）高效能设备和系统

本项目采用的高效设备主要包括：空调机组、风机和水泵等。空调冷热源采用高效的离心式冷水机组、地源热泵机组、风冷螺杆热泵机组，其离心式冷水机组标准工况的能效比为 6.82，满足规范的要求值。本项目 B1～4F 裙房部分的商业大空间采用全空气系统，且可对新风进行比例调节。夏季和冬季开启集中空调系统，由室内 CO_2 浓度控制排风量和新风量；过渡季节采用比例式控制新风量，提供免费冷源，全空气系统的风机配变频调速器，风量 70%～100% 可调，过渡季节根据温度传感器的反馈进行新回风比的调节，可全新风运行；冷热水系统的输送能效比范围为 0.0094～0.0216，小于规范要求值。

（3）照明系统

主要功能房间和场所室内照明功率密度按照我国《建筑照明设计标准》

GB 50034的目标值进行设计，优先选用节能灯具，以荧光灯具为主，荧光灯均采用高品质电子镇流器，功率因数达到 0.95 以上。公共区域和多功能厅等大空间场所采用计算机控制智能照明控制系统，通过调光或开关量控制满足不同功能的灯光场景需求，且大空间利用室外自然光的变化自动调节人工照明度。

（4）可再生能源利用

该项目所在地太阳能辐射量为 4603MJ/m²，年平均日照 3.8h/d。该项目在建筑裙房屋顶设置太阳能集热器为建筑裙房的餐饮厨房和公共卫生间提供部分生活热水，同时辅以空气源热泵热水器，共同构成裙房的厨房区域和公共卫生间的热水供应系统，以达到节约能源的目的。太阳能板集热器面积为 482m²，太阳能全年提供生活热水量为 5.84×105MJ，裙房总的生活热水用量为 81.94×105MJ，太阳能提供裙房生活热水利用比例为 7.12%。充分利用太阳能量，减少对不可再生能源的消耗，降低碳的排放量。

本项目采用地源热泵满足裙房区域的冷热负荷。该项目冷热源配置形式为：夏季 300RT 地源热泵两台＋600RT 离心冷水机组三台＋300RT 空气源热泵两台，共计可以提供的冷量为 10548kW；冬季 300TR 地源热泵两台＋300RT 空气源热泵两台，共计提供热量为 4219kW。地源热泵空调系统承担的夏季冷负荷的比例为 16.23%，冬季空调热负荷的比例为 31.21%，承担总的空调冷热负荷比例为 21.36%。

（5）能量回收系统

本项目裙房区域的空调箱采用全热交换器回收排风中的余热对新风进行预冷，全热交换器设置在空调箱内，室外新风先经过全热交换器预冷降温再与回风混合后进入表冷器冷却，以节省空调箱及冷源所承担的冷量。本项目新风处理机组所配的全热回收装置寿命周期内的全热和显热回收效率均要求不小于 65%。估算该全热回收装置每年可回收的冷量和热量分别为 1393728kWh 和 1099296kWh。本项目回收的排风量约为 188750m³/h。新风处理机组内设置热回收装置符合规范要求。与无热回收装置比，全热回收装置比显热回收装置初投资约增加 243 万元，但每年可节约空调能耗 393312kWh，节电费用为 33.2 万元，回收期约 7.32 年。

3.3 节水与水资源利用

（1）给排水系统规划

建筑在给排水系统设计中综合考虑了各种水源，室内用水采用自来水，室外绿化浇灌和地面冲洗用水采用收集回用的雨水。公寓式办公与酒店式公寓均有 4 个分区，裙房采用地下室水箱—恒压变频供水方式，地下室商业、停车库利用市政管网水压直接供水。

（2）节水器具及设备

用水设备及卫生洁具均采用节水型，坐便器冲水量为 6L/次，水嘴流量小于 0.1L/s，小便器冲水量不大于 3L/次。

（3）非传统水源利用

室外绿化浇灌和地面冲洗用水采用收集回用的雨水。雨水经初期处理后，设置一套多介质过滤器＋精密过滤的处理设施，并通过 NaClO 杀菌消毒，杀灭水中细菌，确保水质洁净，水质要求满足《城市污水再生利用城市杂用水水质》GB/T 18920 要求。非传统水源利用率达到 1.02%。

3.4 节材与材料资源利用

（1）预拌混凝土和预拌砂浆的使用

根据苏州市要求，项目中混凝土全部采用预拌混凝土。

（2）可循环材料的使用

建筑较广泛地使用钢材、木材、铝合金、玻璃等可循环材料。可循环材料主要用于土建工程中的配筋、模板的使用、楼梯扶手、木门、玻璃幕墙等处。可再循环材料使用重量占所有建筑材料总量的 11.28%。

（3）土建与装修一体化

采用土建装修一体化设计施工，不破坏和拆除已有的建筑构件及设施，避免重复装修。

（4）采用灵活隔断

本项目裙房商业建筑中为大空间，部分分隔小空间隔墙也未采用灵活隔断。

3.5 室内环境质量

（1）室内声环境

本项目建筑室内客房、办公室和会议室的背景噪声要求不超过 45dB（A）。主要噪声源为外部交通噪声，包括周围的翠园路、月廊街和右岸街。通过外墙采用 60mm 岩棉板＋200mm 砂加气砌块＋20mm 水泥砂浆结构，外窗采用 6mmLow-E 玻璃＋12Air＋6mm 玻璃的隔声，计权隔声量可达到 37dB（A）。经过计算，室内背景噪声在最不利情况下（室外昼间噪声级 55dB（A）时，最不利的房间处）也能满足规范要求。

此外空调与新风设备均尽量选择低噪声设备，并对其基座进行了隔振处理，采用软接头、弹性支吊等措施；设备机房布置远离办公、会议等噪声敏感区；空调机房内部吊顶、墙面做强吸声结构，冷冻机房控制室采用隔声门和隔声玻璃；室外通风空调设备进行适当隔声处理。整体设备噪声对室内背景噪声影响不大。

（2）室内光环境与视野

本项目的各个朝向的窗墙比均较高，通过采用较大面积的玻璃窗、玻璃幕墙以及天窗，能有效地改善室内的天然采光效果。经天然采光模拟计算，本项目86％的主要功能空间的采光系数满足国家标准的要求。

（3）室内热湿环境

本项目的门厅、餐厅、多功能厅和商场等大空间的空调箱风机与排风机皆带有变频器，可根据室内状况调节送排风量大小。各式精品商店和包房的小空间用房采用风机盘管，室内人员可根据实际需要进行开关和调节。裙房空调机房内每台空调箱均带有DDC控制箱，对所提供冷量的区域进行室内温度设定，当室内温度低于设定值时，减少空调水量和送风量。

（4）室内空气质量

本项目的裙房区域采用了CO_2监控系统。裙房的一楼至三楼采用全空气系统。夏季和冬季时，通过室内CO_2浓度控制新风量和排风量。过渡季节时，根据CO_2浓度可进行新回风比的调节。

（5）无障碍设计

本工程依据《无障碍设计规范》GB 50763—2012要求，对公共开放区域如建筑基地、建筑入口、内部水平与垂直交通、卫生间等部位进行无障碍设计，以人性化的设计尽量的满足残疾和行动不便人士需要。具体做法如：人行道路设盲道，地下停车场设4个无障碍车位；设无障碍入口，无障碍电梯，首层均设无障碍厕所，入口采用低力度弹簧门；在无障碍道路，停车位，建筑入口无障碍电梯，无障碍厕所，轮椅席位等无障碍设施的位置及走向设无障碍设施标识牌。

3.6　运行管理

（1）智能化系统

本工程配置建筑智能化系统，按《智能建筑设计标准》GB 50314和《智能建筑工程质量验收规范》GB 50339进行设计，包括通信、计算机网络及综合布线系统、无线对讲覆盖系统、有线电视系统、安全防范系统、背景音乐系统、多媒体信息发布系统、可视对讲系统、车辆出入及停车场管理系统、智能家居系统、机电设备监控系统（楼宇自控）等。其中机电设备监控包括电力监控管理、空调监控管理与节能控制、送排风系统监控、照明设备监控、给排水系统监控、能耗计量等。

（2）楼宇设备自动控制系统

设置中央监控系统，其中电力监控管理系统以用电安全为考虑，主要功能包括：电力功率因数改善、电力品质监测、停电/复电控制、紧急供电控制、发电机供电质量及运转状况监视。空调监控管理与节能控制系统功能包括：冷却风扇台数控制、冰水主机、风冷热泵、地源热泵台数群控、工作环境控制、外气进气量控制、空调箱温度与压力控制房间温湿度控制。送排风系统监控功能包括：火警连锁、一氧化碳侦测。照明设备监控功能包括：自动定时开关照明、配合人员走动，自动启动照明设备、配合火警启动紧急照明设备、灯光开闭控制、灯光调光控制。给排水系统监控功能包括：自动储水、污水排水、监视泵浦运转条件，及状态监视、污水排放监视、配合用电需求切换给排水系统设备、雨水回收系统监控、太阳能热水系统。能耗计量系统的主要功能是计量建筑总用电量、总用水量、雨水回收量、燃气用量。并且通过中央监控系统整合控制系统的各种设备，使彼此间具有互操作性。实现高效运营能源节约。

4 建筑等级评定

基于《绿色商店建筑评价标准》GB/T 51100—2015，对苏州复合式诚品书店文化商业综合体进行自评估，评价结果如表1所示。

表1　苏州复合式诚品书店文化商业综合体项目自评估结果

评价内容	节地	节能	节水	节材	室内环境	施工管理	运行管理	创新项
实际得分	59	51	53	42	57	0	0	4
总得分	56.55				星级评定	一星级绿色建筑设计标识		

本项目为国家绿色建筑设计标识一星级项目，在本次绿色商店评价标准的试评价中各项得分比较平均，节材部分分值略低，总得分56.55，为一星级绿色建筑设计标识。

5 成本增量分析

本项目总投资额为13.74亿元，其中为实现绿色建筑所产生的增量成本为2306万元，占总投资的1.67%，单位面积增量成本为171元。其中主要来自于围护结构保温性能提升。高效冷热源以及可再生能源系统。具体明细见表2。

表2　绿色建筑成本增量统计表

实现绿建采取的措施	单价 (元/m²)	标准建筑采用的常规技术和产品	单价 (元/m²)	应用量	应用面积 (m²)	增量成本 (元)
土壤氡检测	150	无土壤氡检测	0	261点		39150
屋顶绿化	343	不设屋顶绿化	0		2414m²	828002
铺设植草砖	760	常规铺装	700		369m²	22178
提高绿地率	267	满足当地绿地率最低要求	267		4804m²	702412
光污染控制	20	无	0		28503m²	570063
围护结构-屋顶	650	满足当地最低节能要求	600		13786m²	689300
围护结构-外墙	700	满足当地最低节能要求	660		57912m²	2316486

续表2

实现绿建采取的措施	单价（元/m²）	标准建筑采用的常规技术和产品	单价（元/m²）	应用量	应用面积（m²）	增量成本（元）
围护结构-幕墙（保温隔热）	950	满足当地最低节能要求	900		71698m²	3584908
围护结构-外窗	800	满足最低要求	700		2547m²	254700
高效冷热源系统	180	常规系统	150		134559m²	4036755
节能灯具	10	满足《建筑照明设计标准》现行值要求的灯具	8		134559m²	269117
排风热回收系统		无排风热回收		1套		1510000
太阳能水系统		当地对太阳能热水应用的最低要求		1套		1200000
地源热泵系统		被替代的常规能源产生方式		1套		6000000
用水计量水表（分用途、分项）	500	未分用途、分项	0	292		146000
雨水收集、利用系统及管网		无		一套		335300
节水灌溉系统	10	人工漫灌			4804m²	50000
室内空气质量监控系统		无空气质量监控系统		一套		500000
合　计						2306万元

6 结束语

在目前建筑领域大力推行低碳环保的形势下，本项目旨在节约社会能源、保护生态环境，实现与周围环境和谐共存，为当地的绿色生态建设起带头作用。本项目作为商业文化一体化的地标性商业建筑，在绿色技术的选用上注重实用合理，不盲目堆砌新技术、新材料，针对本项目的条件与特点，采用了太阳能热水、地源热泵、节能照明、天然采光、屋顶绿化等多项成熟的主被动技术，经济合理的打造真正的绿色建筑。同时本项目作为台湾诚品书店在大陆的第一家分店，积极推行绿色建筑理念，实现两岸绿色文化的交融，为绿色商业建筑提供了一个良好的展示平台与两岸交流的契机，具有深远的意义。

执笔人：华东建筑设计研究院有限公司技术中心　尹金戈

案例 9　昆山康居商业新城

1　工程概况

昆山康居小区商业中心位于昆山西部康居新城，前进路与苇城南路交叉口。项目用地总面积约 3.59 万 m²，总建筑面积为 6.68 万 m²，其中地上建筑面积 4.38 万 m²，地下建筑面积 2.30 万 m²。本项目为一个铺展开阔大尺度综合性商业项目，沿苇城南路为六栋高低错落的 SOHO 办公建筑；东侧沿公园的方向布置了五栋底层餐厅。建筑底层为零售商业，西端为大空间品牌商店，东端为休闲餐饮，竖向延至二、三层；中间主要为零售。在 SOHO 办公和餐饮之间的二层平台为各种开放的球类运动的场所和户内泳池，地下主要为车库及机房。项目绿地率为 25.5%，其效果图如图 1 所示。

图 1　昆山康居小区商业中心效果图

2　设计思路

本项目位于昆山西部康居新城，前进路与苇城南路交叉口，根据昆山市的西部规划项目地用途为周围住宅配套的商业用地。昆山地处江苏省东南部，属北亚热带南部季风气候区，四季分明，冬冷夏热，光照充足，雨水充沛，雨热同期，无霜期长，气候资源丰富。

本项目定位为绿色建筑，按照绿色建筑二星级标准设计，充分采用相关绿色生态节能技术，达到绿色建筑二星级指标要求。根据项目自身特点，因地制宜打造符合昆山地区发展和应用的绿色二星级建筑，融合围护结构保温隔热体系、运用地源热泵作为可再生能源利用、余热回收、雨水回用、屋顶绿化、导光筒、节水喷灌等绿色生态技术为一体。

3 建筑特征

3.1 节地与室外环境

（1）选址

项目所在地用地性质为商业用地，现状为空地，且本项目为新建项目，无原有污染情况。东侧绿化公园5.6万m²。周边有森林公园、体育中心、西部核心区商务设施、大学城等大型人流集散地，比邻地块亦有较大规模的待建住宅区。

根据地块的原有功能，不存在遗留环境问题。场地建设不破坏当地文物、自然水系、湿地、基本农田、森林和其他保护区。建筑场地选址无洪灾、泥石流及含氡土壤的威胁，建筑场地安全范围内无电磁辐射危害和火、爆、有毒物质等危险源（图2）。

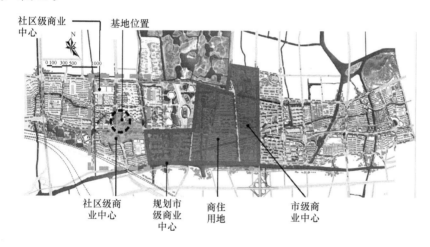

图2 项目选址情况示意图

（2）出入口与公共交通

交通流线组织便捷、人车分流设计；出入口到达公共交通站点的步行距离不超过500m，公交站点1个，公交线路1条。

（3）屋顶绿化

本项目SOHO部分屋顶层、餐厅屋顶层合理采用屋顶绿化（绿化面积为3655m²）、SOHO部分南向、西向采用垂直绿化，景观植物配植以苏州乡土植物为主，且采用包含乔、灌木的复层绿化。屋顶绿化面积占屋顶可绿化面积比例为72%。达到《绿色商店建筑评价标准》GB/T 51100—2015第4.2.12条"商店建筑屋顶或墙面合理采用屋顶绿化及垂直绿化，并合理配置绿化植物的要求"。

（4）地下空间利用

合理开发利用地下空间，地下空间主要功能为地下车库、设备间、变配电间等。地下建筑面积23045m²，用地面积35960m²，地下建筑面积与项目用地面积之比为 0.64：1。

3.2 节能与能源利用

（1）建筑节能设计

通过权衡计算，本建筑满足《公共建筑节能设计标准》GB 50189 相关规定要求。建筑外墙外保温体系（A1 岩棉）、外窗采用断桥隔热铝合金型材和 Low-E 中空玻璃。

建筑设计总能耗低于国家批准或备案的节能标准规定值的 80%。

本项目各部分围护结构均做了节能设计，且建筑的体型系数、窗墙面积比、围护结构的传热系数均小于规范限值，满足《公共建筑节能设计标准》GB 50189 相关条文的规定。

（2）高效能设备和系统

本项目空调采暖系统的冷热源机组能效比符合现行国家标准《公共建筑节能设计标准》GB 50189—2015 中第 5.4.5、第 5.4.8 及第 5.4.9 条规定。通风空调系统风机的单位风量耗功率和冷热水系统的输送能效比符合现行国家标准《公共建筑节能设计标准》GB 50189—2015 中第 5.3.26、第 5.3.27 条的规定。

（3）节能高效照明

公共场所和部位照明采用高效光源、高效灯具。主力店、商铺、餐厅、SO-HO 办公、俱乐部等场所照明设计按照《建筑照明设计标准》GB 50034—2013 中第 5.4.1 条规定的照明功率密度（LPD）的目标值进行设计。主力店、商铺、餐厅、SOHO 办公、俱乐部等采用人体感应自动控制方式。

（4）能量回收系统

本工程餐厅空调系统采用水水模块地源热泵机组及风机盘管，餐厅新风系统采用全热回收系统，全热回收效率≥60%。主力店采取乙二醇热回收。

本项目地源热泵机组为余热回收机组，生活热水和泳池热水回收空调系统余热。热水由热交换机房内的地源热泵机组送至热水箱，冬季由地源侧取热，夏季则通过旁通管，直接吸收空调系统的排热，与空调系统形成热回收关系，提高各自系统的效率，该系统由楼宇智能控制。

（5）可再生能源利用

本项目充分利用地热能，采用地源热泵空调系统，空调系统冷热源由从地源提取。本项目空调系统冷热源除 SOHO 预留空调外，在地下一层设集中的分集水器间，通过水系统分别送至各空调机组。

3.3 节水与水资源利用

（1）水系统规划设计

在方案、规划阶段制定水系统规划方案，统筹、综合利用各种水资源，包括用水定额的确定、用水量估算及水量平衡、给排水系统设计、节水器具、非传统水源利用、节水喷灌。

公共建筑给水排水系统的规划设计符合《建筑给水排水设计规范》GB 50015等的规定。

本项目用水量为生活用水、道路浇洒和绿化用水、汽车库地面清洗、水景用水和空调冷凝水回用，本项目最高日用水量为325.5m^3/d。

用水点均按用途分别设置水表计量，建筑生活用水、绿化道路浇洒、地下车库冲洗等，各用水主点均设置。

（2）节水措施

本项目节水器具选用《当前国家鼓励发展的节水设备》（产品）目录中公布的设备、器材和器具。所有器具应满足《节水型生活用水器具》CJ/T 164及《节水型产品通用技术条件》GB/T 18870的要求。卫生洁具采用下出水低水箱坐式大便器（两档式3L/6L出水）、台（立）式洗脸盆。公共卫生间采用高水箱蹲式大便器、壁挂式带水封小便器、台式洗手盆及墙挂式洗手盆。卫生洁具给水及排水五金配件应采用与卫生洁具配套的节水型。

景观灌溉采用喷灌、滴灌的节水灌溉形式。管线走位具体结合管线综合图，随场地给水市政管线布置。

（3）非传统水源利用

本项目对屋面、绿化、道路雨水进行综合收集利用，用于本项目的绿化浇洒、道路冲洗、汽车库地面冲洗、景观补水及空调循环冷却水补水。雨水储存在地下层北区的雨水收集池内，绿化浇洒及道路冲洗采用一套自动恒压变流量供水设备（变频机组），从雨水收集池取水供应。

本项目年雨水利用量为17271m^3，非传统水源利用率达到20.18％（图3）。

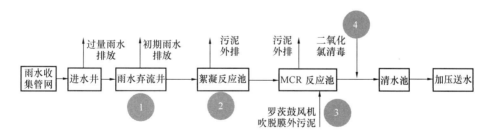

图3　雨水处理工艺图

3.4　节材与材料利用

（1）建筑结构体系节材设计

建筑造型要素简约，女儿墙高度为1.7m，未超过规范要求2倍。

装饰性构件比例未超过建筑总造价的5‰，建筑造型要素简约。

（2）预拌混凝土使用

现浇混凝土采用预拌混凝土。

（3）高性能混凝土使用

本项目钢混主体结构 HRB400 级（或以上）钢筋作为主筋的用量为 2535.2 吨，HRB400 级（或以上）钢筋作为主筋的比例为 88.9%。高强度钢材使用比例较高，达到了节材目的。

（4）可循环材料的使用

本项目可再循环材料包括钢材、铜、木材、铝合金型材、石膏制品、玻璃，可再循环材料占建筑材料总重量的大于 18%。

3.5 室内环境质量

（1）室温控制

室内采用空调箱或风机盘管＋新风系统，室温调节方便，是可提高人员舒适性的空调末端。房间内的温度等参数符合现行国家标准《公共建筑节能设计标准》GB 50189 中的设计计算要求。

（2）通风换气装置

本项目采用空调箱或风机盘管＋新风系统，各空间新风量符合现行国家标准《公共建筑节能设计标准》GB 50189 的设计要求。

汽车库考虑到通风节能和卫生、健康的要求，采用室内空气质量监控系统，设计 CO 和 CO_2 浓度传感器控制风机。

根据室外空气温度或室内 CO^2 浓度，自动调节室内新风比，在过渡季节，采取增大新风比（新风比最大为 60%）运行控制方式，有效节省空气处理的能耗。

满足《绿色商店建筑评价标准》GB/T 51100—2015 中第 8.2.11 条中营业区域设置室内空气质量监控系统和第 8.2.12 条中地下车库设置与排风设备联动的一氧化碳浓度监测装置的要求。

（3）隔声降噪措施

SOHO 办公室、商铺空间室内背景噪声符合现行国家标准《民用建筑隔声设计规范》GB 50118 中室内允许噪声标准中的二级要求。

建筑平面布局和空间功能安排合理，机房隔墙设计吸声材料，减少噪声干扰以及外界噪声对室内的影响。

（4）可调节外遮阳

康居商业项目五个餐厅的南向标高 7～12m 以及游泳馆、溜冰场西侧两处局部设置 7～9.6m 铝合金百叶帘外遮阳。本电动百叶采用《建筑外遮阳》苏 J 33—2008 中 69 号图的外遮阳百叶，叶片采用高级进口铝合金片。该类型遮阳百叶遮阳效果好，适用范围广（图4）。

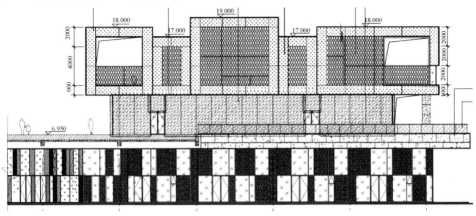

图4　项目遮阳示意图

3.6　运营管理

（1）智能化系统应用

本项目建筑智能化系统定位合理，信息网络系统功能完善。

智能化设计内容包括：综合布线系统、闭路电视监控系统、报警系统、非可视对讲系统、停车场管理系统、车位引导系统、电子巡更系统、楼宇设备自控系统、背景音乐系统、LED系统、管路系统等。

（2）楼宇设备自动控制系统

本项目楼宇设备自动控制系统设计对空调系统、新风系统、送排风系统、给排水系统、变配电系统、电梯系统等进行监视、控制、测量及记录。

4　建筑等级评定

依据《绿色商店评价标准》GB/T 51100—2015，对项目进行自评估，结果如表1所示。

表1　昆山康居小区商业中心项目自评估结果

评价内容	节地与室外环境	节能与能源利用	节水与水资源利用	节材与材料资源利用	室内环境质量	施工管理	运营管理	创新与提高
实际得分	65	68	83	62	57	0	0	0
总得分	65.4				星级评定	二星级设计标识		

从表1可看出，昆山康居小区商业中心项目项目的自评估结果为：

（1）分项得分：各章节的评分项得分均达到了40分的最低分值要求，其中节水与水资源利用得分最高，室内环境质量得分较低。

（2）总得分：65.4分，达到二星级设计标识要求。

5　结束语

昆山康居小区商业中心项目定位为绿色二星级建筑，合理运用了绿色生态技术，项目设计有以下创新点：

（1）本项目景观绿化设计合理，采用乔、灌、草结合的复层绿化。设计了屋顶绿化及垂直绿化，屋顶绿化面积占屋顶可绿化面积比例为72%。

（2）本工程主力店、游泳池等空调系统采用地源热泵系统，末端为空调箱与风机盘管，新风系统采用全热回收系统，全热回收效率≥60%。有效地实现了能量回收利用。

（3）选用余热利用的方式提供建筑所需生活热水。生活热水和泳池热水冬季由地源侧取热，夏季则通过旁通管，使用机组冷却水回水，直接吸收空调系统的排热，与空调系统形成热回收关系，提高各自系统的效率，该系统由楼宇智能控制。

（4）本项目空调系统采用地源热泵，是一种采用水作为冷/热源的空调系统。按冬季热负荷及生活热水负荷计算，本项目打孔840个（100m深，单U形式），另配置一台280m³/h的闭式冷却塔以满足夏季冷负荷。

（5）对项目场地雨水进行综合收集，将雨水收集后用于本项目绿化浇洒、道路冲洗、景观补水和冷却塔补水。非传统水源利用率达到20.18%。

（6）本项目钢混主体结构HRB 400级（或以上）钢筋作为主筋的用量比例超过70%。

（7）根据室外空气温度或室内CO_2浓度，自动调节室内新风比，在过渡季节，采取增大新风比（新风比最大为60%）运行控制方式，有效节省空气处理的能耗。

康居小区配套服务设施康居商业街是昆山地区首个采用地源热泵技术的商业地产项目，地源热泵技术是利用地球表面浅层水源（如地下水、河流和湖泊）和土壤源中吸收的太阳能和地热能，采用热泵原理，既可供热又可制冷的高效节能空调系统。地源热泵利用的是清洁的可再生能源的一种技术，具有高效节能、环保可持续等多方面的优点。康居小区配套服务设施康居商业街通过应用地源热泵技术，减少本项目能源使用中二氧化碳的排放量，减少对周边住宅的影响，具有较高的推广价值。

执笔人：中国建筑科学研究院上海分院　张雪　马素贞　孙大明

案例 10　上海五玠坊商业中心

1　工程概况

上海五玠坊商业中心位于上海市浦东新区的三林镇东北片区内，项目东至东明路，南至杨南路，西近云台路，北至高青路。规划用地面积为 1.86 万 m^2，总建筑面积为 3.80 万 m^2，其中地上建筑面积 2.29 万 m^2，地下建筑面积 1.51 万 m^2，项目绿地率为 26.1%。

本项目地下一层，地上四层，一层为餐饮为主，二至四层为创意空间，主要为酒店和商业；地下一层为酒店的地上部分主要功能为商业、酒店等，地下部分主要功能为车库、设备用房、生鲜超市等。其效果图如图 1 所示。

图 1　五玠坊商业中心效果图

2　建筑设计思路

项目规划用地位于上海市浦东新区的三林镇东北片区内，北亚热带南缘东亚季风盛行的滨海地带，属海洋性气候，四季分明，降水充沛，光照较足，温度适中。

本项目为达到绿色建筑二星级标准设计，根据项目自身特点，因地制宜打造适合上海地区应用的绿色二星级建筑，融合围护结构保温隔热技术、地源热泵空调系统、余热回收技术、雨水回用系统、屋顶绿化设计、节水喷灌技术、建筑智能化技术等为一体。在设计之初考虑通过建筑设计改善自然采光和自然通风，通过多处设计天井与采光中庭方式，希望可以很好地解决建筑日照、采光与通风的问题；通过设计双层幕墙内置活动遮阳和建筑功能布局设计，改善和解决建筑室内的隔声问题。

3 建筑特征

3.1 节地与室外环境

（1）选址

本项目规划用地位于上海市浦东新区的三林镇东北片区内，项目东至东明路，南至杨南路，西近云台路，北至高青路。项目地块形状呈倾斜的方正矩形，内部拆迁后较为平整。目前已全部拆迁完毕。周围目前以民宅为主。

根据地块的原有功能，不存在遗留环境问题。场地建设不破坏当地文物、自然水系、湿地、基本农田、森林和其他保护区。建筑场地选址无洪灾、泥石流及含氡土壤的威胁，建筑场地安全范围内无电磁辐射危害和火、爆、有毒物质等危险源。

（2）用地指标

项目总建筑面积为 37972.14m²，地块的容积率为 1.2。用地经济，合理提高了土地集约利用率。

（3）出入口与公共交通

交通流线组织便捷、人车分流设计；出入口到达公共交通站点的步行距离不超过 500m，公交站点 2 个，公交线路 2 条。

（4）屋顶绿化

《绿色商店建筑评价标准》GB/T 51100—2015 第 4.2.12 条中要求商店建筑屋顶或墙面合理采用屋顶绿化及垂直绿化，并合理配置绿化植物。本项目景观植物配植以上海乡土植物为主，且采用包含乔、灌木的复层绿化。屋顶合理采用屋顶绿化（4993m²），屋顶绿化面积占屋顶可绿化面积比例 100%，屋顶可绿化面积均设计佛甲草屋顶绿化。

（5）地下空间利用

合理开发利用地下空间，地下空间主要功能为地下车库、设备间、变配电间等。地下建筑面积 15070.92m²，项目用地面积 18600m²，地下建筑面积与建筑占地面积之比为 0.81：1。

（6）透水铺装

本项目室外透水地面共 5009m²，包括绿地及卵石砾石铺装。其中车库顶板外绿地面积为 1900m²，车库顶板上绿地面积（覆土深度≥1.5m）为 1807m²，卵石砾石铺装面积为 422m²，水体 880m²，透水地面占室外地面总面积的 42.5%，示意图见图 2。地库顶面景观设置排水板收集雨水，经管道汇入雨水系统。透水铺装等措施降低地表径流量，实现减少场地雨水外排的目标，符合商店

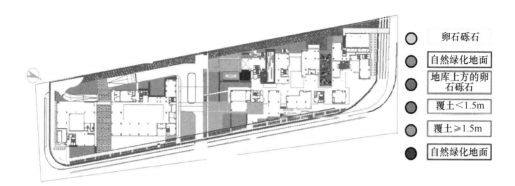

图例：
- 卵石砾石
- 自然绿化地面
- 地库上方的卵石砾石
- 覆土<1.5m
- 覆土≥1.5m
- 自然绿化地面

图 2   项目透水地面示意图

标准的设计理念。

3.2　节能与能源利用

（1）建筑节能设计

外墙采用内外无机保温砂浆复合保温体系，外窗采用断热铝合金低辐射中空玻璃窗（6＋12A＋6 遮阳型）。酒店客房外采用双层玻璃幕墙内置百叶遮阳，其他外窗或幕墙外采用铸铝网遮阳。根据冬夏季太阳辐射和气候变化，可自由调节，进一步改善室内环境。

综合考虑暖通电气节能设计，照明节能措施等，采暖和（或）空调总能耗不高于国家和地方建筑节能标准规定值的 80%。

（2）高效能设备和系统

本项目空调采暖系统的冷热源机组能效比符合现行国家标准《公共建筑节能设计标准》GB 50189—2015 中第 5.4.5、第 5.4.8 及第 5.4.9 条规定。通风空调系统风机的单位风量耗功率和冷热水系统的输送能效比符合现行国家标准《公共建筑节能设计标准》GB 50189—2015 中第 5.3.26、第 5.3.27 条的规定。

（3）节能高效照明

公共场所和部位照明采用高效光源、高效灯具。有装修要求的场所视装修要求商定，一般场所为荧光灯，紧凑型荧光灯或其他节能型灯具。照明设计按照《建筑照明设计标准》GB 50034—2013 中第 5.4.1 条规定的照明功率密度（LPD）的目标值进行设计。照明控制纳入 BA 集中控制，楼梯间照明采用节能自熄开关。

（4）能量回收系统

本工程客房空间采用板翅式全热回收机组，全热回收效率≥50%。游泳池采用热泵式除湿全热回收机组回收排风热量。

本项目地源热泵机组为余热回收机组，生活热水和泳池热水回收空调系统余热。热水由热交换机房内的地源热泵机组送至热水箱，冬季由地源侧取热，夏季则通过旁通管，直接吸收空调系统的排热，与空调系统形成热回收关系，提高各自系统的效率，该系统由楼宇智能控制。

（5）可再生能源利用

充分利用地热能，采用地源热泵空调系统。本项目空调系统冷热源，在地下一层设集中的分集水器，通过水系统分别送至各空调机组。地源热泵系统除提供空调用冷热水外，还为酒店及商业提供卫生热水热源。主机选择一台带热回收功能的地源热泵螺杆式机组，两台地源热泵螺杆式机组，一台单冷螺杆式机组。

3.3 节水与水资源利用

（1）用水计量

本项目中，用水点均按用途分别设置水表计量，建筑生活用水、绿化道路浇洒、地下车库冲洗、景观水池补水等，各用水点均设置水表计量。

（2）节水措施

本项目节水器具选用《当前国家鼓励发展的节水设备》（产品）目录中公布的设备、器材和器具。所有器具应满足《节水型生活用水器具》CJ/T 164 及《节水型产品通用技术条件》GB/T 18870 的要求。景观灌溉采用微喷灌的节水灌溉形式。

（3）非传统水源利用

本项目对雨水进行综合收集，收集区域主要有三部分：① 路面及其公共区域汇集的雨水；② 绿化区域汇集的雨水；③ 屋面汇集的雨水。雨水收集后用于本项目车库地面冲洗、绿化浇洒、道路冲洗和景观补水。雨水储存在地下室南侧的雨水收集池内，绿化浇洒及道路冲洗采用一套自动恒压变流量供水设备（变频机组），从雨水收集池取水供应。本项目年雨水利用量为 14629.7m³，非传统水源利用率达 25.24%（图 3）。

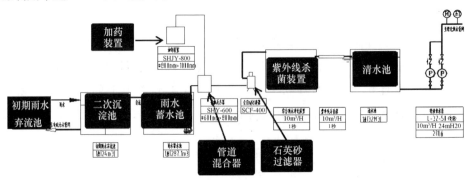

图 3 雨水处理工艺流程图

3.4 节材与材料利用

（1）建筑结构体系节材设计

本项目共 4 层，采用了框架结构；

建筑造型要素简约，女儿墙高度为 0.5m，未超过规范要求 2 倍。装饰性构件比例未超过建筑总造价的 5‰。

（2）预拌混凝土使用

现浇混凝土采用预拌混凝土。

（3）可循环材料的使用

商店标准中要求合理采用可再利用材料和可再循环材料。

本项目可再循环材料包括钢材、铜、木材、铝合金型材、石膏制品、玻璃，可再循环材料占建筑材料总重量为 11%。促使重新装修拆除的垃圾可以更多地实现循环利用，减少生产加工新材料带来的资源、能源消耗和环境污染，具有良好的经济、社会和环境效益。

（4）土建与装修一体化施工

项目采用土建与装修工程一体化设计施工，不破坏和拆除已有的建筑构件及设施，避免重复装修。

3.5　室内环境质量

（1）采光

本项目建筑分为五个单体，依靠廊桥连接，在 1 号楼和 4 号楼设有 2 个天井，面积分别为 140m² 和 136m²，2 号楼设 416m² 中庭天窗，可改善自然采光；地下 1 层员工餐厅、健身房、游泳池通过天井引入自然光。采用合理措施改善室内或地下空间的自然采光效果。

自然采光进行采光模拟分析，75% 以上的主要功能空间室内采光系数满足现行国家标准《建筑采光设计标准》GB 50033 的要求（图 4）。

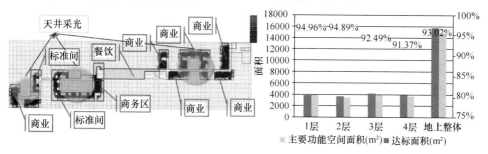

图 4　自然采光模拟及结果统计

（2）通风

天井设计，中庭天窗设有电动排烟窗，可实现自然通风，这些设计可以有效改善和增强室内通风的效果。

模拟结果显示，1～5 号楼室内部分通风口位置成对称分布，有利于自然通风。在夏季平均风速条件下，当建筑所有通风口均开启时，各楼栋总体换气次数均匀 4.48 次/h 以上，大部分区域通风效果良好。满足在自然通风条件下保证主要功能房间换气次数不低于 2 次/h 的要求。

（3）室温控制

室内采用空调箱或风机盘管＋新风系统、全空气系统，室温调节方便，是可提高人员舒适性的空调末端。房间内的温度、湿度、新风量等参数符合现行国家标准《公共建筑节能设计标准》GB 50189 中的设计计算要求。

（4）通风换气装置

汽车库考虑到通风节能和卫生、健康的要求，采用室内空气质量监控系统，设计 CO 浓度传感器控制风机。空气调节房间设 CO_2 传感器，系统根据 CO_2 浓度进行风量的自动调节。

（5）可调节外遮阳

项目在 2 号楼，即酒店部分幕墙设计双层幕墙，双层幕墙外层采用单元玻璃幕墙，内层幕墙采用铝合金推拉门，内外层之间设置活动百叶遮阳。百叶可上下调节，针对性地改善客房内采光，且不遮挡视线。

另外，本项目还设置了铸铝网幕墙作为外窗外侧的固定遮阳，实现了外装饰和作为遮阳改善室内太阳辐射的双重作用。本项目 2 号楼幕墙面积为 $2146.6m^2$，项目总透明面积为 $8473.7m^2$，可调节外遮阳的设置区域占透明区域的 25.3%。

3.6 运行管理

（1）智能化系统应用

本项目建筑智能化系统包括：火灾自动报警及消防联动控制系统；有线电视系统；通信系统（电话、计算机）；闭路电视监控系统；背景音乐及紧急广播系统；停车场管理系统。信息设施系统、信息化应用系统、建筑设备管理系统、公共安全系统、机房工程等满足现行国家标准《智能建筑设计标准》GB 50314 的基本配置要求。

（2）楼宇设备自动控制系统

本项目楼宇自控系统主要是通过资源的优化配置和系统的优化运行实现节能。采用分散式 DDC 控制，对供配电系统，UPS 系统，照明系统，冷热水源系统，空调机组系统，给排水系统等建筑设备进行集中监视和控制。

4 建筑等级评定

依据《绿色商店评价标准》GB/T 51100—2015，对项目进行自评估，结果如表 1 所示。

表 1　上海五玠坊商业中心项目自评估结果

评价内容	节地与室外环境	节能与能源利用	节水与水资源利用	节材与材料资源利用	室内环境质量	施工管理	运营管理	提高与创新
实际得分	71	72	71	49	71	0	0	2
总得分	70.05				星级评定	二星级设计标识		

从表 1 可看出，上海五玠坊商业中心项目的自评估结果为：

（1）分项得分：各章节的评分项得分均达到了 40 分的最低分值要求，其中节材与材料资源利用得分较低，其他章节得分情况较好。

（2）总得分：70.05 分，达到二星级设计标识要求。

5　结束语

本项目建设之初定位于绿色二星级建筑，合理运用了绿色生态技术，项目设计有如下创新点：

（1）在设计之初从建筑设计和功能布局考虑，设计天井和中庭天窗，有效改善室内自然采光和自然通风。

（2）建筑节能符合国家和地方公共建筑节能标准，且通过建筑围护结构、暖通空调与电气节能设计，采暖和（或）空调总能耗不高于国家和地方建筑节能标准规定值的 80%。

（3）空调系统采用地埋管地源热泵空调系统。

（4）公共场所和部位照明采用高效光源、高效灯具，各区域采用节能控制方式，照明设计满足《建筑照明设计标准》GB 50034 目标值要求。

（5）对场地雨水进行综合收集，回用于本项目景观补水、绿化浇洒、道路冲洗和汽车库地面清洗。非传统水源利用率达到 25.24%。

（6）遮阳与建筑一体化设计。酒店部分幕墙设计双层幕墙，双层幕墙外层采用单元玻璃幕墙，内层幕墙采用铝合金推拉门，内外层之间设置活动百叶遮阳。百叶可上下调节，针对性地改善客房内采光，且不遮挡视线。其他外窗玻璃幕墙设置了铸铝网幕墙作为外窗外侧的固定遮阳，实现了外装饰和作为遮阳改善室内太阳辐射的双重作用。

项目所采用的绿色生态技术，合理有效地解决和平衡了公共建筑开发，特别是酒店、商业开发与能源、资源节约问题，在整体上不仅美化了绿化生态环境，也在保证一个良好的室内声、光、热、湿环境的基础上，极大程度地节约了资源（土地、水、能源资源等），运营和维护成本也得以降低，具有较好的经济效益与环境效益。

作为上海万科绿色建筑实践的一个公共建筑项目，立足于项目类型和功能用途，有针对性地采用了节地、节能、节水、节材以及保证室内环境和运营管理的诸多技术，与建筑充分地融合富有特色。设计理念和技术措施对于商业建筑发展绿色建筑方面，具有一定的推广价值。

执笔人：中国建筑科学研究院上海分院　张雪　樊瑛　马素贞　孙大明

案例 11　福建莆田万达广场批发零售中心

1　工程概况

福建莆田万达广场批发零售中心项目是由莆田万达广场有限公司开发建设的商业建筑项目，位于莆田市城厢区霞林街道荔华东大道和荔城南大道交汇处，东邻荔城南大道与沟头小区，北靠荔华东大道和人民政府办公大楼，南临莆糖社区，北靠宏基现代城。

规划用地面积为 5.32 万 m²，总建筑面积为 19.35 万 m²，其中地上建筑面积 11.85 万 m²，地下建筑面积 7.5 万 m²；地上 5 层，主要为百货，地下 2 层，主要为地下车库及设备用房。绿地率为 5.84%，其效果图如图 1 所示。

图 1　莆田万达广场批发零售中心效果图

2　设计思路

莆田市地处福建沿海中部，地势背山面海，西北部重峦叠嶂，中部丘陵起伏，东南部平原广阔与逶迤的木兰溪、延寿溪、萩芦溪构成了江南水乡。莆田市属亚热带海洋性季风气候，年均日照时数 1995.9h，无霜期 300～350d，年降雨量 1000～1800mm，常年多为东南风，气候宜人，温暖湿润，终年鲜花争艳，四季佳果飘香。

结合莆田当地气候、环境、经济、文化特点以及建筑功能及需求，本项目采用的绿色建筑技术遵循因地制宜、低成本有效的原则，坚持可持续发展的理念，将绿色建筑方案与各专业有机结合，使绿色建筑技术融入建筑本体。

　　莆田万达广场项目在设计过程中综合考虑了建筑节能、节水、节材、节地、运营管理、室内环境，符合绿色建筑的相关要求。应用了高效用能设备、节能照明、水蓄冷技术、雨水系统、室内采光优化等适宜且效果明显的多项技术，达到绿色建筑的相关要求。并且应用先进的计算机模拟技术，对室内采光、通风以及室外风环境等进行模拟，以达到提高人员舒适、节能降耗、环境优美的目标，真正体现绿色建筑的现实意义。

　　本项目以国家绿色建筑一星级为目标，力求创造一座绿色、节能、环保、舒适的综合商店建筑，以达到绿色建筑可持续发展的设计要求。

3　建筑特征

3.1　节地与室外环境

　　（1）选址

　　莆田项目原场地为霞林街道杂用地，由莆田市政府收储后出让给莆田万达广场有限公司，属于房地产建设"熟地"。场地内无重点保护文物，区内植物主要以次生植被为主，建设区域绿地覆盖率现状较低，无自然水系、基本农田和其他保护区等。

　　（2）室外环境

　　本项目关于室外环境方面的设计主要体现在以下几方面：

　　声环境：建筑外墙采用水泥砂浆（20.00mm）＋加气混凝土砌块（B05级）（200.00mm）＋水泥砂浆（20.00mm），外窗采用非隔热金属型材（6 较低透光Low-E＋12 空气＋6 透明），具有良好的隔声性能。能减轻道路交通噪声对项目声环境带来的不利影响。

　　光环境：本项目沿街建筑玻璃幕墙可见光反射比小于 0.3，满足《玻璃幕墙光热性能》GB/T 18091 中规定的要求，并且注意对窗的分割和玻璃面积的限制使用，以减少玻璃反射光对环境的干扰。

　　热环境：本项目绿化率为 5.84%，室外透水地面面积比为 18.02%，场地绿化面积设置合理，可增强地面透水能力，调节微小气候，增加场地雨水与地下水涵养，强化地下渗透能力。

　　（3）出入口与公共交通

　　本项目商业功能复杂，出入口位置的设计清晰合理，沿地块西北侧，及地块东北侧荔华东大道与荔城路交叉口设置大型商业街的主入口，沿荔华东大道设置百货楼，娱乐楼主入口，公寓式办公入口，充分考虑人流的聚散、停车、消防及出入口设计并符合国家相关规范；距离本项目主要出入口较近有 3 个公交站点，4 条公交线路，交通设施完善。

（4）景观绿化

本项目绿化面积为 3106.79m²，绿化率为 5.84％，景观植物配植以乡土植物为主，并采用包含乔、灌木、草相结合的复层绿化。

（5）透水地面

本项目位于莆田市，年平均降水量 1531.1mm，项目总用地面积 53166.88m²，其中室外地面面积为 17066.89m²，绿地面积 3106.79m²，绿地率达到 5.84％，透水地面面积为 3106.79m²，主要为绿化面积，透水地面面积比为 18.02％。

（6）地下空间利用

本项目合理开发地下空间，地下建筑面积 75000m²，地下建筑面积与建筑占地面积之比为 2.078∶1。地下空间的主要功能为：地下二层主要为车库，生活泵房、冷冻机房、消防水池、污水间、雨水处理机房等；地下一层为车库、超市、库房、配电室、排风机房等。

3.2　节能与能源利用

（1）建筑节能设计

本项目各部分围护结构均做了节能设计，且建筑的体型系数、窗墙面积比、围护结构的传热系数均小于规范限值，满足《公共建筑节能设计标准》GB 50189相关条文的规定。

（2）高效能设备和系统

本项目不同功能分区均采用了高效能的设备及系统，具体如下：

① 万千百货、超市及大商业各设一套完全独立的中央空调系统，设计夏季供冷，不考虑冬季采暖。

A. 大商业包括内外街、娱乐楼、综合楼合设一套空调制冷系统。建筑面积 88000m²，计算冷负荷 17000kW，选用三台制冷量为 4571kW 的离心式冷水机组和一台制冷量为 1582kW 的螺杆式冷水机组，供回水温度（6～12）℃；四方形横流式冷却塔置于四层屋面。大商业利用其中一台制冷量为 4571kW 的冷水机组在夜间低谷段作为蓄冷机组蓄冷，蓄冷工况下，制冷量为 4092kW。利用消防水池（3000m³）蓄冷，蓄冷温度 4℃，蓄冷量为 17000kW。大商业内街部分在冬季及过渡季节部分时段利用冷却塔免费供冷，制冷量 5070kW，冷却水经过板换换热后向内街供冷，供冷温度（13～18）℃。

B. 地下一层超市设一套中央空调系统，建筑面积约 15000m²，夏季总冷负荷 2900kW，选用两台制冷量为 1432kW 的水冷螺杆式冷水机组，提供夏季冷水，供回水温度（6～12）℃，冷冻机房设在地下二层，两台方型横流式冷却塔置于三层屋面。

337

C. 地下室百货配套用房及一～五层百货设一套中央空调系统，建筑面积约 30000m²，夏季总冷负荷约 5274kW，选用两台制冷量为 2637kW 的水冷离心式冷水机组，提供夏季冷水，供回水温度（6～12)℃，冷冻机房设在地下二层，两台方型直交流式冷却塔置于三层屋面。

② 百货营业区采用全空气系统，末端采用组合式空调箱，上送上回；超市采用吊装新风机加吊装空调机的空调形式；百货及超市办公区采用新风加风机盘管的空调形式。商铺（室内、外步行街）采用新风加风机盘管（或吊装空调机）的空调形式，新风机采用组合式空调箱（或吊装新风机），位于三层及屋面空调机房内。影院、电玩、次主力店、国美、大玩家、酒楼、地下百货员工用房及商管员工食堂等大开间场所均采用全空气系统，末端采用组合式空调箱，上送上回。影院的每个观众厅均设独立的单风机组合式空调系统。三层商管用房采用变频一拖多空调加新风系统，新风机设于空调机房内。

（3）节能高效照明

本项目有装修要求的场所视装修要求并结合现行标准及规范确定，公共场所应选三基色高效荧光灯具，显色指数不小于 80，并应自带节能型电子镇流器，单灯功率因数达 0.9 以上；本项目所选用的荧光灯具所配 28W 灯管单灯光通量不应小于 2500LM，14W 灯管单灯光通量不应小于 1100LM。项目走廊、楼梯间、门厅等公共场所的照明，采用集中控制，并按建筑使用条件和天然采光状况采取分区、分组控制措施，按需要采取调光或降低照度的控制措施。不经常使用的场所，如部分走道、楼梯间等采用节能自熄开关。应急照明灯具有应急时自动点亮的措施。公共区域的照明纳入 BA 系统控制范围，应急照明与消防系统联动，保安照明与安防系统联动。

3.3 节水与水资源利用

（1）水系统规划设计

《绿色商店建筑评价标准》GB/T 51100—2015 中关于水系统规划设计的条文有：

第 6.1.1 条 应制定水资源利用方案，且统筹利用水资源；

第 6.1.2 条 给排水系统应设置合理、完善、安全，并充分利用城市自来水管网压力；

第 6.2.3 条 设置用水计量装置。

本项目的建筑给水排水系统的规划设计要符合《建筑给水排水设计规范》GB 50015 等的规定；采用分类计量水表，建筑用水与景观浇灌等用水点均设置水表分别计量。

（2）节水措施

本项目的具体节水措施如下：

① 景观灌溉采用喷灌的节水灌溉形式。

② 本项目卫生间安装洁具均采用节水型器具，所有器具应满足《节水型生活用水器具》CJ/T 164 及《节水型产品通用技术条件》GB/T 18870 的要求。

③ 采取合适的管材和管道连接方式，有效减少管网漏损。

（3）非传统水源利用

本项目对部分屋面、路面及绿地的雨水进行回收利用。年收集雨水量 35270.9m³/a，收集后的雨水经处理后用于绿化浇洒、道路广场冲洗以及景观水补水用水，雨水处理构筑物为地下式，设置于北侧广场，收集的雨水—初期弃流—混凝土—石英砂过滤—消毒—增压回用，处理后的雨水由机房内水泵提升供给室外杂用水，非传统水源利用率达到 1.37%。

3.4　节材与材料利用

（1）建筑结构体系节材设计

本项目中建筑选用的是钢筋混凝土框架剪力墙结构形式；建筑造型要素简约，女儿墙高度为 3.08m。

（2）预拌混凝土使用

莆田市现禁止现场搅拌混凝土，本项目全部采用预拌混凝土。

（3）可再循环材料的使用

本项目可再循环材料包括钢材、木材、铝合金型材、石膏制品、玻璃，建筑材料总重量为 428575t，可再循环材料重量为 45617t，可再循环材料使用重量占所用建筑材料总重量的 10.64%。

3.5　室内环境质量

（1）天然采光

本项目采用 Ecotect 建模结合 Radiance 计算的方式对莆田万达广场的室内光环境进行模拟，并分析判断其采光效果。

当屋顶没有天窗时，步行街的采光效果基本达不到要求，主要功能区面积约为 154220.0m²，其中约 820.5m² 的采光系数达到了要求，仅 5.32% 的空间采光系数大于 1.1%。

步行街屋顶采用玻璃顶时，使其充分利用自然光并实现日光补偿，同时 (1～3)层步行街两侧的功能空间也可得到一定的日光补偿，采光效果得到了极大的提高，约有 85.03% 的空间采光系数大于 1.1%，步行街主要功能区面积约 154220.0m²，其中约 13113.3m² 的采光系数达到了《建筑采光设计标准》GB 50033 中相关房间的最小采光系数要求。

（2）自然通风

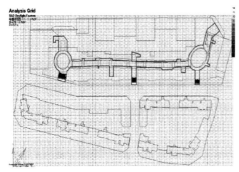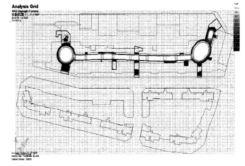

图2　未采用玻璃屋顶步行街采光效果图　　图3　未采用玻璃屋顶步行街采光效果图

　　莆田万达广场批发零售中心中庭部分有天窗和排烟机开启，有利于室内自然通风。在夏季、过渡季主导风向平均风速边界条件下，当天窗和排烟机全部开启时，莆田万达广场批发零售中心中庭部分一层步行街入口区域风速均1.4m/s以上，可以通过隔帘进行挡风设计来调节室内风速，以达到非空调情况下室内舒适风速要求，步行街内部大部分区域的风速基本在1.4m/s以下，满足非空调情况下室内舒适风速要求；当天窗全部开启，排烟机全部关闭时，步行街内部区域的风速基本在1.4m/s以下，满足非空调情况下室内舒适风速要求。在夏季、过渡季主导风向平均风速边界条件下，当天窗和排烟机全部开启时，莆田万达广场批发零售中心中庭部分室内主要功能空间的换气效率均达11.27次/h；当天窗全部开启，排烟机全部关闭时，莆田万达广场批发零售中心中庭部分室内主要功能空间的换气效率均达7.56次/h，满足在自然通风条件下保证主要功能房间换气次数不低于2次/h的要求。

　　（3）围护结构保温隔热设计

　　本项目建筑采用框架剪力墙结构，外墙采用水泥砂浆（20.00mm）＋加气混凝土砌块（B05级）（200.00mm）＋水泥砂浆（20.00mm）；屋面采用水泥砂浆（20.00mm）＋细石混凝土（内配筋）（40.00mm）＋防水卷材、聚氨酯（6.00mm）＋水泥砂浆（15.00mm）＋轻质泡沫混凝土（90.00mm）＋钢筋混凝土（120.00mm）；楼板采用水泥砂浆（20.00mm）＋钢筋混凝土（100.00mm）＋水泥砂浆（20.00mm）；外窗采用非隔热金属型材（6中透光Low-E＋12空气＋6透明）。经过计算，百货等外墙、外窗、屋面以及架空楼板热桥部位的内表面最高温度分别为14.59℃、12.67℃、14.09℃、12.92℃，均大于露点温度10.13℃；卫生间及走道的外墙、外窗、屋面以及架空楼板热桥部位的内表面最高温度分别为13.16℃、11.33℃、12.74℃、11.77℃，均大于露点温度8.26℃。因此本工程室内温、湿度设计条件下围护结构无结露现象。

3.6　运营管理

（1）智能化系统应用

本项目的智能化系统包含视频监控系统、入侵报警系统、电子巡更系统、停车场管理系统以及综合布线系统等，满足《智能建筑设计标准》GB 50314 中基本配置要求。

（2）建筑设备

本系统对空调机组、送排风系统、给排水系统及冷热源机组等实行全时间的自动监测和控制，并同时收集、记录、保存及管理有关系统的重要信息及数据，达到提高运行效率，保证特殊生产环境需要，节省能源，节省人力，最大限度延长设备寿命。

（3）系统的高效运营、维护、保养

本项目管井设置在公共部位（如楼梯间、空调机房、卫生间），具有公共使用功能的设备、管道等设置楼梯间、空调机房等公共部位，这样便于清洗、维修、改造、更换。

4　建筑等级评定

依据《绿色商店建筑评价标准》GB/T 51100—2015，对项目进行自评估，结果如表 1 所示。

表 1　莆田万达广场批发零售中心项目自评估结果

评价内容	节地与室外环境	节能与能源利用	节水与水资源利用	节材与材料资源利用	室内环境质量	施工管理	运营管理	提高与创新
实际得分	59	50	43	52	49	0	0	0
总得分	50.7				星级评定	一星级设计标识		

从表 1 可看出，福建莆田万达广场批发零售中心项目的自评估结果为：

（1）分项得分：各章节的评分项得分均达到了 40 分的最低分值要求，其中节地与室外环境得分较高，节水与水资源利用得分较低。

（2）总得分：50.7 分，达到一星级设计标识要求。

5　结束语

本项目的创新点主要有以下几点：

（1）水蓄冷技术

本工程夏季供冷采用空调效率较高且运行费用低的水蓄冷中央空调系统进行考虑。大商业部分利用 1 台制冷量为 4571kW 的冷水机组在夜间低谷段作为蓄冷机组蓄冷，在蓄冷工况下，其制冷量为 4092kW。利用消防水池（3000m²）蓄冷，蓄冷温度 4℃。考虑换热及保温的损失，蓄冷量 17000kWh（放冷时间 9：00~22：00）。

（2）室内采光效果优化

本项目采用 Ecotect 建模结合 Radiance 计算的方式对莆田万达广场的室内光环境进行模拟，并分析判断其采光效果。

当屋顶没有天窗时，步行街的采光效果基本达不到要求，主要功能区面积约为 154220.0m²，其中约 820.5m² 的采光系数达到了要求，仅 5.32% 的空间采光系数大于 1.1%。

步行街屋顶采用玻璃顶时，使其充分利用自然光并实现日光补偿，同时（1~3）层步行街两侧的功能空间也可得到一定的日光补偿，采光效果得到了极大的提高，约有 85.03% 的空间采光系数大于 1.1%，步行街主要功能区面积约为 154220.0m²，其中约 13113.3m² 的采光系数达到了《建筑采光设计标准》GB 50033 中相关房间的最小采光系数要求。

（3）雨水收集系统

本项目对部分屋面、路面及绿地的雨水进行回收利用。年收集雨水量 35270.9m³/a，收集后的雨水经处理后用于绿化浇洒、道路广场冲洗以及景观水补水用水，雨水处理构筑物为地下式，设置于北侧广场，收集的雨水—初期弃流—混凝—石英砂过滤—消毒—增压回用，处理后的雨水由机房内水泵提升供给室外杂用水，非传统水源利用率达到 1.37%。

莆田万达广场项目整体按绿色建筑设计，有效地降低建筑能耗，减少建筑对环境的影响，符合我国建筑政策。同时采用高效用能设备、节能照明、水蓄冷技术等建筑节能技术，雨水回用、节水喷灌等节水技术，大大节约能源和资源，具有很高的推广价值。

执笔人：中国建筑科学研究院上海分院　张雪　樊瑛　马素贞　孙大明

附录　绿色商店
建筑评价标准
GB/T 51100—2015

中华人民共和国国家标准

绿色商店建筑评价标准

Assessment standard for green store building

GB/T 51100—2015

主编部门：中华人民共和国住房和城乡建设部
批准部门：中华人民共和国住房和城乡建设部
施行日期：2 0 1 2 年 1 2 月 1 日

中华人民共和国住房和城乡建设部

公　告

第 798 号

住房城乡建设部关于发布国家标准
《绿色商店建筑评价标准》的公告

现批准《绿色商店建筑评价标准》为国家标准，编号为 GB/T 51100—2015，自 2015 年 12 月 1 日起实施。

本标准由我部标准定额研究所组织中国建筑工业出版社出版发行。

中华人民共和国住房和城乡建设部

2015 年 4 月 8 日

前　言

根据住房和城乡建设部《关于印发〈2012 年工程建设标准规范制订、修订计划〉的通知》(建标〔2012〕5 号)的要求,标准编制组经广泛深入调查,认真总结实践经验,参考有关国际标准和国外先进标准,并在广泛征求意见的基础上,编制本标准。

本标准的主要技术内容是:1. 总则;2. 术语;3. 基本规定;4. 节地与室外环境;5. 节能与能源利用;6. 节水与水资源利用;7. 节材与材料资源利用;8. 室内环境质量;9. 施工管理;10. 运营管理;11. 提高与创新。

本标准由住房和城乡建设部负责管理,由中国建筑科学研究院负责具体技术内容的解释。执行过程中如有意见或建议,请寄送中国建筑科学研究院(地址:北京市北三环东路 30 号,邮政编码:100013)。

本 标 准 主 编 单 位:中国建筑科学研究院
本 标 准 参 编 单 位:中国城市科学研究会绿色建筑与节能专业委员会
　　　　　　　　　　　重庆大学
　　　　　　　　　　　哈尔滨工业大学
　　　　　　　　　　　上海现代建筑设计(集团)有限公司
　　　　　　　　　　　南京工业大学
　　　　　　　　　　　内蒙古城市规划市政设计研究院
　　　　　　　　　　　广东省建筑科学研究院
　　　　　　　　　　　中国中建设计集团有限公司(直营总部)
　　　　　　　　　　　浙江大学
　　　　　　　　　　　北京工业大学
　　　　　　　　　　　南京建工集团有限公司
　　　　　　　　　　　上海维固工程实业有限公司
　　　　　　　　　　　陕西省建筑科学研究院
　　　　　　　　　　　深圳市科源建设集团有限公司
本标准主要起草人员:王清勤　王有为　赵建平　李百战
　　　　　　　　　　　吕伟娅　赵霄龙　孙大明　杨永胜
　　　　　　　　　　　田　炜　金　虹　程志军　周序洋

目　　次

1　总则 ··· 353

2　术语 ··· 353

3　基本规定 ··· 354

　　3.1　一般规定 ·· 354

　　3.2　评价与等级划分 ·· 354

4　节地与室外环境 ··· 355

　　4.1　控制项 ·· 355

　　4.2　评分项 ·· 355

5　节能与能源利用 ··· 357

　　5.1　控制项 ·· 357

　　5.2　评分项 ·· 358

6　节水与水资源利用 ·· 361

　　6.1　控制项 ·· 361

　　6.2　评分项 ·· 362

7　节材与材料资源利用 ·· 363

　　7.1　控制项 ·· 363

　　7.2　评分项 ·· 363

8　室内环境质量 ··· 366

　　8.1　控制项 ·· 366

　　8.2　评分项 ·· 366

9　施工管理 ··· 368

　　9.1　控制项 ·· 368

　　9.2　评分项 ·· 368

10　运营管理 ·· 371

　　10.1　控制项 ··· 371

　　10.2　评分项 ··· 371

11　提高与创新 ·· 374

　　11.1　一般规定 ·· 374

11.2 加分项 ·· 374

本标准用词说明·· 376

引用标准名录·· 376

附：条文说明·· 377

Contents

1 General Provisions ·· 353

2 Terms ··· 353

3 Basic Requirements ·· 354

  3.1 General Requirements ·· 354

  3.2 Assessment and Rating ······································ 354

4 Land Saving and Outdoor Environment ······················ 355

  4.1 Prerequisite Items ·· 355

  4.2 Scoring Items ··· 355

5 Energy Saving and Energy Utilization ························· 357

  5.1 Prerequisite Items ·· 357

  5.2 Scoring Items ··· 358

6 Water Saving and Water Resource Utilization ··············· 361

  6.1 Prerequisite Items ·· 361

  6.2 Scoring Items ··· 362

7 Material Saving and Material Resource Utilization ·········· 363

  7.1 Prerequisite Items ·· 363

  7.2 Scoring Items ··· 363

8 Indoor Environment Quality ···································· 366

  8.1 Prerequisite Items ·· 366

  8.2 Scoring Items ··· 366

9 Construction Management ·· 368

  9.1 Prerequisite Items ·· 368

  9.2 Scoring Items ··· 368

10 Operation Management ·· 371

  10.1 Prerequisite Items ·· 371

  10.2 Scoring Items ··· 371

11 Promotion and Innovation ······································ 374

  11.1 General Requirements ······································ 374

11.2 Bonus Items ·· 374

Explanation of Wording in This Standard ·················· 376

List of Quoted Standards ·································· 376

Addition：Explanation of Provisions ·················· 377

1 总 则

1.0.1 为贯彻国家技术经济政策，节约资源，保护环境，推进可持续发展，规范绿色商店建筑的评价，制定本标准。

1.0.2 本标准适用于绿色商店建筑的评价。

1.0.3 绿色商店建筑的评价应遵循因地制宜的原则，结合商店的具体业态和规模，对建筑全寿命期内节能、节地、节水、节材、保护环境等性能进行综合评价。

1.0.4 绿色商店建筑的评价除应符合本标准外，尚应符合国家现行有关标准的规定。

2 术 语

2.0.1 商店建筑 store building

为商品直接进行买卖和提供服务供给的公共建筑。

2.0.2 绿色商店建筑 green store building

在全寿命期内，最大限度地节约资源（节地、节能、节水、节材）、保护环境、减少污染，为人们提供健康、适用和高效的使用空间，与自然和谐共生的商店建筑。

2.0.3 照明功率密度 lighting power density（LPD）

单位面积上的照明安装功率（包括光源、镇流器或变压器），单位为瓦特每平方米（W/m^2）。

2.0.4 可吸入颗粒物 inhalable particles

悬浮在空气中，空气动力学当量直径小于等于 $10\mu m$，可通过呼吸道进入人体的颗粒物。

2.0.5 建筑能源管理系统 building energy management system

对建筑物或者建筑群内的变配电、照明、电梯、供暖、空调、给排水等设备的能源使用状况进行检测、控制、统计、评估等的软硬件系统。

3 基 本 规 定

3.1 一 般 规 定

3.1.1 绿色商店建筑的评价应以商店建筑群、商店建筑单体或综合建筑中的商店区域为评价对象。

3.1.2 绿色商店建筑的评价应分为设计评价和运行评价。设计评价应在建筑工程施工图设计文件审查通过后进行，运行评价应在建筑通过竣工验收并投入使用一年后进行。

3.1.3 申请评价方应进行建筑全寿命期技术和经济分析，合理确定建筑规模，选用适当的建筑技术、设备和材料，对规划、设计、施工、运行阶段进行全过程控制，并提交相应分析、测试报告和相关文件。

3.1.4 评价机构应按本标准的有关要求，对申请评价方提交的报告、文件进行审查，出具评价报告，确定等级。对申请运行评价的建筑，尚应进行现场考察。

3.1.5 评价商店建筑单体时，凡涉及系统性、整体性的指标，应基于该栋建筑所属工程项目的总体进行评价；评价综合建筑中的商店区域时，凡涉及系统性、整体性的指标，应基于该栋建筑或该栋建筑所属工程项目的总体进行评价。

3.2 评价与等级划分

3.2.1 绿色商店建筑评价指标体系应由节地与室外环境、节能与能源利用、节水与水资源利用、节材与材料资源利用、室内环境质量、施工管理、运营管理 7 类指标组成，每类指标均包括控制项和评分项，并统一设置加分项。

3.2.2 设计评价时，不应对施工管理和运营管理 2 类指标进行评价，但可预评相关条文。运行评价应包括 7 类指标。

3.2.3 控制项的评定结果应为满足或不满足；评分项和加分项的评定结果应为分值。

3.2.4 绿色商店建筑的评价应按总得分确定等级。

3.2.5 评价指标体系 7 类指标的总分均为 100 分。7 类指标各自的评分项得分 Q_1、Q_2、Q_3、Q_4、Q_5、Q_6、Q_7 应按参评建筑该类指标的评分项实际得分值除以适用于该建筑的评分项总分值再乘以 100 分计算。

3.2.6 加分项的附加得分 Q_8 应按本标准第 11 章的有关规定确定。

3.2.7 绿色商店建筑评价的总得分应按下式进行计算，其中评价指标体系 7 类

指标评分项的权重 $w_1 \sim w_7$ 应按表3.2.7取值。

表3.2.7 绿色商店建筑各类评价指标的权重

	节地与室外环境 w_1	节能与能源利用 w_2	节水与水资源利用 w_3	节材与材料资源利用 w_4	室内环境质量 w_5	施工管理 w_6	运营管理 w_7
设计评价	0.15	0.35	0.10	0.15	0.25	—	—
运行评价	0.12	0.28	0.08	0.12	0.20	0.05	0.15

注：表中"—"表示施工管理和运营管理2类指标不参与设计评价。

$$\Sigma Q = w_1 Q_1 + w_2 Q_2 + w_3 Q_3 + w_4 Q_4$$
$$+ w_5 Q_5 + w_6 Q_6 + w_7 Q_7 + Q_8 \qquad (3.2.7)$$

3.2.8 绿色商店建筑应分为一星级、二星级、三星级3个等级。3个等级的绿色商店建筑均应满足本标准所有控制项的要求，且每类指标的评分项得分不应小于40分。当绿色商店建筑总得分分别达到50分、60分、80分时，绿色商店建筑等级应分别评为一星级、二星级、三星级。

4 节地与室外环境

4.1 控 制 项

4.1.1 项目选址应符合所在地城乡规划，且应符合各类保护区、文物古迹保护的建设控制要求。

4.1.2 场地应有自然灾害风险防范措施，且不应有重大危险源。

4.1.3 场地内不应有排放超标的污染源。

4.1.4 商店建筑用地应依据城市规划选择人员易到达或交通便利的适宜位置。

4.1.5 不得降低周边有日照要求建筑的日照标准。

4.1.6 场地内人行通道应采用无障碍设计，且应与建筑场地外人行通道无障碍连通。

4.2 评 分 项

Ⅰ 土 地 利 用

4.2.1 节约集约利用土地，评价总分值为10分，根据其容积率按表4.2.1的规则评分。

表 4.2.1　商店建筑容积率评分规则

容积率 R	得分
0.8≤R<1.5	5
1.5≤R<3.5	8
R≥3.5	10

4.2.2 场地内合理设置绿化用地，评价总分值为 10 分，按下列规则分别评分并累计：

　　1 绿地率高于当地主管部门出具的绿地率控制指标要求的 5%，得 3 分；高于 10%，得 6 分；

　　2 绿地向社会公众开放，得 4 分。

4.2.3 合理开发利用地下空间，评价总分值为 10 分，根据地下建筑面积与总用地面积之比按表 4.2.3 的规则评分。

表 4.2.3　地下空间开发利用评分规则

地下建筑面积与总用地面积之比 R_p	得　分
R_p<0.5	2
0.5≤R_p<1.0	6
R_p≥1.0	10

Ⅱ　室　外　环　境

4.2.4 建筑及照明设计避免产生光污染，评价总分值为 10 分，按下列规则分别评分并累计：

　　1 玻璃幕墙设计控制反射光对周边环境的影响，玻璃幕墙可见光反射比不大于 0.2，得 5 分；

　　2 室外夜景照明光污染的限制符合现行行业标准《城市夜景照明设计规范》JGJ/T 163 的规定，得 5 分。

4.2.5 场地内风环境有利于室外行走、活动舒适和建筑的自然通风，评价总分值为 6 分，按下列规则分别评分并累计：

　　1 冬季典型风速和风向条件下，建筑物周围人行区风速小于 5m/s，且室外风速放大系数小于 2，得 3 分；

　　2 过渡季、夏季典型风速和风向条件下，场地内人活动区不出现涡旋或无风区，且主入口与广场空气流动状况良好，得 3 分。

Ⅲ　交通设施与公共服务

4.2.6 场地与公共交通设施具有便捷的联系，评价总分值为 10 分，按下列规则分别评分并累计：

　　1　主要出入口到达公共汽车站的步行距离不大于500m，或到达轨道交通站的步行距离不大于800m，得3分；

　　2　主要出入口步行距离800m范围内设有2条及以上线路的公共交通站点（含公共汽车站和轨道交通站），得3分；

　　3　有便捷的人行通道联系公共交通站点，得4分。

4.2.7　合理设置停车场所，评价总分值为10分，按下列规则分别评分并累计：

　　1　自行车停车设施位置合理、方便出入，且有遮阳防雨措施，得5分；

　　2　采用机械式停车库、地下停车库或停车楼等方式节约集约用地，且有明确的交通标识，得5分。

4.2.8　提供便利的公共服务，评价总分值为10分。满足下列要求中2项，得5分；满足3项，得10分：

　　1　商店建筑兼容2种以上公共服务功能；

　　2　向社会公众提供开放的公共空间；

　　3　配套辅助设施设备共同使用、资源共享。

Ⅳ　场地设计与场地生态

4.2.9　结合现状地形地貌进行场地设计与建筑布局，保护场地内原有的自然水域、湿地和植被，采取表层土利用等生态补偿措施，评价分值为5分。

4.2.10　充分利用场地空间合理设置绿色雨水基础设施，评价总分值为8分，按下列规则分别评分并累计：

　　1　合理衔接和引导屋面雨水、道路雨水进入地面生态设施，并采取相应的径流污染控制措施，得4分；

　　2　室外场地硬质铺装地面中透水铺装面积的比例达到50%，得4分。

4.2.11　合理规划地表与屋面雨水径流，对场地雨水实施外排总量控制，评价总分值为6分。场地年径流总量控制率达到55%，得3分；达到70%，得6分。

4.2.12　屋顶或墙面合理采用垂直绿化、屋顶绿化等方式，并科学配置绿化植物，评价分值为5分。

5　节能与能源利用

5.1　控　制　项

5.1.1　建筑设计应符合国家现行有关建筑节能设计标准中强制性条文的规定。

5.1.2 严寒和寒冷地区商店建筑的主要外门应设置门斗、前室或采取其他减少冷风渗透的措施,其他地区商店建筑的主要外门应设置风幕。

5.1.3 不应采用电直接加热设备作为供暖空调系统的供暖热源和空气加湿热源。

5.1.4 冷热源、输配系统和照明等各部分能耗应进行独立分项计量。

5.1.5 照明功率密度值不应高于现行国家标准《建筑照明设计标准》GB 50034 的现行值规定。

在满足眩光限制和配光要求条件下,灯具效率或效能不应低于现行国家标准《建筑照明设计标准》GB 50034 的规定。

5.1.6 使用电感镇流器的气体放电灯应在灯具内设置电容补偿,荧光灯功率因数不应低于 0.9,高强气体放电灯功率因数不应低于 0.85。

5.1.7 室内外照明不应采用高压汞灯、自镇流荧光高压汞灯和普通照明白炽灯,照明光源、镇流器等的能效等级满足现行有关国家标准规定的 2 级要求。

5.1.8 夜景照明应采用平时、一般节日、重大节日三级照明控制方式。

5.2 评 分 项

Ⅰ 建筑与围护结构

5.2.1 结合场地自然条件,对商店建筑的体形、朝向、楼距、窗墙比等进行优化设计,评价分值为 3 分。

5.2.2 外窗、幕墙的气密性不低于国家现行有关标准的要求,评价总分值为 5 分,按下列规则评分:

1 外窗的气密性达到现行国家标准《建筑外门窗气密、水密、抗风压性能分级及检测方法》GB/T 7106 的 6 级要求,幕墙的气密性达到现行国家标准《建筑幕墙》GB/T 21086 规定的 3 级要求,得 3 分;

2 外窗的气密性达到现行国家标准《建筑外门窗气密、水密、抗风压性能分级及检测方法》GB/T 7106 的 8 级要求,幕墙的气密性达到现行国家标准《建筑幕墙》GB/T 21086 规定的 4 级要求,得 5 分。

5.2.3 围护结构热工性能指标优于国家现行有关建筑节能设计标准的规定,评价总分值为 5 分,按下列规则评分:

1 围护结构热工性能比国家现行有关建筑节能设计标准规定的提高幅度达到 5%,得 3 分;达到 10%,得 5 分。

2 供暖空调全年计算负荷降低幅度达到 5%,得 3 分;达到 10%,得 5 分。

5.2.4 严寒和寒冷地区商店建筑,外窗的传热系数降低至国家现行有关建筑节能设计标准规定值的 80%,玻璃幕墙的传热系数降低至 1.3W/(m²·K);夏热冬冷和夏热冬暖地区商店建筑，东西向外窗、玻璃幕墙的综合遮阳系数降低至0.3。评价分值为 5 分。

5.2.5 中庭设置采光顶遮阳设施及通风窗，评价分值为 3 分。

Ⅱ 供暖、通风与空调

5.2.6 供暖空调系统的冷、热源机组能效均优于现行国家标准《公共建筑节能设计标准》GB 50189 的规定以及现行有关国家标准能效限定值的要求，评价分值为 5 分。对电机驱动的蒸气压缩循环冷水（热泵）机组，直燃型和蒸汽型溴化锂吸收式冷（温）水机组，单元式空气调节机、风管送风式和屋顶式空调机组，多联式空调（热泵）机组，燃煤、燃油和燃气锅炉，其能效指标比现行国家标准《公共建筑节能设计标准》GB 50189 规定值的提高或降低幅度满足表 5.2.6 的要求；对房间空气调节器和家用燃气热水炉，其能效等级满足国家现行标准的节能评价值要求。

表 5.2.6 冷、热源机组能效指标比现行国家标准《公共建筑节能设计标准》
GB 50189 提高或降低幅度

机组类型		能效指标	提高或降低幅度
电机驱动的蒸气压缩循环冷水（热泵）机组		制冷性能系数（COP）	提高 6%
溴化锂吸收式冷水机组	直燃型	制冷、供热性能系数（COP）	提高 6%
	蒸汽型	单位制冷量蒸汽耗量	降低 6%
单元式空气调节机、风管送风式和屋顶式空调机组		能效比（EER）	提高 6%
多联式空调（热泵）机组		制冷综合性能系数〔IPLV（C）〕	提高 8%
锅炉	燃煤	热效率	提高 3 个百分点
	燃油燃气	热效率	提高 2 个百分点

5.2.7 集中供暖系统热水循环泵的耗电输热比和通风空调系统风机的单位风量耗功率符合现行国家标准《公共建筑节能设计标准》GB 50189 等的有关规定，且空调冷热水系统循环水泵的耗电输冷（热）比比现行国家标准《民用建筑供暖通风与空气调节设计规范》GB 50736 规定值低 20%，评价分值为 5 分。

5.2.8 合理选择和优化供暖、通风与空调系统，评价总分值为 11 分，根据系统能耗的降低幅度按表 5.2.8 的规则评分。

表 5.2.8 供暖、通风与空调系统能耗降低幅度评分规则

供暖、通风与空调系统能耗降低幅度 D_e	得 分
$5\% \leqslant D_e < 10\%$	3
$10\% \leqslant D_e < 15\%$	7
$D_e \geqslant 15\%$	11

5.2.9 采取措施降低过渡季节供暖、通风与空调系统能耗，评价分值为 5 分。

5.2.10 采取措施降低部分负荷、部分空间使用下的供暖、通风与空调系统能耗，评价总分值为 9 分，按下列规则分别评分并累计：

　　1 区分房间的朝向，细分供暖、空调区域，对系统进行分区控制，得 3 分；

　　2 合理选配空调冷、热源机组台数与容量，制定实施根据负荷变化调节制冷（热）量的控制策略，且空调冷源的部分负荷性能符合现行国家标准《公共建筑节能设计标准》GB 50189 的规定，得 3 分；

　　3 水系统、风系统采用变频技术，且采取相应的水力平衡措施，得 3 分。

Ⅲ 照明与电气

5.2.11 照明功率密度值不高于现行国家标准《建筑照明设计标准》GB 50034 中的目标值规定，评价总分值为 6 分，按表 5.2.11 的规则评分。

表 5.2.11 照明功率密度值比目标值的降低幅度评分规则

照明功率密度值降低幅度 D_{LPD}	得 分
$D_{LPD} < 10\%$	2
$10\% \leqslant D_{LPD} < 20\%$	4
$D_{LPD} \geqslant 20\%$	6

5.2.12 照明光源、镇流器等的能效等级满足现行有关国家标准规定的 1 级要求，评价分值为 3 分。

5.2.13 照明采用集中控制，并满足分区、分组及调光或降低照度的控制要求，评价分值为 3 分。

5.2.14 走廊、楼梯间、厕所、大堂以及地下车库的行车道、停车位等场所采用半导体照明并配用智能控制系统，评价分值为 3 分。

5.2.15 合理选用电梯及扶梯，并采取电梯群控、自动扶梯自动感应启停等节能控制措施，评价分值为 3 分。

5.2.16 商店电气照明等按功能区域或租户设置电能表，评价分值为 3 分。

5.2.17 室外广告与标识照明的平均亮度低于现行行业标准《城市夜景照明设计规范》JGJ/T 163 规定的最大允许值，评价分值为 3 分。

5.2.18 供配电系统采取自动无功补偿和谐波治理措施，评价分值为 3 分。

Ⅳ 能量综合利用

5.2.19 排风能量回收系统设计合理并运行可靠，评价分值为 4 分。

5.2.20 合理回收利用余热废热，评价分值为 4 分。

5.2.21 根据当地气候和自然资源条件，合理利用可再生能源，评价总分值为 9 分，按表 5.2.21 的规则评分。

表 5.2.21 可再生能源利用评分规则

可再生能源利用类型和指标		得 分
由可再生能源提供的生活用热水比例 R_{hw}	$20\% \leqslant R_{hw} < 30\%$	2
	$30\% \leqslant R_{hw} < 40\%$	3
	$40\% \leqslant R_{hw} < 50\%$	4
	$50\% \leqslant R_{hw} < 60\%$	5
	$60\% \leqslant R_{hw} < 70\%$	6
	$70\% \leqslant R_{hw} < 80\%$	7
	$80\% \leqslant R_{hw} < 90\%$	8
	$R_{hw} \geqslant 90\%$	9
由可再生能源提供的空调用冷量和热量比例 R_{ch}	$20\% \leqslant R_{ch} < 30\%$	3
	$30\% \leqslant R_{ch} < 40\%$	4
	$40\% \leqslant R_{ch} < 50\%$	5
	$50\% \leqslant R_{ch} < 60\%$	6
	$60\% \leqslant R_{ch} < 70\%$	7
	$70\% \leqslant R_{ch} < 80\%$	8
	$R_{ch} \geqslant 80\%$	9
由可再生能源提供的电量比例 R_e	$1.0\% \leqslant R_e < 1.5\%$	3
	$1.5\% \leqslant R_e < 2.0\%$	4
	$2.0\% \leqslant R_e < 2.5\%$	5
	$2.5\% \leqslant R_e < 3.0\%$	6
	$3.0\% \leqslant R_e < 3.5\%$	7
	$3.5\% \leqslant R_e < 4.0\%$	8
	$R_e \geqslant 4.0\%$	9

6 节水与水资源利用

6.1 控 制 项

6.1.1 应制定水资源利用方案，统筹利用水资源。

6.1.2 给排水系统设置应合理、完善、安全，并充分利用城市自来水管网压力。

6.1.3 应采用节水器具。

6.2 评 分 项

Ⅰ 节 水 系 统

6.2.1 采取有效措施避免管网漏损，评价总分值为 12 分，按下列规则分别评分并累计：

　　1 选用密闭性能好的阀门、设备，使用耐腐蚀、耐久性能好的管材、管件，得 2 分；

　　2 室外埋地管道采取有效措施避免管网漏损，得 2 分；

　　3 设计阶段根据水平衡测试的要求安装分级计量水表；运行阶段提供用水量计量情况和管网漏损检测、整改的报告，得 8 分。

6.2.2 给水系统无超压出流现象，评价分值为 12 分。

6.2.3 设置用水计量装置，评价总分值为 14 分，按下列规则分别评分并累计：

　　1 供水系统设置总水表，得 6 分；

　　2 按使用用途，对冲厕、盥洗、餐饮、绿化、景观、空调等用水分别设置用水计量装置，统计用水量，每个系统得 1 分，最高得 6 分；

　　3 其他应单独计量的系统合理设置用水计量装置，每个系统得 1 分，最高得 2 分。

Ⅱ 节水器具与设备

6.2.4 使用用水效率等级高的卫生器具，评价总分值为 16 分。用水效率等级达到三级，得 8 分；达到二级，得 16 分。

6.2.5 绿化灌溉采用节水灌溉方式，评价总分值为 10 分，按下列规则评分：

　　1 采用节水灌溉系统，得 7 分；在此基础上，设置土壤湿度感应器、雨天关闭装置等节水控制措施，再得 3 分。

　　2 种植无需永久灌溉植物，得 10 分。

6.2.6 空调设备或系统采用节水冷却技术，评价总分值为 15 分，按下列规则评分：

　　1 循环冷却水系统设置水处理措施；采取加大集水盘、设置平衡管或平衡水箱的方式，避免冷却水泵停泵时冷却水溢出，得 9 分；

　　2 运行时，冷却塔的蒸发耗水量占冷却水补水量的比例不低于 80%，得 10 分；

3 采用无蒸发耗水量的冷却技术，得 15 分。

Ⅲ　非传统水源利用

6.2.7 合理使用非传统水源用于室内冲厕、室外绿化灌溉、道路浇洒与广场冲洗、空调冷却、景观水体以及其他用途，评价总分值为 10 分。每用于一种用途得 2 分，最高得 10 分。

6.2.8 非传统水源利用率不低于 2.5%，评价总分值为 11 分，按表 6.2.8 的规则评分。

表 6.2.8　非传统水源利用率评分规则

非传统水源利用率 R_{NTWS}	得　分
$2.5\% \leqslant R_{NTWS} < 3.5\%$	5
$3.5\% \leqslant R_{NTWS} < 4.5\%$	6
$4.5\% \leqslant R_{NTWS} < 5.5\%$	7
$5.5\% \leqslant R_{NTWS} < 6.5\%$	8
$6.5\% \leqslant R_{NTWS} < 7.5\%$	9
$7.5\% \leqslant R_{NTWS} < 8.5\%$	10
$R_{NTWS} \geqslant 8.5\%$	11

7　节材与材料资源利用

7.1　控　制　项

7.1.1 不应采用国家和地方禁止和限制使用的建筑材料及制品。

7.1.2 混凝土结构中梁、柱纵向受力普通钢筋应采用不低于 400MPa 级的热轧带肋钢筋。

7.1.3 建筑造型要素应简约，无大量装饰性构件。

7.2　评　分　项

Ⅰ　节　材　设　计

7.2.1 择优选用建筑形体，评价总分值为 12 分。根据现行国家标准《建筑抗震设计规范》GB 50011 规定的建筑形体规则性评分，建筑形体不规则，得 3 分；建筑形体规则，得 12 分。

7.2.2 对地基基础、结构体系、结构构件进行优化设计，达到节材效果，评价分值为 8 分。

7.2.3 公共部位土建工程与装修工程一体化设计、施工，评价分值为 7 分。

7.2.4 非营业区域中可变换功能的室内空间采用可重复使用的隔断（墙），评价总分值为 10 分，根据可重复使用隔断（墙）比例按表 7.2.4 的规则评分。

表 7.2.4　可重复使用隔断（墙）比例评分规则

可重复使用隔断（墙）比例 R_{rp}	得　分
$30\% \leqslant R_{rp} < 50\%$	6
$50\% \leqslant R_{rp} < 80\%$	8
$R_{rp} \geqslant 80\%$	10

7.2.5 采用工业化生产的预制构件，评价总分值为 2 分。预制构件用量比例达到 10%，得 1 分；达到 20%，得 2 分。

7.2.6 采用工业化生产的建筑部品，且占同类部品比例不小于 50%，评价总分值为 2 分。采用 1 种工业化生产的建筑部品，得 1 分；采用 2 种及以上，得 2 分。

Ⅱ　材　料　选　用

7.2.7 选用本地生产的建筑材料，评价总分值为 10 分，根据施工现场 500km 范围以内生产的建筑材料重量占建筑材料总重量的比例按表 7.2.7 的规则评分。

表 7.2.7　施工现场 **500km** 范围以内生产的建筑材料重量占
建筑材料总重量比例评分规则

施工现场 500km 范围以内生产的建筑材料重量占建筑材料总重量的比例 R_{lm}	得分
$60\% \leqslant R_{lm} < 70\%$	6
$70\% \leqslant R_{lm} < 90\%$	8
$R_{lm} \geqslant 90\%$	10

7.2.8 现浇混凝土采用预拌混凝土，评价分值为 9 分。

7.2.9 建筑砂浆采用预拌砂浆，评价总分值为 5 分。建筑砂浆采用预拌砂浆的比例达到 50%，得 3 分；达到 100%，得 5 分。

7.2.10 合理采用高强建筑结构材料，评价总分值为 10 分，按下列规则评分：

　　1 混凝土结构：

　　　　1）根据 400MPa 级及以上受力普通钢筋的比例，按表 7.2.10 的规则评分，最高得 10 分。

表 7.2.10 400MPa 级及以上受力普通钢筋的比例评分规则

400MPa 级及以上受力普通钢筋的比例 R_{sb}	得分
$30\% \leqslant R_{sb} < 50\%$	4
$50\% \leqslant R_{sb} < 70\%$	6
$70\% \leqslant R_{sb} < 85\%$	8
$R_{sb} \geqslant 85\%$	10

2）混凝土竖向承重结构采用强度等级不小于 C50 混凝土用量占竖向承重结构中混凝土总量的比例达到 50%，得 10 分。

2 钢结构：Q345 及以上高强钢材用量占钢材总量的比例达到 50%，得 8 分；达到 70%，得 10 分。

3 混合结构：对其混凝土结构部分和钢结构部分，分别按本条第 1 款和第 2 款进行评价，得分取两项得分的平均值。

7.2.11 合理采用高耐久性建筑结构材料，评价分值为 5 分。对混凝土结构，其中高耐久性混凝土用量占混凝土总量的比例达到 50%；对钢结构，采用耐候结构钢或耐候型防腐涂料。

7.2.12 采用可再利用材料和可再循环材料，评价总分值为 9 分，按下列规则评分：

1 可再利用材料和可再循环材料用量比例达到 8%，得 5 分；达到 10%，得 7 分；

2 在满足本条第 1 款的基础上，装饰装修材料中可再利用材料和可再循环材料用量比例达到 20%，可再得 2 分。

7.2.13 使用以废弃物为原料生产的建筑材料，评价总分值为 7 分，按下列规则评分：

1 采用 1 种以废弃物为原料生产的建筑材料，其占同类建材的用量比例达到 30%，得 3 分；达到 50%，得 7 分。

2 采用 2 种及以上以废弃物为原料生产的建筑材料，每 1 种用量比例均达到 30%，得 7 分。

7.2.14 合理采用耐久性好、易维护的装饰装修建筑材料，评价总分值为 4 分，按下列规则分别评分并累计：

1 合理采用清水混凝土或其他形式的简约内外装饰设计，得 1 分；

2 采用耐久性好、易维护的外立面材料，得 2 分；

3 采用耐久性好、易维护的室内装饰装修材料，得 1 分。

8 室内环境质量

8.1 控 制 项

8.1.1 主要功能房间的室内噪声级应满足现行国家标准《民用建筑隔声设计规范》GB 50118 中的低限要求。

8.1.2 照明质量应符合现行国家标准《建筑照明设计标准》GB 50034 的规定。

8.1.3 采用集中供暖空调系统的商店建筑，房间内的温度、湿度、新风量等设计参数应符合现行国家标准《民用建筑供暖通风与空气调节设计规范》GB 50736 的规定。

8.1.4 在室内设计温、湿度条件下，建筑围护结构内表面不应结露。

8.1.5 屋顶和东西外墙隔热性能应满足现行国家标准《民用建筑热工设计规范》GB 50176 的要求。

8.1.6 室内空气中的氨、甲醛、苯、总挥发性有机物、氡等污染物浓度应符合现行国家标准《室内空气质量标准》GB/T 18883 的有关规定。

8.1.7 营业厅和人员通行区域的楼地面应能防滑、耐磨且易清洁。

8.2 评 分 项

Ⅰ 室内声环境

8.2.1 主要功能房间室内噪声级，评价总分值为 6 分。噪声级达到现行国家标准《民用建筑隔声设计规范》GB 50118 中的低限标准限值和高要求标准限值的平均值，得 3 分；达到高要求标准限值，得 6 分。

8.2.2 主要功能房间的隔声性能良好，评价总分值为 6 分，按下列规则分别评分并累计：

　　1 构件及相邻房间之间的空气声隔声性能达到现行国家标准《民用建筑隔声设计规范》GB 50118 中的低限标准限值和高要求标准限值的平均值，得 3 分；达到高要求标准限值，得 4 分；

　　2 楼板的撞击声隔声性能达到现行国家标准《民用建筑隔声设计规范》GB 50118 中的低限标准限值和高要求标准限值的平均值，得 1 分；达到高要求标准限值，得 2 分。

8.2.3 建筑平面、空间布局和功能分区安排合理，没有明显的噪声干扰，评价分值为 6 分。

8.2.4　入口大厅、营业厅和其他噪声源较多的房间或区域进行吸声设计，评价总分值为 5 分。吸声材料及构造的降噪系数达到现行国家标准《民用建筑隔声设计规范》GB 50118 中的低限标准限值和高要求标准限值的平均值，得 3 分；达到高标准要求限值，得 5 分。

Ⅱ　室内光环境

8.2.5　改善建筑室内天然采光效果，评价总分值为 10 分，按下列规则评分：

　　1　入口大厅、中庭等大空间的平均采光系数不小于 2% 的面积比例达到 50%，且有合理的控制眩光和改善天然采光均匀性措施，得 5 分；面积比例达到 75%，且有合理的控制眩光和改善天然采光均匀性措施，得 10 分。

　　2　根据地下空间平均采光系数不小于 0.5% 的面积与首层地下室面积的比例，按表 8.2.5 的规则评分，最高得 10 分。

表 8.2.5　地下空间平均采光系数不小于 0.5% 的面积与
首层地下室面积的比例评分规则

面积比例 R_A	得分
$5\% \leqslant R_A < 10\%$	2
$10\% \leqslant R_A < 15\%$	4
$15\% \leqslant R_A < 20\%$	6
$20\% \leqslant R_A < 25\%$	8
$R_A \geqslant 25\%$	10

8.2.6　采取措施改善室内人工照明质量，评价总分值为 10 分，按下列规则分别评价并累计：

　　1　收款台、货架柜等设局部照明，且货架柜的垂直照度不低于 50lx，得 5 分；

　　2　采取措施防止或减少光幕反射和反射眩光，得 5 分。

Ⅲ　室内热湿环境

8.2.7　采取可调节遮阳措施，降低夏季太阳辐射得热，评价总分值为 12 分。外窗和幕墙透明部分中，有可控遮阳调节措施的面积比例达到 25%，采光顶 50% 的面积有可调节遮阳措施，得 6 分；有可控遮阳调节措施的面积比例达到 50%，采光顶全部面积采用可调节遮阳措施，得 12 分。

8.2.8　供暖空调系统末端装置可独立调节，评价总分值为 10 分。供暖、空调末端装置可独立启停的主要房间数量比例达到 70%，得 5 分；达到 90%，得 10 分。

Ⅳ 室内空气质量

8.2.9 优化建筑空间、平面布局和构造设计，改善自然通风效果，评价分值为 10 分。

8.2.10 室内气流组织合理，评价总分值为 8 分，按下列规则分别评价并累计：

　　1 重要功能区域供暖、通风与空调工况下的气流组织满足热环境参数设计要求，得 4 分；

　　2 避免卫生间、餐厅、厨房、地下车库等区域的空气和污染物串通到室内其他空间或室外活动场所，得 4 分。

8.2.11 营业区域设置室内空气质量监控系统，评价总分值为 12 分，按下列规则分别评分并累计：

　　1 对室内的二氧化碳浓度进行数据采集、分析，并与通风系统联动，得 7 分；

　　2 实现室内污染物浓度超标实时报警，并与通风系统联动，得 5 分。

8.2.12 地下车库设置与排风设备联动的一氧化碳浓度监测装置，评价分值为 5 分。

9 施 工 管 理

9.1 控 制 项

9.1.1 应建立绿色建筑项目施工管理体系和组织机构，并落实各级责任人。

9.1.2 施工项目部应制定施工全过程的环境保护计划，并组织实施。

9.1.3 施工项目部应制定施工人员职业健康安全管理计划，并组织实施。

9.1.4 施工前应进行设计文件中绿色建筑重点内容的专项会审。

9.2 评 分 项

Ⅰ 环 境 保 护

9.2.1 采取洒水、覆盖、遮挡等降尘措施，评价分值为 10 分。

9.2.2 采取有效的降噪措施。在施工场界测量并记录噪声,满足现行国家标准《建筑施工场界环境噪声排放标准》GB 12523 的规定,评价分值为 8 分。

9.2.3 制定并实施施工废弃物减量化、资源化计划,并对施工及场地清理产生的固体废弃物进行合理的分类处理,评价总分值为 10 分,按下列规则分别评分并累计:

　1 制定施工废弃物减量化、资源化计划,得 3 分;

　2 可回收施工废弃物的回收率不小于 80%,得 3 分;

　3 根据每 10000m² 建筑面积的施工固体废弃物排放量,按表 9.2.3 的规则评分,最高得 4 分。

表 9.2.3　每 10000m² 建筑面积施工固体废弃物排放量评分规则

每 10000m² 建筑面积施工固体废弃物排放量 SW_c	得分
$350t < SW_c \leqslant 400t$	1
$300t < SW_c \leqslant 350t$	3
$SW_c \leqslant 300t$	4

Ⅱ　资　源　节　约

9.2.4 制定并实施施工节能和用能方案,监测并记录施工能耗,评价总分值为 8 分,按下列规则分别评分并累计:

　1 制定并实施施工节能和用能方案,得 1 分;

　2 监测并记录施工区、生活区的能耗,得 3 分;

　3 监测并记录主要建筑材料、设备从供货商提供的货源地到施工现场运输的能耗,得 3 分;

　4 监测并记录建筑施工废弃物从施工现场到废弃物处理/回收中心运输的能耗,得 1 分。

9.2.5 制定并实施施工节水和用水方案,监测并记录施工水耗,评价总分值为 6 分,按下列规则分别评分并累计:

　1 制定并实施施工节水和用水方案,得 2 分;

　2 监测并记录施工区、生活区的水耗数据,得 2 分;

　3 监测并记录基坑降水的抽取量、排放量和利用量数据,得 2 分。

9.2.6 减少预拌混凝土的损耗,评价总分值为 6 分。损耗率降低至 1.5%,得 4 分;降低至 1.0%,得 6 分。

9.2.7 减少预拌砂浆损耗,评价总分值为 6 分。损耗率降低至 3.0%,得 4 分;降低至 1.5%,得 6 分。

9.2.8 采取措施降低钢筋损耗,评价总分值为 12 分,按下列规则评分:

    1 80%以上的钢筋采用专业化生产的成型钢筋,得 12 分。

    2 根据现场加工钢筋损耗率,按表 9.2.8 的规则评分,最高得 12 分。

表 9.2.8 现场加工钢筋损耗率评分规则

现场加工钢筋损耗率 LR_{sb}	得分
$3.0\% < LR_{sb} \leqslant 4.0\%$	8
$1.5\% < LR_{sb} \leqslant 3.0\%$	10
$LR_{sb} \leqslant 1.5\%$	12

9.2.9 采用工具式定型模板等措施,提高模板的周转次数,评价总分值为 8 分,按下列规则分别评价并累计:

    1 制定模板使用和提高模板周转次数施工措施,得 2 分;

    2 根据工具式定型模板使用面积占模板工程总面积的比例按表 9.2.9 的规则评分,最高得 6 分。

表 9.2.9 工具式定型模板使用面积占模板工程总面积比例评分规则

工具式定型模板使用面积占模板工程总面积的比例 R_{sf}	得分
$50\% \leqslant R_{sf} < 70\%$	2
$70\% \leqslant R_{sf} < 85\%$	4
$R_{sf} \geqslant 85\%$	6

9.2.10 提高一次装修的排版设计及工厂化加工比例,评价总分值为 8 分,按下列规则分别评分并累计:

    1 施工前对块材、板材和卷材进行排版设计,得 3 分;

    2 根据门窗、幕墙、块材、板材的工厂化加工比例按表 9.2.10 的规则评分,最高得 5 分。

表 9.2.10 门窗、幕墙、块材、板材的工厂化加工比例评分规则

门窗、幕墙、块材、板材的工厂化加工比例 R_{pf}	得分
$50\% \leqslant R_{pf} < 70\%$	3
$70\% \leqslant R_{pf} < 85\%$	4
$R_{pf} \geqslant 85\%$	5

Ⅲ 过 程 管 理

9.2.11 实施设计文件中绿色商店建筑重点内容,评价总分值为 4 分,按下列规则分别评分并累计:

1 参建各方进行绿色商店建筑重点内容的专项交底，得 2 分；

2 施工过程中以施工日志记录绿色商店建筑重点内容的实施情况，得 2 分。

9.2.12 严格控制设计文件变更，避免出现降低建筑绿色性能的重大变更，评价分值为 6 分。

9.2.13 工程竣工验收前，由建设单位组织有关责任单位，进行机电系统的综合调试和联合试运转，结果符合设计要求，评价分值为 8 分。

10 运营管理

10.1 控制项

10.1.1 应制定并实施节能、节水、节材、绿化管理制度。

10.1.2 应制定垃圾管理制度，合理规划垃圾物流，对废弃物进行分类收集，垃圾容器设置规范。

10.1.3 运行过程中产生的废气、污水等污染物应达标排放。

10.1.4 节能、节水设施应工作正常，且符合设计要求。

10.1.5 供暖、通风、空调、照明等设备的自动监控系统应工作正常，且运行记录完整。

10.1.6 应制定并实施二次装修管理制度。

10.2 评分项

Ⅰ 管理制度

10.2.1 物业管理机构获得有关管理体系认证，评价总分值为 8 分，按下列规则评分并累计：

1 具有 ISO 14001 环境管理体系认证，得 2 分；

2 具有 ISO 9001 质量管理体系认证，得 2 分；

3 具有现行国家标准《能源管理体系要求》GB/T 23331 规定的能源管理体系认证，得 4 分。

10.2.2 节能、节水、节材、绿化操作规程、应急预案完善，且有效实施，评价总分值为 4 分，按下列规则评分并累计：

1 相关设施的操作规程在现场明示，操作人员严格遵守规定，得 2 分；

2 节能、节水设施运行具有完善的应急预案，且有演练记录，得 2 分。

10.2.3 实施能源资源管理激励机制，管理业绩与节约能源资源、提高经济效益挂钩，评价总分值为 6 分，按下列规则分别评分并累计：

    1 物业管理机构的工作考核体系中包含能源资源管理激励机制，得 3 分；

    2 与租用者的合同中包含节能、节水要求，得 1 分；

    3 采用合同能源管理模式，得 2 分。

10.2.4 建立绿色教育宣传机制，形成良好的绿色氛围，评价总分值为 8 分，按下列规则评分并累计：

    1 有绿色教育宣传工作记录，得 4 分；

    2 公示室内环境和用能数据，得 4 分。

Ⅱ 技 术 管 理

10.2.5 对不同用途和不同使用单位的用能、用水进行计量收费，评价总分值为 8 分，按下列规则分别评分并累计：

    1 分项计量数据记录完整，得 3 分；

    2 对不同使用单位的用能、用水进行计量收费，得 5 分。

10.2.6 结合建筑能源管理系统定期进行能耗统计和能源审计，并合理制定年度运营能耗、水耗指标和环境目标，评价总分值为 8 分，按下列规则分别评分并累计：

    1 定期进行能耗统计和能源审计，得 4 分；

    2 合理制定年度能耗、水耗指标，得 2 分；

    3 根据本条第 1、2 款，对各项设施进行运行优化，得 2 分。

10.2.7 定期检查、调试公共设施设备，并根据运行检测数据进行设备系统的运行优化，评价总分值为 8 分，按下列规则分别评分并累计：

    1 定期对公共设施设备进行检查和调试，记录完整，得 4 分；

    2 根据调试记录对设备系统进行运行优化，得 4 分。

10.2.8 对空调通风系统、照明系统进行定期检查和清洗，评价总分值为 6 分，按下列规则分别评分并累计：

    1 制定空调设备和风管的清洗计划，并具有清洗维护记录，得 3 分；

    2 制定光源、灯具的清洁计划，并具有清洁维护记录，得 3 分。

10.2.9 定期对运营管理人员进行系统运行和维护相关专业技术和节能新技术的培训及考核，评价总分值为 6 分，按下列规则分别评分并累计：

    1 制定运行和维护培训计划，得 2 分；

    2 执行培训计划，得 2 分；

    3 实施培训考核，得 2 分。

10.2.10 智能化系统的运行效果满足商店建筑运行与管理的需要，评价总分值为 8 分，按下列规则分别评分并累计：

　　1 智能化系统满足现行国家标准《智能建筑设计标准》GB/T 50314 的基础配置要求，得 2 分；

　　2 智能化系统工作正常，符合设计要求，得 6 分。

10.2.11 对商店建筑的二次装修进行严格的过程管理，确保二次装修管理制度实施和落实，评价分值为 3 分。

10.2.12 应用信息化手段进行物业管理，建筑工程、设施、设备、部品、能耗等档案及记录齐全，评价总分值为 6 分，按下列规则分别评分并累计：

　　1 设置物业信息管理系统，得 2 分；

　　2 物业信息管理系统功能完备，得 2 分；

　　3 记录数据完整，得 2 分。

Ⅲ　环　境　管　理

10.2.13 优化管理新风系统，确保良好的室内空气品质，评价总分值为 6 分，按下列规则分别评分并累计：

　　1 制定新风调节管理制度，新风系统满足不同工况运行的需求，得 2 分；

　　2 室内环境参数运行记录完善，得 2 分；

　　3 室内环境参数运行记录中，主要功能空间的室内空气品质均符合相关标准要求，得 2 分。

10.2.14 采用无公害病虫害防治技术，规范杀虫剂、除草剂、化肥、农药等化学品的使用，评价总分值为 6 分，按下列规则分别评分并累计：

　　1 建立和实施化学品管理责任制，得 2 分；

　　2 病虫害防治用品使用记录完整，得 2 分；

　　3 采用生物制剂、仿生制剂等无公害防治技术，得 2 分。

10.2.15 实行垃圾分类收集和处理，评价总分值为 9 分，按下列规则分别评分并累计：

　　1 垃圾分类收集率达到 90%，得 3 分；

　　2 可回收垃圾的回收比例达到 90%，得 2 分；

　　3 对可生物降解垃圾进行单独收集和合理处置，得 2 分；

　　4 对有害垃圾进行单独收集和合理处置，得 2 分。

11 提高与创新

11.1 一般规定

11.1.1 绿色商店建筑评价时，应按本章规定对加分项进行评价。加分项包括性能提高和创新两部分。

11.1.2 加分项的附加得分为各加分项得分之和。当附加得分大于 10 分时，应以 10 分计。

11.2 加分项

Ⅰ 性能提高

11.2.1 围护结构热工性能比国家现行有关建筑节能设计标准的规定高 20％，或者供暖空调全年计算负荷降低幅度达到 15％，评价分值为 2 分。

11.2.2 供暖空调系统的冷、热源机组能效均优于现行国家标准《公共建筑节能设计标准》GB 50189 的规定以及现行有关国家标准能效节能评价值的要求，评价分值为 2 分。对电机驱动的蒸气压缩循环冷水（热泵）机组，直燃型和蒸汽型溴化锂吸收式冷（温）水机组，单元式空气调节机、风管送风式和屋顶式空调机组，多联式空调（热泵）机组，燃煤、燃油和燃气锅炉，其能效指标比现行国家标准《公共建筑节能设计标准》GB 50189 规定值的提高或降低幅度满足表 11.2.2 的要求；对房间空气调节器和家用燃气热水炉，其能效等级满足现行有关国家标准规定的 1 级要求。

表 11.2.2 冷、热源机组能效指标比现行国家标准
《公共建筑节能设计标准》GB 50189 的提高或降低幅度

机组类型		能效指标	提高或降低幅度
电机驱动的蒸气压缩循环冷水（热泵）机组		制冷性能系数（COP）	提高 12％
溴化锂吸收式冷水机组	直燃型	制冷、供热性能系数（COP）	提高 12％
	蒸汽型	单位制冷量蒸汽耗量	降低 12％
单元式空气调节机、风管送风式和屋顶式空调机组		能效比（EER）	提高 12％

续表 11.2.2

机组类型		能效指标	提高或降低幅度
多联式空调（热泵）机组		制冷综合性能系数［IPLV（C）］	提高 16％
锅炉	燃煤	热效率	提高 6 个百分点
	燃油燃气	热效率	提高 4 个百分点

11.2.3 合理采用蓄冷蓄热系统，且蓄能设备提供的设计日冷量或热量达到 30％，评价分值为 1 分。

11.2.4 采用资源消耗少和环境影响小的建筑结构体系，评价分值为 1 分。

11.2.5 采用有利于改善商店建筑室内环境的功能性建筑装修新材料或新技术，评价分值为 1 分。

11.2.6 对营业厅等主要功能房间采取有效的空气处理措施，评价分值为 1 分。

11.2.7 室内空气中的氨、甲醛、苯、总挥发性有机物、氡、可吸入颗粒物等污染物浓度不高于现行国家标准《室内空气质量标准》GB/T 18883 规定限值的 70％，评价分值为 1 分。

Ⅱ　创　　新

11.2.8 建筑方案充分考虑建筑所在地域的气候、环境、资源，结合场地特征和建筑功能，进行技术经济分析，显著提高能源资源利用效率和建筑性能，评价分值为 2 分。

11.2.9 合理选用废弃场地进行建设，或充分利用尚可使用的旧建筑，评价分值为 1 分。

11.2.10 应用建筑信息模型（BIM）技术，评价总分值为 2 分。在建筑的规划设计、施工建造和运行维护阶段中的任意一个阶段应用，得 1 分；在两个或两个以上阶段应用，得 2 分。

11.2.11 进行建筑碳排放计算分析，采取措施降低单位建筑面积碳排放强度，评价分值为 1 分。

11.2.12 采取节约能源资源、保护生态环境、保障安全健康的其他创新，并有明显效益，评价总分值为 2 分。采取一项，得 1 分；采取两项及以上，得 2 分。

本标准用词说明

1 为便于在执行本标准条文时区别对待，对要求严格程度不同的用词说明如下：

    1） 表示很严格，非这样做不可的：

        正面词采用"必须"，反面词采用"严禁"；

    2） 表示严格，在正常情况下均应这样做的：

        正面词采用"应"，反面词采用"不应"或"不得"；

    3） 表示允许稍有选择，在条件许可时首先应这样做的：

        正面词采用"宜"，反面词采用"不宜"；

    4） 表示有选择，在一定条件下可以这样做的，采用"可"。

2 条文中指明应按其他有关标准执行的写法为："应符合……的规定"或"应按……执行"。

引用标准名录

1 《建筑抗震设计规范》GB 50011

2 《建筑照明设计标准》GB 50034

3 《民用建筑隔声设计规范》GB 50118

4 《民用建筑热工设计规范》GB 50176

5 《公共建筑节能设计标准》GB 50189

6 《智能建筑设计标准》GB/T 50314

7 《民用建筑供暖通风与空气调节设计规范》GB 50736

8 《建筑外门窗气密、水密、抗风压性能分级及检测方法》GB/T 7106

9 《建筑施工场界环境噪声排放标准》GB 12523

10 《室内空气质量标准》GB/T 18883

11 《建筑幕墙》GB/T 21086

12 《能源管理体系要求》GB/T 23331

13 《城市夜景照明设计规范》JGJ/T 163

中华人民共和国国家标准

绿色商店建筑评价标准

GB/T 51100—2015

条 文 说 明

制 订 说 明

　　《绿色商店建筑评价标准》GB/T 51100－2015，经住房和城乡建设部 2015 年 4 月 8 日以第 798 号公告批准、发布。

　　在标准编制过程中，编制组进行了广泛深入调研，总结了我国商店建筑工程建设的实践情况，同时参考了国外先进技术法规、技术标准，并在广泛征求意见的基础上制定了本标准。

　　为便于广大设计、施工、科研、学校等单位有关人员在使用本标准时能正确理解和执行条文规定，《绿色商店建筑评价标准》编制组按章、节、条顺序编制了本标准的条文说明，对条文规定的目的、依据以及执行中需注意的有关事项进行了说明。但本条文说明不具备与标准正文同等的法律效力，仅供使用者作为理解和把握标准规定的参考。

目　次

1　总则 …………………………………………………………… 380

3　基本规定 ……………………………………………………… 380

　3.1　一般规定 ………………………………………………… 380

　3.2　评价与等级划分 ………………………………………… 381

4　节地与室外环境 ……………………………………………… 382

　4.1　控制项 …………………………………………………… 382

　4.2　评分项 …………………………………………………… 384

5　节能与能源利用 ……………………………………………… 389

　5.1　控制项 …………………………………………………… 389

　5.2　评分项 …………………………………………………… 392

6　节水与水资源利用 …………………………………………… 399

　6.1　控制项 …………………………………………………… 399

　6.2　评分项 …………………………………………………… 402

7　节材与材料资源利用 ………………………………………… 406

　7.1　控制项 …………………………………………………… 406

　7.2　评分项 …………………………………………………… 407

8　室内环境质量 ………………………………………………… 414

　8.1　控制项 …………………………………………………… 414

　8.2　评分项 …………………………………………………… 416

9　施工管理 ……………………………………………………… 421

　9.1　控制项 …………………………………………………… 421

　9.2　评分项 …………………………………………………… 422

10　运营管理 …………………………………………………… 427

　10.1　控制项 ………………………………………………… 427

　10.2　评分项 ………………………………………………… 428

11　提高与创新 ………………………………………………… 432

　11.1　一般规定 ……………………………………………… 432

　11.2　加分项 ………………………………………………… 433

1　总　　则

1.0.1~1.0.4　现行国家标准《绿色建筑评价标准》GB/T 50378 规定了绿色建筑评价的统一准则。本标准是根据该标准的原则进行编写的，但更强调商店建筑的具体业态和规模。根据现行行业标准《商店建筑设计规范》JGJ 48，业态主要包括百货商场、购物中心、超级市场、菜市场、专业店、步行商业街等；商店建筑的规模分为大、中、小型（分别是建筑面积 20000m² 以上、5000m² ~ 20000m²、5000m² 以下）。绿色商店建筑的评价也要将此实际情况纳入考虑。

3　基　本　规　定

3.1　一　般　规　定

3.1.1　绿色商店建筑的评价，首先应基于评价对象的商业功能要求。商店建筑群、单体均可参评，考虑到综合楼中的底层商业等特殊业态，故在现行国家标准《绿色建筑评价标准》GB/T 50378 相关规定的基础上，将综合性建筑中的商店区域补充为绿色商店建筑的评价对象。菜市场类非封闭建筑不适用本标准。

3.1.2　根据绿色商店建筑发展的实际需求，结合目前有关管理制度，本标准将绿色商店建筑的评价分为设计评价和运行评价。

同时，也将绿色商店建筑评价划分为"设计评价"和"运行评价"。设计评价的重点在绿色商店建筑采取的"绿色措施"和预期效果上，而运行评价则不仅要评价"绿色措施"，而且要评价这些"绿色措施"所产生的实际效果。除此之外，运行评价还关注绿色商店建筑在施工过程中留下的"绿色足迹"，以及绿色商店建筑正常运行后的科学管理。

3.1.3　本条对申请评价方的相关工作提出要求。绿色商店建筑的申请评价方，应依据本标准相关内容要求，注重绿色商店建筑全寿命期内能源资源节约与环境保护的性能，对建筑全寿命期内各个阶段进行控制，综合考虑性能、安全、耐久、经济、美观等因素，优化建筑技术、设备和材料选用，综合评估建筑规模、建筑技术与投资之间的总体平衡，并按本标准的要求提交相应分析、测试报告和相关文件。

3.1.4　绿色商店建筑的评价机构，应依据有关管理制度文件确定。本条对绿色商店建筑评价机构的相关工作提出要求。绿色商店建筑评价机构应按照本标准的有关要求审查申请评价方提交的报告、文件，并在评价报告中确定绿色建筑等级。对申请运行评价的建筑，评价机构还应组织现场考察，进一步审核规划设计要求的落实情况以及建筑的实际性能和运行效果。

3.1.5　当需要对某工程项目中的单独一栋商店建筑进行评价时，由于有些评价指标是针对该工程项目设定的（如区域绿地率），或该工程项目中其他建筑也采用了相同的技术方案（如再生水利用），难以仅基于该单栋建筑进行评价，此时，应以该栋建筑所属工程项目的总体为基准进行评价。同理，对于综合建筑中的商店区域，也应考虑这一原则，但具体是以该栋建筑或该栋建筑所属工程项目为基准，参评对象没有独立用能系统和独立能耗计量装置的不能参评。具体执行时，尚需对具体条文的具体要求进行分析后确定。

3.2　评价与等级划分

3.2.1　本标准设置的 7 类指标，基本覆盖了建筑全寿命期内各环节。同时，控制项、评分项、加分项的指标类型设置，也与现行国家标准《绿色建筑评价标准》GB/T 50378 相关规定保持一致。

3.2.3　控制项、评分项、加分项的评价与现行国家标准《绿色建筑评价标准》GB/T 50378 保持一致。评分项的评价，依据评价条文的规定确定得分或不得分，得分时根据需要对具体评分项、评分子项内容或具体达标程度确定得分值。加分项的评价，依据评价条文的规定确定得分或不得分。

3.2.4　本标准与现行国家标准《绿色建筑评价标准》GB/T 50378 保持一致，依据总得分来确定绿色商店建筑的等级。考虑到各类指标重要性方面的相对差异，计算总得分时引入了权重。同时，为鼓励绿色商店建筑技术和管理方面的提升和创新，设置加分项作为附加得分直接计入总分。

3.2.5　本标准按评价总得分确定绿色商店建筑的等级。对于具体的参评建筑而言，它们在业态、规模、所处地域的气候、环境、资源等方面存在差异，适用于各栋参评建筑的评分项的条文数量可能不一样。不适用的评分项条文可以不参评。这样，各参评建筑理论上可获得的总分也可能不一样。为克服这种客观存在的情况给绿色商店建筑评价带来的困难，计算各类指标的评分项得分时采用了"折算"的办法。"折算"的实质就是将参评建筑理论上可获得的总分值当作 100 分。折算后的实际得分大致反映了参评建筑实际采用的"绿色"措施占理论上可以采用的全部"绿色"措施的比例。一栋参评建筑理论上可获得的总分值等于所有参评的评分项条文的分数之和，某类指标评分项理论上可获得的总分值总是小于等于 100 分。

3.2.7 本条对各类指标在绿色商店建筑评价中的权重作出规定。表 3.2.7 中给出了设计评价、运行评价时商店建筑的分项指标权重。施工管理和运营管理两类指标不参与设计评价。各大类指标（一级指标）权重和某大类指标下的具体评价条文/指标（二级指标）的分值，经广泛征求意见和专题研究后综合调整确定，但与国家标准《绿色建筑评价标准》GB/T 50378—2014 中的公共建筑分项指标权重值有所不同。

3.2.8 控制项是绿色商店建筑的必要条件。

本标准与现行国家标准《绿色建筑评价标准》GB/T 50378 保持一致，规定了每类指标的最低得分要求，避免仅按总得分确定等级引起参评的绿色商店建筑可能存在某一方面性能过低的情况。

在满足全部控制项和每类指标最低得分的前提下，绿色商店建筑按总得分确定等级。

4 节地与室外环境

4.1 控 制 项

4.1.1 本条适用于设计、运行评价。

《中华人民共和国城乡规划法》第二条明确规定："本法所称城乡规划，包括城镇体系规划、城市规划、镇规划、乡规划和村庄规划"；第四十二条规定："城市规划主管部门不得在城乡规划确定的建设用地范围以外作出规划许可"。因此，任何建设项目的选址应符合城乡规划。

各类保护区是指受到国家法律法规保护、划定有明确的保护范围、制定有相应的保护措施的各类政策区，主要包括：基本农田保护区（《基本农田保护条例》）、风景名胜区（《风景名胜区条例》）、自然保护区（《中华人民共和国自然保护区条例》）、历史文化名城名镇名村（《历史文化名城名镇名村保护条例》）、历史文化街区（《城市紫线管理办法》）等。

文物古迹是指人类在历史上创造的具有价值的不可移动的实物遗存，包括地面与地下的古遗址、古建筑、古墓葬、石窟寺、古碑石刻、近代代表性建筑、革命纪念建筑等，主要指文物保护单位、保护建筑和历史建筑。

本条的评价方法为：设计评价审核项目场地区位图、地形图以及当地城乡规划、国土、文化、园林、旅游或相关保护区等有关行政管理部门提供的法定规划文件或出具的证明文件；运行评价在设计评价方法之外还应现场核实。

4.1.2 本条适用于设计、运行评价。

对绿色商店建筑的选址和危险源的避让提出要求。建筑场地与各类危险源的距离应满足相应危险源的安全防护距离等控制要求，对场地中的不利地段或潜在危险源应采取必要的避让、防止、防护或控制、治理等措施，对场地中存在的有毒有害物质应采取有效的治理与防护措施，进行无害化处理，确保符合各项安全标准。

场地的防洪设计符合现行国家标准《防洪标准》GB 50201 及《城市防洪工程设计规范》GB/T 50805 的规定，抗震防灾设计符合现行国家标准《城市抗震防灾规划标准》GB 50413 和《建筑抗震设计规范》GB 50011 的要求，土壤中氡浓度的控制应符合现行国家标准《民用建筑工程室内环境污染控制规范》GB 50325 的规定，电磁辐射符合现行国家标准《电磁环境控制限值》GB 8702 的规定。

本条的评价方法为：设计评价查阅地形图和工程地质勘察报告，审核应对措施的合理性及相关检测报告；运行评价在设计评价方法之外还应现场核实应对措施的落实情况及其有效性。

4.1.3 本条适用于设计、运行评价。

商店建筑多位于人员流动性强、人流量大的区域以及集中的住宅、办公区，商店建筑若对周边环境和建筑产生噪声、振动、废气、废热等不利影响，不利于周边区域进行正常的工作、生活及生产经营。若有污染源应积极采取相应的治理措施并达到无超标污染物排放的要求。

本条的评价方法：设计评价查阅环评报告，审核应对措施的合理性；运行评价在设计评价方法之外还应现场核实。

4.1.4 本条适用于设计、运行评价。

商店建筑选址应满足现行行业标准《商店建筑设计规范》JGJ 48 选址要求；对于新建商店建筑除应满足城市整体商业布局要求外，还应满足当地城市规划（城市总体规划和商业布局规划）的控制要求。

1 铁路、公路交通站点人员流动性强、流动量大的区域，布置商店建筑有利于商店建筑的后期运营及商业开发的成功。

2 人口集中居住区及大型企事业单位周边，人口密度大，服务距离短，方便顾客节省时间，缩短交通距离。

3 较为集中的商业、生活服务网点，这类地区自身固定的吸引较多人流，商店建筑的设置有利于提高区域服务的全面性和便捷性。

本条的评价方法为：设计评价审核规划设计文件；运行评价在设计评价方法

之外还应现场核实。

4.1.5 本条适用于设计、运行评价。

对于新建商店建筑，不应妨碍周边既有建筑继续满足有关日照标准的要求。

对于改造商店建筑分两种情况：周边建筑在商店建筑改造前满足日照标准的，应保证其在商店建筑改造后仍符合相关日照标准的要求；周边建筑在商店建筑改造前未满足日照标准的，在商店建筑改造后不可再降低其原有的日照水平。

本条的评价方法为：设计评价审核设计文件和日照模拟分析报告；运行评价在设计评价方法之外还应核实竣工图及其日照模拟分析报告，并现场核实。

4.1.6 本条适用于设计、运行评价。

场地与建筑及场地内外联系的无障碍设计是绿色建筑人性化的重要组成部分，是保障各类人群方便、安全出行的基本设施。而建筑场地内部与外部人行系统的连接是目前无障碍设施建设的薄弱环节，商店建筑作为公共场所，其无障碍设施建设应纳入城市无障碍系统，并符合现行国家标准《无障碍设计规范》GB 50763的要求。

本条的评价方法为：设计评价审核相关设计文件；运行评价在设计评价方法之外还应现场核实。

4.2 评 分 项

Ⅰ 土 地 利 用

4.2.1 本条适用于设计、运行评价。

在保证商店建筑基本功能及室外环境的前提下应按照所在地城乡规划的要求采用合理的容积率。就节地而言，对于容积率较低的建设项目，可以通过精心的场地设计，在创造更高的绿地率以及提供更多的开敞空间或公共空间等方面获得更好的评分；对于容积率较高的建设项目，在节地方面则更容易获得较高的评分。

带有局部商店功能的综合体类建筑，其容积率是指整体建筑的容积率。

本条的评价方法为：设计评价审核相关设计文件；运行评价在设计评价方法之外还应核实竣工图、计算书。

4.2.2 本条适用于设计、运行评价。

本条鼓励商店建筑项目优化建筑布局提供更多的绿化用地或绿化广场，创造更加宜人的公共空间；鼓励绿地或绿化广场设置休憩、娱乐等设施并定时向社会公众免费开放，以提供更多的公共活动空间。本标准中绿地率指商店建筑用地范围内各类绿地面积的总和占该商店建筑总用地面积的比率（％）。绿地包括商店建筑用地中各类用作绿化的用地。

最后需要指出的是，行业标准《城市绿地分类标准》CJJ/T 85—2002 第 1.0.1 条的条文说明中指出，城市绿地包含两个层次的内容：一是城市建设用地范围内用于绿化的土地；二是城市建设用地之外，对城市生态、景观和居民休闲生活具有积极作用、绿化环境较好的区域。本标准中要求的绿地向社会开放，取的即是其第二层次的意义，即广义的绿地。

本条的评价方法为：设计评价审核规划设计文件；运行评价在设计评价方法之外还应核实竣工图或现场核实。

4.2.3 本条适用于设计、运行评价。

商店建筑开放地下空间，可用作设备用房、仓储空间、停车场所等。但由于地下空间的利用受诸多因素制约，因此未利用地下空间的项目应提供相关说明，经论证场地区位和地质条件、建筑结构类型、建筑功能或性质确实不适宜开发地下空间的，本条不参评。

开发利用地下空间是城市节约集约用地的重要措施之一。地下空间的开发利用应与地上建筑及其他相关城市空间紧密结合、统一规划，但从雨水渗透及地下水补给，减少径流外排等生态环保要求出发，地下空间也应利用有度、科学合理。

本条的评价方法为：设计评价查阅相关设计文件、计算书；运行评价查阅相关竣工图、计算书，并现场核实。

Ⅱ 室外环境

4.2.4 本条适用于设计、运行评价。

建筑物光污染包括建筑反射光（眩光）、夜间的室外照明等造成的光污染。光污染产生的眩光会让人感到不舒服，还会使人降低对灯光信号等重要信息的辨识力，甚至带来交通安全隐患。

光污染控制对策包括合理的建筑设计（如朝向、幕墙的设计），降低建筑物表面（玻璃、涂料）的可见光反射比，合理选配照明器具，确定合理的投射角度，并采取防止溢散光措施等。

现行国家标准《玻璃幕墙光学性能》GB/T 18091 已把玻璃幕墙的光污染定义为有害光反射，并对玻璃幕墙的可见光反射比作了规定。本条与国家标准《绿色建筑评价标准》GB/T 50378，保持一致，对玻璃幕墙可见光反射比取为 0.2。

室外照明设计应满足现行行业标准《城市夜景照明设计规范》JGJ/T 163 关于光污染控制的相关要求。

本条的评价方法为：设计评价查阅相关设计文件、光污染分析专项报告及相关检测报告；运行评价在查阅设计评价所需文件外，还需查阅相关竣工图、相关检测报告，并现场核实。

4.2.5 本条适用于设计、运行评价。

冬季建筑物周围人行区距地 1.5m 高处风速 $v<5m/s$ 是不影响人们正常室外活动的基本要求。夏季、过渡季通风不畅在某些区域形成无风区和涡旋区，将影响室外散热和污染物消散。

利用计算流体动力学（CFD）等方法通过不同季节典型风向、风速的建筑外风环境分布情况并进行模拟评价，其中风向、来流风速均为对应季节内出现频率最高的风向和平均风速，可通过查阅建筑设计或暖通空调设计手册中所在城市的相关资料得到。

本条的评价方法为：设计评价查阅相关设计文件、风环境模拟计算报告；运行评价查阅相关竣工图、风环境模拟计算报告、现场测试报告。

Ⅲ 交通设施与公共服务

4.2.6 本条适用于设计、运行评价。

优先发展公共交通是缓解城市交通拥堵问题的重要措施，将商店建筑与公共交通设施站点建立便捷联系，可有效缓解交通压力。在商店建筑选址和场地规划中应重视建筑及场地与公共交通站点的有机联系，合理设置出入口并设置便捷的人行通道或通过建筑外平台、天桥、地下空间等通向公共交通站点。便捷的交通联系有利于各区域顾客在短时间内的汇集和疏散，同时能够满足供、销货渠道的畅通。

本条的评价方法为：设计评价查阅相关设计文件；运行评价查阅相关竣工图，并现场核实。

4.2.7 本条适用于设计、运行评价。

商店建筑鼓励使用自行车等绿色环保的交通工具，为绿色出行提供便利条件，设计安全方便、规模适度、布局合理，符合使用者出行习惯的自行车停车场所。在建筑运行阶段，要求为自行车停车设施提供必要的安全防护措施。而对于机动车停车，除符合所在地控制性详细规划要求外，还应合理利用地上或地下立体集约式（包括机械式停车楼）停车方式，节约土地，并科学管理、合理组织交通流线，不应对行人活动空间产生干扰。

本条的评价方法为：设计评价查阅相关设计文件；运行评价查阅相关竣工图，并现场核实。

4.2.8 本条适用于设计、运行评价。

绿色建筑兼容 2 种以上主要公共服务功能，是指主要服务功能在建筑内部混合布局，部分空间共享使用。兼容多种公共服务功能，有利于节约能源、保护环境。设施整合集中布局、协调互补，和社会共享可提高使用效率，节约用地和投资。商店建筑除具备商业服务功能以外，还应考虑兼容文化体育、金融邮电、社区服务、市政公用等其他公共服务功能。

本条的评价方法为：设计评价审核规划设计文件；运行评价在设计评价方法之外还应现场核实。

Ⅳ　场地设计与场地生态

4.2.9　本条适用于设计、运行评价。

建设项目应对场地可利用的自然资源进行勘查，充分利用原有地形地貌，尽量减少土石方工程量，减少开发建设过程对场地及周边环境生态系统的改变，包括原有水体和植被，特别是胸径在 15cm～40cm 的中龄期以上的乔木。在建设过程中确需改造场地内的地形、地貌、水体、植被等时，应在工程结束后及时采取生态复原措施，减少对原场地环境的改变和破坏。表层土含有丰富的有机质、矿物质和微量元素，适合植物和微生物的生长，场地表层土的保护和回收利用是土壤资源保护、维持生物多样性的重要方法之一。除此之外，根据场地实际状况，采取其他生态恢复或补偿措施，如对土壤进行生态处理，对污染水体进行净化和循环，对植被进行生态设计以恢复场地原有动植物生存环境等，也可作为得分依据。

本条的评价方法为：设计评价查阅相关设计文件、生态保护和补偿计划；运行评价查阅相关竣工图、生态保护和补偿报告，并现场核实。

4.2.10　本条适用于设计、运行评价。

绿色雨水基础设施有雨水花园、下凹式绿地、屋顶绿化、植被浅沟、雨水截流设施、渗透设施、雨水塘、雨水湿地、景观水体、多功能调蓄设施等。绿色雨水基础设施有别于传统的灰色雨水设施（雨水口、雨水管道等），能够以自然的方式控制城市雨水径流、减少城市洪涝灾害、控制径流污染、保护水环境。

应根据场地条件合理采用雨水控制和利用措施，编制场地雨水综合利用方案。

1　利用场地的河流、湖泊、水塘、湿地、低洼地作为雨水调蓄设施，或利用场地内设计景观（如景观绿地和景观水体）来调蓄雨水，可达到有限土地资源多功能开发的目标。能调蓄雨水的景观绿地包括下凹式绿地、雨水花园、树池、干塘等。

2　屋面雨水和道路雨水是建筑场地产生径流的重要源头，易被污染并形成污染源，故宜合理引导其进入地面生态设施进行调蓄、下渗和利用，并在雨水进入生态设施前后采取相应截污措施，保证雨水在滞蓄和排放过程中有良好的衔接关系，保障自然水体和景观水体的水质、水量安全。地面生态设施是指下凹式绿地、植草沟、树池等，即在地势较低的区域种植植物，通过植物截流、土壤过滤滞留处理小流量径流雨水，达到径流污染控制目的。需要注意的是，如仅将经物化净化处理后的雨水，再回用于绿化浇灌，不能认定为满足要求。

3 雨水下渗也是消减径流和径流污染的重要途径之一。商店建筑的广场、停车场和道路等多为硬质铺装，采用石材、砖、混凝土、砾石等为铺地材料，透水性能较差，雨水无法入渗，形成大量地面径流，增加城市排水系统的压力。透水铺装是指既能满足路用及铺地强度和耐久性要求，又能使雨水通过本身与铺装下基层相通的渗水路径直接渗入下部土壤的地面铺装。采用如透水沥青、透水混凝土、透水地砖等透水铺装系统，可以改善地面透水性能。当透水铺装下为地下室顶板时，若地下室顶板设有疏水板及导水管等可将渗透雨水导入与地下室顶板接壤的实土，或地下室顶板上覆土深度能满足当地绿化要求时，仍可认定其为透水铺装地面。评价时以场地中硬质铺装地面中透水铺装所占的面积比例为依据。

本条的评价方法为：设计评价审核地形图及场地规划设计文件、查阅场地雨水综合利用方案或雨水专项规划设计、施工图纸（含总图、景观设计图、室外给排水总平面图等）；运行评价在设计评价内容外还应现场核查设计要求的实施情况。

4.2.11 本条适用于设计、运行评价。

场地设计应合理评估和预测场地可能存在的水涝风险，对场地雨水实施减量控制，尽量使场地雨水就地消纳或利用，防止径流外排到其他区域形成水涝和污染。径流总量控制同时包括雨水的减排和利用，实施过程中减排和利用的比例需依据场地的实际情况，通过合理的技术经济比较，来确定最优方案。雨水设计应协同场地、景观设计，采用屋顶绿化、透水铺装等措施降低地表径流量，同时利用下凹式绿地、浅草沟、雨水花园加强雨水入渗、滞蓄、调节雨水外排量，也可根据项目的用水需求收集雨水回用，实现减少场地雨水外排的目标。

从区域角度看，雨水的过量收集会导致原有水体的萎缩或影响水系统的良性循环。要使硬化地面恢复到自然地貌的环境水平，最佳的雨水控制量应以雨水排放量接近自然地貌为标准，因此从经济性和维持区域性水环境的良性循环角度出发，径流的控制率也不宜过大而应有合适的量（除非具体项目有特殊的防洪排涝设计要求）。本条设定的年径流总量控制率上限值为85%，即指标值超过85%后得分为0。

设计时应根据年径流总量控制率对应的设计控制雨量来确定雨水管理设施规模和最终方案，有条件时，可通过相关雨水控制利用模型进行设计计算；也可采用简单计算方法，结合项目条件，用设计控制雨量乘以场地综合径流系数、总汇水面积来确定项目雨水设施总规模，再分别计算滞蓄、调蓄和收集回用等措施实现的控制容积，达到设计控制雨量对应的控制规模要求，即达标。

本条的评价方法为：设计评价查阅当地降雨统计资料、相关设计文件、设计控制雨量计算书；运行评价查阅当地降雨统计资料、相关竣工图、设计控制雨量计算书、场地年径流总量控制报告，并现场核实。

4.2.12 本条适用于设计、运行评价。

绿化是城市环境建设的重要内容。鼓励商店建筑进行屋顶绿化或墙面垂直绿化，既能增加绿化面积，提高绿化在二氧化碳固定方面的作用，缓解城市热岛效应；又可以改善屋顶和墙壁的保温隔热效果、辅助建筑节能。

屋顶绿化面积须达到25%以上，或单面垂直绿化墙体面积须达到15%，才能满足得分要求。

本条的评价方法为：设计评价审核景观设计文件及其植物配植报告；运行评价在设计评价方法之外还应进行现场核实。

5 节能与能源利用

5.1 控 制 项

5.1.1 本条适用于设计、运行评价。

本条对建筑热工、冷热源效率等提出节能要求。建筑围护结构的热工性能指标、供暖锅炉的额定热效率、空调系统的冷热源机组能效比等对建筑供暖和空调能耗都有很大的影响。国家、行业和各地方的建筑节能设计标准都对这些性能参数提出了明确的要求，有的地方标准甚至已经超过了国家标准要求，而且这些要求都是以强制性条文的形式出现的。因此，将本条文列为绿色商店建筑应满足的控制项。当地方标准要求低于国家标准、行业标准时，应按国家现行标准执行。

本条的评价方法为：设计评价查阅相关设计文件（含设计说明、施工图和计算书）；运行评价查阅相关竣工图，并现场核实。

5.1.2 本条适用于设计、运行评价。

商店的性质决定了它的外门开启频繁。在严寒和寒冷地区的冬季，外门的频繁开启造成室外冷空气大量进入室内，导致采暖能耗增加和室内热环境的恶化。设置门斗、前室或采用其他减少冷风渗透的措施可以避免冷风直接进入室内，在节能的同时，提高建筑的热舒适性。除了严寒和寒冷地区外，其他气候区也存在着相类似的现象，因此也应该采取设置风幕保温隔热措施。

本条的评价方法为：设计评价查阅建筑及相关专业设计文件和图纸；运行评价在设计评价方法之外还应现场核实。

5.1.3　本条适用于设计、运行评价。

合理利用能源、提高能源利用率、节约能源是我国的基本国策。高品位的电能直接用于转换为低品位的热能进行供暖或空调，热效率低，运行费用高，应严格限制这种"高质低用"的能源转换利用方式。考虑到一些特殊的建筑，符合下列条件之一，不在本条的限制范围内：

1）采用太阳能供热的建筑，夜间利用低谷电进行蓄热补充，且蓄热式电锅炉不在日间用电高峰和平段时间启用，这种做法有利于减小昼夜峰谷，平衡能源利用；

2）以供冷为主、供暖负荷非常小，且无法利用热泵或其他方式提供供暖热源的建筑，当冬季电力供应充足、夜间可利用低谷电进行蓄热且电锅炉不在用电高峰和平段时间启用时；

3）无城市或区域集中供热，且采用燃气、煤、油等燃料受到环保或消防严格限制的建筑；

4）利用可再生能源发电，且其发电量能够满足直接电热用量需求的建筑。

本条的评价方法为：设计评价查阅相关设计文件；运行评价查阅相关竣工图，并现场核实。

5.1.4　本条适用于设计、运行评价。

商店建筑能源消耗情况较复杂，主要包括空调系统、照明系统、其他动力系统等。当未分项计量时，不利于掌握建筑各类系统设备的能耗分布，难以发现能耗不合理之处。为此，要求采用集中冷热源的商店建筑，在系统设计（或既有建筑改造设计）时应考虑，使建筑内各能耗环节如冷热源、输配系统（包括冷热水循环泵、冷却水循环泵、冷却塔等设备）、照明和热水能耗等都能实现独立分项计量，有助于分析建筑各项能耗水平和能耗结构是否合理，发现问题并提出改进措施，从而有效地实施建筑节能。

本条的评价方法为：设计评价查阅电气及相关专业设计图纸和文件；运行评价在设计评价方法之外还应现场核实，并查阅分项计量记录。

5.1.5　本条适用于设计、运行评价。

现行国家标准《建筑照明设计标准》GB 50034 中将一般照明的照明功率密度（LPD）作为照明节能的评价指标，其现行值指标在标准中列为强制性条文，必须严格执行。在满足照明工程设计要求的前提下，灯具效率（效能）越高意味着光的利用率越高，因而越有利于节能。

本条的评价方法为：设计评价查阅电气专业设计图纸和文件，查阅灯具产品的检验报告；运行评价在设计评价方法之外还应审查竣工验收资料，进行现场检测，对主要产品进行抽样检验。

5.1.6　本条适用于设计、运行评价。

表 1　商店建筑照明功率密度限值

房间或场所	照度标准值（lx）	照明功率密度限制（W/m²）	
		现行值	目标值
一般商店营业厅	300	10.0	9.0
高档商店营业厅	500	16.0	14.5
一般超市营业厅	300	11.0	10.0
高档超市营业厅	500	17.0	15.5
专卖店营业厅	300	11.0	10.0
仓储超市	300	11.0	10.0

注：1　一般商店营业厅、高档商店营业厅、专卖店营业厅需要装设重点照明时，该营业厅的照明功率密度限值应增加 $5W/m^2$；

　　2　当房间或场所的室形指数值等于或小于 1 时，其照明功率密度限值应增加，但增加值不应超过限值的 20%；

　　3　设装饰性灯具场所，可将实际采用的装饰性灯具总功率的 50% 计入照明功率密度值的计算。

提高功率因数能够减少无功电流值，从而降低线路能耗和电压损失。该条是现行国家标准《建筑照明设计标准》GB 50034 中规定的最低要求。对供电系统功率因数有更高要求时，宜在配电系统中设置集中补偿装置进行补充。

本条的评价方法为：设计评价查阅电气专业设计图纸和文件，查阅主要产品型式检验报告；运行评价在设计评价方法之外还应审查竣工验收资料，对主要产品进行现场抽样检验。

5.1.7　本条适用于设计、运行评价。

高压汞灯、自镇流荧光高压汞灯和白炽灯光效低，不利于节能。同时国家出台了淘汰白炽灯路线图：

第一阶段：2011 年 11 月 1 日至 2012 年 9 月 30 日为过渡期。

第二阶段：2012 年 10 月 1 日起，禁止进口和销售 100W 及以上普通照明白炽灯。

第三阶段：2014 年 10 月 1 日起，禁止进口和销售 60W 及以上普通照明白炽灯。

第四阶段：2015 年 10 月 1 日至 2016 年 9 月 30 日为中期评估期，对前期政策进行评估，调整后续政策。

第五阶段：2016 年 10 月 1 日起，禁止进口和销售 15W 及以上普通照明白炽灯，或视中期评估结果进行调整。

因此商店照明不得使用白炽灯。另外，高压汞灯和自镇流荧光高压汞灯含汞，易对环境造成污染，不符合环保的原则，属于需要淘汰的产品，不应在室内外照明中使用。

到目前为止，我国已正式发布的照明产品能效标准已有 9 项，如表 2 所示。为推进照明节能，设计中应选用符合这些标准能效等级 2 级的产品。

表 2 我国已制定的照明及电气产品能效标准

序号	标准编号	标准名称
1	GB 17896	管形荧光灯镇流器能效限定值及能效等级
2	GB 19043	普通照明用双端荧光灯能效限定值及能效等级
3	GB 19044	普通照明用自镇流荧光灯能效限定值及能效等级
4	GB 19415	单端荧光灯能效限定值及节能评价值
5	GB 19573	高压钠灯能效限定值及能效等级
6	GB 19574	高压钠灯用镇流器能效限定值及节能评价值
7	GB 20053	金属卤化物灯用镇流器能效限定值及能效等级
8	GB 20054	金属卤化物灯能效限定值及能效等级
9	GB 20052	三相配电变压器能效限定值及能效等级

本条的评价方法为：设计评价查阅主要产品型式检验报告；运行评价进行现场核实，对主要产品进行抽样检验。

5.1.8 本条适用于设计、运行评价。

住房城乡建设部发布了《城市照明管理规定》、《"十二五"城市绿色照明规划纲要》等有关城市照明的文件，对夜景照明的规划、设计、运行和管理提出了严格要求。其中，对景观照明实行统一管理，采取实现照明分级，限制开关灯时间等措施对于节能有着显著的效果，也符合住房城乡建设部相关文件和标准规范的要求。国内大中城市普遍采用平时、一般节日、重大节日三级照明控制方式，商店建筑的夜景照明设计和运行也应符合该规定。

本条的评价方法为：设计评价查阅电气专业设计图纸和文件；运行评价在设计评价方法之外还应审查竣工验收资料，并进行现场核实。

5.2 评 分 项

I 建筑与围护结构

5.2.1 本条适用于设计、运行评价。

建筑体形、朝向等的布置都对通风、日照和采光有明显的影响，也间接影响建筑的供暖和空调能耗以及建筑的室内环境的舒适度，应该给予足够的重视。然而，这方面的优化又很难通过定量的指标加以描述，所以在评审过程中，应通过检查在设计过程中是否进行过设计优化，优化内容是否涉及体形、朝向等对通风、日照和采光等的影响来判断能否得分。

本条的评价方法为：设计评价查阅相关设计文件，进行优化设计的尚需查阅优化设计报告；运行评价查阅相关竣工图，并现场核实。

5.2.2 本条适用于设计、运行评价。

为了保证建筑的节能，抵御夏季和冬季室外空气过多地向室内渗透，减少由于室内室外间空气渗透所造成的空调建筑室内冷热量的散失或损耗，对外窗和幕墙的气密性能有较高的要求。

本条的评价方法为：设计评价查阅建筑施工图设计说明；运行评价在设计评价方法之外还应查阅建筑竣工图设计说明、外窗产品气密性检验报告、建设监理单位提供的检验记录。

5.2.3 本条适用于设计、运行评价。

本条提出的热工性能指标包括屋面传热系数、外墙与外挑或架空楼板传热系数、地面和地下室外墙保温材料热阻、外窗与透明玻璃幕墙传热系数、外窗遮阳系数、屋顶透明部分传热系数等。建筑围护结构的热工性能指标对建筑冬季连续供暖和夏季连续空调的负荷有很大的影响，国家和各地方的建筑节能设计标准都对围护结构的热工性能提出明确的要求，有的地方标准甚至已经超过了国家标准要求。但是，在技术经济分析合理的前提下，围护结构热工性能也有可能进一步优于节能设计标准提出的要求，因此将本条文列为绿色商店建筑的评分项予以鼓励。

对于第 1 款，要求在国家和行业有关建筑节能设计标准中外墙、屋顶、外窗、幕墙等围护结构主要部位的传热系数 K 和遮阳系数 SC 的基础上进一步提升。特别地，不同窗墙比情况下，节能标准对于透明围护结构的传热系数和遮阳系数数值要求时不一样的，需要在此基础上具体分析针对性地改善。具体说，要求围护结构的传热系数 K 和遮阳系数 SC 比标准要求的数值均降低 5%得 3 分，均降低 10%得 5 分。对于夏热冬暖地区，应重点比较透明围护结构遮阳系数的提升，围护结构的传热系数不做进一步降低的要求。对于严寒地区，应重点比较不透明围护结构的传热系数的提升，遮阳系数不做进一步降低的要求。对其他情况，要求同时比较传热系数和遮阳系数。有的地方建筑节能设计标准规定的建筑围护结构的热工性能已经比国家或行业标准规定值有明显提升，按此设计的建筑在进行第 1 款的判定时有利于得分。

对于温和地区或者室内发热量大的商店建筑（人员、设备和灯光等室内发热量累计超过50W/m²），由于围护结构性能的继续降低不一定最有利于运行能耗的降低，宜按照第2款进行评价。

本条第2款的判定较为复杂，需要经过模拟计算，即需根据供暖空调全年计算负荷降低幅度分档评分，其中参考商店建筑的设定应该符合国家、行业建筑节能设计标准的规定。计算不仅要考虑建筑本身，而且还应与供暖空调系统的类型以及设计的运行状态综合考虑，当然也要考虑建筑所处的气候区。应该做如下的比较计算：其他条件不变（包括建筑的外形、内部的功能分区、气象参数、建筑的室内供暖空调设计参数、空调供暖系统形式和设计的运行模式（人员、灯光、设备等）、系统设备的参数取同样的设计值），第一个算例取国家或行业建筑节能设计标准规定的建筑围护结构的热工性能参数，第二个算例取实际设计的建筑围护结构的热工性能参数，然后比较两者的负荷差异。

本条的评价方法为：设计评价查阅相关设计文件、专项计算分析报告；运行评价查阅相关竣工图，并现场核实。

5.2.4　本条适用于设计、运行评价。

在严寒、寒冷地区玻璃幕墙的保温性能比外墙差很多，因此宜通过限定玻璃幕墙的传热系数来达到提高保温性能的目的。同时在严寒、寒冷地区的非幕墙商店建筑，由于外窗传热形成的热负荷也在建筑整体负荷当中占到较大比例，所以应鼓励选用热工性能较高的建筑外窗。在夏热冬冷、夏热冬暖地区玻璃幕墙的太阳辐射得热在夏季增大了建筑空调负荷，采取适当遮阳措施，是降低建筑空调能耗的有效途径。

本条的评价方法为：设计评价查阅建筑施工图设计说明、节能计算书等相关设计文件；运行评价在设计评价方法之外还应现场核实。

5.2.5　本条适用于设计、运行评价。若商店建筑无中庭，本条不参评。

采光顶作为一种特殊的采光天窗，在白天可以充分引入室外的天然光，降低室内的照明能耗，另外采光顶导致更多的太阳辐射热进入室内，增加夏季的空调负荷。设置采光顶遮阳设施及通风窗，对温室效应及烟囱效应加以综合考虑。

本条的评价方法为：设计评价查阅建筑施工图设计说明；运行评价在设计评价方法之外还应现场核实。

Ⅱ　供暖、通风与空调

5.2.6　本条适用于设计、运行评价。对市政热源，不对其热源机组能效进行评价。

国家标准《公共建筑节能设计标准》GB 50189—2005强制性条文第5.4.3、

5.4.5、5.4.8、5.4.9 条，分别对锅炉额定热效率、电机驱动压缩机的蒸气压缩循环冷水（热泵）机组的性能系数（COP）、名义制冷量大于 7100W、采用电机驱动压缩机的单元式空气调节机、风管送风式和屋顶式空气调节机组的能效比（EER）、蒸汽、热水型溴化锂吸收式冷水机组及直燃型溴化锂吸收式冷（温）水机组的性能参数提出了基本要求。本条在此基础上，并结合《公共建筑节能设计标准》GB 50189—2005 的最新修订情况，以比其强制性条文规定值提高百分比（锅炉热效率则以百分点）的形式，对包括上述机组在内的供暖空调冷热源机组能源效率（补充了多联式空调（热泵）机组等）提出了更高要求。对于国家标准《公共建筑节能设计标准》GB 50189—2005 中未予规定的情况，例如专业店、专卖店等中、小型商店中采用分体空调器等其他设备作为供暖空调冷热源（含热水炉同时作为供暖和生活热水热源的情况），可按《房间空气调节器能效限定值及能效等级》GB 12021.3、《转速可控型房间空气调节器能效限定值及能效等级》GB 21455 等现行国家标准中的节能评价值作为判定本条是否达标的依据。

本条的评价方法为：设计评价查阅相关设计文件；运行评价查阅相关竣工图、主要产品型式检验报告，并现场核实。

5.2.7 本条适用于设计、运行评价。

1）供暖系统热水循环泵耗电输热比满足现行国家标准《公共建筑节能设计标准》GB 50189 的要求。

2）空调冷热水系统循环水泵的耗电输冷（热）比需要比现行国家标准《民用建筑供暖通风与空气调节设计规范》GB 50736 的要求低 20% 以上。耗电输冷（热）比反映了空调水系统中循环水泵的耗电与建筑冷热负荷的关系，对此值进行限制是为了保证水泵的选择在合理的范围，降低水泵能耗。

3）通风空调系统风机的单位风量耗功率需要比现行国家标准《公共建筑节能设计标准》GB 50189 的要求低 20% 以上。

本条的评价方法为：设计评价查阅相关设计文件；运行评价查阅相关竣工图、主要产品型式检验报告，并现场核实。

5.2.8 本条适用于设计、运行评价。

本条主要考虑供暖、通风与空调系统的节能贡献率。采用以建筑供暖、通风与空调系统节能率 φ 为评价指标，被评建筑的参照建筑供暖、通风与空调系统与实际设计建筑供暖、通风与空调系统所对应的围护结构要求应与第 5.2.3 条优化后实际实施要求一致。暖通空调系统节能计算措施包括合理选择系统形式，提高设备与系统效率，优化系统控制策略等。以建筑供暖空调系统节能率 φ 为评价指标，按下式计算：

$$\varphi_{HVAC}=\left(1-\frac{Q_{HVAC}}{Q_{HVAC.\,ref}}\right)\times100\%$$

（1）

式中：Q_{HVAC}——为被评建筑实际空调供暖系统全年能耗（GJ）；

　　　　$Q_{HVAC.\,ref}$——为被评建筑参照空调供暖系统全年能耗（GJ）。

本条的评价方法为：设计评价查阅相关设计文件、专项计算分析报告；运行评价查阅相关竣工图、主要产品型式检验报告、专项计算分析报告，并现场核实。

5.2.9 本条适用于设计、运行评价。

空调系统设计时不仅要考虑到设计工况，而且应考虑全年运行模式。在过渡季，空调系统采用全新风或增大新风比运行，都可以有效地改善空调区内空气的品质，大量节省空气处理所需消耗的能量，应该大力推广应用。但要实现全新风运行，设计时应认真考虑新风取风口和新风管所需的截面积，妥善安排好排风出路，并应确保室内合理的正压值。

本条的评价方法为：设计评价查阅相关设计文件；运行评价查阅相关竣工图、运行记录，并现场核实。

5.2.10 本条适用于设计、运行评价。

多数空调系统都是按照最不利情况（满负荷）进行系统设计和设备选型的，而建筑在绝大部分时间内是处于部分负荷状况的，或者同一时间仅有一部分空间处于使用状态。针对部分负荷、部分空间使用条件的情况，如何采取有效的措施以节约能源，显得至关重要。系统设计中应考虑合理的系统分区、水泵变频、变风量、变水量等节能措施，保证在建筑物处于部分冷热负荷时和仅部分建筑使用时，能根据实际需要提供恰当的能源供给，同时不降低能源转换效率，并能够指导系统在实际运行中实现节能高效运行。

本条第 1 款主要针对系统划分及其末端控制，空调方式采用分体空调以及多联机的，可认定为满足（但前提是其供暖系统也满足本款要求，或没有供暖系统）。本条第 2 款主要针对系统冷热源，如热源为市政热源可不予考察（但小区锅炉房等仍应考察）；本条第 3 款主要针对系统输配系统，包括供暖、空调、通风等系统，如冷热源和末端一体化而不存在输配系统的，可认定为满足。

本条的评价方法为：设计评价查阅相关设计文件；运行评价查阅相关竣工图、运行记录，并现场核实。

Ⅲ　照明与电气

5.2.11 本条适用于设计、运行评价。

现行国家标准《建筑照明设计标准》GB 50034 规定了各类房间或场所的照

明功率密度值，分为"现行值"和"目标值"，其中"现行值"是新建建筑应满足的最低要求，"目标值"要求更高，是努力的方向，绿色建筑应提高相应指标，因此本标准中以目标值作为绿色建筑的技术要求。

本条的评价方法为：设计评价查阅电气专业设计图纸和文件；运行评价在设计评价方法之外还应进行现场检验。

5.2.12 本条适用于设计、运行评价。

同第5.1.7条条文说明。

本条的评价方法为：设计评价查阅主要产品型式检验报告；运行评价进行现场核实，对主要产品进行抽样检验。

5.2.13 本条适用于设计、运行评价。

在建筑的实际运行过程中，照明的分区控制、定时控制、自动感应、照度调节等措施对降低照明能耗作用很明显。因此，本条作为绿色商店建筑的评分项。

照明分区需满足自然光利用、功能和作息差异的要求。公共活动区域应全部采取定时、感应等节能控制措施。

本条的评价方法为：设计评价查阅电气专业的设计图纸和计算文件；运行评价在设计评价方法之外还应查阅系统竣工图纸、主要产品型式检验报告、运行记录、第三方检测报告等，并现场检查。

5.2.14 本条适用于设计、运行评价。

半导体照明（LED）是未来发展的方向，具有启动快、寿命长、高节能等优点。相对于传统照明，其另外一大特点是其易于调节和易于控制。人体感应式自动调光控制主要是为了避免长明灯，区域内若无检测到的目标物，光源只输出一定的百分比光通（如10%或30%等），实现部分空间和部分时间的照明方式，进一步实现节能效果。

本条的评价方法为：设计评价查阅电气专业设计图纸和文件；运行评价在设计评价方法之外还应查阅系统竣工图纸、主要产品型式检验报告、运行记录、第三方检测报告等，并现场检查。

5.2.15 本条适用于设计、运行评价。对于仅设有一台电梯的建筑，本条中的节能控制措施部分不参评。

电梯等动力用电形成了一定比例的能耗，目前出现了包括变频调速拖动、能量再生回馈等在内的多种节能技术措施。因此，本条作为绿色商店建筑的评分项。

本条的评价方法为：设计评价查阅相关设计文件、人流平衡计算分析报告；运行评价查阅相关竣工图，并现场核实。

5.2.16 本条适用于设计、运行评价。

商店电气照明等按租户或使用单位的区域来设置电能表不仅有利于管理和收费，用户也能及时了解和分析电气照明耗电情况，加强管理，提高节能意识和节能的积极性，自觉采用节能灯具和设备。

本条的评价方法为：设计评价查阅电气专业的设计图纸；运行评价在设计评价方法之外还应查阅系统竣工图纸、主要产品型式检验报告、运行记录等，并现场检查。

5.2.17　本条适用于设计、运行评价。

现行行业标准《城市夜景照明设计规范》JGJ/T 163 规定了室外广告与标识照明的平均亮度最大允许值，目的是限制由于亮度太高带来的能耗浪费。

本条的评价方法为：设计评价查阅电气专业设计图纸和文件；运行评价在设计评价方法之外还应进行查阅第三方工程检测报告，并现场检查。

5.2.18　本条适用于设计、运行评价。

2010 年，国家发改委发布《电力需求侧管理办法》（发改运行〔2010〕2643号）。虽然其实施主体是电网企业，但也需要建筑业主、用户等方面的积极参与。除按国家规定对建筑物供配电系统合理采取动态无功补偿装置和措施，尚应按现行行业标准《民用建筑绿色设计规范》JGJ/T 229 的规定，有针对性地采取经济有效的谐波抑制和治理措施。

本条的评价方法为：设计评价查阅电气专业的设计图纸和计算文件；运行评价在设计评价方法之外还应查阅系统竣工图纸、主要产品型式检验报告、运行记录、第三方检测报告等，并现场检查。

Ⅳ　能量综合利用

5.2.19　本条适用于设计、运行评价；如若新风与排风的温度差不超过 15℃，无空调、供暖或新风系统的建筑，或其他情况下能量投入产出收益不合理，可不设置排风热回收系统（装置），本条不参评。

参评建筑的排风能量回收应满足：采用集中空调系统的建筑，利用排风对新风进行预热（预冷）处理，降低新风负荷，且排风热回收装置（全热和显热）的额定热回收效率不低于 60%（《公共建筑节能设计标准》GB 50189）。

本条的评价方法为：设计评价查阅相关设计文件、计算分析报告；运行评价查阅相关竣工图、主要产品型式检验报告、运行记录、计算分析报告，并现场核实。

5.2.20　本条适用于设计、运行评价。

在冬季，大型商店的内区由于发热量较大仍然需要供冷，而外区因为围护结构传热量大则需要供热。消耗少量电能采用水环热泵空调，将内区多余热量转移至建筑外区，分别同时满足外区供热和内区供冷的空调需要比同时运行空调热源和冷源两套系统更节能。但是需要注意冷热负荷的匹配，当水环热泵空调系统的供冷和供热能力不匹配建筑物的冷热负荷时，应设置其他冷热源给予补充。

当商店内区较大，且冬季内区有稳定和足够的余热量，通过技术经济比较合理时，宜采用水环热泵空调系统。当商店或本建筑内部其他区域同时还有生活热水要求的，宜采用热回收型冷水机组。

本条的评价方法为：设计评价查阅暖通空调及其他专业的相关设计文件和专项计算分析报告；运行评价在设计评价方法之外还应查阅系统竣工图纸、主要产品型式检验报告、运行记录、第三方检测报告、专项计算分析报告等，并现场检查。

5.2.21 本条适用于设计、运行评价。

由于不同种类可再生能源的度量方法、品位和价格都不同，本条分三类进行评价。如有多种用途可同时得分，但本条累计得分不超过9分。

为了简化设计评价，本条第1类可以采用可再生能源提供的生活热水量的户数比例或水量比例作为评价指标；第2类可以采用设计负荷或年计算负荷比例作为评价指标；第3类可以采用装机功率与设计功率之比作为评价指标。

在运行阶段的评价，对于上述各款的评价，应扣除常规辅助能源系统以及水泵风机系统能耗之后的可再生能源净贡献率。

本条的评价方法为：设计评价查阅相关设计文件、计算分析报告；运行评价查阅相关竣工图、计算分析报告，并现场核实。

6 节水与水资源利用

6.1 控 制 项

6.1.1 本条适用于设计、运行评价。

"水资源利用方案"是指在方案、规划设计阶段，在设计范围内，结合城市总体规划，在适宜于当地环境与资源条件的前提下，将供水、污水、雨水等统筹安排，以达到高效、低耗、节水、减排目的的专项设计文件。包括建筑节水、污水回用、雨洪管理与雨水利用等。

水资源综合利用方案包含以下主要内容：

1 当地政府规定的节水要求、地区水资源状况、气象资料、地质条件及市政设施情况等。

2　项目概况。当项目内包含除商店建筑以外的建筑类型，如住宅、办公建筑、旅馆等时，可统筹考虑项目内水资源的各种情况，确定综合利用方案。

3　确定节水用水定额、编制用水量计算（水量计算表）及水量平衡表。

4　给排水系统设计方案介绍。

5　采用的节水器具、设备和系统的相关说明。

6　非传统水源利用方案。对雨水、再生水及海水等水资源利用的技术经济可行性进行分析和研究，进行水量平衡计算，确定雨水、再生水及海水等水资源的利用方法、规模、处理工艺流程等。在城市市政再生水管道覆盖范围内的项目应使用市政再生水，优先用于冲厕、空调冷却、绿化等用途。

7　景观水体补水严禁采用市政供水和自备地下水井供水（室内小型喷泉类水景除外），可以采用地表水和非传统水源，取用建筑场地外的地表水时，应事先取得当地政府主管部门的许可；采用雨水和建筑中水作为水源时，水景规模应根据设计可收集利用的雨水或中水水量平衡来确定。

本条的评价方法为：设计评价查阅"水资源利用方案"，包括项目水资源利用的可行性分析报告、水量平衡分析、设计说明书、施工图、计算书等，对照水资源利用方案核查设计文件（施工图、设计说明、计算书等）的落实情况；运行评价查阅设计说明书、竣工图、产品说明等证明材料，并现场核查设计文件的落实情况、查阅运行数据报告等。

6.1.2　本条适用于设计、运行评价。

合理、完善、安全的给排水系统应符合下列要求：

1　给排水系统的设计应符合国家现行标准的有关规定，如《建筑给水排水设计规范》GB 50015、《城镇给水排水技术规范》GB 50788、《民用建筑节水设计标准》GB 50555、《建筑中水设计规范》GB 50336、《商店建筑设计规范》JGJ 48等。

2　给水水压稳定、可靠。自来水给水系统应保证以足够的水量和水压向所有用户不间断地供应符合现行国家标准《生活饮用水卫生标准》GB 5749 要求的用水；非传统水源供水系统也应向所有用户提供符合现行国家标准《城市污水再生利用　城市杂用水水质》GB/T 18920 要求的用水；二次加压系统应选用节能高效的设备；给水系统分区合理，每区供水压力不大于 0.45MPa；合理采取减压限流的节水措施。

3　根据用水要求的不同，除自来水以外的生活给水系统的给水水质应达到国家、行业或地方标准规定的要求。非传统水源水质应符合现行国家标准《城市污水再生利用　城市杂用水水质标准》GB/T 18920 和《城市污水再生利用　景观环境用水水质》GB/T 18921 的有关规定。当非传统水源同时用于多种用途时，其水质标准应按最高标准确定。使用非传统水源时，还应采取用水安全保障措施，且不得对人体健康与周围环境产生不良影响。

4 管材、管道附件及设备等供水设施的选取和运行不应对供水造成二次污染。各类不同水质要求的给水管线应有明显的管道标识。有直饮水供应时，直饮水应采用独立的循环管网供水，并设置水量、水压、水质、设备故障等安全报警装置。使用非传统水源时，应保证非传统水源的使用安全，设置防止误接、误用、误饮的措施。

5 设置完善的污水收集、处理和排放等设施。在有餐饮设施的场合，餐饮含油洗涤废水应采取有效的除油处理设备，推荐采用各排水末端隔油和总排水口隔油二级处理系统。技术经济分析合理时，可考虑污废水的回收再利用，自行设置完善的污水收集和处理设施。污水处理率和达标排放率应达到100%。

6 为避免室内重要物资和设备受潮引起的损失，应采取有效措施避免管道、阀门和设备的漏水、渗水或结露。

7 应根据当地气候、地形、地貌等特点合理规划雨水入渗、排放或利用，保证排水渠道畅通，减少雨水受污染的几率以及尽可能的合理利用雨水资源。

商店建筑绝大多数为多层建筑或位于高层建筑的下部，供水系统所需水压值较小，利用市政管网水压可获得较高的节能效益，所以，本标准将"给水系统应充分利用城市自来水管网压力"作为"给排水系统设置合理、完善、安全"的补充要求。如出现不合理设置二次增压泵等供水系统情况，则应视为不达标。

本条的评价方法为：设计评价查阅给排水专业设计文件；运行评价查阅给排水专业竣工文件、其他证明文件，并现场检查给排水系统运行情况。

6.1.3 本条适用于设计、运行评价。

本着"节流为先"的原则，绿色建筑的用水器具应选用中华人民共和国国家经济贸易委员会2001年第5号公告和2003年第12号公告《当前国家鼓励发展的节水设备（产品）》目录中公布的设备、器材和器具。根据用水场合的不同，合理选用节水水龙头、节水便器、节水淋浴装置等。

商店建筑内的用水场所主要包括公用卫生间及餐饮等，其中公共卫生间的卫生设备均应采用节水型用水器具。对于土建工程与装修工程不能一体化同时设计，导致设计评价无法确定卫生器具选型的项目，申报方应提供确保业主采用节水器具的措施、方案或约定。

本条的评价方法为：设计评价查阅设计图纸、产品说明文件；运行评价查阅竣工文件、其他证明文件，并现场检查。

6.2 评 分 项

Ⅰ 节 水 系 统

6.2.1 本条适用于设计、运行评价。

管网漏失水量包括：阀门故障漏水量、室内卫生器具漏水量、水池、水箱溢流漏水量、设备漏水量和管网漏水量。为避免漏损，可采取以下措施：

1 给水系统中使用的管材、管件，应符合现行产品行业标准的要求。

2 选用性能高的阀门、零泄漏阀门等。

3 合理设计供水压力，避免供水压力持续高压或压力骤变。

4 做好室外管道基础处理和覆土，控制管道埋深，加强管道工程施工监督，把好施工质量关。

5 水池、水箱溢流报警和进水阀门自动联动关闭。

6 设计评价，根据水平衡测试的要求安装分级计量水表，分级计量水表安装率达100%。具体要求为下级水表的设置应覆盖上一级水表的所有出流量，不得出现无计量支路。

7 运行阶段，物业管理方应按水平衡测试要求进行运营管理，申报方应提供用水量计量和漏损检测情况的报告，也可委托第三方进行水平衡测试，报告包括分级水表设置示意图、用水计量实测记录、管道漏损率计算和原因分析，并提供采取整改措施的落实情况报告。

本条的评价方法为：设计评价查阅有关防止管网漏损措施的设计图纸（含分级水表设置示意图）、设计说明等；运行评价查阅竣工图纸（含分级水表设置示意图）、设计说明、用水量计量和漏损检测及整改情况的报告，并现场核查。

6.2.2 本条适用于设计、运行评价。

用水器具流出水头是保证给水配件流出的额定流量，在阀前所需的最小水压。阀前压力大于流出水头，用水器具在单位时间内的出水量超过额定流量的现象，称超压出流。该流量与额定流量的差值，为超压出流量。超压出流不但会破坏给水系统中水量的正常分配，对用水工况产生不良的影响，同时因超压出流量未产生使用效益，为无效用水量，即浪费的水量。因它在使用过程中流失，不易被人们察觉和认识，属于"隐形"水量浪费，应引起足够的重视。给水系统设计时应采取措施控制超压出流现象。

商店建筑多数为多层建筑或者位于高层建筑的下部，如果建筑给水系统分区不合理，这些部位受影响严重，也就是"隐形"水量浪费严重，因此，商业建筑适当地采取末端减压措施很有必要。在满足用水器具所需最小水压的前提下，除便器冲洗阀外，其他类型的用水器具末端用水点前水压均不宜大于 0.2MPa。

本条的评价方法为：设计评价查阅设计图纸、设计说明、计算书（含各层用水点用水压力计算表）；运行评价查阅竣工图纸、设计说明书、产品说明、水压检测报告，并进行现场核查。

6.2.3 本条适用于设计、运行评价。

其他应单独计量的系统主要指洗浴休闲用水等的单独计量和收费。在土建工程与装修工程不能一体化同时设计的情况下，给排水设计应尽可能地考虑其他应单独计量系统的接管、水表安装及读数方便等因素。

本条的评价方法为：设计评价查阅设计图纸（含水表设置示意图）、设计说明书；运行评价查阅竣工图纸、各类用水的计量记录及统计报告等，并现场核查水表设置和使用情况。

Ⅱ　节水器具与设备

6.2.4 本条适用于设计、运行评价。

卫生器具除要求选用节水器具外，绿色商店建筑还鼓励选用更高节水性能的节水器具。目前我国已对部分用水器具的用水效率制定了相关标准，如：《水嘴用水效率限定值及用水效率等级》GB 25501－2010、《坐便器用水效率限定值及用水效率等级》GB 25502－2010、《小便器用水效率限定值及用水效率等级》GB 28377－2012、《便器冲洗阀用水效率限定值及用水效率等级》GB 28379－2012，今后还将陆续出台其他用水器具效率的标准。

在设计文件中要注明对卫生器具的节水要求和相应的参数或标准。当存在不同用水效率等级的卫生器具时，按满足最低等级的要求得分。

卫生器具有用水效率相关标准的应全部采用，方可认定达标，没有的可暂时不参评。今后当其他用水器具出台了相应标准时，按同样的原则进行要求。

对土建装修一体化设计的项目，在施工图设计中应对节水器具的选用作出要求；对非一体化设计的项目，申报方应提供确保业主采用节水器具的措施、方案或约定。

本条的评价方法为：设计评价查阅设计文件、产品说明书（含相关节水器具的性能参数要求）；运行评价查阅竣工文件、产品说明书、产品节水性能检测报告，并现场核查。

6.2.5 本条适用于设计、运行评价。

绿化灌溉应采用喷灌、微灌、渗灌、低压管灌等节水灌溉方式，同时还可采用湿度传感器或根据气候变化的调节控制器。目前普遍采用的绿化节水灌溉方式是喷灌，其比地面漫灌要省水 30%～50%。采用再生水灌溉时，因水中微生物在空气中极易传播，应避免采用喷灌方式。微灌包括滴灌、微喷灌、涌流灌和地下渗灌，比地面漫灌省水 50%～70%，比喷灌省水 15%～20%。其中微喷灌射程较近，一般在 5m 以内，喷水量为 200L/h～400L/h。

无需永久灌溉植物是指适应当地气候，仅依靠自然降雨即可维持良好的生长状态的植物，或在干旱时体内水分丧失，全株呈风干状态而不死亡的植物。无需永久灌溉植物仅在生根时需进行人工灌溉，因而不需设置永久的灌溉系统，但临时灌溉系统应在安装后一年之内移走。对于全部采用无需永久灌溉植物的，本条可得 10 分。

本条的评价方法为：设计评价查阅灌溉系统设计文件（含相关节水灌溉产品的设备材料表）、绿化设计图纸（含苗木表、当地植物名录等）、节水灌溉产品说明书；运行评价查阅竣工文件、产品说明，并进行现场核查节水灌溉设施的使用情况。

6.2.6 本条适用于设计、运行评价。

公共建筑集中空调系统的冷却水补水量占据建筑物用水量的 30%～50%，减少冷却水系统不必要的耗水对整个建筑物的节水意义重大。

1 开式循环冷却水系统受气候、环境的影响，冷却水水质比闭式系统差，改善冷却水系统水质可以保护制冷机组和提高换热效率。应设置水处理装置和化学加药装置改善水质，减少排污耗水量。

开式冷却塔冷却水系统如果设计不当，高于集水盘的冷却水管道中部分水量在停泵时有可能被溢流排掉。为减少上述水量损失，设计时可采取加大集水盘、设置平衡管或平衡水箱等方式，相对加大冷却塔集水盘浮球阀至溢流口段的容积，避免停泵时的泄水和启泵时的补水浪费。

2 本条文按设计阶段和运营阶段分别给出不同的评价方法：

　　1）设计阶段

从冷却补水节水角度出发，不考虑不耗水的接触传热作用，假设建筑全年冷凝排热均为蒸发传热作用的结果，通过建筑全年冷凝排热量可计算出排出冷凝热所需要的蒸发耗水量。

集中空调制冷及其自控系统设计应提供条件使其满足能够记录、统计空调系统的冷凝排热量，在设计与招标阶段，对空调系统/冷水机组应有安装冷凝热计量设备的设计与招标要求；运行阶段可以通过楼宇控制系统实测、记录并统计空调系统/冷水机组全年的冷凝热，据此计算出排出冷凝热所需要蒸发耗水量。相应的蒸发耗水量占冷却水补水量的比例不应低于 80%。

为使计算方法统一，排出冷凝热所需要蒸发耗水量推荐按下式计算：

$$Q_e = \frac{H}{r_0} \tag{2}$$

式中：Q_e——排出冷凝热所需要的蒸发耗水量（kg）；

　　　H——冷凝排热量（kJ）；

　　　r_0——水的汽化热（kJ/kg）。

采用喷淋方式运行的闭式冷却塔应同开式冷却塔一样，计算其排出冷凝热所需要的蒸发耗水量占补水量的比例，不应低于80%。本条文旨在提高开式循环冷却水系统效率，减少冷却水损失，闭式冷却塔应按照建筑负荷需求和设备实际性能，经方案比较后择优选用。

　　2）运行阶段

申报单位应提供冷却塔补水计量数据。通过楼宇控制系统实测、记录并统计空调系统/冷水机组全年的冷凝热，据此计算出排出冷凝热所需要蒸发耗水量。按空调系统冷凝排热量计算的冷却耗水量占冷却塔补水量的百分比不少于80%得10分，计算结果小于80%不得分。

　　3　本款所指的"无蒸发耗水量的冷却技术"包括采用风冷式冷水机组、风冷式多联机、地源热泵、干式运行的闭式冷却塔等。采用风冷方式替代水冷方式可以减少水资源消耗，风冷空调系统的冷凝排热以显热方式排到大气，并不直接耗费水资源，但由于风冷方式制冷机组的 COP 通常较水冷方式的制冷机组低，所以需要综合评价工程所在地的水资源和电力资源情况，有条件时宜优先考虑风冷方式排出空调冷凝热。

　　第1、2、3款得分不累加。

　　本条的评价方法为：设计评价查阅施工图纸、设计说明书、计算书、产品说明书。运行评价查阅竣工图纸、设计说明书、产品说明及现场核查，现场核查包括实地检查，查阅冷却水系统的运行数据、蒸发量、冷却水补水量的用水计量报告和计算书。

Ⅲ　非传统水源利用

6.2.7　本条适用于设计、运行评价。

商店建筑用水主要在公共卫生间，冲厕用水所占比重约为60%，在商店卫生间使用再生水较易被使用者所接受。因此，如果项目周边有市政再生水供水管道，应优先使用市政再生水替代自来水冲厕。除了冲厕之外，如果再生水等非传统水源水量充裕，还可以将其用于绿化、道路和广场浇洒、空调冷却和水景观等。如果项目周边没有市政再生水，可根据项目所在地的气候等自然条件，考虑就地回用的雨水、再生水，或其他经处理后回用的非饮用水。雨水回用方案应优先利用商店建筑的屋面雨水，尤其是具有大屋面结构的商店建筑，屋面雨水不仅收集量大，而且水质好，回用成本低。对于有景观用水的商店建筑，利用景观水池的溢流空间调蓄雨水，可以减少建设调蓄构筑物所需的占地和资金。如果商店建筑位于城市基础设施薄弱地区，需自身配套建设污水处理设施时，宜考虑污水处理设施的深度处理并回用方案，可获得节水和减排的双重功效，对减少水环境污染负荷很有效果。

本条文按非传统水源用途给分。计算时，应合理进行水量分配，不合理地增加非传统水源用途不给分。

本条的评价方法为：设计评价查阅非传统水源利用文件和设计图纸；运行评价查阅竣工文件、其他证明文件，并现场检查非传统水源使用情况。

6.2.8 本条适用于设计、运行评价。

非传统水源利用率是非传统水源年供水量与年总用水量之比。设计阶段，计算年总用水量应由平均日用水量（扣除冷却用水量）计算得出，取值应符合现行国家标准《民用建筑节水设计标准》GB 50555 的有关规定。运行阶段，实际的年总用水量应通过统计全年各水表计量数据得出。

本条的评价方法为：设计评价查阅设计文件（含当地相关主管部门的许可）、非传统水源利用计算书；运行评价查阅竣工文件和非传统水源利用计算书，并进行现场核查。

7 节材与材料资源利用

7.1 控 制 项

7.1.1 本条适用于设计、运行评价。

一些建筑材料及制品在使用过程中不断暴露出问题，已被证明不适宜在建筑工程中应用，或者不适宜在某些地区的建筑中使用。绿色商店建筑中不应采用国家和当地有关主管部门向社会公布禁止和限制使用的建筑材料及制品，一般以国家和地方建设主管部门发布的文件为依据。目前由住房和城乡建设部发布的有效文件主要为《建设部关于发布建设事业"十一五"推广应用和限制禁止使用技术（第一批）的公告》（建设部公告第 659 号，2007 年 6 月 14 日发布）和《关于发布墙体保温系统与墙体材料推广应用和限制、禁止使用技术的公告》（住房城乡建设部公告第 1338 号，2012 年 3 月 19 日发布）。

本条的评价方法为：设计评价对照国家和当地有关主管部门向社会公布的限

制、禁止使用的建材及制品目录，查阅设计文件，对设计选用的建筑材料进行核查；运行评价对照国家和当地有关主管部门向社会公布的限制、禁止使用的建材及制品目录，查阅工程材料决算材料清单，对实际采用的建筑材料进行核查。

7.1.2 本条适用于设计、运行评价。

热轧带肋钢筋是螺纹钢筋的正式名称。《住房和城乡建设部工业和信息化部关于加快应用高强钢筋的指导意见》（建标〔2012〕1号）指出："高强钢筋是指抗拉屈服强度达到400MPa级及以上的螺纹钢筋，具有强度高、综合性能优的特点，用高强钢筋替代目前大量使用的335MPa级螺纹钢筋，平均可节约钢材12%以上。高强钢筋作为节材节能环保产品，在建筑工程中大力推广应用，是加快转变经济发展方式的有效途径，是建设资源节约型、环境友好型社会的重要举措，对推动钢铁工业和建筑业结构调整、转型升级具有重大意义。"

为了在绿色商店建筑中推广应用高强钢筋，本条参考现行国家标准《混凝土结构设计规范》GB 50010的规定，对混凝土结构中梁、柱纵向受力普通钢筋提出强度等级和品种要求。

本条的评价方法为：设计评价查阅设计文件，对设计选用的梁、柱纵向受力普通钢筋强度等级进行核查；运行评价查阅竣工图纸，对实际选用的梁、柱纵向受力普通钢筋强度等级进行核查。

7.1.3 本条适用于设计、运行评价。

设置大量的没有功能的纯装饰性构件，不符合绿色商店建筑节约资源的要求。而通过使用装饰和功能一体化构件，利用功能构件作为建筑造型的语言，可以在满足建筑功能的前提下表达美学效果，并节约资源。对于不具备遮阳、导光、导风、载物、辅助绿化等作用的飘板、格栅、构架和塔、球、曲面等装饰性构件，应对其造价进行控制。

本条的评价方法为：设计评价查阅设计文件，有装饰性构件的应提供其功能说明书和造价说明；运行评价查阅竣工图纸和相关说明，并进行现场核实。

7.2　评　分　项

Ⅰ　节　材　设　计

7.2.1 本条适用于设计、运行评价。

形体指建筑平面形状和立面、竖向剖面的变化。建筑形体规则是一种根本意义上的节材，绿色商店建筑设计应重视其平面、立面和竖向剖面的规则性及其经济合理性，优先选用规则的形体。

我国大部分地区为抗震设防地区，建筑设计应根据抗震概念设计的要求明确建筑形体的规则性，根据现行国家标准《建筑抗震设计规范》GB 50011，抗震概念设计将建筑形体分为：规则、不规则、特别不规则、严重不规则。为实现相同的抗震设防目标，形体不规则的建筑，要比形体规则的建筑耗费更多的结构材料。不规则程度越高，对结构材料的消耗量越多，性能要求越高，不利于节材。对形体特别不规则的建筑和严重不规则的建筑，本条不得分。

本条的评价方法为：设计评价查阅建筑图、结构施工图；运行评价查阅竣工图并现场核实。

7.2.2　本条适用于设计、运行评价。

在设计过程中对结构体系和结构构件进行优化，能够有效地节约材料用量。结构体系指结构中所有承重构件及其共同工作的方式。结构布置及构件截面设计不同，建筑的材料用量也会有较大的差异。

提倡通过优化设计，采用新技术、新工艺达到节材目的。如多层纯框架结构，适当设置剪力墙（或支撑），即可减小整体框架的截面尺寸及配筋量；对抗震安全性和使用功能有较高要求的建筑，合理采用隔震或消能减震技术，也可减小整体结构的材料用量；在混凝土结构中，合理采用空心楼盖技术、预应力技术等，可减小材料用量、减轻结构自重等；在地基基础设计中，充分利用天然地基承载力，合理采用复合地基或复合桩基，采用变刚度调平技术减小基础材料的总体消耗等。

本条的评价方法为：设计评价查阅建筑图、结构施工图和地基基础方案比选论证报告、结构体系节材优化设计书和结构构件节材优化设计书；运行评价查阅竣工图并现场核实。评价时，还需要查阅优化前后的所有建筑材料用量明细表对比。

7.2.3　本条适用于设计、运行评价。

尽管商店建筑中的很多部位装饰装修是要留给商户自己来设计施工，所以不便于对商店建筑总体要求土建工程与装修工程一体化设计施工。但是公共部位如地面、柱、天花板等要力求实现土建和装修一体化设计施工。

本条的评价方法为：设计评价查阅土建、装修各专业施工图及其他证明材料；运行评价查阅土建、装修各专业竣工图及其他证明材料。

7.2.4　本条适用于设计、运行评价。

在保证室内工作环境不受影响的前提下，在商店建筑室内空间尽量多地采用可重复使用的灵活隔墙，或采用无隔墙只有矮隔断的大开间敞开式空间，可减少室内空间重新布置时对建筑构件的破坏，节约材料，同时为使用期间构配件的替换和将来建筑拆除后构配件的再利用创造条件。

除走廊、楼梯、电梯井、卫生间、设备机房、公共管井以外的地上室内空间均应视为"可变换功能的室内空间"，有特殊隔声、防护及特殊工艺需求的空间不计入。此外，作为办公等用途的地下空间也应视为"可变换功能的室内空间"，其他用途的地下空间可不计入。

"可重复使用的隔断（墙）"在拆除过程中基本不影响与之相接的其他隔墙，拆卸后可进行再次利用，如商店经营单位的大开间敞开式小办公空间内的玻璃隔断（墙）、预制隔断（墙）、特殊节点设计的可分段拆除的轻钢龙骨水泥板或石膏板隔断（墙）和木隔断（墙）等。是否具有可拆卸节点，也是认定某隔断（墙）是否属于"可重复使用的隔断（墙）"的一个关键点，例如用砂浆砌筑的砌体隔墙不算可重复使用的隔墙。

本条中"可重复使用隔断（墙）比例"为：实际采用的可重复使用隔断（墙）围合的建筑面积与建筑中可变换功能的室内空间面积的比值。

由于商店建筑的特定使用功能更适宜采用大开间的空间布局，所以本条的可重复使用隔墙和隔断比例起点值比现行国家标准《绿色建筑评价标准》GB/T 50378 中要求的起点值更高。

本条的评价方法为：设计评价查阅建筑、结构施工图及可重复使用隔断（墙）的设计使用比例计算书；运行评价查阅建筑、结构竣工图及可重复使用隔断（墙）的实际使用比例计算书。

7.2.5　本条适用于设计、运行评价。

本条旨在鼓励采用工厂化生产的预制构、配件设计建造工业化建筑。条文所指工厂化生产的预制构、配件主要指在结构中受力的构件，不包括雨棚、栏杆等非受力构件。在保证安全的前提下，使用工厂化方式生产的预制构、配件（如预制梁、预制柱、预制外墙板、预制阳台板、预制楼梯等），既能减少材料浪费，又能减少施工对环境的影响，同时可为将来建筑拆除后构、配件的替换和再利用创造条件。

本条的预制构件用量比现行国家标准《绿色建筑评价标准》GB/T 50378 中的要求降低，对应各档分值也有所降低。这是因为商店建筑往往具有较强的个性化设计，所用构配件一般不具备大批量的需求规模，如果要求较高的预制构件用量比，则造价较高，会抑制投资开发商对预制装配结构的追求，反而不利于推广预制装配式结构体系。所以，本条既鼓励商店建筑采用预制装配式结构体系，但是针对商店建筑所用构配件可能个性化较强的特点，对预制构件用量比的要求并不高，所占分值比重也不高。

预制构件用量比以重量为计算基础。

对采用钢结构、木结构等预制装配为主的结构体系的建筑，本条得满分。

本条的评价方法为：设计评价查阅施工图、工程材料用量概预算清单；运行评价查阅竣工图、工程材料用量决算清单。

7.2.6　本条适用于设计、运行评价。

本条旨在鼓励采用工厂化生产的建筑部品设计建造工业化建筑。条文所指工厂化生产的建筑部品主要指在建筑中不受力的门窗、栏杆等部件。在保证安全的前提下，使用工厂化方式生产的建筑部品，同样既能减少材料浪费，又能减少施工对环境的影响，同时可为将来建筑拆除后建筑部品的替换和再利用创造条件。

本条对使用工厂化生产的建筑部品所给分值较低，同样是因为商店建筑往往具有较强的个性化设计，所用建筑部品一般也难以具备大批量的需求规模，如果要求较高的工厂化率，则造价也会较高，会抑制投资开发商对工厂化生产建筑部品的追求，反而不利于推广工厂化生产的建筑部品。所以，本条既鼓励商店建筑采用工厂化生产的建筑部品，但是针对商店建筑所用建筑部品可能个性化较强的特点，对工厂化生产的建筑部品所给分值比重也不高。

本条的评价方法为：设计评价查阅建筑设计或装修设计图和设计说明；运行评价查阅竣工图、工程材料用量决算表、施工记录。

Ⅱ　材　料　选　用

7.2.7　本条适用于运行评价。

建材本地化是减少运输过程资源和能源消耗、降低环境污染的重要手段之一。本条鼓励使用本地生产的建筑材料，提高就地取材制成的建筑产品所占的比例。由于商店建筑属于典型的公共建筑，其对节约材料的引导示范效应显著，更应该激励其采用本地建材，所以本条的本地建材使用比例起点值比现行国家标准《绿色建筑评价标准》GB/T 50378 中要求的起点值更高。

本条的评价方法为查阅材料进场记录及本地建筑材料使用比例计算书等证明文件。

7.2.8　本条适用于设计、运行评价。当结构施工不需要大量现浇混凝土时，本条不参评；若 50km 范围内没有预拌混凝土供应，本条不参评。

我国大力提倡和推广使用预拌混凝土，其应用技术已较为成熟。与现场搅拌混凝土相比，预拌混凝土产品性能稳定，易于保证工程质量，且采用预拌混凝土能够减少施工现场噪声和粉尘污染，节约能源、资源，减少材料损耗。

预拌混凝土应符合现行国家标准《预拌混凝土》GB/T 14902 的有关规定。

本条的评价方法为：设计评价查阅施工图及说明；运行评价查阅竣工图纸及说明，以及预拌混凝土用量清单等证明文件。

7.2.9　本条适用于设计、运行评价。若 500km 范围内没有预拌砂浆供应，本条不参评。

长期以来，我国建筑施工用砂浆一直采用现场拌制砂浆。现场拌制砂浆由于计量不准确、原材料质量不稳定等原因，施工后经常出现空鼓、龟裂等质量问题，工程返修率高。而且，现场拌制砂浆在生产和使用过程中不可避免地会产生大量材料浪费和损耗，污染环境。

预拌砂浆是根据工程需要配制、由专业化工厂规模化生产的，砂浆的性能品质和均匀性能够得到充分保证，可以很好地满足砂浆保水性、和易性、强度和耐久性需求。

预拌砂浆按照生产工艺可分为湿拌砂浆和干混砂浆；按照用途可分为砌筑砂浆、抹灰砂浆、地面砂浆、防水砂浆、陶瓷砖粘结砂浆、界面砂浆、保温板粘结砂浆、保温板抹面砂浆、聚合物水泥防水砂浆、自流平砂浆、耐磨地坪砂浆和饰面砂浆等。

预拌砂浆与现场拌制砂浆相比，不是简单意义的同质产品替代，而是采用先进工艺的生产线拌制，增加了技术含量，产品性能得到显著增强。预拌砂浆尽管单价比现场拌制砂浆高，但是由于其性能好、质量稳定、减少环境污染、材料浪费和损耗小、施工效率高、工程返修率低，可降低工程的综合造价。

预拌砂浆应符合国家现行标准《预拌砂浆》GB/T 25181 和《预拌砂浆应用技术规程》JGJ/T 223 的有关规定。

本条的评价方法为：设计评价查阅施工图及说明；运行评价查阅竣工图及说明，以及砂浆用量清单等证明文件。

7.2.10 本条适用于设计、运行评价。砌体结构和木结构不参评。

合理采用高强度结构材料，可减小构件的截面尺寸及材料用量，同时也可减轻结构自重，减小地震作用及地基基础的材料消耗。混凝土结构中的受力普通钢筋，包括梁、柱、墙、板、基础等构件中的纵向受力筋及箍筋。

混合结构指由钢框架或型钢（钢管）混凝土框架与钢筋混凝土筒体所组成的共同承受竖向和水平作用的高层建筑结构。

对钢管混凝土结构，依据本条只对钢管进行评价；对型钢混凝土结构，依据本条只对混凝土进行评价。

由于商店建筑属于典型的公共建筑，且商店建筑往往属于高层或大跨结构，其对高强结构材料使用的引导示范效应显著，应该激励其采用高强结构材料。

本条的评价方法为：设计评价查阅结构施工图及高强度材料用量比例计算书；运行评价查阅竣工图、施工记录及材料决算清单，并现场核实。

7.2.11 本条适用于设计、运行评价。

本条中的高耐久性混凝土应按现行行业标准《混凝土耐久性检验评定标准》JGJ/T 193 进行检测，抗硫酸盐等级 KS90，抗氯离子渗透、抗碳化及抗早期开裂均达到Ⅲ级、不低于现行国家标准《混凝土结构耐久性设计规范》GB/T 50476 中 50 年设计寿命要求。

本条中的耐候结构钢应符合现行国家标准《耐候结构钢》GB/T 4171 的要求；耐候型防腐涂料应符合现行行业标准《建筑用钢结构防腐涂料》JG/T 224 中Ⅱ型面漆和长效型底漆的要求。

本条的评价方法为：设计评价查阅建筑及结构施工图；运行评价查阅施工记录及材料决算清单中高耐久性建筑结构材料的使用情况，混凝土配合比报告单以及混凝土配料清单，并核查第三方出具的进场及复验报告，核查工程中采用高耐久性建筑结构材料的情况。

7.2.12　本条适用于设计、运行评价。

建筑材料的循环利用是建筑节材与材料资源利用的重要内容。本条的设置旨在整体考量建筑材料的循环利用对于节材与材料资源利用的贡献，评价范围是永久性安装在工程中的建筑材料，不包括电梯等设备。

有的建筑材料可以在不改变材料的物质形态情况下直接进行再利用，或经过简单组合、修复后可直接再利用。有的建筑材料需要通过改变物质形态才能实现循环利用，如难以直接回用的钢筋、玻璃等。有的建筑材料则既可以直接再利用又可以回炉后再循环利用，例如标准尺寸的钢结构型材等。以上各类材料均可纳入本条范畴。

由于市场潮流变化以及为了吸引顾客等原因，商店建筑往往隔几年就要重新装修，会产生大量的装修拆除垃圾，所以本条对装饰装修材料单独规定可再循环材料或可再利用材料的使用比例，以促使重新装修拆除的垃圾可以更多地实现循环利用，减少生产加工新材料带来的资源、能源消耗和环境污染，具有良好的经济、社会和环境效益。

本条的评价方法为：设计评价查阅申报单位提交的工程概预算材料清单和相关材料使用比例计算书，核查相关建筑材料的使用情况；运行评价查阅申报单位提交的工程决算材料清单和相应的产品检测报告，核查相关建筑材料的使用情况。

7.2.13　本条适用于运行评价。

本条中的"以废弃物为原料生产的建筑材料"是指在满足安全和使用性能的前提下，使用废弃物等作为原材料生产出的建筑材料，其中废弃物主要包括建筑废弃物、工业废料和生活废弃物。

在满足使用性能的前提下，鼓励利用建筑废弃混凝土，生产再生骨料，制作成混凝土砌块、水泥制品或配制再生混凝土；鼓励利用工业废料、农作物秸秆、建筑垃圾、淤泥为原料制作成水泥、混凝土、墙体材料、保温材料等建筑材料；

鼓励以工业副产品石膏制作成石膏制品；鼓励使用生活废弃物经处理后制成的建筑材料。

为保证废弃物使用量达到一定比例，本条要求以废弃物为原料生产的建筑材料重量占同类建筑材料总重量的比例不小于30%，且其中废弃物的掺量不低于30%。以废弃物为原料生产的建筑材料，应满足相应的国家或行业标准的要求。

本条的评价方法为查阅工程决算材料清单、以废弃物为原料生产的建筑材料检测报告和废弃物建材资源综合利用认定证书等证明材料，核查相关建筑材料的使用情况和废弃物掺量。

7.2.14 本条适用于运行评价。

为了保持建筑物的风格、视觉效果和人居环境，装饰装修材料在一定使用年限后会进行更新替换。如果使用易沾污、难维护及耐久性差的装饰装修材料，则会在一定程度上增加建筑物的维护成本，且施工也会来带有毒有害物质的排放、粉尘及噪声等问题。

本条重点对对外立面材料的耐久性提出了要求，详见表3。

表3 外立面材料耐久性要求

分类		耐久性要求
外墙涂料		采用水性氟涂料或耐候性相当的涂料
建筑幕墙	玻璃幕墙	明框、半隐框玻璃幕墙的铝型材表面处理符合现行国家标准《铝及铝合金阳极氧化膜与有机聚合物膜》GB/T 8013.1～8013.3规定的耐候性等级的最高级要求。硅酮结构密封胶耐久性优于标准要求
	石材幕墙	根据当地气候环境条件，合理选用石材含水率和耐冻融指标，并对其表面进行防护处理
	金属板幕墙	采用氟碳制品，或耐久性相当的其他表面处理方式的制品
	人造板幕墙	根据当地气候环境条件，合理选用含水率、耐冻融指标

对建筑室内所采用耐久性好、易维护的装饰装修材料应提供相关材料证明所采用材料的耐久性。

清水混凝土具有良好的装饰效果，即在拆除浇筑模板后，不再对混凝土作任何外部抹灰等工程。清水混凝土不同于普通混凝土，表面非常光滑，棱角分明，无其他附加装饰，只是在表面涂刷透明的保护剂即可，显得十分天然、庄重。采用清水混凝土作为装饰面，不仅美观大方，而且节省了附加装饰所需的大量材料，堪称建筑节材技术的典范。现行行业标准《清水混凝土应用技术规程》JGJ 169使得清水混凝土的应用更加成熟可靠，国内已经有很多工程积极采用这一技术，例如成都莱福士广场等。商店建筑属于典型公共建筑，可以大胆采用比较前卫、简约、大气的内外立面装饰风格，更适宜采用清水混凝土这项技术。

本条的评价方法为查阅建筑竣工图纸、材料决算清单、材料检测报告。

8 室内环境质量

8.1 控 制 项

8.1.1 本条适用于设计、运行评价。

本条所指的噪声控制对象包括室内自身声源和来自建筑外部的噪声。室内噪声源一般为通风空调设备、日用电器等；室外噪声源则包括周边交通噪声、社会生活噪声、甚至工业噪声等。商店建筑主要功能房间的噪声级低限值，应参考现行国家标准《民用建筑隔声设计规范》GB 50118 中商店建筑室内允许噪声级，见表4。

表4 商店建筑室内允许噪声级

房间名称	允许噪声级（A 声级，dB）	
	高要求标准	低限标准
商场、商店、购物中心、会展中心	≤50	≤55
餐厅	≤45	≤55
员工休息室	≤40	≤45
走廊	≤50	≤60

本条的评价方法为：设计评价检查建筑设计平面图纸，基于环评报告室外噪声要求对室内的背景噪声影响（也包括室内噪声源影响）的分析报告，及可能的声环境专项设计报告；运行评价审核典型时间、主要功能房间的室内噪声检测报告。

8.1.2 本条适用于设计、运行评价。

室内照明质量是影响室内环境的重要因素之一，良好的照明不但有利于提升人们的工作和学习效率，更有利于人们的身心健康，减少各种职业疾病。良好、舒适的照明要求在参考平面上具有适当的照度水平，避免眩光，显色性好。

各类民用建筑中的室内照度、眩光、一般显色指数等照明数量和质量指标应满足现行国家标准《建筑照明设计标准》GB 50034 的有关规定，如表5所示。

表5 商店建筑光环境指标要求

房间或场所	参考平面及其高度	照度标准值（lx）	UGR	U_0	R_a
一般商店营业厅	0.75m 水平面	300	22	0.60	80
一般室内商业街	地面	200	22	0.60	80

续表

房间或场所	参考平面及其高度	照度标准值（lx）	UGR	U_0	R_a
高档商店营业厅	0.75m 水平面	500	22	0.60	80
高档室内商业街	地面	300	22	0.60	80
一般超市营业厅	0.75m 水平面	300	22	0.60	80
高档超市营业厅	0.75m 水平面	500	22	0.60	80
仓储式超市	0.75m 水平面	300	22	0.60	80
专卖店营业厅	0.75m 水平面	300	22	0.60	80
农贸市场	0.75m 水平面	200	25	0.40	80
收款台	台面	500*	—	0.60	80

注：＊指混合照明照度。

本条的评价方法为：设计评价查阅电气专业相关设计文件和图纸，及照明计算分析报告；运行评价查阅相关竣工图纸，以及建筑室内照明现场检测报告。

8.1.3　本条适用于设计、运行评价。

通风以及房间的温湿度、新风量是室内热环境的重要指标，应满足现行国家标准《民用建筑供暖通风与空气调节设计规范》GB 50736 的有关规定。

本条的评价方法为：设计评价查阅暖通专业设计说明等设计文件；运行评价查阅典型房间空调期间的室内温湿度检测报告，运行评价查阅新风机组风量检测报告，典型房间空调期间的室内二氧化碳浓度检测报告，并现场检查。

8.1.4　本条适用于设计、运行评价。

房间内表面长期或经常结露会引起霉变，污染室内的空气，应加以控制。在南方的梅雨季节，空气的湿度接近饱和，要彻底避免发生结露现象非常困难。所以本条文规定判定的前提条件是"在室内设计温、湿度条件下"。另外，短时间的结露并不至于引起霉变。

需说明的是：为防止采暖的营业厅外附的橱窗在冬季产生结露现象，应在橱窗里壁，即营业厅外墙，采用保温绝热构造，但严寒地区的橱窗还需在外表面上下框设小孔泄湿，才可减少结露现象发生。

本条的评价方法为：设计评价查阅围护结构热工设计说明等设计文件；运行评价查阅相关竣工文件，并现场检查。

8.1.5　本条适用于设计、运行评价。

在现行国家标准《民用建筑热工设计规范》GB 50176 中设定了建筑围护结构的最低隔热性能要求。因此，将本条文列为绿色商店建筑应满足的控制项。

目前严寒、寒冷地区多采用外墙外保温、夏热冬冷地区外墙保温系统多采用外墙外保温或外墙内外复合保温系统逐渐成为一大趋势，如完全按照地方明确的节能构造图集进行设计，可直接判定隔热验算通过。

根据国家标准《节能建筑评价标准》GB/T 50668-2011 第 4.2.9 条及条文

说明的内容"规定屋面、外墙外表面材料太阳辐射吸收系数小于0.6，降低屋面、外墙外表面综合温度，以提高其隔热性能，理论计算及实测结果都表明这是一条可行而有效的隔热途径，也是提高轻质外围护结构隔热性能的一条最有效的途径"，因此将"屋面和东、西外墙外表面材料太阳辐射吸收系数应小于0.6"作为条文内容的一部分。

本条的评价方法为：设计评价查阅围护结构热工设计说明等图纸或文件，以及专项计算分析报告；运行评价查阅相关竣工文件，并现场检查。

8.1.6 本条适用于运行评价。

室内空气污染造成的健康问题近年来得到广泛关注，尤其是商店建筑由于人员和货物密度大，此方面问题更为严重。轻微的反应包括眼睛、鼻子及呼吸道刺激和头疼、头昏眼花及身体疲乏，严重的有可能导致呼吸器官疾病，甚至心脏疾病及癌症等。为此，危害人体健康的氨、甲醛、苯、总挥发性有机物（TVOC）、氡五类空气污染物，应符合现行国家标准《室内空气质量标准》GB/T 18883中的有关规定。

表6 室内空气质量标准

污染物	标准值	备 注
氨 NH_3	≤0.20mg/m³	1小时均值
甲醛 HCHO	≤0.10mg/m³	1小时均值
苯 C_6H_6	≤0.11mg/m³	1小时均值
总挥发性有机物 TVOC	≤0.60mg/m³	8小时均值
氡 ^{222}Rn	≤400Bq/m³	年平均值

本条的评价方法为查阅室内污染物检测报告，并现场检查。

8.1.7 本条适用于设计、运行评价。

楼地面是建筑日常接触最频繁的部位，经常受到撞击、摩擦和洗刷的部位；除有特殊使用要求外，楼地面材料的选择应考虑满足平整、耐磨、不起尘、防滑、易于清洁的要求，以保证其安全性和耐用型。

本条的评价方法为：设计评价审核设计图纸（主要是围护结构的构造说明、图纸）；运行评价进行现场检测。

8.2 评 分 项

Ⅰ 室内声环境

8.2.1 本条适用于设计、运行评价。

本条是在本标准控制项第8.1.1条要求基础上的提升。本条所指的室内噪声系指由室内自身声源和来自建筑外部的噪声侵袭造成的结果。室内噪声源一般为通风空调设备、日用电器等；室外噪声源则包括周边交通噪声、社会生活噪声、工业噪声等。现行国家标准《民用建筑隔声设计规范》GB 50118 将商店建筑主要功能房间的室内允许噪声级分"低限标准"和"高要求标准"两档列出。对于现行国家标准《民用建筑隔声设计规范》GB 50118 没有涉及的其他类型功能房间的噪声级要求，可对照相似类型功能房间的要求参考执行，并进行得分判断，见表4。

本条的评价方法为：设计评价检查建筑设计平面图纸，室内的背景噪声分析报告（应基于项目环评报告并综合考虑室内噪声源的影响）以及图纸上的落实情况，及可能的声环境专项设计报告；运行评价审核典型时间、主要功能房间的室内噪声检测报告。

8.2.2 本条适用于设计、运行评价。

现行国家标准《民用建筑隔声设计规范》GB 50118 将商店建筑的隔墙、楼板的空气声隔声性能以及楼板的撞击声隔声性能分"低限标准"和"高要求标准"两档列出。商店建筑应满足现行国家标准《民用建筑隔声设计规范》GB 50118 中围护结构隔声标准中对应的高要求标准的要求，见表7～表9。

表7　隔墙、楼板的空气声隔声性能要求

围护结构部位	计权隔声量＋交通噪声频谱修正量 $R_w + C_{tr}$	
	高要求标准	低限标准
健身中心、娱乐场所等与噪声敏感房间之间的隔墙、楼板	＞60	＞55
购物中心、餐厅等与噪声敏感房间之间的隔墙、楼板	＞50	＞45

表8　噪声敏感房间与产生噪声房间之间的空气声隔声性能要求

房间名称	计权标准化声压级差＋交通噪声频谱修正量 $D_{nT,w} + C_{tr}$（dB）	
	高要求标准	低限标准
健身中心、娱乐场所等与噪声敏感房间之间	≥60	≥55
购物中心、餐厅等与噪声敏感房间之间	≥50	≥45

表9　噪声敏感房间顶部楼板的撞击声隔声标准

楼板部位	撞击声隔声单值评价量（dB）			
	高要求标准		低限标准	
	计权规范化撞击声压级 $L_{n,w}$（实验室测量）	计权标准化撞击声压级 $L'_{nT,w}$（现场测量）	计权规范化撞击声压级 $L_{n,w}$（实验室测量）	计权标准化撞击声压级 $L'_{nT,w}$（现场测量）
健身中心、娱乐场所等与噪声敏感房间之间的楼板	＜45	≤45	＜50	≤50

本条的评价方法为：设计评价审核设计图纸（主要是围护结构的构造说明、图纸）；运行评价检查典型房间现场隔声检测报告，结合现场检查设计要求落实情况进行达标评价。

8.2.3 本条适用于设计、运行评价。

商店建筑要按有关的卫生标准要求控制室内的噪声水平、保护劳动者的健康和安全，还应创造一个能够最大限度提高员工效率的工作环境，包括声环境。这就要求在建筑设计、建造和设备系统设计、安装的过程中全程考虑建筑布局和功能分区的合理安排，并在设备系统设计、安装时就考虑其引起的噪声与振动控制手段和措施，从建筑设计上将对噪声敏感的房间远离噪声源，从噪声源开始实施控制，往往是最有效和经济的方法。变配电房、水泵房等设备用房的位置规定，如不应放在噪声敏感房间的正下方。此外，卫生间下水管的隔声性能差（或设计考虑不周），将影响正常生活，需要加以控制。

本条的评价方法为：设计评价审核设计图纸，运行评价进行现场检测。

8.2.4 本条适用于设计、运行评价。

包括入口大厅、营业厅等，其混响时间、声音清晰度等应满足有关标准的要求。吸声可降低室内声反射，缩短混响时间，进而降低嘈杂的环境声。商店建筑中重要的吸声表面是顶棚，不但面积大，而且是声音长距离反射的必经之地。顶棚吸声材料可选用玻纤吸声板、三聚氰胺泡沫（防火）、穿孔铝板、穿孔石膏板、矿棉吸声板和木丝吸声板等。

顶棚吸声材料或构造的降噪系数（NRC）应符合表 10 的要求。专项声学设计至少要求将上述房间的声学目标在建筑设计说明和相应的图纸中明确体现。

表 10　顶棚吸声材料及构造的降噪系数（NRC）

房间名称	降噪系数（NRC）	
	高要求标准	低限标准
商场、商店、购物中心、走廊	≥0.60	≥0.40
餐厅、健身中心、娱乐场所	≥0.80	≥0.40

本条的评价方法为：设计评价审核设计图纸和声学设计专项报告，运行评价进行现场检测。

Ⅱ　室内光环境

8.2.5 本条适用于设计、运行评价。

天然采光不仅有利于照明节能，而且有利于增加室内外的视线交流，改善空间卫生环境，并保证人员身心健康。建筑的大厅、中庭、地下空间和无窗的房间等，易出现天然采光不足的情况。通过合理的设计，保证空间有足够的采光，通过反光板、棱镜玻璃窗、天窗、下沉庭院等设计手法，以及导光管等技术和设施的采用，可以有效改善这些空间的天然采光效果。

本条的评价方法为：设计评价查阅相关设计文件和图纸、天然采光模拟分析报告；运行评价查阅相关竣工文件，以及天然采光和人工照明现场实测报告。

8.2.6 本条适用于设计、运行评价。

为便于顾客挑选商品，改善整个空间的光环境质量，应保证货架垂直面有足够的照度。

由特定表面产生的反射而引起的眩光，通常称为光幕反射和反射眩光。它会改变作业面的可见度，不仅影响视看效果，对视力也有不利影响，可采用以下的措施来减少光幕反射和反射眩光：

1 应将灯具安装在不易形成眩光的区域内；

2 应限制灯具出光口表面发光亮度；

3 墙面的平均照度不宜低于 50lx，顶棚的平均照度不宜低于 30lx。

本条的评价方法为：设计评价查阅相关设计文件、照明设计说明及图纸；运行评价现场检查。

Ⅲ 室内热湿环境

8.2.7 本条适用于设计、运行评价。

设计可调遮阳措施不完全指活动外遮阳设施，永久设施（中空玻璃夹层智能内遮阳）和外遮阳加内部高反射率可调节遮阳也可以作为可调外遮阳措施。本条所指的外窗、幕墙包括各个朝向的透明部分等。对于没有阳光直射的透明围护结构，不计入计算总面积。设置采光顶的商店建筑，应采取可调节遮阳措施；"外窗幕墙"和"采光顶"活动遮阳应同时满足控制要求，当两者不能同时满足时，应以两项中的低值为准评分。

本条的评价方法为：设计评价查阅建筑专业相关设计文件和图纸，以及产品检验检测报告；运行评价查阅相关竣工图纸，并现场检查。

8.2.8 本条适用于设计、运行评价。

本条文强调的室内热舒适的调控性，包括主动式供暖空调末端的可调性，以及被动式或个性化的调节措施，总的目标是尽量地满足用户改善个人热舒适的差异化需求。对于商店建筑，尤其是全空气系统，则应根据房间和区域功能，合理划分系统和设置末端。干式风机盘管、地板辐射等供暖空调形式，不仅有较好节能效果，而且还可更好地提高人员舒适性。

本条的评价方法为：设计评价查阅暖通专业相关设计文件和图纸，以及相关产品检验检测报告；运行评价查阅相关竣工图纸，并现场检查。

Ⅳ　室内空气质量

8.2.9　本条适用于设计、运行评价。

采用自然通风时，其通风开口有效面积应符合现行国家标准《民用建筑供暖通风与空气调节设计规范》GB 50736 的有关规定。

针对不容易实现自然通风的区域（例如大进深内区、由于其他原因不能保证开窗通风面积满足自然通风要求的区域）以及走廊、中庭等区域进行了自然通风设计的明显改进和创新，或者自然通风效果实现了明显的改进。

加强自然通风的建筑在设计时，可采用下列措施：建筑单体采用诱导气流方式，如导风墙和拔风井等，促进建筑内自然通风；采用数值模拟技术定量分析风压和热压作用在不同区域的通风效果，综合比较不同建筑设计及构造设计方案，确定最优自然通风系统设计方案。

本条的评价方法为：设计评价查阅建筑平面图、规划设计图等相关设计文件和图纸，以及自然通风模拟分析报告；运行评价查阅相关竣工图纸，并现场检查。

8.2.10　本条适用于设计、运行评价。

1　避免卫生间、厨房、地下车库等区域的空气和污染物串通到室内其他空间或室外主要活动场所。尽量将厨房和卫生间设置于建筑单元自然通风的负压侧，防止厨房或卫生间的气味因主导风反灌进入室内，而影响室内空气质量。同时，可以对于不同功能房间保证一定压差，避免气味散发量大的空间（比如卫生间、厨房、地下车库等）的气味或污染物串通到室内其他空间或室外主要活动场所。卫生间、厨房、地下车库等区域如设置机械排风，并保证负压外，还应注意其取风口和排风口的位置，避免短路或污染，才能判断达标。目前商店建筑中设风味小吃情况较多，如面向公共通道设灶台，油气四溢，严重影响场内空气质量，危害人身安全和健康，采取良好地排油烟措施，保证商店内的空气质量，方便顾客，故规定此款。

2　重要功能区域供暖、通风与空调工况下的气流组织满足要求，避免冬季热风无法下降，避免气流短路或制冷效果不佳，确保主要房间的环境参数（温度、湿度分布，风速，辐射温度等）达标。暖通空调设计图纸应有专门的气流组织设计说明，提供射流公式校核报告，末端风口设计应有充分的依据，必要时应提供相应的模拟分析优化报告。

本条的评价方法为：设计评价查阅建筑专业平面图、门窗表、暖通专业相关设计文件和图纸，以及气流组织模拟分析报告；运行评价查阅相关竣工图纸，并现场检查。

8.2.11 本条适用于设计、运行评价。

二氧化碳检测技术比较成熟、使用方便，但氨、苯、VOC 等空气污染物的浓度监测比较复杂，有些简便方法不成熟，使用不方便，受环境条件变化影响大，仅甲醛的监测容易实现。如上所述，除二氧化碳要求检测进、排风设备的工作状态，并与室内空气污染监测系统关联，实现自动通风调节外，其他污染物要求可以超标实时报警。

本条文包括对室内的二氧化碳浓度监控，即应设置与排风联动的二氧化碳检测装置，当传感器监测到室内 CO_2 浓度超过 $1000\mu g/g$，进行报警，同时自动启动排风系统。

本条的评价方法为：设计评价查阅暖通和电气专业相关设计文件和图纸；运行评价查阅相关竣工图纸，并现场检查。

8.2.12 本条适用于设计、运行评价。

地下车库空气流通不好，容易导致有害气体的堆积，对人体伤害很大。有地下车库的建筑，车库设置与排风设备联动的一氧化碳检测装置，超过规定值时报警，然后立刻启动排风系统。

目前，相关标准对于一氧化碳浓度规定有：国家现行标准《工作场所有害因素职业接触限值　第 1 部分：化学有害因素》GBZ 2.1 规定一氧化碳的短时间接触容许浓度上限为 $30mg/m^3$，现行国家标准《室内空气质量标准》GB/T 18883 规定一氧化碳浓度要求为 $10mg/m^3$（1 小时均值）。

本条的评价方法为：设计评价查阅暖通和电气专业相关设计文件和图纸；运行评价查阅相关竣工图纸，并现场检查。

9　施 工 管 理

9.1　控 制 项

9.1.1 本条适用于运行评价。

项目部成立专门的绿色商店建筑施工管理组织机构，完善管理体系和制度建设，根据预先设定的绿色商店建筑施工总目标，进行目标分解、实施和考核活动。比选、优化施工方案，制定相应施工计划并严格执行，要求措施、进度和人员落实，实行过程和目标双控。项目经理为绿色施工第一责任人，负责绿色施工的组织实施及目标实现，并指定绿色商店建筑施工各级管理人员和监督人员。

本条的评价方法为查阅该项目组织机构的相关制度文件，在施工过程中各种主要活动的可证明记录，包括可证明时间、人物、事件的纸质和电子文件，影像资料等。

9.1.2 本条适用于运行评价。

建筑施工过程是对工程场地的一个改造过程，不但改变了场地的原始状态，而且对周边环境造成影响，包括水土流失、土壤污染、扬尘、噪声、污水排放、光污染等。为了有效减小施工对环境的影响，应制定施工全过程的环境保护计划，明确施工中各相关方应承担的责任，将环境保护措施落实到具体责任人；实施过程中开展定期检查，保证环境保护计划的实现。

本条的评价方法为查阅施工全过程环境保护计划书、施工单位 ISO 14001 认证文件、环境保护实施记录文件（包括责任人签字的检查记录、照片或影像等）、可能有的当地环保局或建委等有关主管部门对环境影响因子如扬尘、噪声、污水排放评价的达标证明。

9.1.3 本条适用于运行评价。

建筑施工过程中应加强对施工人员的健康安全保护。建筑施工项目部应编制"职业健康安全管理计划"，并组织落实，保障施工人员的健康与安全。

本条的评价方法为查阅职业健康安全管理计划、施工单位的 OHSAS 18000 职业健康与安全管理体系认证文件、现场作业危险源清单及其控制计划、现场作业人员个人防护用品配备及发放台账，必要时核实劳动保护用品或器具进货单。

9.1.4 本条适用于运行评价，也可在设计评价中进行预审。

施工建设将绿色设计转化成绿色建筑。在这一过程中，参建各方应对设计文件中绿色建筑重点内容正确理解与准确把握。施工前由参建各方进行专业交底时，应对保障绿色建筑性能的重点内容逐一交底。

本条的评价方法为查阅专业设计文件交底记录。设计评价预审时，查阅设计交底文件。

9.2 评 分 项

Ⅰ 环 境 保 护

9.2.1 本条适用于运行评价。

施工扬尘是最主要的大气污染源之一。施工中应采取降尘措施，降低大气总悬浮颗粒物浓度。施工中的降尘措施包括对易飞扬物质的洒水、覆盖、遮挡，对出入车辆的清洗、封闭，对易产生扬尘施工工艺的降尘措施等。在工地建筑结构脚手架外侧设置密目防尘网或防尘布，具有很好的扬尘控制效果。

本条的评价方法为查阅由建设单位、施工单位、监理单位签字确认的降尘措施实实施记录。

9.2.2 本条适用于运行评价。

施工产生的噪声是影响周边居民生活的主要因素之一，也是居民投诉的主要对象。现行国家标准《建筑施工场界环境噪声排放标准》GB 12523 对噪声的测量、限值作出了具体的规定，是施工噪声排放管理的依据。为了减低施工噪声排放，应该采取降低噪声和噪声传播的有效措施，包括采用低噪声设备，运用吸声、消声、隔声、隔振等降噪措施，降低施工机械噪声。

本条的评价方法为查阅场界噪声测量记录。

9.2.3 本条适用于运行评价。

目前建筑施工废弃物的数量很大，堆放或填埋均占用大量的土地；对环境产生很大的影响，包括建筑垃圾的淋滤液渗入土层和含水层，破坏土壤环境，污染地下水，有机物质发生分解产生有害气体，污染空气；同时建筑施工废弃物的产出，也意味着资源的浪费。因此减少建筑施工废弃物产出，涉及节地、节能、节材和保护环境这样一个可持续发展的综合性问题。施工废弃物减量化应在材料采购、材料管理、施工管理的全过程实施。施工废弃物应分类收集、集中堆放，尽量回收和再利用。

建筑施工废弃物包括工程施工产生的各类施工废料，有的可回收，有的不可回收，不包括基坑开挖的渣土。

本条的评价方法为查阅建筑施工废弃物减量化资源化计划，回收站出具的建筑施工废弃物回收单据，各类建筑材料进货单，各类工程量结算清单，施工单位统计计算的每 10000 m² 建筑施工固体废弃物排放量。

Ⅱ 资 源 节 约

9.2.4 本条适用于运行评价。

施工过程中的用能，是建筑全寿命期能耗的组成部分。由于建筑结构、高度、所在地区等的不同，建成每平方米建筑的用能量有显著的差异。施工中应制定节能和用能方案，提出建成每平方米建筑能耗目标值，预算各施工阶段用电负荷，合理配置临时用电设备，尽量避免多台大型设备同时使用。合理安排工序，提高各种机械的使用率和满载率，降低各种设备的单位耗能。做好建筑施工能耗管理，包括现场耗能与运输耗能。为此应该做好能耗监测、记录，用于指导施工过程中的能源节约。竣工时提供施工过程能耗记录和建成每平方米建筑实际能耗值，为施工过程的能耗统计提供基础数据。

记录主要建筑材料运输耗能，是指有记录的建筑材料占所有建筑材料重量的85%以上。

本条的评价方法为查阅施工节能和用能方案，用能监测记录，建成每平方米建筑能耗值。

9.2.5 本条适用于运行评价。

施工过程中的用水，是建筑全寿命期水耗的组成部分。由于建筑结构、高度、所在地区等的不同，建成每平方米建筑的用水量有显著的差异。施工中应制定节水和用水方案，提出建成每平方米建筑水耗目标值。为此应该做好水耗监测、记录，用于指导施工过程中的节水。竣工时提供施工过程水耗记录和建成每平方米建筑实际水耗值，为施工过程的水耗统计提供基础数据。

基坑降水抽取的地下水量大，要合理设计基坑开挖，减少基坑水排放。配备地下水存储设备，合理利用抽取的基坑水。记录基坑降水的抽取量、排放量和利用量数据。对于洗刷、降尘、绿化、设备冷却等用水来源，应尽量采用非传统水源。具体包括工程项目中使用的中水、基坑降水、工程使用后收集的沉淀水以及雨水等。

本条的评价方法为查阅施工节水和用水方案，用水监测记录，建成每平方米建筑水耗值，有监理证明的非传统水源使用记录以及项目配置的施工现场非传统水源使用设施，使用照片、影像等证明资料。

9.2.6 本条适用于运行评价；也可在设计评价中进行预审。对不使用预拌混凝土的项目，本条不参评。

减少混凝土损耗、降低混凝土消耗量是施工中节材的重点内容之一。我国各地方的工程量预算定额，一般规定预拌混凝土的损耗率是 1.5%，但在很多工程施工中超过了 1.5%，甚至达到了 2%～3%，因此有必要对预拌混凝土的损耗率提出要求。本条参考有关定额标准及部分实际工程的调查数据，对损耗率分档评分。

本条的评价方法为查阅混凝土工程量清单、预拌混凝土进货单，施工单位统计计算的预拌混凝土损耗率。设计评价预审时，查阅对保温隔热材料，建筑砌块等提出的砂浆要求文件。

9.2.7 本条适用于运行评价。对未使用砂浆的项目，本条不参评。

预拌砂浆具有许多明显的优点，包括产品质量高，可适应不同的用途和性能要求，有利于使用自动化施工机具，可提高施工效率，减少环境污染和材料浪费。预拌砂浆在运输、保管和施工过程中，会造成损耗，应尽量控制损耗，节约资源，对于砂浆的损耗率，各地方的定额标准差距较大，有的是根据不同的构件有不同的损耗率，本标准参考各类定额标准及部分实际工程的调查规定了平均损耗率区间。

本条的评价方法为查阅预拌砂浆使用设计要求文件，砂浆总量清单，预拌砂

浆总量清单，预拌砂浆占砂浆总量的比率，查阅预拌砂浆用量结算清单、预拌砂浆进货单，承包商统计计算的预拌砂浆使用率和损耗率；相关现场影像资料。

9.2.8 本条适用于运行评价；也可在设计评价中进行预审。对不使用钢筋的项目，本条得 12 分。

钢筋是混凝土结构建筑的大宗消耗材料。钢筋浪费是建筑施工中普遍存在的问题，设计、施工不合理都会造成钢筋浪费。我国各地方的工程量预算定额，根据钢筋的规格不同，一般规定的损耗率为 2.5～4.5%。根据对国内施工项目的初步调查，施工中实际钢筋浪费率约为 6%。因此有必要对钢筋的损耗率提出要求。

专业化生产是指将钢筋用自动化机械设备按设计图纸要求加工成钢筋半成品，并进行配送的生产方式。钢筋专业化生产不仅可以通过统筹套裁节约钢筋，还可减少现场作业、降低加工成本、提高生产效率、改善施工环境和保证工程质量。本条参考有关定额标准及部分实际工程的调查数据，对现场加工钢筋损耗率分档评分。

本条的评价方法为查阅专业化生产成型钢筋用量结算清单、成型钢筋进货单，施工单位统计计算的成型钢筋使用率，现场钢筋加工的钢筋工程量清单、钢筋用量结算清单，钢筋进货单，施工单位统计计算的现场加工钢筋损耗率。设计评价预审时，查阅采用专业化加工的建议文件，如条件具备情况、有无加工厂、运输距离等。

9.2.9 本条适用于运行评价。对不使用模板的项目，本条得 8 分。

建筑模板是混凝土结构工程施工的重要工具。我国的木胶合板模板和竹胶合板模板发展迅速，目前与钢模板已成三足鼎立之势。

散装、散拆的木（竹）胶合板模板施工技术落后，模板周转次数少，费工费料，造成资源的大量浪费。同时废模板形成大量的废弃物，对环境造成负面影响。

工具式定型模板，采用模数制设计，可以通过定型单元，包括平面模板、内角、外角模板以及连接件等，在施工现场拼装成多种形式的混凝土模板。它既可以一次拼装，多次重复使用；又可以灵活拼装，随时变化拼装模板的尺寸。定型模板的使用，提高了周转次数，减少了废弃物的产出，是模板工程绿色技术的发展方向。

本条用定型模板使用面积占模板工程总面积的比例进行分档评分。

本条的评价方法为查阅模板工程施工方案，定型模板进货单或租赁合同，模板工程量清单，以及施工单位统计计算的定型模板使用率。

9.2.10 本条适用于运行评价。

块材、板材、卷材类材料包括地砖、石材、石膏板、壁纸、地毯以及木质、金属、塑料类等材料。施工前应进行合理排版，减少切割和因此产生的噪声及废料等。

门窗、幕墙、块材、板材加工应充分利用工厂化加工的优势，减少现场加工而产生的占地、耗能，以及可能产生的噪声和废水。

本条的评价方法为查阅施工排版设计文件，建材工厂化加工比例计算书。

Ⅲ　过　程　管　理

9.2.11　本条适用于运行评价。

施工是把绿色商店建筑由设计转化为实体的重要过程，在这一过程中除施工应采取相应措施降低施工生产能耗、保护环境外，设计文件会审也是关于能否实现绿色商店建筑的一个重要环节。各方责任主体的专业技术人员都应该认真理解设计文件，以保证绿色商店建筑的设计通过施工得以实现。

本条的评价方法为查阅各专业设计文件会审记录、施工日志记录。

9.2.12　本条适用于运行评价。

绿色商店建筑设计文件经审查后，在建造过程中往往可能需要进行变更，这样有可能使绿色商店建筑的相关指标发生变化。本条旨在强调在建造过程中严格执行审批后的设计文件，若在施工过程中出于整体建筑功能要求，对绿色商店建筑设计文件进行变更，但不显著影响该建筑绿色性能，其变更可按照正常的程序进行。设计变更应存留完整的资料档案，作为最终评审时的依据。

本条的评价方法为查阅各专业设计文件变更记录、洽商记录、会议纪要、施工日志。

9.2.13　本条适用于运行评价；也可在设计评价中进行预审。

随着技术的发展，现代建筑的机电系统越来越复杂。本条强调系统综合调试和联合试运转的目的，就是让建筑机电系统的设计、安装和运行达到设计目标，保证绿色商店建筑的运行效果。主要内容包括制定完整的机电系统综合调试和联合试运转方案，对通风空调系统、空调水系统、给排水系统、热水系统、电气照明系统、动力系统的综合调试过程以及联合试运转过程。建设单位是机电系统综合调试和联合试运转的组织者，根据工程类别、承包形式，建设单位也可以委托代建公司和施工总承包单位组织机电系统综合调试和联合试运转。

本条的评价方法为查阅设计文件中机电系统综合调试和联合试运转方案和技术要点，施工日志、调试运转记录。设计评价预审时，查阅设计方提供的综合调试和联合试运转技术要点文件。

10 运 营 管 理

10.1 控 制 项

10.1.1 本条适用于运行评价。

物业管理单位应提交节能、节水、节材、绿化等管理制度细则，并说明实施效果。节能管理制度主要包括节能方案、节能管理模式和机制、分户分项计量收费等。节水管理制度主要包括节水方案、分户分类计量收费、节水管理机制等。节材管理制度主要包括维护和物业耗材管理。绿化管理制度主要包括苗木养护、用水计量和化学药品的使用制度等。

本条的评价方法为查阅物业管理单位节能、节水、节材与绿化管理制度文件、日常管理记录，并现场核查。

10.1.2 本条适用于运行评价。

商店建筑运行过程中产生的生活垃圾可能包括纸张、塑料、玻璃、金属、布料等可回收利用垃圾，剩菜剩饭、骨头、菜根菜叶、果皮等厨余垃圾，含有重金属的电池、废弃灯管等有害垃圾，以及装修或维护过程中产生的渣土、砖石和混凝土碎块、金属、竹木材等废料。首先，根据垃圾的来源、可否回用、处理要求等确立分类管理制度和必要的收集设施，并对垃圾的收集、运输等进行整体的合理规划，如果设置小型有机厨余垃圾处理设施，应考虑其合理性。其次，制定包括垃圾管理运行操作手册、管理设施、管理经费、人员配备及机构分工、监督机制、定期的岗位业务培训和突发事件的应急处理系统等内容的垃圾管理制度。最后，垃圾容器应具有密闭性能，其规格和位置应符合国家现行标准的有关规定，其数量、外观色彩及标志应符合垃圾分类收集的要求，并置于隐蔽、避风处，与周围景观相协调，坚固耐用，不易倾倒，防止垃圾无序倾倒和二次污染。

本条的评价方法为查阅建筑、环卫等专业的垃圾收集、处理的竣工文件和设施清单，垃圾管理制度文件，垃圾收集、运输等的整体规划，并现场核查。

10.1.3 本条适用于运行评价。

本条主要考察商店建筑的运行。除了本标准第 10.1.2 条已作出要求的固体污染物之外，建筑运行过程中还会产生各类废气和污水，可能造成多种有机和无机的化学污染，噪声、电磁辐射和放射性等物理污染，病原体等生物污染。为此需要通过合理的技术措施和排放管理手段，杜绝商店建筑运行过程中相关污染物的不达标排放。相关污染物的排放应符合国家现行标准《大气污染物综合排放标准》GB 16297、《锅炉大气污染物排放标准》GB 13271、《饮食业油烟排放标准》GB 18483、《污水综合排放标准》GB 8978、《污水排入城镇下水道水质标准》CJ 343、《社会生活环境噪声排放标准》GB 22337、《制冷空调设备和系统 减少卤代制冷剂排放规范》GB/T 26205 等的有关规定。

本条的评价方法为查阅污染物排放管理制度文件，项目运行期排放废气、污水等污染物的排放检测报告，并现场核查。

10.1.4 本条适用于运行评价。

绿色商店建筑设置的节能、节水设施，如热能回收设备、地源/水源热泵、太阳能光伏发电设备、太阳能光热水设备、遮阳设备、雨水收集处理设备等，均应工作正常，才能使预期的目标得以实现。本条主要考察其运营情况。

本条的评价方法为查阅节能、节水设施的竣工文件、运行记录，并现场核查设备系统的工作情况。

10.1.5 本条适用于运行评价。

供暖、通风、空调、照明系统是商店建筑的主要用能设备，本条主要考察其实际工作正常，及其运行数据。因此，需对绿色商店建筑的上述系统及主要设备进行有效的监测，对主要运行数据进行实时采集并记录；并对上述设备系统按照设计要求进行自动控制，通过在各种不同运行工况下的自动调节来降低能耗。对于建筑面积 15000m² 以下的商店建筑应设简易有效的控制措施。

本条的评价方法为查阅设备自控系统竣工文件、运行记录，并现场核查设备及其自控系统的工作情况。

10.1.6 本条适用于运行评价。

本条考虑商店建筑装修频率较高而制定。商店建筑后期运行过程中，涉及很多店铺及小业主，而且经常涉及二次装修问题。商店建筑正常营业过程中，某个店铺的二次装修往往会对周边其他店铺产生影响，包括噪声、扬尘等，因此加强商店建筑的二次装修管理非常重要。二次装修管理制度应对装修施工资格、装修施工流程、建材采购、施工现场管理等进行约束，确保实现绿色装修，尽量减少对其他店铺正常营业及顾客购物的影响。此外，二次装修还应注意防火等安全要求，采取有效措施确保安全。

本条的评价方法为查阅二次装修管理制度，二次装修过程的记录文件（施工记录、采购记录、照片等），并现场核查。

10.2 评 分 项

Ⅰ 管 理 制 度

10.2.1 本条适用于运行评价。

物业管理单位通过 ISO 14001 环境管理体系认证，是提高环境管理水平的需要，可达到节约能源、降低消耗、减少环保支出、降低成本的目的，减少由于污染事故或违反法律、法规所造成的环境风险。

物业管理具有完善的管理措施，定期进行物业管理人员的培训。ISO 9001 质量管理体系认证可以促进物业管理单位质量管理体系的改进和完善，提高其管理水平和工作质量。

现行国家标准《能源管理体系要求》GB/T 23331 是在组织内建立起完整有效的、形成文件的能源管理体系，注重过程的控制，优化组织的活动、过程及其要素，通过管理措施，不断提高能源管理体系持续改进的有效性，实现能源管理方针和预期的能源消耗或使用目标。

本条的评价方法为查阅相关认证证书和工作文件。

10.2.2 本条适用于运行评价。

绿色商店建筑能耗较高，尤其是空调系统和照明系统，故应加强此类用能系统的运营管理。为了保证商店建筑低能耗、稳定、安全运营，操作人员应严格遵守相关设施的现场操作规程，无论是自行运维还是购买专业服务，都需要建立完善的操作规程。应急预案是应对商店建筑突发事件的重要保障，应具有完善应急措施，并有演练记录。

本条的评价方法为查阅项目的物业管理方案、各个系统的节能运行、维护管理制度及应急预案、值班人员的专业证书、各个系统运行记录，并现场检查。

10.2.3 本条适用于运行评价。

管理是运行节约能源、资源的重要手段，应在管理业绩上与节能、节约资源情况挂钩。因此要求物业管理单位在保证建筑的使用性能要求、投诉率低于规定值的前提下，实现其经济效益与建筑用能系统的耗能状况、水资源和各类耗材等的使用情况直接挂钩。采用合同能源管理模式更是节能的有效方式。

本条的评价方法为查阅业主和租用者以及管理企业之间的合同。

10.2.4 本条适用于运行评价。

在商店建筑的运行过程中，各小业主和物业管理人员的意识与行为，直接影响绿色建筑的目标实现，因此需要坚持倡导绿色理念与绿色生活方式的教育宣传制度，形成良好的绿色行为与风气。

公示室内环境和用能数据的场所，应选择在中庭、大堂、出入口、收银台等公众可达、可视的场所。需要提醒的是，设置上述公示装置另一方面也要结合考虑流线设计和人流聚散，避免因此造成人为拥堵和混乱。

本条的评价方法为查阅绿色教育宣传的工作记录与报道记录，并向建筑使用者核实。

Ⅱ　技　术　管　理

10.2.5　本条适用于运行评价。

大型商店建筑往往涉及众多小业主，为了激励其节能节水，应建立健全完善的能源计量体系，包括按不同的用能系统分装总表、分表，以及对不同的使用单位分装子表，以实现"谁用能谁付费，用得多付得多"，从而实现行为节能。

本条的评价方法为查阅分项计量数据记录、各个小业主的计量收费记录，并现场检查。

10.2.6　本条适用于运行评价。

商店建筑运行能耗较高，因此有必要对其加强能源监管。一般来说，通过能耗统计和能源审计工作可以找出一些低成本或无成本的节能措施，这些措施可为业主实现 5%～15% 的节能潜力。

由于商店建筑种类比较多，故很难用一个定额数据对其能耗进行限定和约束。但从整体节能的角度，项目有必要做好能源统计工作，合理设定目标，并基于目标对机电系统提出一系列优化运行策略，不断提升设备系统的性能，提高建筑物的能效管理水平，真正落实节能。

本条的评价方法为查阅能耗统计和能源审计方案及报告，公共设施系统优化运行方案及运行记录，并现场核实。

10.2.7　本条适用于运行评价。

机电设备系统的调试不仅限于新建建筑的试运行和竣工验收，而是一项持续性、长期性的工作。因此，物业管理单位有责任定期检查、调试设备系统，标定各类检测器的准确度，根据运行数据，或第三方检测的数据，不断提升设备系统的性能，提高商店建筑的能效管理水平。

本条的评价方法为查阅调试、运行记录。

10.2.8　本条适用于运行评价。

中央空调与通风系统是商店建筑中的一项重要设施，但目前运行过程中普遍存在室内空气质量差的现象，因此除了科学开启商店建筑的通风系统外，运行过程中还应加强该系统的清洗维护。

物业管理单位应对重点场所定期巡视、测试或检查照度，按照标准规定清扫光源和灯具，以确保照度水平，一般每年不少于 2 次。

本条的评价方法为查阅物业管理措施、清洗计划和工作记录。

10.2.9　本条适用于运行评价。

节能技术的有效运用是具体管理措施实施的最好体现。因此，应持续对运营管理人员、运行操作人员进行专业技术和节能知识培训，使之掌握正确的节能理念和有效的节能技术。

本条的评价方法为查阅运营管理人员的培训计划，培训及考核记录，上岗证书。

10.2.10 本条适用于运行评价。

通过智能化技术与绿色商店建筑其他方面技术的有机结合，可有效提升商店建筑综合性能，因此智能化系统设计上均要求达到基本配置。此外，对系统工作运行情况也提出了要求。智能化系统运行时应确保所有系统均正常运行。

本条的评价方法为查阅智能化系统竣工文件、验收报告及运行记录，并现场核查。

10.2.11 本条适用于运行评价。

本标准第10.1.6条主要考察商店建筑项目的管理机构是否对后期的二次装修有严格的管理制度，本条主要是考察二次装修管理制度的落实情况，以避免二次装修对其他店铺正常营业的影响。

本条的评价方法为查阅二次装修过程的记录文件（施工记录、采购记录、照片等），并现场核查。

10.2.12 本条适用于运行评价。

信息化管理是实现绿色商店建筑物业管理定量化、精细化的重要手段，对保障建筑的安全、舒适、高效及节能环保的运行效果，提高物业管理水平和效率，具有重要作用。采用信息化手段建立完善的建筑工程及设备、能耗监管、配件档案及维修记录是极为重要的。本条第3款是在本标准控制项第10.1.4条的基础上所提出的更高一级的要求，要求相关的运行记录数据均为智能化系统输出的电子文件。应提供至少1年的用水量、用电量、用气量、用冷热量的数据，作为评价的依据。

本条的评价方法为查阅针对建筑物及设备的配件档案和维修的信息记录，能耗分项计量和监管的数据，并现场核查物业信息管理系统。

Ⅲ 环境管理

10.2.13 本条适用于运行评价。

设置该条的主要目的是解决目前大多商店建筑室内空气质量较差的问题。

商店建筑的特点是人流量大，室内热湿负荷变化大，室内空气质量较差，因此应合理开启新风系统，而且新风系统应根据不同的运行工况实现合理的调节，如分时段、分节假日、分季节等，通过新风量合理调节来保证各时段室内空气品质。

本条的评价方法为查阅新风系统的运行记录，室内空气质量参数的检测报告等，并现场核实。

10.2.14 本条适用于运行评价。

无公害病虫害防治是降低城市环境污染、维护城市生态平衡的一项重要举措，对于病虫害坚持以物理防治、生物防治为主，化学防治为辅，并加强预测预报。因此，一方面提倡采用生物制剂、仿生制剂等无公害防治技术，另一方面规范杀虫剂、除草剂、化肥、农药等化学药品的使用，防止环境污染，促进生态可持续发展。

本条的评价方法为查阅病虫害防治用品的进货清单与使用记录，并现场核查。

10.2.15 本条适用于运行评价。

垃圾分类收集就是在源头将垃圾分类投放，并通过分类清运和回收使之分类处理或重新变成资源，减少垃圾处理量，降低运输和处理过程中的成本。

可生物降解垃圾是指垃圾在微生物的代谢作用下，将垃圾中的有机物破坏或产生矿化作用，使垃圾稳定化和达到无害化降解的垃圾。

有毒有害垃圾是指存有对人体健康有害的重金属、有毒的物质或者对环境造成现实危害或者潜在危害的废弃物，包括电池、荧光灯管、灯泡、水银温度计、油漆桶、家电类、过期药品，过期化妆品等。

本条的评价方法为查阅垃圾管理制度文件、各类垃圾收集和处理的工作记录，并进行现场核查和用户抽样调查。

11 提高与创新

11.1 一般规定

11.1.1 绿色商店建筑全寿命期内各环节和阶段，都有可能在技术、产品选用和管理方式上进行性能提高和创新。为鼓励性能提高和创新，在各环节和阶段采用先进、适用、经济的技术、产品和管理方式，本标准增设了相应的评价项目。比照"控制项"和"评分项"，本标准中将此类评价项目称为"加分项"。

本标准中的加分项内容，有的在属性分类上属于性能提高，如采用高性能的空调设备、建筑材料以及空气处理措施、室内空气品质等，鼓励采用高性能的技术、设备或材料；有的在属性分类上属于创新，如建筑信息模型（BIM）、碳排放分析计算、技术集成应用等，鼓励在技术、管理、生产方式等方面的创新。

11.1.2 加分项的评定结果为某得分值或不得分。考虑到与绿色建筑总得分要求的平衡，以及加分项对建筑"四节一环保"性能的贡献，本标准对加分项附加得分作了不大于 10 分的限制。附加得分与加权得分相加后得到绿色建筑总得分，作为确定绿色建筑等级的最终依据。某些加分项是对前面章节中评分项的提高，符合条件时，加分项和相应评分项可都得分。

11.2 加 分 项

Ⅰ 性 能 提 高

11.2.1 本条适用于设计、运行评价。

本条是第 5.2.3 条的更高层次要求。围护结构的热工性能提高，对于绿色建筑的节能与能源利用影响较大，而且对室内环境也有一定影响。为便于操作，参照国家有关建筑节能设计标准的做法，分别提供了规定性指标和性能化计算两种可供选择的达标方法。

本条的评价方法为：设计评价查阅相关设计文件、计算分析报告；运行评价查阅相关竣工图、计算分析报告，并现场核实。

11.2.2 本条适用于设计、运行评价。

本条是第 5.2.6 条的更高层次要求，除指标数值以外的其他说明内容与第5.2.6 条相同。尚需说明的是对于小型商店建筑中采用分体空调器、燃气热水炉等其他设备作为供暖空调冷热源的情况（包括同时作为供暖和生活热水热源的热水炉），可以现行国家标准《房间空气调节器能效限定值及能效等级》GB 12021.3、《转速可控型房间空气调节器能效限定值及能效等级》GB 21455、《家用燃气快速热水器和燃气采暖热水炉能效限定值及能效等级》GB 20665 等规定的能效等级 1 级作为判定本条是否达标的依据。

本条的评价方法为：设计评价查阅相关设计文件；运行评价查阅相关竣工图、主要产品型式检验报告，并现场核实。

11.2.3 本条适用于设计、运行评价。

如若当地峰谷电价差低于 2.5 倍或没有峰谷电价政策的，或者经技术经济分析证明不合理的，本条不参评。

蓄冷蓄热技术虽然从能源转换和利用本身来讲并不节约，但是其对于昼夜电力峰谷差异的调节具有积极的作用，能够满足城市能源结构调整和环境保护的要求，为此，宜根据当地能源政策、峰谷电价、能源紧缺状况和设备系统特点等进行选择。

本条的评价方法为：设计评价查阅相关设计文件、计算分析报告；运行评价查阅相关竣工图、计算分析报告，并现场核实。

11.2.4　本条适用于设计、运行评价。

重点鼓励的是钢结构体系、木结构体系，以及就地取材或利用废弃材料制作的砌体结构体系等，当主体结构采用钢结构、木结构，或地取材或利用废弃材料用量不小于 60% 时，本条可得分。对其他情况，尚需经充分论证后方可申请本条评价。

本条的评价方法为：设计评价查阅相关设计文件、计算分析报告；运行评价查阅竣工图、计算分析报告，并现场核实。

11.2.5　本条适用于设计、运行评价。

商店建筑人员密集且流动性大，室内环境不易保证，采用有利于改善商店建筑室内环境的功能性建筑装修新材料或新技术，有利于商店从业人员和顾客身体健康。

目前我国市场上已经有很多相关产品，可以用于改善室内环境，例如无毒涂料、抗菌涂料、调节湿度的建材、抗菌陶瓷砖、纳米空气净化涂膜等。纳米空气净化涂膜，其遇光后发生反应产生的物质能将甲醛分解成为水和二氧化碳，同时还能持久释放大量负离子、杀菌、消毒、除臭、降解异味，不产生二次污染，比较适合在商店建筑中使用。

国外不仅在室内环境改善方面已有很多高技术产品，而且已经具有相关标准规范，例如日本《调节湿度用建材吸/脱湿性试验方法　第1部分：湿度应答法　湿度变化测定吸放湿性的试验方法》JIS A1470-1—2008、美国《内墙涂料表面耐霉菌生长测试方法》ASTM-D 3273：2005 等。

目前，我国也已经颁布实施了一系列涉及改善室内环境的相关产品标准，例如《室内空气净化功能涂覆材料净化性能》JC/T 1074、《负离子功能涂料》HG/T 4109、《负离子功能建筑室内装饰材料》JC/T 2040、《建筑材料吸放湿性能测试方法》JC/T 2002、《调湿功能室内建筑装饰材料》JC/T 2082、《漆膜耐霉菌性测定法》GB/T 1741、《抗菌涂料（漆膜）抗菌性测定法和抗菌效果》GB/T 21866、《抗菌陶瓷制品抗菌性能》JC/T 897、《建筑用抗菌塑料管抗细菌性能》JC/T 939、《抗菌涂料》HG/T 3950、《镀膜抗菌玻璃》JC/T 1054、《抗菌防霉木质装饰板》JC/T 2039 等。这些标准为改善室内环境的功能性绿色建材提供了良好的技术依据和质量保证，将进一步加快我国在这一领域发展步伐，满足客户对日益提高室内环境的客观需求。

本条的评价方法为：设计评价查阅相关设计文件，以及产品检验报告等证明文件；运行评价查阅相关竣工图、主要产品型式检验报告。

11.2.6　本条适用于设计、运行评价。

主要功能房间不仅是指营业厅，还包括商店中其他人员密度较高且随时间变化大的区域（如会议室、影剧院、餐厅等），以及其他的人员经常停留空间或区域（如办公区域等）。空气处理措施包括在空气处理机组中设置中效过滤段、在主要功能房间设置空气净化装置等。

本条的评价方法为：设计评价查阅暖通空调专业设计图纸和文件；运行评价查阅暖通空调专业竣工图纸、主要产品型式检验报告、运行记录、第三方检测报告等，并现场检查。

11.2.7 本条适用于运行评价。

本条是第 8.1.6 条的更高层次要求。以 TVOC 为例，英国 BREEAM 新版文件的要求已提高至 $300\mu g/m^3$，比我国现行国家标准还要低不少。甲醛更是如此，多个国家的绿色建筑标准要求均在 $50\mu g/m^3 \sim 60\mu g/m^3$ 的水平，相比之下，我国的 $0.08mg/m^3$ 的要求也高出了不少。在进一步提高对于室内环境质量指标要求的同时，也适当考虑了我国当前的大气环境条件和装修材料工艺水平，因此，将现行国家标准规定值的 70% 作为室内空气品质的更高要求。

本条的评价方法为查阅室内污染物检测报告（应依据相关国家标准进行检测）。

Ⅱ　创　　新

11.2.8 本条适用于设计、运行评价。

本条主要目的是为了鼓励设计创新，通过对建筑设计方案的优化，降低建筑建造和运营成本，提高绿色商店建筑设计与技术水平。例如，建筑设计充分体现我国不同气候区对自然通风、保温隔热等节能特征的不同需求，建筑形体设计等与场地微气候结合紧密，应用自然采光、遮阳等被动式技术优先的理念，设计策略明显有利于降低空调、供暖、照明、生活热水、通风、电梯等的负荷需求、提高室内环境、减少建筑用能时间或促进运行阶段的行为节能，等等。

本条的评价方法为：设计评价查阅相关设计文件、分析论证报告；运行评价查阅相关竣工图、分析论证报告，并现场核实。

11.2.9 本条适用于设计、运行评价。

虽然选用废弃场地、利用旧建筑具体技术存在不同，但同属于项目策划、规划前期均需考虑的问题；而且基本不存在两点内容可同时达标的情况。故进行合并处理，以提高加分项的有效适用程度。

我国城市可建设用地日趋紧缺，对废弃地进行改造并加以利用是节约集约利用土地的重要途径之一。利用废弃场地进行绿色建筑建设，在技术难度、建设成本方面都需要付出更多努力和代价。因此，对于优先选用废弃地的建设理念和行为进行鼓励。本条所指的废弃场地主要包括裸岩、石砾地、盐碱地、沙荒地、废窑坑、废旧仓库或工厂弃置地等。绿色建筑可优先考虑合理利用废弃场地，采取改造或改良等治理措施，对土壤中是否含有有毒物质进行检测与再利用评估，确保场地利用不存在安全隐患、符合国家现行标准的有关要求。

本条所指的"尚可利用的旧建筑"系指建筑质量能保证使用安全的旧建筑，或通过少量改造加固后能保证使用安全的旧建筑。虽然目前多数项目为新建，且多为净地交付，项目方很难有权选择利用旧建筑。但仍需对利用"可利用的"旧建筑的行为予以鼓励，防止大拆大建。对于一些从技术经济分析角度不可行、但出于保护文物或体现风貌而留存的历史建筑，由于有相关政策或财政资金支持，因此不在本条中得分。

本条的评价方法为：设计评价查阅相关设计文件、环评报告、旧建筑利用专项报告；运行评价查阅相关竣工图、环评报告、旧建筑利用专项报告、检测报告，并现场核实。

11.2.10　本条适用于设计、运行评价。

建筑信息模型（BIM）是建筑业信息化的重要支撑技术。BIM 是在 CAD 技术基础上发展起来的多维模型信息集成技术。BIM 是集成了建筑工程项目各种相关信息的工程数据模型，使设计人员和工程人员能够对各种建筑信息作出正确的应对，实现数据共享并协同工作。

BIM 技术支持建筑工程全寿命期的信息管理和利用。在建筑工程建设的各阶段支持基于 BIM 的数据交换和共享，可以极大地提升建筑工程信息化整体水平，工程建设各阶段、各专业之间的协作配合可以在更高层次上充分利用各自资源，有效地避免由于数据不通畅带来的重复性劳动，大大提高整个工程的质量和效率，并显著降低成本。

本条的评价方法为：设计评价查阅规划设计阶段的 BIM 技术应用报告；运行评价查阅规划设计、施工建造、运行维护阶段的 BIM 技术应用报告。

11.2.11　本条适用于设计、运行评价。

建筑碳排放计算及其碳足迹分析，不仅有助于帮助绿色建筑项目进一步达到和优化节能、节水、节材等资源节约目标，而且有助于进一步明确建筑对于我国温室气体减排的贡献量。经过多年的研究探索，我国也有了较为成熟的计算方法和一定量的案例实践。在计算分析基础上，再进一步采取相关节能减排措施降低碳排放，做到有的放矢。绿色建筑作为节约资源、保护环境的载体，理应将此作为一项技术措施同步开展。

建筑碳排放计算分析包括建筑固有的碳排放量和标准运行工况下的资源消耗碳排放量。设计阶段的碳排放计算分析报告主要分析建筑的固有碳排放量，运行阶段主要分析在标准运行工况下建筑的资源消耗碳排放量。

本条的评价方法为：设计评价查阅设计阶段的碳排放计算分析报告，以及相应措施；运行评价查阅设计、运行阶段的碳排放计算分析报告，以及相应措施的运行情况。

11.2.12 本条适用于设计、运行评价。

本条主要是对前面未提及的其他技术和管理创新予以鼓励。对于不在前面绿色建筑评价指标范围内，但在保护自然资源和生态环境、节能、节材、节水、节地、减少环境污染与智能化系统建设等方面实现良好性能的项目进行引导，通过各类项目对创新项的追求以提高绿色建筑技术水平。

当某项目采取了创新的技术措施，并提供了足够证据表明该技术措施可有效提高环境友好性，提高资源与能源利用效率，实现可持续发展或具有较大的社会效益时，可参与评审。项目的创新点应较大地超过相应指标的要求，或达到合理指标但具备显著降低成本或提高工效等优点。本条未列出所有的创新项内容，只要申请方能够提供足够相关证明，并通过专家组的评审即可认为满足要求。

本条的评价方法为：设计评价时查阅相关设计文件、分析论证报告；运行评价时查阅相关竣工图、分析论证报告，并现场核实。

参 考 文 献

[1] LI Bai-zhan，YAO Run-ming. Building energy efficiency for sustainable development in China- challenges and opportunities [J]. Building Research & Information，2012，40(4)：417～431.

[2] 中国建筑科学研究院.《绿色建筑评价标准》GB/T 50378—2006[S]. 中国建筑工业出版社，2006.

[3] 周铁军，袁渊，王雪松. 工业建筑中的可持续性设计初探[J]. 重庆建筑大学学报，2005，27(1)：8～11.

[4] 王建清，高雪峰，宋凌等. 2012 年度绿色建筑评价标识统计报告[R]. 建筑科技，2013.

[5] 王军亮，龚延风，王清勤等. 国内外绿色商店建筑评价标准节本情况简介[J]. 建筑科学，2012，28(12)：31～34.

[6] Scofield J H. Do LEED-certified buildings save energy? Not really…[J]. Energy and Buildings 2009，41(12)：1386～1390.

[7] Newsham G R, Mancini S, Birt B J. Do LEED-certified buildings save energy [J]. Energy and Buildings，2009，41(8)：897～905.

[8] 杨玉兰，李百战，姚润明. 居住建筑能效评价指标及权重的确定[J]. 暖通空调，2008，39(5)：48～52.

[9] Dyer R F，Forman E H. Group decision support with the Analytic Hierarchy Process[J]. Decision Support Systems，1992，8(2)：99～124.

[10] 王有为，王清勤，陈乐瑞. 学会标准《绿色商店建筑评价标准》编制[J]. 建设科技，2012，(6)：60～62.

[11] Saaty T L, Vargas L G. The possibility of group welfare functions[J]. International Journal of Information Technology and Decision Making，2005，4(2)：167～176.

[12] 吴祈宗，李有文. 层次分析法中矩阵的判断一致性研究[J]. 北京理工大学学报，1999，19(4)：502～505.

[13] 刘虹，赵建平，绿色照明工程实施手册，北京：中国环境科学出版社，2011. 6，P256～P265.

[14] 王清勤，王有为，王军亮等. 国家标准《绿色商店建筑评价标准》编制[J]. 建设科技. 2013，(6)：71～73.

[15] 马玥. 大型公共建筑承受节能之重[J]. 中国建设信息，2008(9)：45

[16] 住房和城乡建设部科技发展促进中心. 中国建筑节能发展报告（2008）[M]. 北京．中

国建筑工业出版社. 2009.

[17] 中国城市科学研究会. 中国绿色建筑 2014[M]. 北京. 中国建筑工业出版社. 2014.

[18] 梁珍，程继梅，徐坚. 商场建筑能耗主要影响因素及节能分析[[J]. 节能技术，2001，19(3)：17～18.

[19] 陈小雁，李苏泷. 商场照明节能潜力及其对空调能耗的影响. [J]. 节能，2005，(4)：11～15.

[20] 刘新新. 建筑中庭与采光顶的设计研究[D]. 河北工业大学，2006.

[21] 张诚，孙多斌，孙金鹏. 不同地域下采光顶材料对建筑能耗的影响[J]. 哈尔滨商业大学学报(自然科学版)，2009.

[22] 孟庆林，陈卓伦，赵立华. 西湖苑玻璃采光顶的实测与分析[J]. 建筑学报，2006 (11).